Photoshop 电商广告设计实战教程

创锐设计 编著

机械工业出版社
China Machine Press

图书在版编目（CIP）数据

Photoshop 电商广告设计实战教程 / 创锐设计编著. —北京：机械工业出版社，2016.10（2020.8 重印）

ISBN 978-7-111-55072-3

Ⅰ. ①P… Ⅱ. ①创… Ⅲ. ①图像处理软件 – 教材 Ⅳ. ① TP391.41

中国版本图书馆 CIP 数据核字（2016）第 243166 号

电商广告是卖家向消费者推销商品的重要视觉传达渠道。本书以电商广告设计为立足点，以 Photoshop 为软件工具，结合大量精美案例，帮助读者快速、系统地掌握电商广告设计的流程与方法。

全书共 10 章，从电商广告设计的基础知识和基本技能入手，逐步深入到典型的商业实战案例，分门别类地讲解了横幅式广告、竖式广告、按钮式广告、弹出式广告、悬浮广告、翻卷广告、活动推广式广告的设计。

本书不仅适合电商广告设计的初学者阅读，而且适合正在从事网店美工与广告设计工作的人士参考，还可以作为电子商务相关培训班的教材。

Photoshop 电商广告设计实战教程

出版发行：机械工业出版社（北京市西城区百万庄大街 22 号 邮政编码：100037）

责任编辑：杨 倩

印 刷：北京天颖印刷有限公司　　版 次：2020 年 8 月第 1 版第 4 次印刷

开 本：184mm × 260mm 1/16　　印 张：17

书 号：ISBN 978-7-111-55072-3　　定 价：69.00 元

客服电话：（010）88361066 88379833 68326294　　投稿热线：（010）88379604

华章网站：www.hzbook.com　　读者信箱：hzit@hzbook.com

前 言

PREFACE

随着电子商务的快速发展，网购人群的规模也在不断扩大。在实体店购物时，消费者可以通过看、尝、摸、闻、听等来感知商品的各方面属性；而在网上购物时，消费者只能通过观看卖家提供的图片和文字来了解商品，此时视觉传达就显得异常重要。电商广告是卖家向消费者推销商品的重要视觉传达渠道，与传统广告相比，它更加注重以图文结合的方式表现商品的特点、功能、使用方法等信息。成功的电商广告除了要有醒目的广告语，还要在图片的精美度、文字的布局编排上下工夫，只有这样才能抓住消费者的眼球，激发消费者进一步了解商品的欲望。

本书以电商广告设计为立足点，以 Photoshop 为软件工具，结合大量精美案例，帮助读者快速、系统地掌握电商广告设计的流程与方法。

内容结构

全书共 10 章，可分为 2 个部分。

第 1 部分包括第 1 ～ 3 章，首先详细讲解电商广告的种类和特点、广告素材的拍摄与挑选、电商广告配色、视觉营销要点等知识，然后通过典型的小案例介绍网店装修实用工具，以及裁图、修图、抠图、合成、调色、文字编辑、图形绘制等 Photoshop 核心技法，为后续学习电商广告设计奠定基础。

第 2 部分包括第 4 ～ 10 章，通过对大量案例的完整解析，分门别类地讲解了横幅式广告、竖式广告、按钮式广告、弹出式广告、悬浮广告、翻卷广告、活动推广式广告的设计。

编写特色

◎ **内容由浅入深：**本书从电商广告设计的基础知识和基本技能入手，针对修图、调色、抠图与合成等重要技法进行讲解，并通过典型案例进行活学活用。

由浅入深的内容编排形式让读者能够更加轻松、快速地掌握各类电商广告的设计制作方法。

◎ **案例丰富实用**：本书是一本典型的案例型图书，选用大量精美案例来介绍商品照片处理与电商广告的制作方法，通过详细的操作步骤、整洁美观的版面设计，让读者能够轻松阅读，提升学习兴趣。随书附赠的学习资源还包含所有案例的源文件，读者可以在实际工作中直接套用。

◎ **适用范围广泛**：本书与市面上其他网店美工类书籍不同，所讲解的电商广告类型适用范围更广，不仅能应用在淘宝、天猫、京东、当当等大型电商平台中，而且能应用在新浪、搜狐、网易等门户网站中。

◎ **专业技巧提示**：技巧是知识的精华，本书中穿插了大量在实际工作中总结出来的技巧提示，能有效地帮助读者理解知识难点、提高工作效率。

读者对象

本书不仅适合电商广告设计的初学者阅读，而且适合正在从事网店美工与广告设计工作的人士参考，还可以作为电子商务相关培训班的教材。

由于编者水平有限，在编写本书的过程中难免有不足之处，恳请广大读者指正批评，除了扫描二维码关注订阅号获取资讯以外，也可加入 QQ 群 795824257 与我们交流。

编者

2016 年 9 月

如何获取云空间资料

扫描关注微信公众号

在手机微信的“发现”页面中点击“扫一扫”功能，如左下图所示，页面立即切换至“二维码 / 条码”界面，将手机对准右下图中的二维码，即可扫描关注我们的微信公众号。

获取资料下载地址和密码

关注公众号后，回复本书书号的后 6 位数字“550723”，公众号就会自动发送云空间资料的下载地址和相应密码。

打开资料下载页面

方法 01：在计算机的网页浏览器地址栏中输入获取的下载地址（输入时注意区分大小写），按 Enter 键即可打开资料下载页面。

方法 02：在计算机的网页浏览器地址栏中输入“wx.qq.com”，按 Enter 键后打开微信网页版的登录界面。按照登录界面的操作提示，使用手机微信的“扫一扫”功能扫描登录界面中的二维码，然后在手机微信中点击“登录”按钮，浏览器中将自动登录微信网页版。在微信网页版中单击左上角的“阅读”按钮，如右图所示，然后在下方的消息列表中找到并单击刚才公众号发送的消息，在右侧便可看到下载地址和相应密码。将下载地址复制、粘贴到网页浏览器的地址栏中，按 Enter 键即可打开资料下载页面。

输入密码并下载资料

在资料下载页面的“请输入提取密码：”下方的文本框中输入下载地址附带的密码（输入时注意区分大小写），再单击“提取文件”按钮，在新打开的页面中单击右上角的“下载”按钮，在弹出的菜单中选择“普通下载”选项，即可将云空间资料下载到计算机中。下载的资料如为压缩包，可使用 7-Zip、WinRAR 等解压软件解压。

目 录

CONTENTS

第3章 Photoshop电商广告设计高级技法

第4章 横幅式广告设计

第5章 竖式广告设计

第6章 按钮式广告设计

第7章 弹出式广告设计

第8章 悬浮广告设计

第9章　翻卷广告设计

第10章　活动推广式广告设计

第 1 章 电商广告基础

电商广告是随着电子商务的不断发展而兴起的一种特殊的广告形式，是电子商务必不可少的营销手段之一。电商广告利用色彩、图像、文字等营造视觉冲击力，吸引观者关注，从而达到营销的目的。在学习制作电商广告前，需要了解电商广告的主要种类、特点以及广告设计的要点等，从而在设计过程中创作出更有视觉冲击力的广告作品。本章将对电商广告的基础知识进行讲解。

本章内容

- 01 电商广告的种类与特点
- 02 几个大平台电商广告的特点
- 03 广告素材的拍摄技巧
- 04 选择合适的广告素材
- 05 快速玩转电商广告配色
- 06 从视觉营销分析电商广告设计要点

1.1 电商广告的种类与特点

学习电商广告设计前，需要对电商广告的种类及不同种类广告的特点有一个初步的认识与了解。从视觉营销的角度看，优秀的广告设计作品可以提高图片的点击率，并增强观者购买商品的欲望，从而为商家创造直接的经济效益。电商广告根据放置方式不同，一般可以分为横幅式广告、按钮式广告、弹出式广告等几大类。下面分别对这些类别的电商广告进行简单介绍。

1.1.1 横幅式广告

横幅式广告也称为 Banner 广告，是互联网广告中最基本的广告形式。它一般放置在网页的上部，可以是 GIF 格式的图像，也可以是静态图形，还可以是 SWF 动画图像。

特点

好的横幅式广告很容易抓住观者的眼球，让观者产生继续阅读的兴趣。横幅式广告作为电商广告中应用最多的广告形式之一，与传统广告最大的区别在于它希望“被点击”，所以广告不仅要准确传递信息，而且需要能够激起观者的“点击”欲望。因此在设计横幅式广告的过程中，要抓住视觉营销中最符合消费者心理的要点做文章，主体一定要醒目、突出，给观者留下深刻印象的同时，为观者提供一个点击它的理由。如下图所示的两幅图像，分别抓住商品的价格优势，以“清仓”等文字方式表现出来，更能抓住观者的眼球。

尺寸

横幅式广告的尺寸有很多种，较为常见的有 1024 像素 ×500 像素、990 像素 ×198 像素、950 像素 ×400 像素、460 像素 ×321 像素、468 像素 ×120 像素等。在淘宝、京东等店铺中使用时，其尺寸通常可以在一定范围内适当变化。下面 3 幅图像分别为 3 种不同尺寸的横幅式广告效果。

1.1.2 竖式广告

竖式广告也称为对联广告，是一种比较新颖的电商广告形式，通常展示在网站页面左右两侧。在网站页面两侧显示的竖式广告可以是相同的内容，也可以是不同的内容。

特点

竖式广告可以在不干扰观者浏览的情况下，使广告图像充分地伸展，并且能随页面移动而移动，如下图所示。它具有易于记诵、富有意境和对称美等特点。在设计竖式广告时，应当抓住商品的重要特征，通过整齐、精练的文字表现出来，使观者能够在浏览网页时记住广告图像中的内容。

尺寸

竖式广告可以以 GIF、JPG 等格式建立图像文件，放置在页面两侧。根据浏览器的大小，它可以有多种不同的尺寸，包括 100 像素 ×200 像素、100 像素 ×300 像素、120 像素 ×270 像素等。下图所示图像分别为不同尺寸的竖式广告。

1.1.3　按钮式广告

按钮式广告是从横幅式广告演变而来的一种广告形式，由于其面积较小，因此也称为豆腐块广告。

特点

按钮式广告可以提供简单、明确的商品咨询，且在面积大小与版面位置的安排上富有弹性，可以根据不同的广告位大小与版面位置选择不同的表达方式。此外，按钮式广告还具有较强的互动性，当单击广告时，大多会自动跳转至另一个页面。下图所示分别为不同的按钮式广告效果。

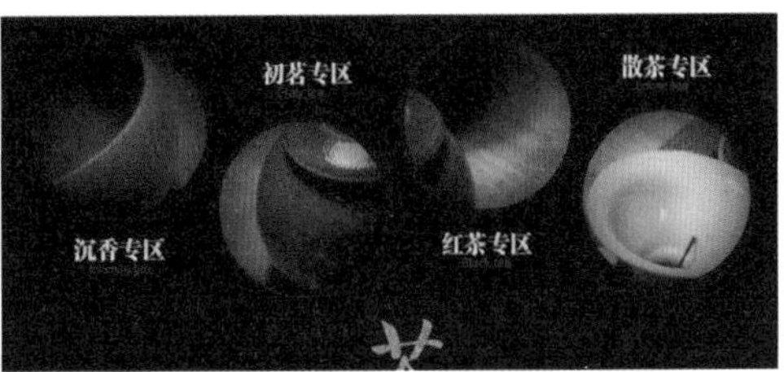

尺寸

按钮式广告是一种用小面积图像来展示的广告形式。通过减小面积不仅可以降低成本，还能更好地利用网页中小面积的零散空白位来展示广告。常见的按钮式广告的尺寸有125像素×125像素、120像素×90像素、120像素×60像素等。在淘宝、京东等店铺中通常会将几个按钮式广告组合在一起，形成双按钮广告或多按钮广告等，以增强广告宣传效果。

如右图所示的两幅图像，上面一幅图像为120像素×60像素的3个按钮式广告的组合效果，下面一幅图像为125像素×125像素的4个按钮式广告的组合效果。

1.1.4　弹出式广告

弹出式广告是网页中一种较为常见的广告形式，有点类似于电视广告。一个网站页面被打开前，在一个新窗口中显示的广告内容即为弹出式广告。有时，在页面过渡时会自动弹出广告，这也是弹出式广告。

特点

弹出式广告主要通过创建代码来实现，在观者打开网页时以弹出窗口的形式呈现。由于此类广告的出现没有任何征兆，很容易被观者看到，因此它具有较强的广告效应和影响观者浏览体验的特点。弹出式广告可以是静态的，也可以是动态的。

尺寸

弹出式广告具有多种不同的尺寸，有全屏的，也有窗口的，常见的弹出式广告尺寸有425像素×320像素、470像素×350像素两种，也可以根据商品的具体要求而定。下面的两幅图像中，左侧为全屏弹出式广告效果，右侧为窗口弹出式广告效果。

1.1.5 悬浮广告

悬浮广告是在页面左右两侧随滚动条上下活动，或在页面中自由移动的广告。悬浮广告具有覆盖面广、广告效果持久、互动性强、制作简洁等优点。悬浮广告有3种表现形式，分别是悬浮侧栏、悬浮按钮和悬浮视窗。

悬浮侧栏

悬浮侧栏可以在页面两侧同时展现，也可以仅在左侧或右侧展现。当在两侧同时展现时，左右两侧的推广商品和内容一般是不同的，关闭一侧的侧栏不影响另一侧侧栏的展示。悬浮侧栏的尺寸一般为120像素×270像素。右图所示为某个网购页面中自定义尺寸的悬浮侧栏广告。

悬浮按钮

悬浮按钮可以在页面两侧同时展现，也可以仅在左侧或右侧展现。在两侧同时展现时，左右两侧的推广商品和内容一般是不同的，关闭一侧的按钮不影响另一侧按钮的展示。悬浮按钮的尺寸一般为100像素×100像素，如下图所示的两幅图像。

悬浮视窗

悬浮视窗只能在窗口右下角展示。悬浮视窗广告的尺寸一般为 300 像素 ×250 像素或 100 像素 ×100 像素。

1.1.6　翻卷广告

翻卷广告能够快速吸引观者的目光，并且给其留下较深刻的印象。翻卷广告的投放位置是网页页面的右上角，不随屏滚动，同时在翻卷角上有明确的“关闭”字样或是“关闭”按钮，如右图所示。用户通过单击“关闭”可以将广告卷回，或者单击后自动播放几秒再卷回。一般情况下，翻卷广告的尺寸为 350 像素 ×250 像素。

1.1.7　活动推广式广告

活动推广式广告是指广告主与网店合办的、用户感兴趣的网上竞赛或网上推广活动宣传广告。为了提高用户参与的兴趣，往往会在广告页面中将活动的参与方式、奖品等信息用单独的图像或文字表现出来，有时也会通过小游戏的方式提高广告点击率。活动推广式广告的尺寸是灵活多变的，可以由设计者自行决定，也可以根据广告主的要求来决定。下面的两幅图像就是为店铺设计的活动推广式广告。

1.1.8 邮件广告

邮件广告也称为邮件列表广告，它是利用网站电子刊物服务中的电子邮件列表，将广告加载到刊物中，然后发送给对应的邮箱所属人，从而达到宣传、推广商品的目的。邮件广告多采用文本格式或HTML格式。文本格式的邮件广告是把一段广告性的文字放置在经许可的电子邮件中间，也可以设置一个URL链接到指定的商品展示页面；HTML格式的邮件广告则可以直接插入图片，它与网页上的其他类型的广告相似。

特点

邮件广告具有针对性强、费用低、不受广告内容限制等特点。由于人们浏览电子邮件时通常都是快速浏览，因此设计邮件广告时，应当围绕广告主题，以最简洁的方式来表现。如果在广告中使用大量的图形、文字等元素，则很可能会被观者当做垃圾广告，而失去广告效应。以下图所示的两幅邮件广告为例，设计者抓住大部分人图实惠的心理，以“免费领”“扫码支付立减”等字眼吸引观者，整个画面看起来非常简单，但是能带来较高的点击率。

尺寸

邮件广告的尺寸与其他电商广告不同，它的高度不限，宽度一般为620像素或650像素。

1.2 几个大平台电商广告的特点

随着电商的不断发展，出现了越来越多的电商平台，如淘宝网、京东、当当网和唯品会等。不同的电商平台对广告的设计要求有所不同，因此它们的广告也有着各自的特点。

1.2.1 淘宝网与天猫

阿里巴巴在电商平台中是最大的，也是市场占有率最高的，旗下拥有淘宝网、天猫等平台。其中，淘宝网采用C2C模式，即个人对个人的电子商务，所以其广告作品的设计大多会根据店家个人的喜好而进行图像或文字的处理。其广告图片从整体风格上看，用色较为大胆、丰富，版面与布局也更灵活。

下图所示为淘宝网首页，页面中有多种不同类型的广告，这些广告在用色上没有特定的规律，但是它们通过丰富的色彩给人一种积极乐观的感觉，极具视觉冲击力。

天猫采用 B2C 模式，即企业对个人的电子商务。它对入驻商家的要求比淘宝网更高一些，规定以下 3 类商家可以入驻：一是授权商，即获得国际或国内知名品牌厂商的授权的商家；二是拥有自己注册商标的生产型厂商；三是专业品类专卖店。对于天猫中的广告设计，不仅要考虑单个广告图像的美观性，而且要兼顾整个店铺的色彩风格、版面布局等，其在内容的表现上更为大气。

右图所示为天猫首页，页面中的广告图像是为某家电品牌设计的促销广告，它利用简单的色调变化表现广告效果，能够体现出一定的品质感，符合天猫商家的形象定位。无论是画面左侧的轮播图广告、旁边的按钮广告或下方的横幅式广告，还是广告中图片、文字、装饰元素的选择，都经过慎重的考虑，画面简约而不失设计美感。

1.2.2 京东

京东是目前较大的一个电商平台，平台中销售的商品不但有京东自营的，也有很多第三方网店销售的。京东所销售的自营商品往往更注重商品本身的质量，所以在广告图片的设计上更为简洁。如下图所示，围绕要表现的商品卖点进行设计，简洁的画面更能让观者感受到商品的优良品质。

1.2.3 当当网

当当网是综合性网上购物中心，它的页面配色风格与其他电商平台基本相同。其广告图片风格也是各式各样的，在进行视觉广告设计时，对图片的处理和编辑多根据店主或设计者的喜好进行，图像用色丰富。右图所示为当当网首页中的广告效果展示。

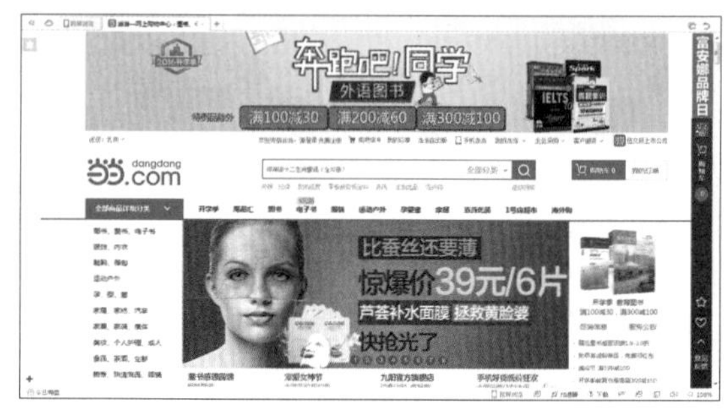

1.2.4 唯品会

唯品会是一家专做特卖的网站，所销售的商品均为注册的品牌商品，并且它所针对的客户群体主要为女性消费者，所以从其广告的设计风格和配色方案来看，更倾向于女性所喜欢的清爽、唯美风格。

如下图所示，两幅图像都是为彩妆品牌所设计的广告图，虽然图像的用色有一些不同，但总体风格都偏向于柔美、清爽，给人以粉嫩的视觉感受。这样的广告设计风格与唯品会所针对的消费群体——都市时尚女性的色彩偏好相统一，更能吸引观者的眼球。

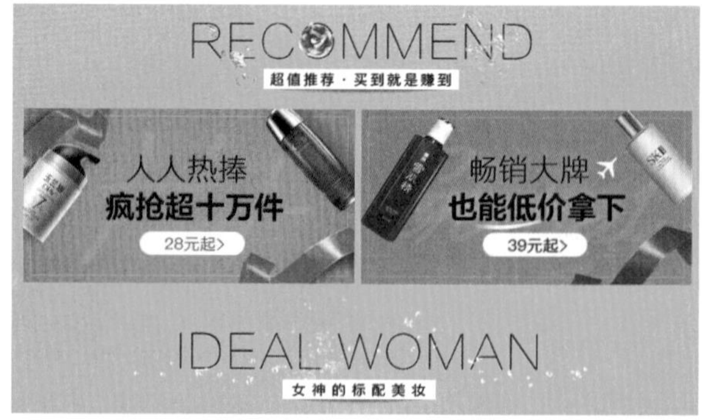

1.3 广告素材的拍摄技巧

电商平台中的商品种类是非常多的，每种商品都有各自不同的特点，很难用统一的技术和方法来处理。要拍摄好商品，需要仔细研究它的外形、质地等特征，确定好拍摄器材，找到最佳的布光与构图，才能得到较完美的效果。根据商品表面质感对光线的不同反应，可以将商品划分为吸光体和半吸光体、反光体和半反光体、透明体和半透明体三大类。下面分别针对这些类别的商品的拍摄技巧进行介绍。

1.3.1　吸光类商品的拍摄技巧

吸光类商品具有粗糙的表面结构，最为常见的有木制品、纺织品、纤维制品以及大部分塑料制品等。吸光类商品最大的特点是在光线照射下会形成完整的明暗层次。其中，最亮的高光部分显示了光源的颜色，明亮部分显示了物体本身的颜色和光源颜色对其的影响，亮部和暗部的交界位置则最准确地显示了物体的表面纹理和质感。

对于吸光类商品的拍摄，可以使用稍硬的光质照明，且照射的角度应当低一些。如果拍摄时采用过柔、过散的顺光拍摄，尤其是顺应其表面纹理结构的顺光，则会弱化被拍商品的质感，如下左图所示；如果商品表面结构十分粗糙，则可以用更硬的光源直接照明，以突显商品表面凹凸不平的质感，强化肌理效果，如下右图所示。

吸光类商品包括毛皮、衣物、食品、水果、陶瓷制品等，由于其表面通常是不光滑的，因此对光的反射相对稳定，即物体的固有色比较稳定。而这类商品本身的视觉层次就较为丰富，所以，为了再现吸光物体表面的层次质感，布光的灯位通常以侧光照射为主，这样可以使其层次、色彩得到更丰富的表现。

右图所示为拍摄一个具有吸光表面的曲奇饼干时采用的布光方式。拍摄这类商品时，将一盏持续光源放在饼干前侧约 45° 的位置作为主光源，形成前侧光；同时，为了减小画面反差，表现画面另一侧商品包装及饼干的细节，在另一侧也放置了一盏持续光源作为补光，使饼干的层次和色彩都表现得更加丰富。

1.3.2　反光类商品的拍摄技巧

反光类商品大多为金属制品、表面光滑的部分塑料制品、瓷器等，它们的最大特点是表面结构光滑如镜，对光线具有较强的反射作用，并且容易在拍摄的商品中将灯光的形状、颜色都呈现在表面，形成光斑或光块。

由于反光物品缺少丰富的明暗层次变化，因此拍摄时可将一些灰色或深黑色的反光板或吸光板放置在这类商品旁，让它们反射出这些色块，以增强其厚实感。另外，还可以在拍摄过程中不断调整灯光的位置或拍摄角度，以改善或避免光斑出现在商品上。如下图所示的两幅图像，左图中的光块区域较大，且在瓶盖上反射出了拍摄者；而经过调整灯光位置后，右图中的光块区域变小，且反光表面也不再出现拍摄者的影像。

反光类商品的表面非常光滑，对光线的反射能力较强，所以，拍摄反光物体一般可通过“黑白分明”的视觉反差效果来表现商品的独特质感。此外，为了避免一个立体面中出现多个不统一的光斑或黑斑，可以采用大面积照射的光或利用反光板照明，也可以在商品两侧放置黑卡或白卡，并借助商品的反光特性进行补光拍摄。

右图所示为拍摄的具有反光特质的皮鞋，拍摄时通过细微调整主光源的位置，使鞋身与鞋底交界部位的弧形鞋面刚好能较为均匀、规则地反射出柔光罩，从而呈现出整齐的光带。鞋身上的反光区域与不反光区域相结合，将鞋子的材质质感表现得较为理想，也得到了不错的视觉效果，且不必担心鞋子底部会产生浓重的阴影。

1.3.3 透明类商品的拍摄技巧

透明物体主要是指各种玻璃制品和部分塑料器皿等，其最大的特点是能让光线穿透其内部。拍摄透明商品时，应当采用侧光、侧逆光和底部光这类生动的照明方式，通过光线穿过透明物体时因厚度不同而产生的光亮差别，使其呈现出不同的光感，表现出商品清澈透明的质感。

如果选择在黑色或深色背景下表现透明的商品，则布光时先要将被拍摄物体与背景分离，两侧用柔光箱加光，然后在前方加一个灯箱，表现出更精致剔透的商品质感。如右图

所示，所拍摄的商品里既有透明的玻璃香水瓶，也有吸光的绒布，在拍摄时通过上述布光方式将背景与玻璃瓶子分离开，准确地表现出透明的质感。

在拍摄透明类商品的过程中，除了要表现材质本身的特点外，往往还需要表现其透光性。大多数人都认为要拍摄出透明类商品的质感非常困难，经常遇到拍摄出的图像太暗或太亮的情况，无法表现出透明质感。而在拍摄酒水或饮料类商品时，除了容器的透明材质外，其内部还有液体，因而还需要表现流体物质的特征，这就使得拍摄时的布光具有一定的挑战性。透明类材质本身就有一定的反光特性，因此，拍摄时同样需要注意避免反光，或调整反光区域在商品表面的位置。

右图所示为拍摄的装有水的透明玻璃杯。拍摄时采用了窗户边的自然光，并使光线呈较高位的逆光照向杯体；为了表现杯子的透明质感，在杯子内倒了约 1/3 的水；考虑到杯子正面的效果，在杯子前面用一小块泡沫板充当反光板，适当增加了杯子的细节；杯口及杯底的黑色轮廓则是在周围的暗色调环境影响下产生的，拍摄出的图像立体、有层次。

其实，要表现透明物体的质感并没有想象的那么困难。虽然不管背景是深是浅，光线都会透过去，但是对于透明商品光亮感的表现，则需要利用反射，使其产生强烈的“高光”反光，透明物体的形状则利用光的折射来达到预期效果。如果按照常规给透明物体照明，如以 45° 侧光照明，则拍摄时大部分光线会透过物体，只有一小部分会被反射，所以不管使用什么背景和色彩，其效果都不会很好，透明物体可见度都较低。对于透明物体的拍摄，最好的表现方式是用“明亮背景黑线条”的布光方式，即在明亮的背景前，物体以黑色线条显现出来，如下左图所示；或在深暗的背景前，物体以浅色线条表现出来，如下右图所示。

1.3.4　商品拍摄时的摆放技巧

对于商品素材的拍摄，除了需要掌握其特点与布光等技巧外，商品的摆放也是很重要的。商品的摆放是一种陈列艺术，同样的商品、相同的拍摄环境，当使用不同的造型和摆放方式时，将会产生不同的视觉效果。因为商品照片的最终目的是刺激观者购买商品，而视觉感受是影响其价值判断最重要的因素之一，所以商品的摆放就显得尤为重要。以下图所示的两幅图像为例，都是几瓶不同颜色的指甲油，但是从摆放方式来看，右图更有创意，左图则稍显凌乱。

摆放角度

商品的摆放角度能够直接影响观者的视觉感受，不同的商品拍摄时可以根据其表现的特点来对拍摄的角度进行调整。如下图所示是几种小首饰的摆放方式，在表现较矮的耳坠时，根据人们视点朝下的视觉习惯，用垂直悬挂的方式来摆放，帮助观者轻松观看商品，并让其视觉中心落到耳坠上；而在表现较长的饰品时，则将商品堆叠起来，采用倾斜的摆放方式，有效缩短了饰品在构图中所占用的空间。

摆放的疏密与序列

如果要摆放多件商品，则不仅要兼顾商品的造型特点，而且要注重整个画面的构图是否合理。若商品摆放方式不恰当，则会使画面显得喧闹、杂乱。此时，采用有序、疏密相间的摆放方式能够让画面显得更丰富，而且不失节奏感。如右图所示，照片中对商品进行了多色展现，在随意摆放的同时，特别注意了不同颜色带子之间的距离和疏密，使画面整洁而井然有序。

1.4 选择合适的广告素材

掌握广告图片的基本拍摄技巧后，接下来学习如何从拍摄的照片中选择合适的素材。选择一张好的素材图像，可以帮助设计者更快速地完成广告的设计与制作。下面从判断商品照片和选择商品照片两个方面来介绍如何进行素材的挑选。

1.4.1 判断商品照片的好与坏

选素材是进行电商广告设计时最重要的一步。如果选择的素材不理想，即使经过反复的编辑与调整，也可能达不到预期的效果；而选择了合适的素材，不但能减少后期处理的时间，还能让照片中的商品传递出更多对观者有用的信息。选择素材照片前，先要学习如何判断商品照片的好坏，可以从画面的构图、光影和色彩等方面入手。

恰当的构图

构图是突出主题的重要表现手法，好的构图更是能够准确地表现商品的重要特征。商品摄影的构图应当围绕所要表现的商品进行，在构图设计时可以遵循简洁的原则。有些构图问题可以通过后期裁剪解决，但是有些构图问题是没有办法通过后期处理解决的，所以在拍摄商品时，可采用黄金分割点构图、中心构图、对角线构图等常见的构图方式进行构图，以突出商品整体或细节效果。

如下图所示，这两张照片都是要表现鞋子。从构图上看，前一张照片中对构图没有进行合理设计，直接拍摄出来后，不但构图效果不理想，而且还出现了多余的椅子、人物等；而后一张照片调整了构图，简化了图像，这样，当观者看到照片时，能更清楚地了解鞋子的外形特征，所以后面这张照片的构图效果更好。

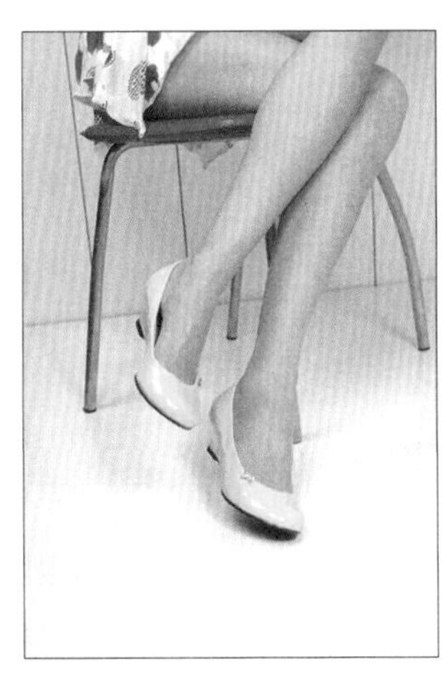

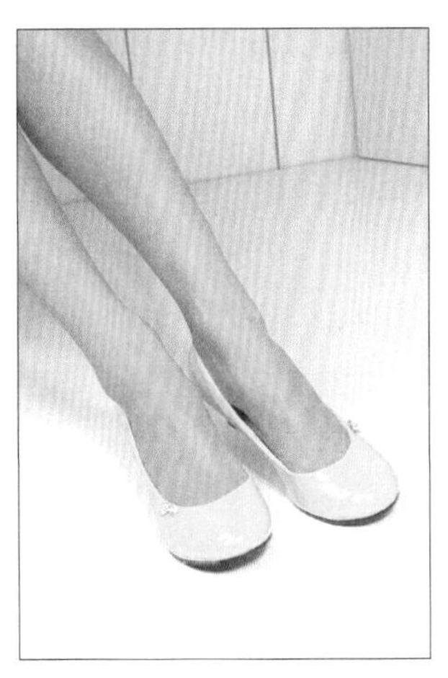

光线的合理运用

对于商品摄影来说，用光也是非常讲究技巧的。在专业的商品摄影中，光分为主光、辅光、轮廓光及背景光等。要想呈现好的照片效果，需要注意这些光线使用的先后顺序、光源所处的位置以及光线强弱的控制等。轻微曝光过度或曝光不足，会使照片显得偏亮或偏暗，可以通过后期处理加以还原。如果强烈曝光过度或曝光不足，即使掌握高超的后期处理技巧，也可能无法将照片还原至正常曝光状态。

如右图所示的两张照片拍摄的是同一件商品，但是前一张照片因为用光不是很恰当，画面太暗了，无法看清商品的外形及细节；而后一张照片对光源进行了调整，画面变得明亮，层次清晰，不失为一张好的素材照片。

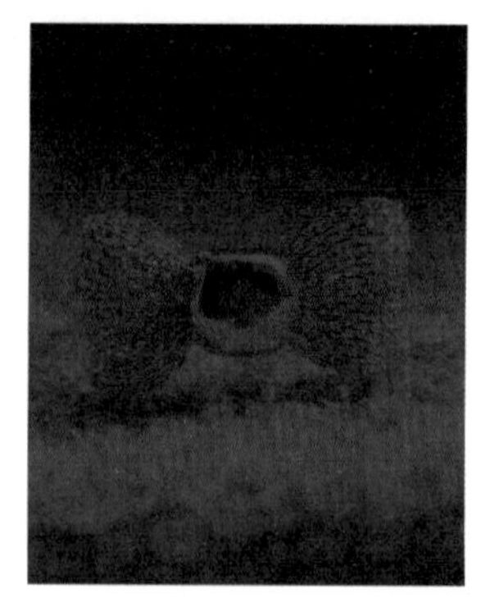

色彩的准确还原

除了明暗以外，色彩也是判断一张商品照片好坏的重要因素。如果拍摄出来的照片偏色较为严重，则观者在看到照片后就会对商品颜色形成错误的认知，导致因色差问题而出现纠纷。当照片出现一定的偏色时，可以通过后期处理还原其色彩。为了方便后期对商品颜色的校正，可以在拍摄时选择用 RAW 格式存储图像。当然，也有一些特殊的情况，如需要营造某种特定的色调氛围时，适当的偏色更利于整体效果的呈现。

如下图所示，这两张照片都是为专卖熟食的小店所拍摄的素材照片。从颜色上看，前一张照片的色彩较为暗淡，给人感觉无味、不好吃的样子，并不能使观者产生购买食品的冲动，自然不是一张好的素材；后一张照片的色彩要鲜艳得多，将虾莹亮的色泽表现了出来，能够激发观者的食欲，从而产生购买的欲望。

1.4.2 如何选择适合主题的商品照片

具备好的构图、光影、色彩的照片，可以认为它是一张好的素材照片，但是并不是所有好的素材照片都适合所要设计的电商广告，所以还需要在这些好照片中挑选适合画面主题的照片。

为了将商品更真实、完整地展现在观者面前，大多数拍摄者都会从不同的视角来拍摄商品。不同视角拍摄出来的照片带给人的视觉感受是不同的，所以要学会根据主题来挑选合适的照片。例如，下图所示的多张照片中，拍摄者通过改变拍摄的角度、距离和方向，全方位展示了手表的外包装、手表正面、手表背面、表带及佩戴效果。

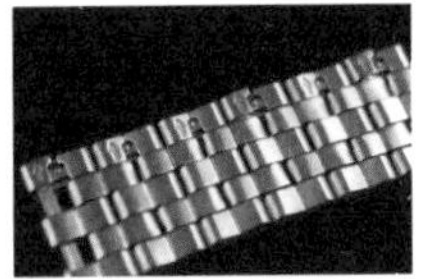

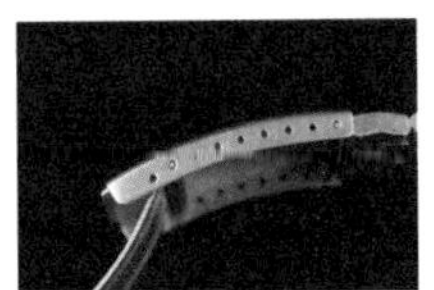
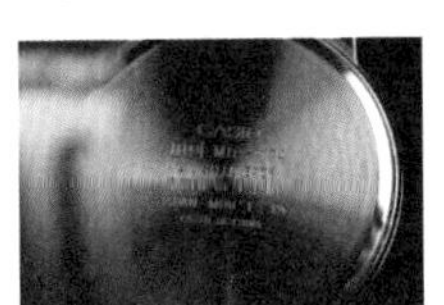

此时如果需要制作一张广告图片，来展现手表精致的做工和流畅的线条感，那么根据这个主题，先要确定手表展示图片，这里选择了手表正面素材，然后通过后期的美化与修饰，突出表现更精致的画面效果，如右图所示。

1.5 快速玩转电商广告配色

色彩会直接影响观者对商品的第一印象，同时也能突出商品的定位，因此，在进行电商广告设计之前，需要先确定作品的设计风格，并根据其风格特点来制定合适的配色方案。那么如何获得满意的配色方案呢？下面介绍几种常用的辅助配色工具。

1.5.1 识别配色软件 ColorSchemer Studio

ColorSchemer Studio 是一款专业的配色软件，它能够帮助用户轻松、快速地创建漂亮的配色方案。ColorSchemer Studio 提供了一个动态的视觉颜色盘，用户可以通过它实时查看颜色是否协调，并且还能混合调色、升降颜色值，甚至可以进行对比分析和解读颜色值。右图所示为启动 ColorSchemer Studio 后显示的操作界面。

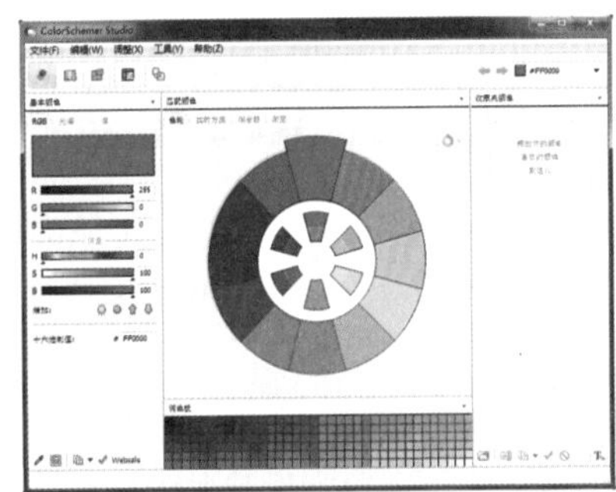

确定“基本颜色”寻找相关的配色

进行图像处理时，经常需要为图像确定基本颜色，而在选择颜色搭配时，则总是找不到合适的色彩，导致颜色搭配起来别扭、不协调。使用 ColorSchemer Studio 可以在确定“基本颜色”的基础上，找到与之匹配的类似色、同类色或对比色等。具体的设置方法是在“基本颜色”窗格中拖曳颜色滑块，设置一个基色，即图像的主色调，如下左图所示；然后在窗口中间的“匹配颜色”下单击“实时方案”标签，在其下方即可提供合适的配色方案，如下右图所示。

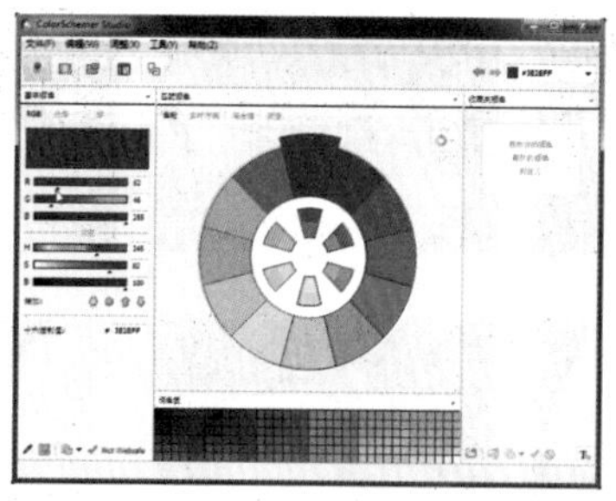
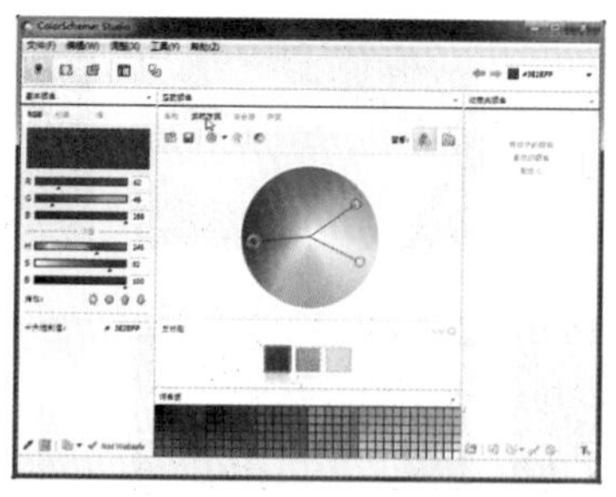

此外，还可以在“混合器”和“渐变”选项下，创建基本颜色与其他色相之间的渐变色，以获得更多的配色方案。单击“匹配颜色”窗格下的“混合器”标签，在该选项卡的左上角将显示出两种颜色，一种为提取的基本色，另一种为用户自定的其他颜色，选项卡中将会对这两种颜色的渐变色进行分析，通过“方向”和“步骤”选项控制渐变的方向和渐变生成的颜色个数，如下左图所示。单击“渐变”标签，在该选项卡中会显示出与基本色相关的变化色，基本色位于选项卡中的色块中心，也就是最大的一个正方形，其他颜色色块则是以基本色为基准进行变化后的色彩，如下右图所示。另外，可以通过在“渐变”选项卡左上角的下拉列表框选择不同的变化选项，来创建更多的配色方案。

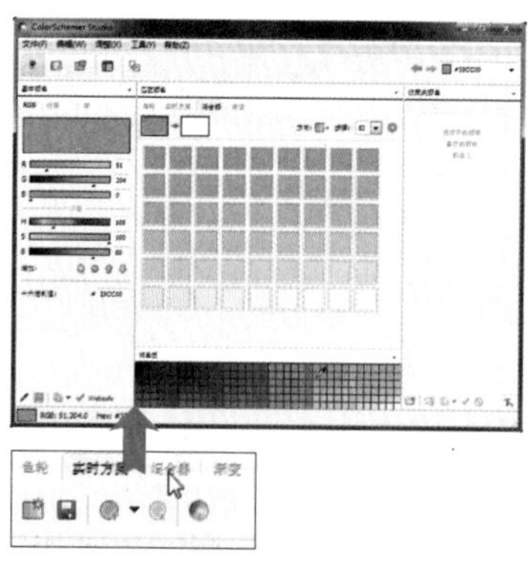
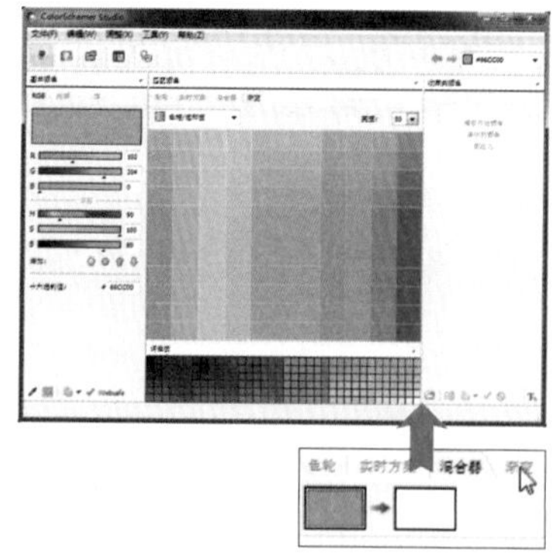

图库浏览器选择配色方案

ColorSchemer Studio 不仅提供了几种自助的配色方法，软件自带的“图库浏览器”还可直接链接到官网图库，官网图库中提供了多达百万种现成的配色方案供用户选择和收藏。但是这些方案均是以英文命名的，所以搜索也只能用英文。

单击“图库浏览器”图标，切换至“图库浏览器”，如下左图所示；在其中单击“连接”按钮，即可显示出图库中的配色，并以分组的形式罗列出来，如下中图所示；单击其中一种配色方案后面的“Add”按钮，即可将当前配色方案添加到“收藏夹颜色”窗格，如下右图所示。

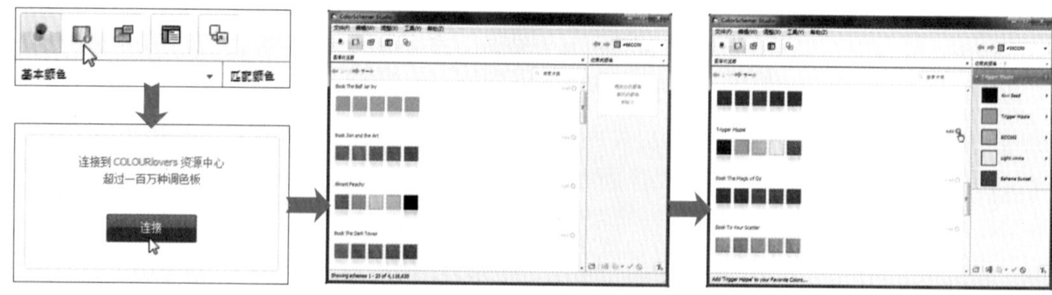

利用商品照片创建配色方案

电商广告中，商品图片是制定配色方案的一个参考因素。使用 ColorSchemer Studio 中的“图像方案”功能可以获取商品照片中的颜色信息，然后提取出最具代表性的颜色，形成配色方案。

要根据照片形成配色方案，可单击“图像方案”图标，切换至“图像方案”，单击“打开”按钮，在打开的“打开图像”对话框中选择照片，单击“打开”按钮，即可将商品照片添加到软件中进行颜色检测并生成配色方案，如下图所示。

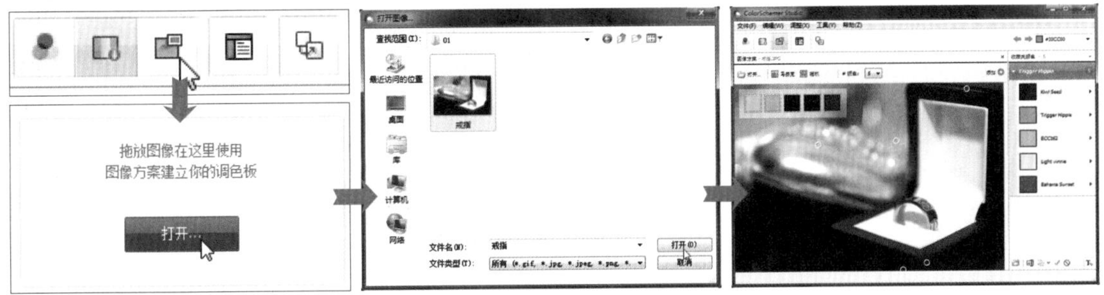

技巧提示：通过拖曳打开图像

除单击“打开”按钮外，还可以直接在照片文件中选中照片，并将其拖曳图像方案中，快速打开照片。

将商品照片添加到软件中之后，可以利用软件中的“转换为马赛克”功能，对照片进行马赛克处理，快速显示出照片中具有代表性的色彩，然后根据广告风格选择合适的颜色进行搭配。下图所示为单击“马赛克”按钮，将图像转换为马赛克的效果，此时将圆圈拖曳至某一色块上，将会调整配色方案的颜色。

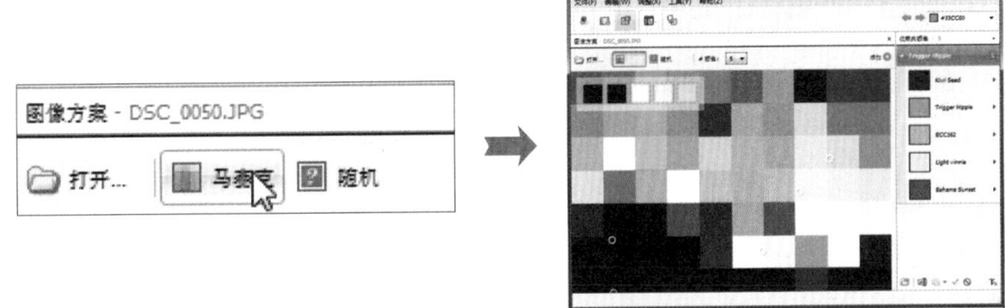

查看配色方案的应用效果

选择并设置配色方案后，如果需要查看配色效果与预期的效果是否相同，可以利用 ColorSchemer Studio 中的快速预览功能进行查看，直接将收藏好的颜色拖曳到预览窗口中的相应区域即可。

如右图所示，单击“快速预览”图标，打开“快速浏览”对话框。在对话框右侧将显示多个基本的网页布局效果，选择所需的布局，将 ColorSchemer Studio“收藏夹颜色”中的颜色拖曳到画面布局的文本或模块位置，即可实时查看这种颜色所产生的效果。

1.5.2 基于网页的配色工具 Adobe Color CC

Adobe Color CC 是 Adobe 公司专为设计人员推出的一款基于网页的动态配色工具。它无须安装，操作方便，只需在浏览器中输入网址 https://color.adobe.com/zh/create/color-wheel/，即可打开 Adobe Color CC 网站，其默认界面如下图所示。

在 Adobe Color CC 中，人们不但可以自由地调整搭配的色彩，还可以选定一张图像，让程序自动识别出其中主要的配色组合。如果不想让程序随机挑选颜色，则可以单击图像的任意位置对色彩进行锁定，然后通过手动调节来设置颜色。选择好颜色后，可以通过 Creative Cloud 利用 Adobe 账户来同步，让 Mac 和 PC 上的 Adobe 应用软件也能够使用这些色彩。

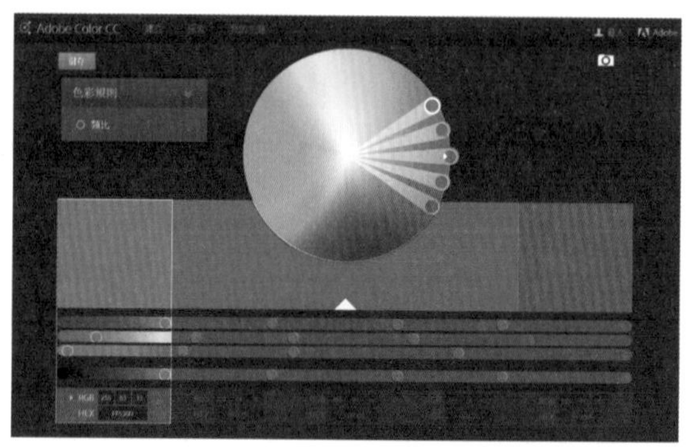

通过拖曳设置配色

在 Adobe Color CC 页面的中间位置可以看到一个圆形的色盘，而在左侧的“色彩规则”下拉列表框中提供了可以选择的配色规则，包括“类比”“单色”“三元群”“补色”“复合”“浓度”和“自定”7 种，如下左图所示。单击“色彩规则”右侧的按钮，在展开的列表中选择一种配色规则后，将鼠标指针移至色盘的圆点上单击并拖曳，此时圆点会根据选定的配色规则进行移动，从而获得较为准确的配色效果，如下右图所示。

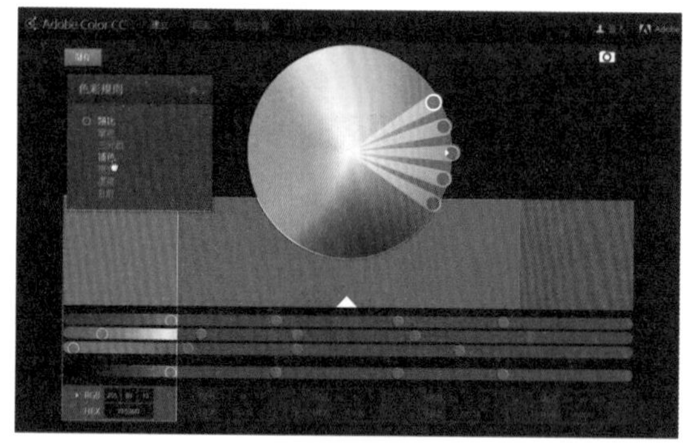

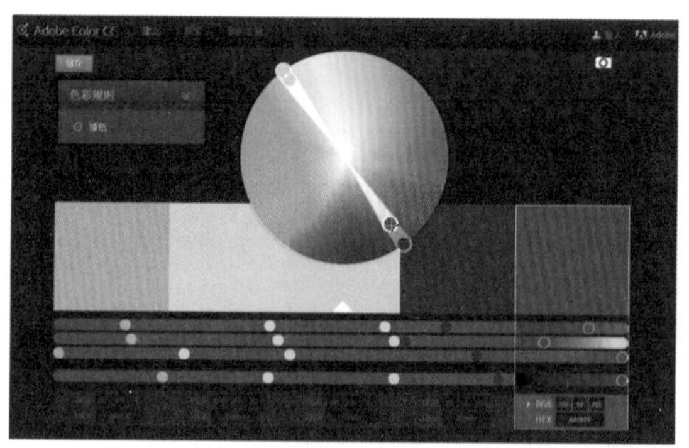

从商品照片中获取配色

在 Adobe Color CC 网页中，除了可以在色盘中设置配色，还可以通过选择本地计算机中的商品照片来获取配色。单击网页右上角的“根据影像建立”图标，即可打开对应的“打开”对话框，在对话框中选择商品照片，再单击下方的“打开”按钮，此时该照片会显示在网页中，并且以彩色为色彩情境提取颜色，如下左图所示。当设置不同的色彩情境时，将会获得不同的配色方案。下右图所示是选择“暗色”选项后的配色效果，可以看到配色的色彩较暗，与下左图所示的配色方案完全不同。

在 Adobe Color CC 网页中，单击顶端的“搜索”图标，切换至搜索页面，在该页面中列出了世界各地的设计师上传的大量配色方案。在每组配色方案中都有 5 个色块、方案名称以及相关的评论信息，设计者借助这些配色方案，可以更快速地完成广告作品的配色，如右图所示。

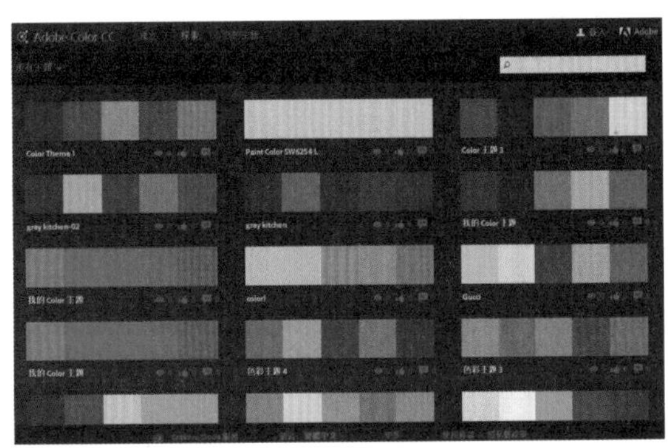

技巧提示：打开 Adobe Color Themes 面板选择配色方案

Adobe Color CC 除了有网页版本外，还可以通过 **Photoshop** 进入其面板，并在 **Photoshop** 中直接使用配色。此功能是在 **Photoshop CS4** 版本之后才有的，而且是以扩展的形式出现的。启动 **Photoshop** 应用程序，执行“窗口 > 扩展功能 > **Adobe Color Themes**”菜单命令，即可打开 **Adobe Color Themes** 面板，在面板中单击 **Explore** 标签，在展开的选项卡下方即罗列了很多配色方案，每种配色方案下包含 **5** 种颜色，单击下方的颜色可以将颜色添加到“色板”中，用于图像配色。

1.6　从视觉营销分析电商广告设计要点

从 2003 年电子商务起步至今，消费者越来越依赖网上购物，越来越多的商家看到了其中的商机，投身于电子商务的大潮中，导致电商的竞争越来越激烈。电子商务与传统商业模式不同，消费者不能看到实物，只能凭借广告图像来了解商品信息，所以出色的电商广告是让商品脱颖而出的关键因素。下面从视觉营销的角度来分析电商广告设计的要点。

1.6.1　让你的广告更聚焦

视觉营销的要点是吸引观者的视线，在被观者注意的基础上，进一步激发其购买欲望，提高营销成功的可能性。那么，怎样才能让电商广告更聚焦呢？这是每一个设计者在设计一个广告作品时都需要考虑的。

在视觉设计时，应通过一些手段去表现与传达商家所需展示的信息，让观者可以在短时间内准确接收营销关键点，达到聚焦的目的。要让设计的作品更聚焦，可以分别从色彩和构图两方面进行考虑。

利用色彩搭配聚焦主题

人们在观察事物时，色彩是较为具有吸引力的视觉元素。也就是说，色彩对于人们的视觉而言具有一定吸引力，因此，要让广告更聚焦，首先可以从色彩入手。为了达到吸引观者眼球的目的，可以使用一些富有刺激感的色彩去装饰视觉元素，使图像达到更好的聚焦效果。如下图所示的两幅图像，都是商品促销广告，左侧图像中鲜亮的红色鞋子虽然能立刻吸引观者的眼球，使商品显得更突出，但画面的“促销”主题没有突显出来；而在右图中，使用与鞋子相近的红色色块衬托文字，既突出了广告的促销目的，也达到了更强的聚焦效果。

利用构图增强聚焦效果

除了色彩元素外，人们对于图形元素的感知也较为敏锐，因此在进行广告图片的设计时，可以利用图形分割布局、装饰图片，让图像主次分明，从而形成吸引观者眼球的焦点。

如右图所示，图像采用了三段式集中构图的形式，将商品展示信息分别放置在图片的左右两边，文字说明部分则放在图片视觉中心位置，利用广告牌形式的图形来装饰和衬托重点文案信息，达到聚焦图像的目的。

1.6.2 提高广告图片的信任度

信任是电子商务存在的基础，网店的视觉设计也是如此。只有获得消费者认可与信赖的设计，才能赢得点击与转化。

在电商的营销过程中，影响消费者建立信任度的因素众多，如商品的质量、服务的态度、商品的口碑等，而这些信息需要通过视觉传达给消费者，这就涉及对于这些信息的视觉设计。单方面的吹嘘是无法让消费者相信所表述的内容的，通过视觉的包装则能增添消费者的信任度。

如下图所示的两张图片，图像所展示的商品是一致的，然而看到这两张图片后，大多数人都会关注第二张图片。这是因为前一张图片显得太过粗糙，而后一张图片利用可辨识的品牌徽标，结合适当的文案装饰，画面显得非常精致，使消费者形成信任感。

由于某些视觉元素，如品牌徽标、第三方认证等，其本身就具有一种心理暗示作用，它们相当于一种潜移默化的意识形态，拥有正规感、权威性和影响力，消费者看到它们后总是会产生信任，所以在电商广告设计过程中，可以充分利用这些视觉元素来打造更有信任度的图片。

品牌徽标

品牌会带来正规感，这也是品牌的力量与效应。大多数消费者会在无形之中产生这样一种思维习惯：知名品牌的商品是有品质保障的。

其中，品牌徽标是消费者用于识别品牌的视觉元素，也是品牌的“面子”。所以在设计时，将这一元素运用在店铺的广告图片中，既向消费者传递了品牌形象，又在一定程度上博得了消费者的信任，如下图所示。

第三方认证

第三方认证是指第三方认证机构客观、公正地对企业的合法性、真实性或商品质量的可靠性进行查证与核实后，对达到标准的企业或商品发放的第三方认可说明。这类说明具有较强的公正性与权威性，设计时在图片中添加第三方认证信息，也可以提高图片的信任度。如下图所示的两幅图像，分别利用 QS 图标和 CCTV 第三方认证方式来设计，观者在看到这样的广告作品时，能够自然而然地产生信任感。

1.6.3 提高广告转换率

随着市场上商品同质化的日益严重，当商品的功能与质量都已经无法成为促使消费者购买的关键因素时，就需要打好感情牌。感性诉求更适应如今消费市场的变化，能够迎合、吸引与刺激消费者。

感性诉求能传达出商品带给消费者的附加值，或满足消费者的情绪与情感需求。情感广告很好地利用了人们的感觉，在与消费者产生情感共鸣的同时，深层次地挖掘出了商品与消费者之间的情感联系，从而让商品更具有吸引力与说服力。在电商广告图片的设计过程中，可以充分利用各种不同的情感因素，如与他人的情感、博爱的情感、情绪情感等来表现，以刺激消费者，从而获得更高的广告转换率。

广告图片中与他人情感的表现

在进行广告图片的设计时，除了突出商品的卖点以外，还可以结合商品的特点，在图片中融入爱情、亲情、友情等人们最基本、最重要的情感，营造出一种温暖人心的展示氛围，引发观者的联想与回忆，让其想起值得自己珍惜的人，这样的表现更容易激起他们的情感共鸣。

如右图所示，是为某品牌女装设计的广告宣传图片。图中除了具备商品展示、活动信息等视觉元素外，还添加了饱含情感的文字“献给你一生中最爱的那个人——母亲”，这样的广告语更容易激起观者对母亲的关爱之情，产生购买商品的冲动。

广告图片中博爱情感的表现

设计广告图片时，有时还可以结合商品的特征挖掘出博爱的情感体验。在广告图片中突显博爱的情感，不仅能很好地表现商品特色，还能在一定程度上拉近与观者之间的距离。右图所示的图像使用“国粹”等文字作为商品卖点，激发了对传统文化有着热爱之情的观者的情感共鸣。

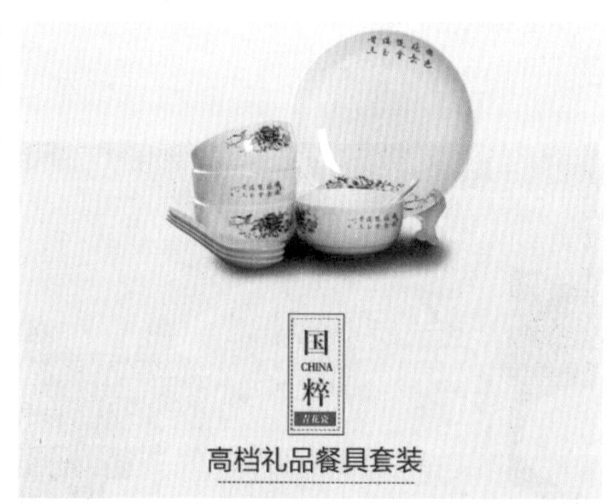

广告图片中情绪情感的表现

人的情绪是千变万化的，与人一样，商品也是有着情绪的表现的。例如，科技类商品总是流露出一种严肃的情绪；食品总是流露出一种满足、欢乐的情绪。在进行广告图像的视觉设计时，通过图片传递出与商品相符的情绪表现，同样能让观者更好地感受与体验商品。下图所示是为某品牌婚纱所设计的轮播广告图片，为展现该品牌所追求的内敛、自由、无拘无束的精神，在设计时从字体的选择到构图，都透露出一种与品牌、商品特性一致的洒脱与内敛的情绪，观者通过视觉的表现就能感受到品牌与商品的态度与情感，图片非常有吸引力。

1.6.4　运用广告设计中的“牺牲”精神

很多设计者在进行与营销相关的视觉设计时都会有这样的想法：管他好的、坏的、重要的、不重要的信息，只要把这些信息都呈现在观者面前，全部都让他们看到，就总会有一点能对他们形成吸引力，这样一来，商品卖出去的可能性就提高了。

其实不然，没有主次之分的信息杂乱地呈现，不但不能吸引观者，反而会让其眼花缭乱，产生畏难情绪，从而放弃对信息的浏览。此时要做的就是“牺牲”，即对全部信息进行梳理，分清主次，将重点信息第一时间呈现，这样才能吸引观者。

牺牲卖点

或许你的商品有诸多卖点，然而在进行广告设计时，需要注意牺牲掉过于常见、不具备个性及表现力的卖点。这是因为不具有画面感的卖点无法引起观者的共鸣，没有共鸣的卖点自然不能吸引观者。

如下图所示的两张图像，都是按钮式广告，前一张图片中包括了多个商品卖点，画面显得很乱，不知道要表现的商品特点是什么，而右图通过牺牲部分卖点，使图片变得更加整洁、引人注目。

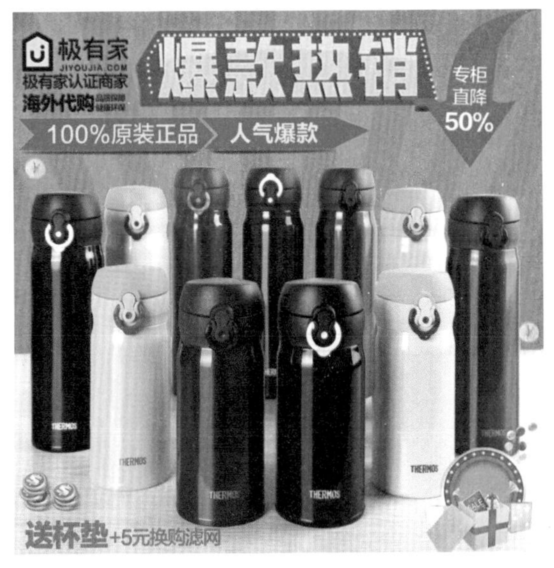

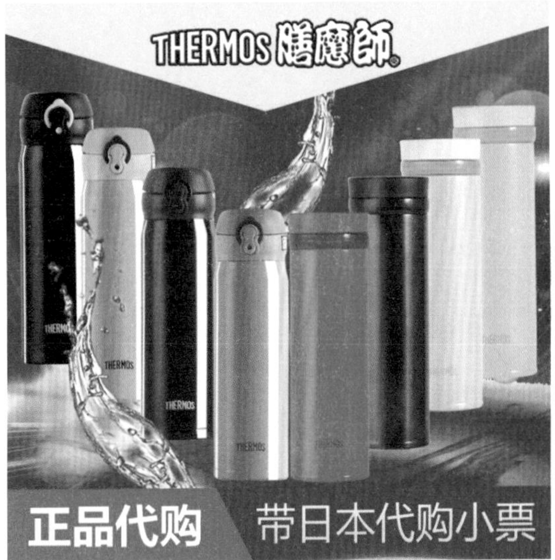

围绕卖点牺牲

有时筛选出来的最富有商品个性的卖点，可能也是同类商品的其他商家会想到并争先恐后去表现的卖点，那么在进行这类广告图片的设计时，还需要做出进一步的牺牲，即围绕这一突出卖点进行广告图片中图文编排的牺牲。这种牺牲不仅能保持广告图片的简洁感、避免杂乱，简单的点睛之笔有时也富有一定的新鲜感，在吸引观者眼球的同时，也便于观者对商品信息的捕捉，让图片更具有广告效应。

下左图所示是一张轮播广告图片，图片中突出了这家女装店设计的轮播图广告，将店中的大量服饰、鞋子、饰品、鞋子都放置到画面中，这样的图片真的能够让观者掌握到更多有用的信息吗？其实过多的卖点不但会造成资源的浪费，而且会给消费者带来一定的困扰，不知道店铺中的商品是否是自己所需要的，所以很难打动消费者产生购买欲望。

在如下右图所示的广告作品中，没有将店铺中所有商品完整地展示出来，而是将具有代表性的服饰局部进行展示，消费者能够快速了解衣服材质以及店铺销售的主要商品。同时在文案的处理上也进行了一定的牺牲，抓住衣服上的刺绣纹样这一要点，用最直接的文字将它表述出来，画面极具视觉冲击力。

第 2 章

Photoshop 电商广告设计入门技法

学习制作电商广告前，除了需要掌握广告设计的要点之外，还需要掌握广告图片的基本处理方法，如调整图像的大小、分辨率、构图及修复照片瑕疵等。这些基本的图像处理技巧的应用，可以让广告作品更加出色。在 Photoshop 中，通过使用“图像大小”命令、裁剪工具、图像修复类工具，能够快速完成图像的简单调修，为广告设计奠定良好的基础。

本章案例

01 “淘宝装修助手”快速创建装修代码
02 “淘美网店装修助手”帮你轻松完成网店装修
03 “淘宝图片批量处理工具”快速修饰照片
04 “疯狂的美工装修助手”创建自定义页面布局
05 重新调整图片大小适配电商平台
06 设置适合电商平台的图像分辨率
07 快速裁剪改变构图突出商品局部
08 精确裁剪商品照片至合适大小
09 拉直水平线让商品端正展示
10 校正变形的商品
11 修补商品自身缺陷
12 修复人物肌肤瑕疵
13 去除商品背景中的杂物
14 去除商品上的头发、灰尘
15 去除用于悬挂商品的挂钩
16 锐化图像让商品更清晰
17 通过填充更改商品颜色

2.1 了解几个实用的网店装修工具

在进行网店装修与设计的过程中，除了使用 Photoshop 对店铺外观及其中的广告图像进行编辑外，还可以使用其他的网店装修工具对店铺或图像进行美化，这些软件有的可以快速生成装修代码，有的则可以对图像进行批量处理，等等。下面对几个实用的网店装修工具进行介绍。

案例 01 “淘宝装修助手”快速创建装修代码

“淘宝装修助手”是为淘宝美工人员量身定做的一款辅助软件。此软件具有导航条 CSS 样式生成、固定背景代码生成、图像格式转换工具、阿里旺旺代码生成等诸多功能。

步骤01 打开“淘宝装修助手”操作界面

打开“淘宝装修助手”操作界面，界面中以标签的形式列出了网店需要装修的各个区域的名称。单击不同的标签后，会切换至不同的选项卡，在选项卡中可通过单击按钮，为模块进行代码的创建。

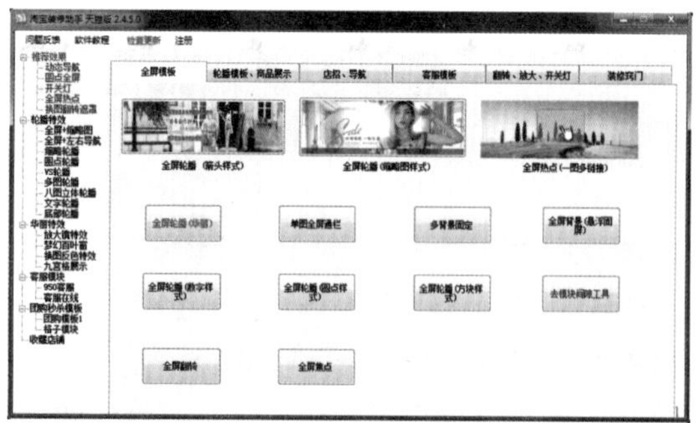

步骤02 单击“多图轮播”按钮

这里首先对页面轮播图进行设计。单击“轮播模板、商品展示”标签，切换至“轮播模板、商品展示”选项卡，要设置多图轮播效果，可单击下方的“多图轮播”按钮。

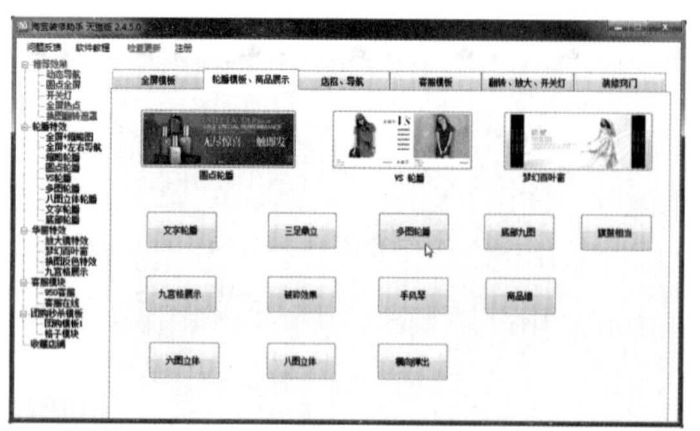

步骤03 设置多图轮播选项

单击按钮后会打开“淘宝装修助手—多图轮播特效”对话框，在对话框中会显示出与多图轮播相关的选项。此处根据轮播图片的顺序进行设置，设置后还要创建代码。单击右下角的“获取代码”按钮，获取代码后会弹出“成功”对话框，提示代码已复制到剪贴板中。

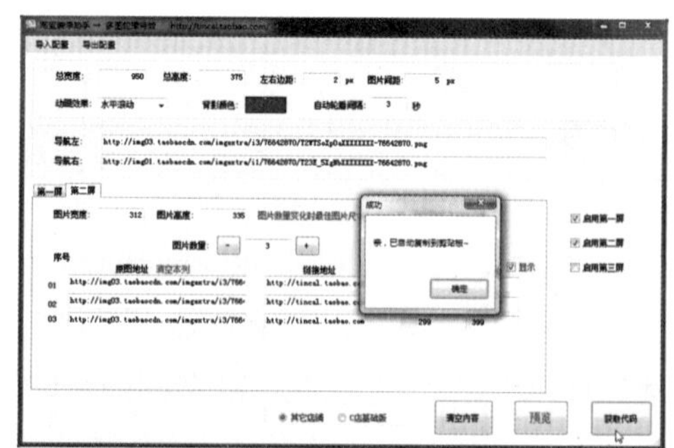

步骤04 复制并粘贴代码

对于创建的代码，可以对其进行查看。要查看创建的代码，可新建一个空白文本文件，然后执行“编辑>粘贴”菜单命令，即可把复制到剪贴板中的代码粘贴到文本文件中。

技巧提示：装修代码的应用

使用淘宝装修助手获取装修代码后，可以将代码复制，并使用 **Dreamweaver** 软件对代码进行进一步编辑，然后应用到网店修饰中。

案例 02　“淘美网店装修助手”帮你轻松完成网店装修

“淘美网店装修助手”是一款能自动生成网店装修代码的软件，如右图所示。此软件全面支持淘宝店铺、京东商城等电商平台，能生成宽度为 750 像素、790 像素、950 像素、990 像素的商品展示静态格子模块，用于网店首页和商品详情页，是网店美工的好帮手。

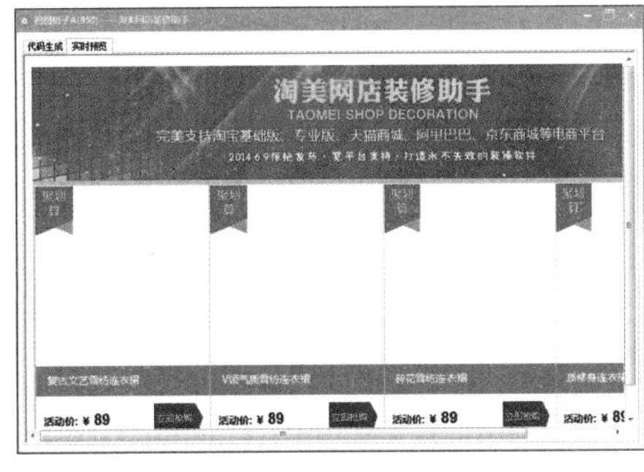

步骤01　打开“淘美网店装修助手”操作界面

打开“淘美网店装修助手”操作界面，可以看到在界面上方有不同的页面宽度，并且在对应的宽度下定义了网店的装修布局。此处具体的选择可根据网店的版本和电商平台来设置，以淘宝为例，单击“950格子”，确定装修页面的宽度，再单击下方的“四图格子A”。

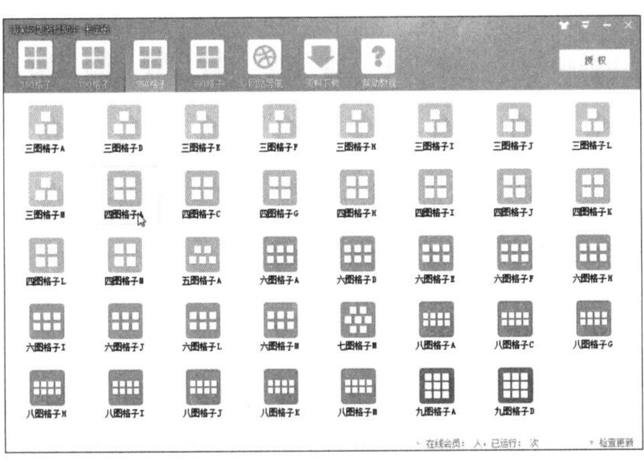

步骤02　设置四图格子选项

单击后即确定了页面的布局效果，此时会弹出“四图格子A（950）——淘美网店装修助手”对话框，在对话框中通过选项设置图片位置与链接，还可以设置链接图像标题、颜色等信息。

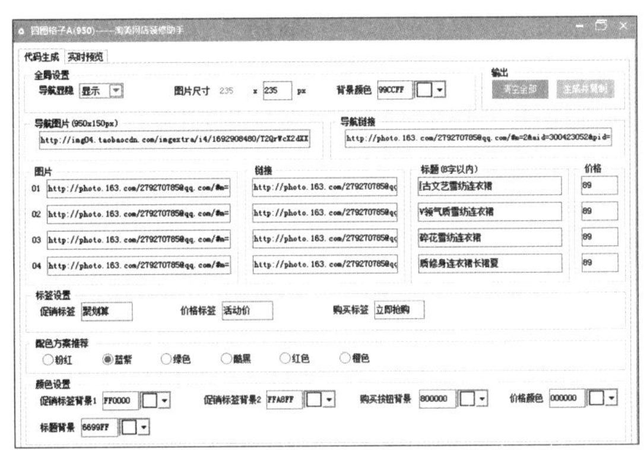

步骤03　实时查看设置效果

设置好各选项后，如果要查看设置的效果，可单击“四图格子A（950）——淘美网店装修助手”对话框上方的“实时预览”标签，在打开的选项卡下即可查看编辑的效果。

步骤04 查看网店导航效果

为了方便用户学到更多的网店装修技巧，还可以单击“淘美网店装修助手”操作界面上方的“网站导航”标签，在展开的选项卡下单击超链接，将切换至不同的设计网站学习网店装修技法。

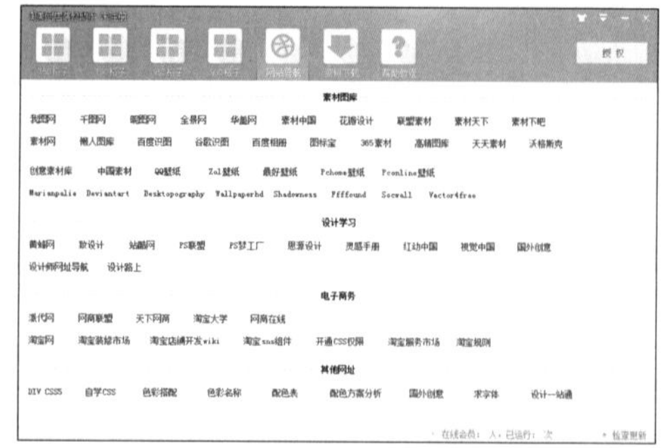

案例03 “淘宝图片批量处理工具”快速修饰照片

“淘宝图片批量处理工具”是一款用来修改淘宝图片的软件。用户可以通过此软件快速缩小图像的尺寸，并为图像添加文字或水印等。同时，它还具有图像批处理功能，可以实现多幅图像的快速调整，提高了图像的处理效率。

素　材	随书资源\素材\02\批处理前\01~05.jpg
源文件	随书资源\源文件\02\批处理后\01~05.jpg

步骤01 单击“选择”按钮

打开“淘宝图片批量处理工具”，在操作界面上包括“图片源文件夹”“基本设置”“文字水印”“图片水印”和“处理后保存到”5个选项组。这里要为图像批量添加文字水印，单击“图片源文件夹”右侧的“选择”按钮。

步骤02 在“浏览文件夹”中设置源文件

打开“浏览文件夹”对话框，在对话框中选择要批量处理的图片的位置，设置后单击“确定”按钮，返回“淘宝图片批量处理工具”操作界面。此时在“图片源文件夹”文本框中显示了选择的文件夹的路径。

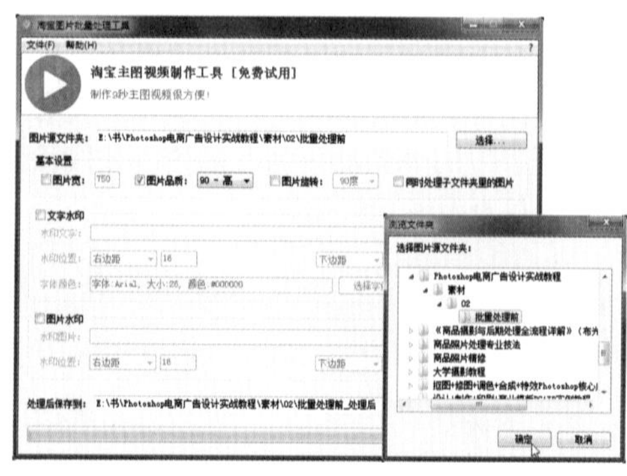

步骤03 设置“水印文字”选项

接下来是文字水印的设置，勾选“文字水印”复选框，在激活的“文字水印”选项组下的“水印文字”文本框中输入水印文字信息“时尚美衣小店”。为了让水印文字更加明显，将“水印位置”设置为“水平距中”和“垂直距中”，单击“不透明度”右侧的下三角按钮，在展开的列表中选择80%，再单击下方的“选择字体颜色”按钮。

步骤04 调整字体效果

打开“字体”对话框，在对话框中根据网店装修的风格对文字的字体、字形、颜色进行调整。为了让水印文字更醒目，在“字体”列表框中选择较粗的“华文琥珀”，将“大小”设置为“二号”，勾选“下划线”复选框，并调整文字颜色，设置完成后单击“确定”按钮，返回“淘宝图片批量处理工具”操作界面。此时在“字体颜色”文本框中显示了设置的文字选项信息。

步骤05 查看设置效果

设置水印后，由于原图片尺寸较大，不利于网络上传和展示，因此勾选“图片宽”复选框，并在其后输入宽度值，对图片的宽度进行限制。

步骤06 单击“效果预览”按钮预览图像

设置后可以先对图像进行预览，单击“效果预览”按钮，打开“预览”对话框，在对话框中显示了添加水印并调整大小后的照片效果。

步骤07 设置图像存储位置

如果处理后图像的存储位置与“图片源文件夹”中设置的路径一样，则处理后的图片会覆盖“图片源文件”中的原图片。为了避免这样的情况，可以单击“处理后保存到”右侧的“选择”按钮，打开“浏览文件夹”对话框，在对话框中指定新的存储位置，用于存储处理后的图像。

步骤08 单击“开始处理”按钮

指定好新的存储位置后，单击“确定”按钮，返回“淘宝图片批量处理工具”操作界面。此时在“处理后保存到”文本框中显示了新设置的存储位置，确保存储位置、水印样式等选项无误，单击右下角的“开始处理”按钮，即会根据设置的选项对指定源文件夹中的图片进行批量处理。

文字水印
水印文字：时尚美衣小店
水印位置：水平居中 16 垂直居中 16 不透明度：80%
字体颜色：字体：华文琥珀，大小：22，颜色：#ff00ff 选择字体颜色 效果预览
图片水印
水印图片： 选择
水印位置：右边距 16 下边距 16 效果预览
处理后保存到：E:\书\Photoshop电商广告设计实战教程\源文件\02\批处理后 选择...
开始处理

步骤09 查看批处理效果

完成批处理后，打开处理后图像的存储目录，即可查看处理后的图像效果。此时会看到文件夹中的图像都被添加了相同的文字水印，并调整了图像大小。

案例04 “疯狂的美工装修助手”创建自定义页面布局

“疯狂的美工淘宝天猫装修助手”是使用简单、功能强大、用途广泛的天猫、淘宝店铺装修工具。它包括“自定义工具区”“固定模块特效”“美工设计软件”“设计素材导航”和“助手使用说明”等模块，能帮助用户方便地装修店铺。

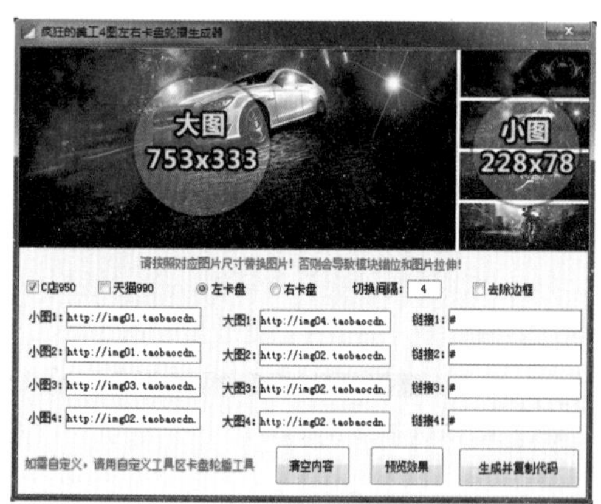

步骤01 设置自定义工具区

打开“疯狂的美工淘宝天猫装修助手”操作界面，默认会显示“自定义工具区”模块，其中包含多种网店装修中会用到的工具，只需通过单击进行操作。这里要设置全屏移动的模块效果，单击“全屏各种飘模块”图标。

步骤02 设置图像动态模块效果

单击后会弹出“疯狂的美工全屏各种飘模块代码生成器（可加多热点）”对话框，在对话框下方可以设置目标打开位置，也可以单击“样式选择”下三角按钮，在展开的下拉列表中选择动画展示的方式等。

步骤03 设置固定模块特效

如果需要使用固定模块方式定义版面，则单击操作界面左侧的“固定模块特效”标签，展开该选项卡，单击其中的“4图左右卡盘”图标。

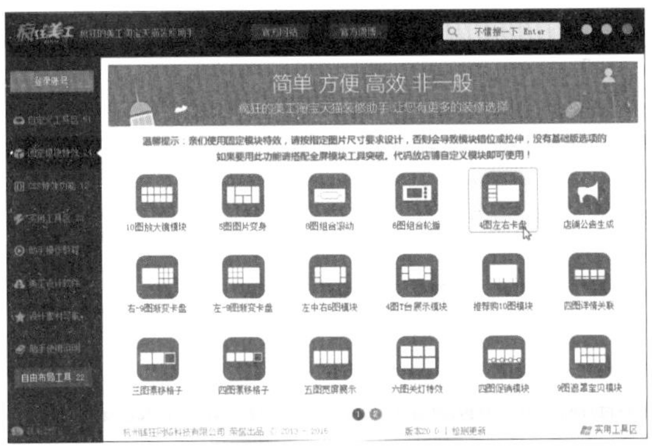

步骤04 指定图像轮播并创建代码

单击后会弹出“疯狂的美工4图左右卡盘轮播生成器”对话框，在对话框中按照网店装修对应图片尺寸替换图片，并输入相应的图片链接。输入后单击右下角的“生成并复制代码”按钮，即可根据设置创建图像轮播代码。

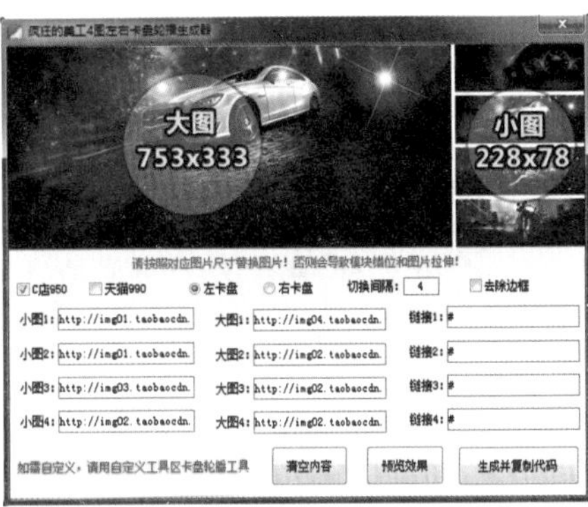

2.2 裁图

当开始对商品照片进行处理时，首先会对照片的尺寸、构图及角度等进行调整，让照片的大小、视觉中心和外形状态更符合电商广告的需要。在 Photoshop 中，可以通过多种不同的命令或工具对照片进行裁剪。下面通过案例介绍快速裁剪和校正照片的方法。

案例 05 重新调整图片大小适配电商平台

商品照片的图像尺寸越大，所占的空间越大，上传和浏览时打开所需的时间就越长，因此，鉴于网络平台对广告图片大小的限制，也为了图像能够在网络上快速地传播和显示，对商品照片进行处理前，大多数情况下都会对图片大小进行重新设置，使其符合编辑的需要。在 Photoshop 中，可以利用“图像大小”命令快速更改图像的大小。

素　材	随书资源\素材\02\06.jpg
源文件	随书资源\源文件\02\重新调整图片大小适配电商平台.psd

步骤01 执行“图像大小”菜单命令

打开素材文件“06.jpg”，由于这里要对图像的大小进行调整，因此执行“图像>图像大小”菜单命令，打开“图像大小”对话框。

步骤02 查看图像大小

在“图像大小”对话框左侧显示了打开图像的预览效果图，右侧显示了打开图像的实际大小，包括图像存储大小、宽度、高度及分辨率等信息。

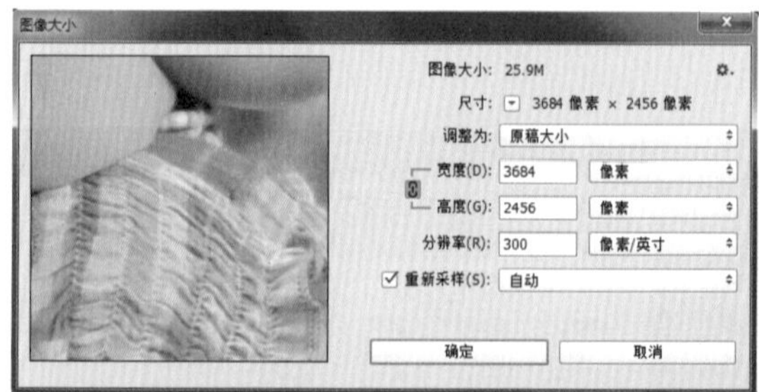

步骤03 重新设置图像大小

从对话框中可以看到，打开的图像为了方便后期操作，其宽度和高度值都较大，而图像所占的存储空间也较大，在实际的应用中并不需要这么大的图像，需要对其大小进行调整。在“宽度”文本框中输入950，在“高度”文本框中输入633，输入后可以看到图像变小了许多。确保输入的参数值无误，然后单击“确定”按钮，完成图像大小的调整。

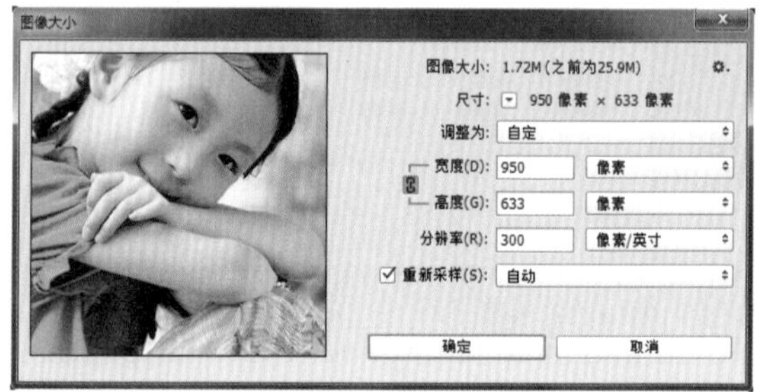

案例 06 设置适合电商平台的图像分辨率

除了宽度、高度会影响照片的存储大小外，分辨率也是影响照片尺寸的一个重要因素。数码相机所拍摄出来的商品照片的分辨率大多为 300 像素 / 英寸，而电商广告对图像分辨率的要求没有那么高，只需要保证 72 像素 / 英寸即可，所以在编辑照片时还可对照片的分辨率进行调整。

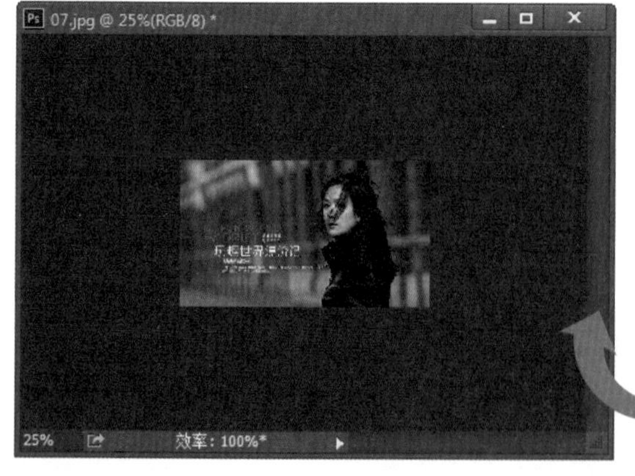

素 材	随书资源\素材\02\07.jpg
源文件	随书资源\源文件\02\设置适合电商平台的图像分辨率.psd

步骤01 执行“图像大小”菜单命令

打开素材文件“07.jpg”，这是一张编辑完成的女装广告图片。这里需要按网店要求进行分辨率的调整，执行“图像>图像大小”菜单命令。

步骤02 查看原图像分辨率

打开“图像大小”对话框，在对话框右侧显示了当前打开图像的大小和像素值，从中可以看到摄影师为了方便后期操作，拍摄时将相机分辨率设为了300像素/英寸。

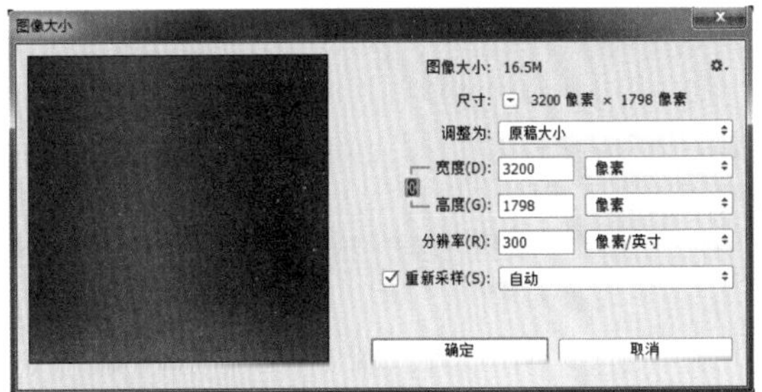

步骤03 更改图像分辨率

由于电商应用中对图像分辨率的要求大多为72像素/英寸，因此将鼠标指针移至“分辨率”文本框中，重新将分辨率设为72像素/英寸，输入后发现图像的宽度和高度都发生了变化。

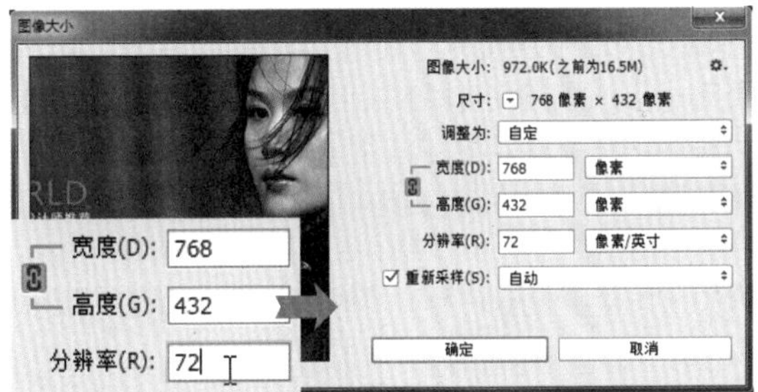

技巧提示：重新采样

在“重新采样”下拉列表框中提供了 **7** 种采样方式。

- ▶自动：**Photoshop** 根据文档类型即是放大还是缩小文档来选取重新采样的方法。
- ▶保留细节（扩大）：可在放大图像时使用“减少杂色”滑块消除杂色。
- ▶两次立方（较平滑）（扩大）：是一种基于两次立方插值且旨在产生更平滑效果的有效的图像放大方法。
- ▶两次立方（较锐利）（缩减）：是一种基于两次立方插值且具有增强锐化效果的有效的图像缩小方法。
- ▶两次立方（平滑渐变）：是一种将周围像素值分析作为依据的方法，速度较慢，但精度较高。
- ▶邻近（硬边缘）：是一种速度快但精度低的图像像素模拟方法。
- ▶两次线性：是一种通过平均周围像素颜色值来添加像素的方法，可生成中等品质的图像。

案例 07 快速裁剪改变构图突出商品局部

摄影师在拍摄商品照片的时候，为了将商品全部囊括到画面中，可能会忽略照片的构图，或者将不需要突出表现的对象拍摄到画面中。遇到这种情况时，可以使用 Photoshop 中的裁剪工具对照片进行裁剪，去掉多余的图像内容，以突出商品局部细节效果。

素　材	随书资源\素材\02\08.jpg
源文件	随书资源\源文件\02\快速裁剪改变构图突出商品局部.psd

步骤01 打开并复制图像

打开素材文件“08.jpg”，发现因为构图不合适，使图片中的饰品显得太小，不够醒目。为了突出项链的精致轮廓，可对图片进行裁剪。在裁剪之前，先按下快捷键Ctrl+J，复制图层，创建“图层1”图层。单击工具箱中的“裁剪工具”按钮，选中“裁剪工具”。

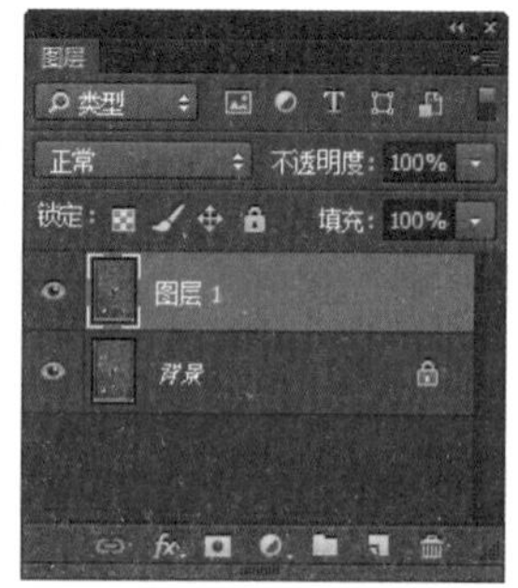

步骤02 绘制裁剪框

这里需要着重突出项链下方可爱的天鹅形吊坠部分，因此将鼠标指针移至项链坠子位置，单击并拖曳鼠标，绘制一个裁剪框，快速创建一个裁剪范围。

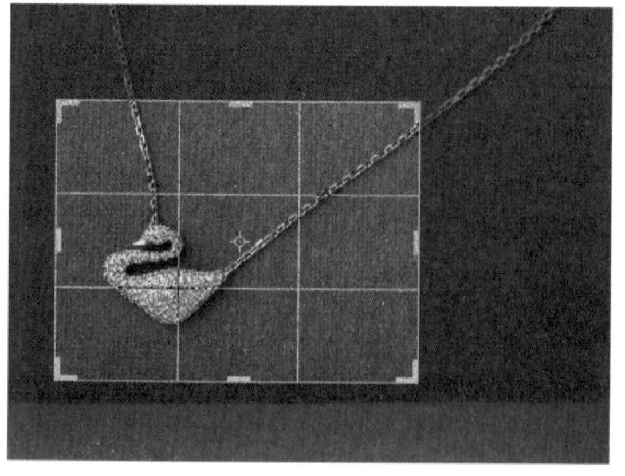

步骤03 调整裁剪叠加选项

为了创建更完美的构图效果，可借助“裁剪工具”中的辅助线功能。单击选项栏中的“设置裁剪工具的叠加选项”按钮，展开下拉列表，此处想将图像设置为经典的黄金分割构图，所以在列表中选择“黄金比例”选项，显示黄金比例辅助线，再拖曳图像上的裁剪框，调整裁剪范围。

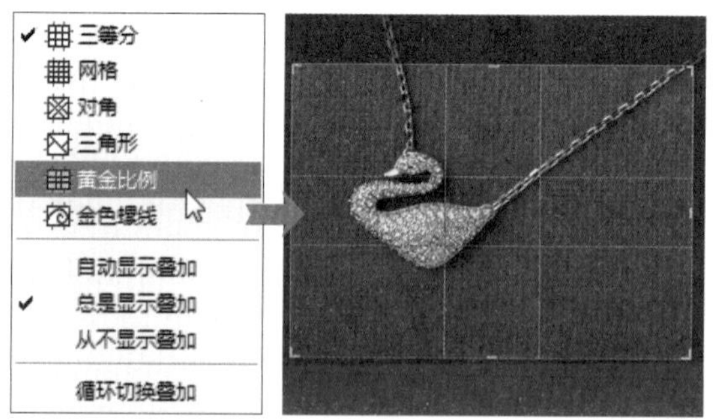

步骤04 确认并裁剪照片

当确定要裁剪的范围后，右击裁剪框中的图像，在弹出的快捷菜单中执行“裁剪”命令，或者单击选项栏中的“提交当前裁剪操作”按钮，裁剪照片。此时感觉裁剪后的图像偏暗，复制图像，更改混合模式为“滤色”，提亮图像。

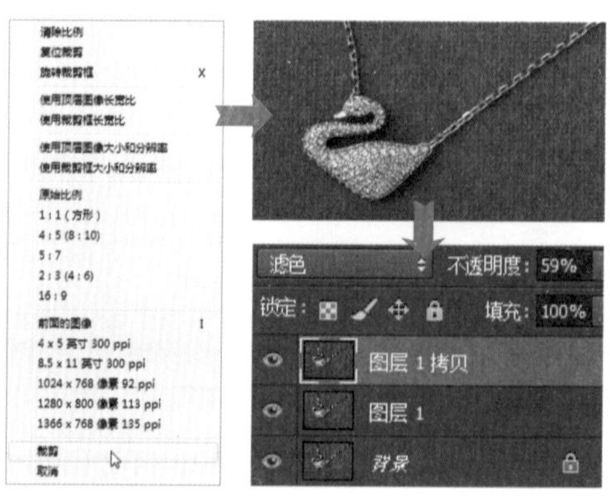

案例 08　精确裁剪商品照片至合适大小

Photoshop 中除了使用“裁剪工具”对照片多余的内容进行裁剪以更改构图外，还可以使用“裁剪”命令来进行操作。使用“裁剪”命令可以将拍摄的照片裁剪为特定的尺寸，即先用选区工具创建选区，然后根据创建的选区来定义裁剪的内容。

素　材	随书资源\素材\02\09.jpg、10.psd
源文件	随书资源\源文件\02\精确裁剪商品照片至合适大小.psd

步骤01　使用“矩形选框工具”创建选区

打开素材文件“09.jpg”，如果要将这张照片制作为横幅式广告，则需要根据横幅式广告的尺寸要求对图像进行裁剪。单击工具箱中的“矩形选框工具”按钮，由于横幅式广告图像的高度不可超过600像素，而宽度应大于或等于750像素，因此在“矩形选框工具”选项栏中选择“固定大小”样式，然后先把“高度”设置为600像素，再设置“宽度”为1200像素，设置后在图像中单击，就会得到一个同等大小的选区。

样式：固定大小　宽度：1200 像　高度：600 像

技巧提示：设置选区样式

在“矩形选框工具”选项栏中有一个“样式”选项，用于设置选区的形状，默认为“正常”选项，即绘制自由大小的选区效果。如果选择“固定大小”或“固定比例”选项，则会激活旁边的“宽度”和“高度”选项，此时可以在图像中创建固定大小或固定比例的矩形选区。

步骤02　执行“裁剪”命令裁剪图像

创建固定大小的选区后，选区内的图像就是要保留的图像区域。此时执行“图像>裁剪”菜单命令，会将选区外的图像全部裁剪掉，只保留选中的图像。

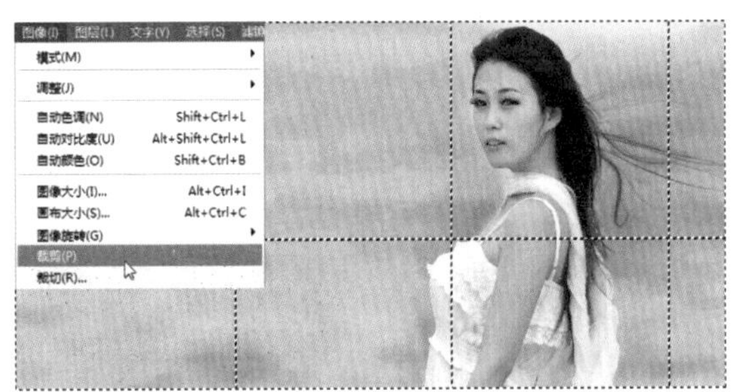

步骤03　复制并添加广告文字

执行“选择>取消选择”菜单命令，或者按下快捷键Ctrl+D，取消选区。打开素材文件“10.psd”，将其中的素材图像复制到裁剪后的照片中，并调整至合适的大小，即可看到将照片设置为横幅式广告的效果。

案例 09　拉直水平线让商品端正展示

在拍摄商品时，经常会因为拍摄角度问题导致拍摄的商品产生倾斜，此时可以通过拉直旋转图像来调整商品角度，将倾斜的商品图像纠正。在 Photoshop 中，可以使用“拉直工具”轻松校正倾斜的照片，让照片中的商品得到更好的展示。

素　材	随书资源\素材\02\11.jpg
源文件	随书资源\源文件\02\拉直水平线让商品端正展示.psd

步骤01　使用“标尺工具”绘制线条

打开素材文件“11.jpg”，可看到照片中的商品明显是倾斜的，需要加以校正。校正倾斜照片前，按住工具箱中的“吸管工具”按钮不放，在弹出的隐藏工具中选择“标尺工具”，然后沿照片中的垂直线单击并拖曳鼠标。

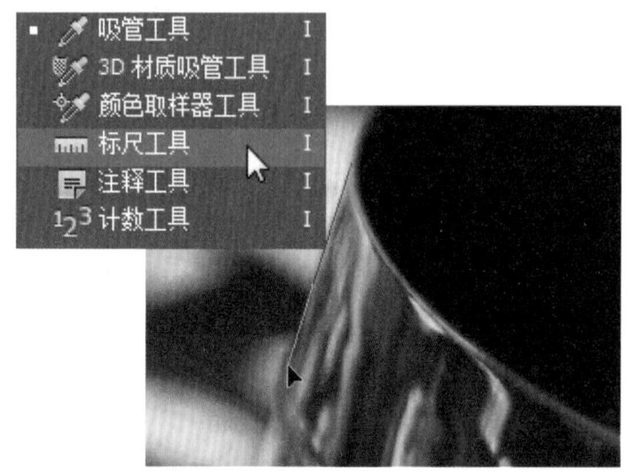

步骤02　执行“任意角度”菜单命令旋转图像

当拖曳至一定位置后，释放鼠标，创建拉直参考线。执行“图像>图像旋转>任意角度”菜单命令，由于在对话框中已根据拉直参考线自动设置了旋转角度，因此只需单击“确定”按钮即可。

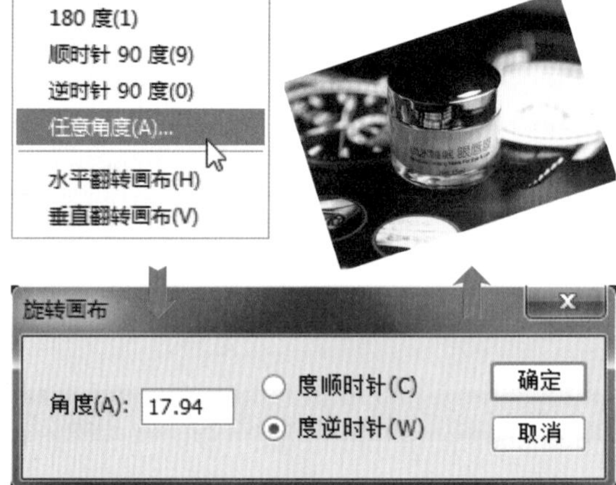

步骤03　使用“裁剪工具”裁剪图像

旋转图像后，背景旁边出现了白色的背景，为了让画面整体更加完整，可以将这些区域裁掉。选择“裁剪工具”，将鼠标指针移至图像边缘，单击并拖曳鼠标，绘制一个裁剪框，调整裁剪范围，单击“裁剪工具”选项栏中的“提交当前裁剪操作”按钮，裁剪图像。

步骤04　应用“仿制图章工具”修复图像

经过上一步的裁剪操作后，图像边缘的大部分白色背景被去掉了，但是在左上角还有部分白色的背景。选择“仿制图章工具”，按住Alt键不放，单击取样图像，然后用取样的深色背景替换白色区域，完成本案例的制作。

案例 10　校正变形的商品

拍摄商品照片时，因拍摄角度所造成的畸形会影响观者对商品外形的准确判断和理解，此时就需要对商品的外形进行校正。在Photoshop中，可以使用“透视裁剪工具”轻松校正变形的图像。它可以在裁剪图像的同时变换图像的透视，让照片中的商品恢复正常的透视视觉。

素　材	随书资源\素材\02\12.jpg
源文件	随书资源\源文件\02\校正变形的商品.psd

步骤01　选择“透视裁剪工具”

打开素材文件“12.jpg”，会发现由于拍摄时相机俯拍的角度与手机太过接近，形成了梯形的透视效果，使得手机展示效果不佳。为了让手机透视角度趋于正常，单击工具箱中的“透视裁剪工具”按钮。

步骤02　绘制透视裁剪框

在图像窗口中单击并拖曳鼠标，创建透视裁剪框。此时鼠标指针在裁剪框的调整线位置显示为空心三角形，要对透视角度进行调整，先将鼠标移到裁剪框的左下角位置，根据透视角度单击并向右拖曳，使手机的左侧垂直线与裁剪框的边线平行。

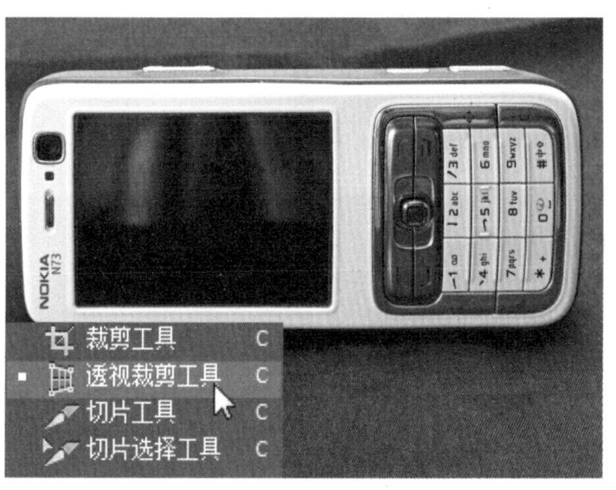

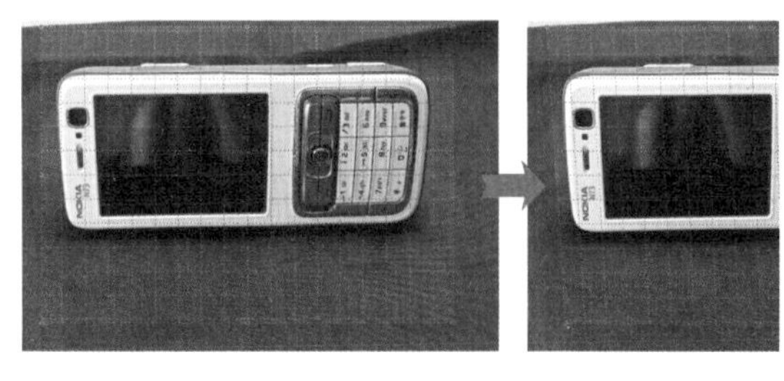

步骤03　调整裁剪框范围

将鼠标指针移至裁剪框的右下角位置，当鼠标指针呈空心三角形时，单击并向左拖曳，使手机右侧垂直线也与裁剪框的边线平行。

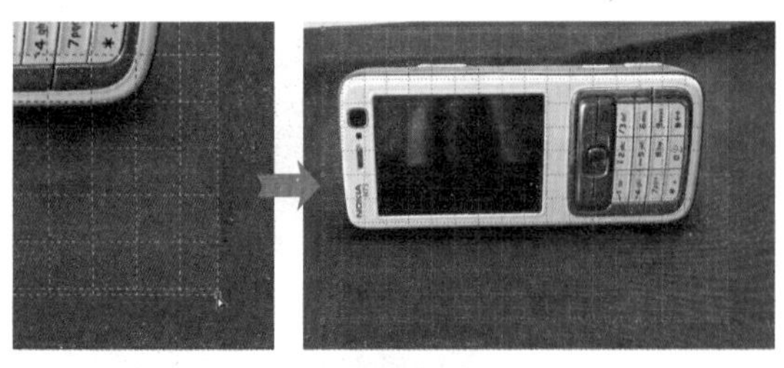

步骤04 裁剪并校正透视效果

确定裁剪框的大小和透视角度后，单击“透视裁剪工具”选项栏中的“提交当前裁剪操作”按钮 ☑，裁剪照片，校正照片透视效果。

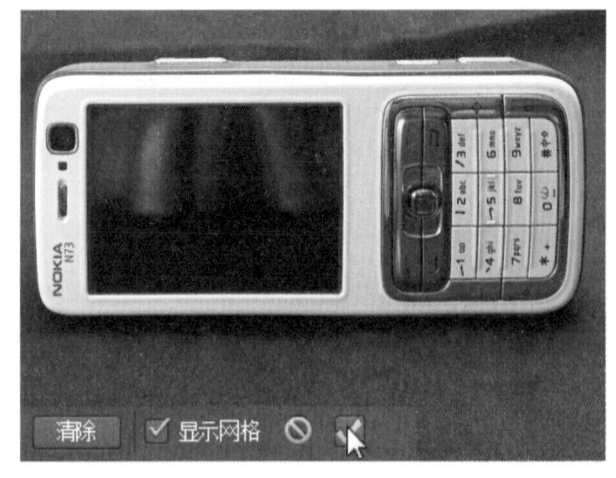

2.3 修图

在进行电商广告设计的过程中，为了让商品照片的整体效果更加精致和完美，需要通过修图对照片中存储的瑕疵进行清除，如商品上的破损、划痕、灰尘，及出现人物的商品照片中人物皮肤上的斑点、痘印等。本节将对商品照片的修图技法进行讲解。

案例 11　修补商品自身缺陷

用于电商广告的商品经常会反复地用于拍摄，在长期的拍摄过程中，商品难免会出现磨损或损坏，那么拍摄出来的照片中，商品就不能得到更完美的展示，容易让观者对商品的质量产生怀疑，所以需要在处理的过程中对商品上的缺陷加以修复，还原商品原本的状态。在 Photoshop 中，要修补商品缺陷，可以使用“仿制图章工具”来实现。

素　材	随书资源\素材\02\13.jpg
源文件	随书资源\源文件\02\修补商品自身缺陷.psd

步骤01 查看并复制图像

打开素材文件“13.jpg”，按下快捷键Ctrl++，将图像放大，可以看到串珠上已经出现了明显的裂纹，需要通过后期处理加以修复。在修复之前，为了方便观察处理前与处理后的效果，先把原图像复制，创建“背景 拷贝”图层。

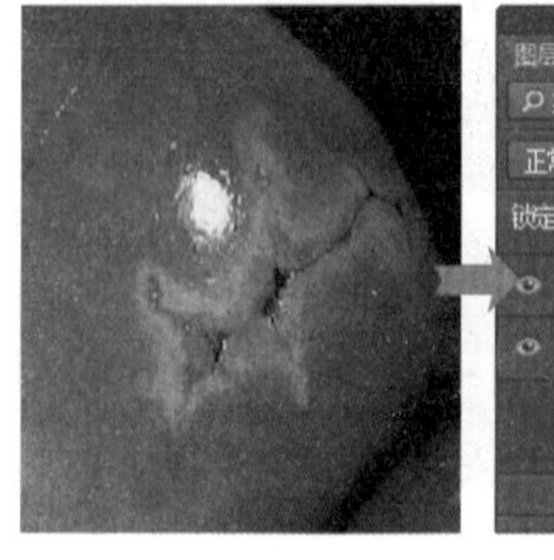

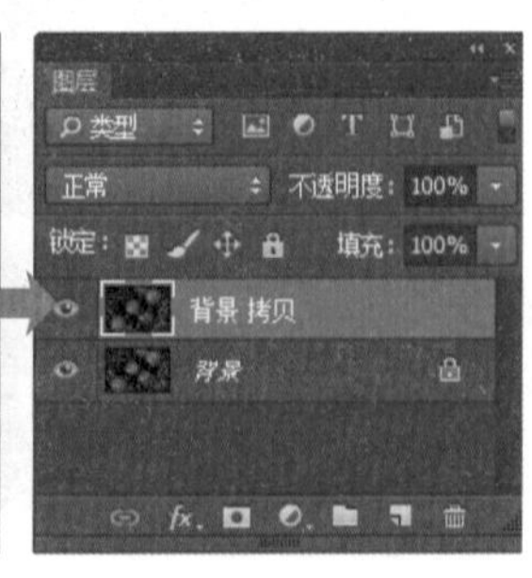

步骤02 设置仿制源

由于这张照片中串珠裂纹处需要做精细的修复，防止观者看到图像有做假的痕迹，所以选择适合精细修复的“仿制图章工具”加以修复。单击工具箱中的“仿制图章工具”按钮，将鼠标指针移至完好的串珠表面位置，按住Alt键不放，单击并取样仿制源。设置后将鼠标指针移至串珠裂纹位置单击并涂抹，修复图像。

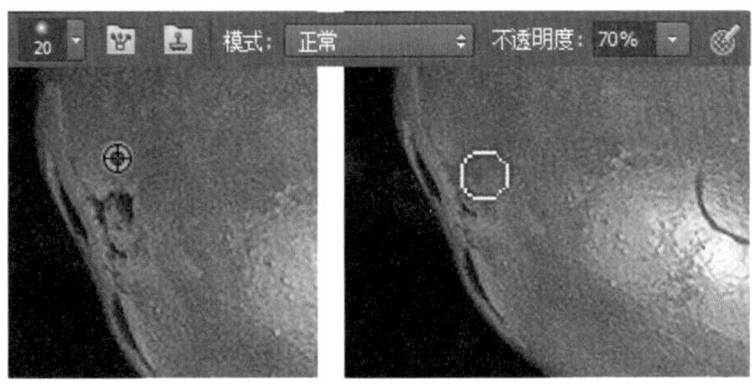

步骤03 涂抹仿制图像

在不更改仿制源的情况下，继续使用“仿制图章工具”对串珠上的裂纹进行修复。修复过程中，可以根据裂纹面积大小，结合键盘中的[或]键，调整画笔的大小，使其适合修复效果。

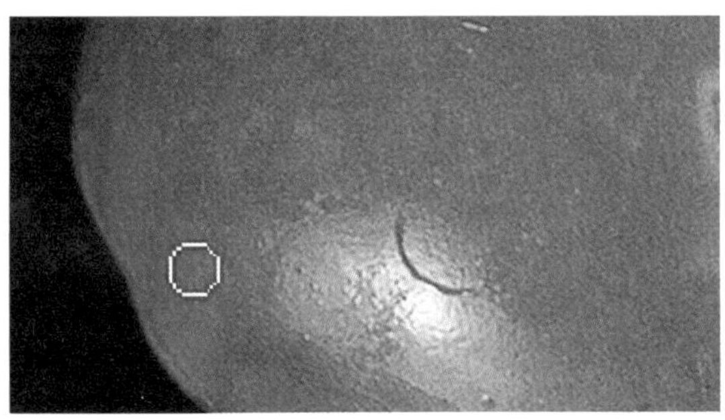

步骤04 继续单击取样图像

使用“仿制图章工具”修复图像时，为了让修复后的图像更加自然，需要根据修复的对象范围进行反复取样。下面将鼠标指针移至该珠子右侧的裂纹旁边，按住Alt键不放，单击鼠标，再次进行取样，然后在裂纹位置涂抹。

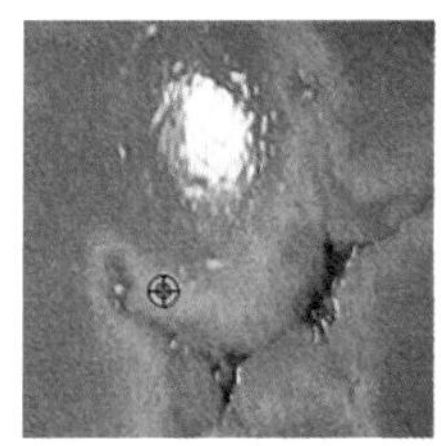
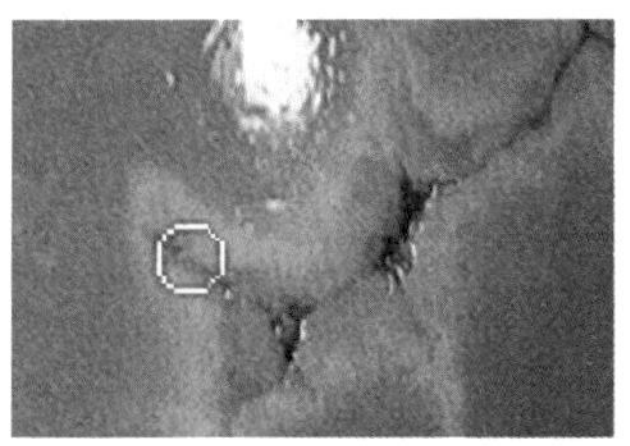

步骤05 仿制修复图像

用取样的图像反复在左侧颜色较浅的珠子上涂抹，去掉该珠子上较为明显的裂纹和黄色锈斑，使珠子变得更加光滑。

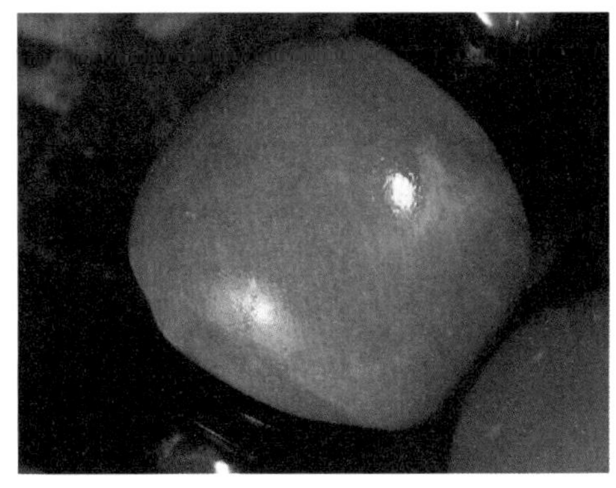

步骤06 单击并设置新的仿制源

完成左侧颜色较浅的珠子的瑕疵修复后，下面对右侧颜色更深的珠子上的裂纹和黄斑进行修复。确保“仿制图章工具”为选中状态，将鼠标指针移至完好的珠子表面位置，按住Alt键不放，单击并取样仿制源。设置后将鼠标指针移至裂纹所在位置单击并涂抹，修复图像。

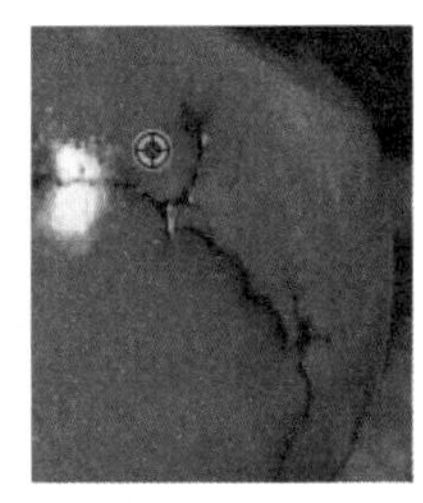
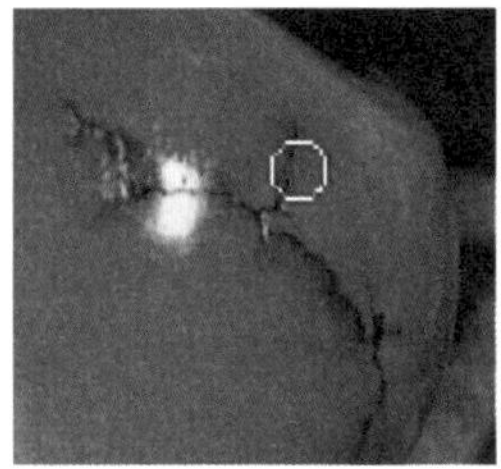

步骤07 涂抹并仿制图像

继续使用同样的方法，去掉珠子上更多的裂纹和黄斑，使串珠变得更加完美。返回图像窗口，查看修复后的商品效果。

步骤08 使用“仿制图章工具”修复反白高光

观察修复后的图像，可以看到因为受到珠子材质和光线的影响，在珠子表面出现了大量的白色反光，处理时可以削弱这些反光部分，呈现更精致的商品图像。按下快捷键Shift+Ctrl+Alt+E，盖印图层。选择“仿制图章工具”，适当调整画笔大小后，将“不透明度”调节得低一些，以便削弱反光后，图像也能表现出自然的光影层次。按住Alt键不放，在白色反光位置旁单击取样图像，然后在死白的高光处涂抹，修复图像，完成本案例的制作。

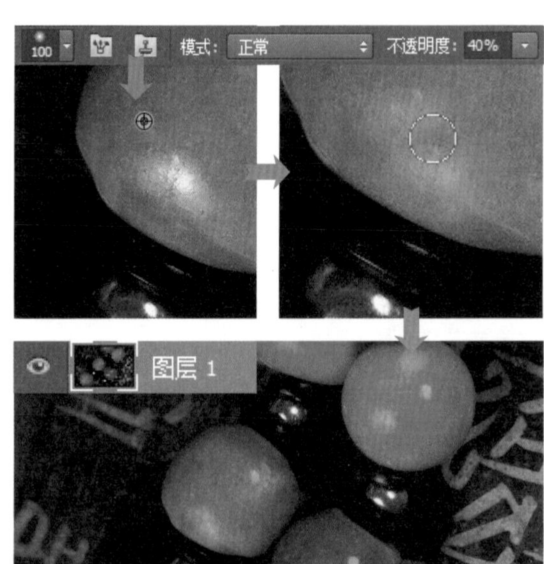

案例 12　修复人物肌肤瑕疵

当拍摄一些饰品、帽子和服装照片的时候，大部分情况下人物的面部都会展示出来，如果这时人物的妆面存在瑕疵，则会影响商品的表现。此时最迫切的就是要对人物的妆面进行处理，去除面部的色斑、痘痘等。在 Photoshop 中，可以使用“污点修复画笔工具”快速去除照片中的污点和其他不理想的部分。

素　材	随书资源\素材\02\14.jpg
源文件	随书资源\源文件\02\修复人物肌肤瑕疵.psd

步骤01　打开图像查看瑕疵

打开素材文件“14.jpg”，单击工具箱中的“缩放工具”按钮，在图像上单击，将图像放大后，可以看到人物面部有细小的痘印和痘痘。

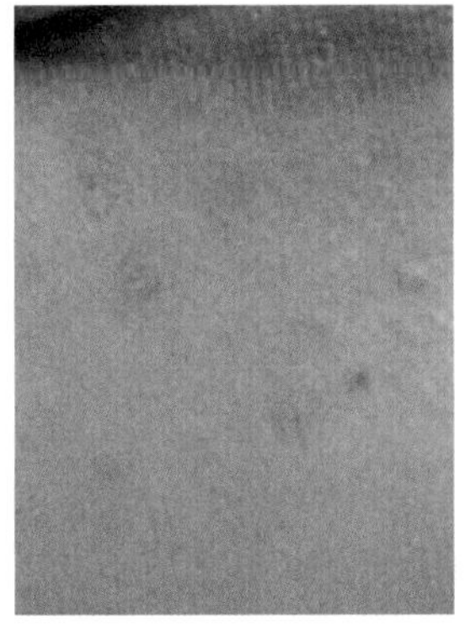

步骤02　使用“污点修复画笔工具”修复图像

按下快捷键Ctrl+J，复制图像，创建“图层1”图层。单击工具箱中的“污点修复画笔工具”按钮，在选项栏中的“画笔”选项旁把画笔大小调整至稍小的参数值，以便准确去除瑕疵，再把鼠标指针移至痘印位置，单击鼠标后可看到Photoshop自动对其进行了清除。

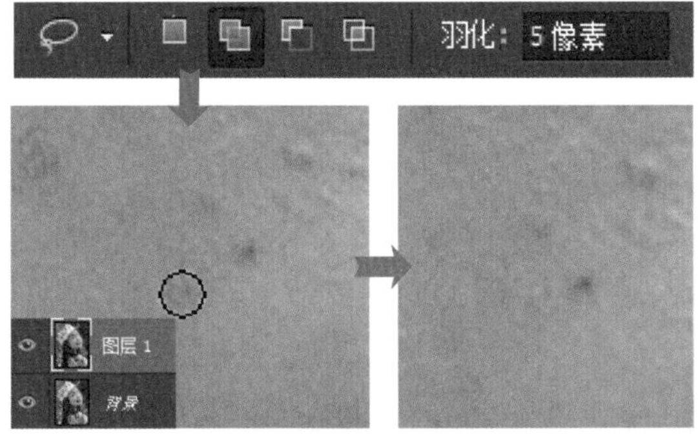

步骤03　继续使用工具修复图像

继续使用“污点修复画笔工具”在面部其他较明显的痘印和痘痘所在位置单击，去掉整个面部的所有瑕疵，得到更加干净的妆面效果。

步骤04　设置“表面模糊”滤镜模糊皮肤

去掉面部的痘印和痘痘后，为了让人物皮肤变得更光滑，使用“套索工具”沿人物皮肤边缘拖曳鼠标，绘制选区，选中皮肤部分。执行“滤镜>模糊>表面模糊”菜单命令，模糊图像，呈现更光滑的肌肤效果。

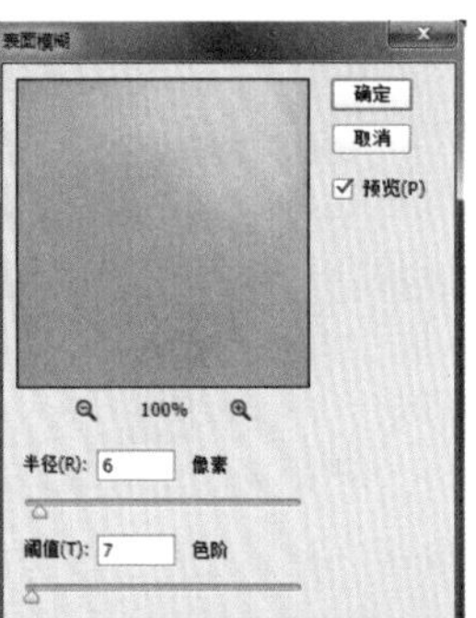

案例 13　去除商品背景中的杂物

拍摄商品时经常会受到拍摄环境的影响，使拍摄出来的照片中出现多余的杂物，从而影响商品的表现。在后期处理时，需要把这些影响商品展示的杂物去掉，还原干净的画面效果。在Photoshop 中，要去掉图像中的杂物，可以使用“修补工具”来完成。

素　材	随书资源\素材\02\15.jpg
源文件	随书资源\源文件\02\去除商品背景中的杂物.psd

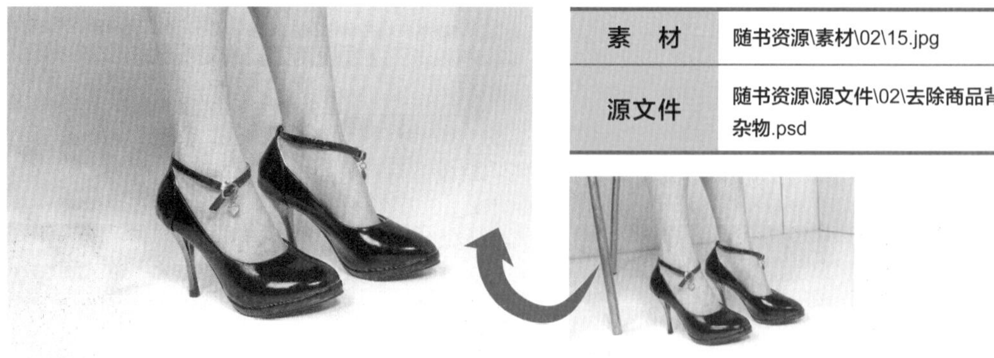

步骤01 打开并查看图像

打开素材文件“15.jpg”，可看到拍摄时为了更好地展示人物脚上的鞋子，选择坐在椅子上拍摄，但是拍摄时却将过多的凳子纳入画面，所以需要在后期处理时将其去掉，获取干净画面。

步骤02 绘制选区确定修补范围

选择“背景”图层，按下快捷键Ctrl+J，复制图层，创建“图层1”图层。单击工具箱中的“修补工具”按钮，将鼠标指针移至图像左侧，然后沿着背景中的椅脚位置单击并拖曳鼠标，创建选区，确定要修补的图像范围。

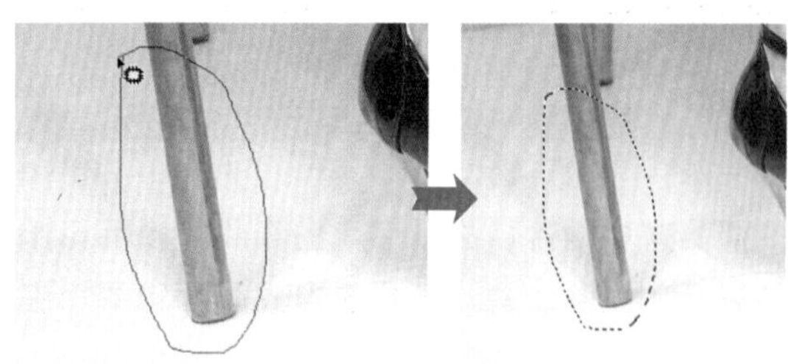

步骤03 拖曳选区修复图像

确定要修补的区域后，单击并将选区向旁边干净的背景位置拖曳，当拖曳至合适的位置后释放鼠标，此时可以看到原选区中的杂物被旁边干净的背景所替换。

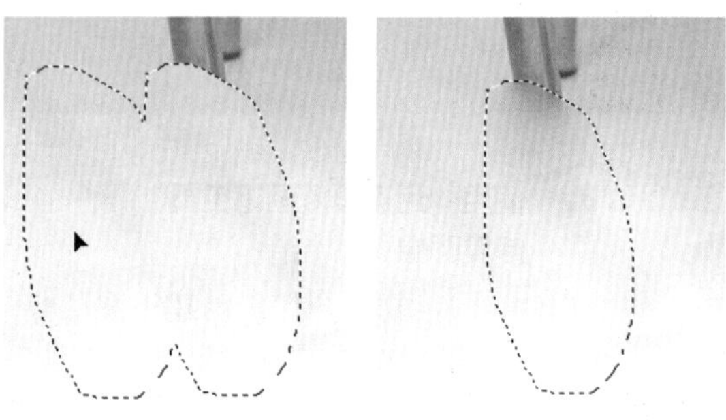

步骤04 继续修补更多的瑕疵

继续使用“修补工具”在背景中的其他杂物位置单击并拖曳鼠标，创建选区，然后通过拖曳选区的方式完成更多杂物的去除操作。

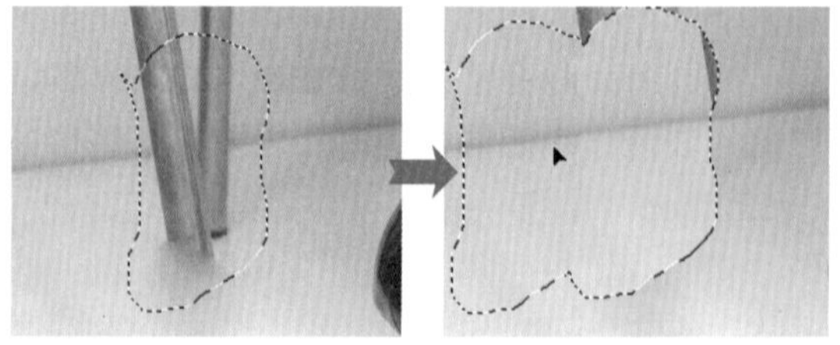

案例 14 去除商品上的头发、灰尘

用于拍摄的商品难免会出现一些灰尘、磨损等瑕疵，为了给观者留下更好的印象，在制作广告图片前，需要先把商品上的灰尘、磨损等瑕疵去掉。在 Photoshop 中，可以使用图像修复工具快速去除商品上的灰尘等瑕疵。

素　材	随书资源\素材\02\16.jpg
源文件	随书资源\源文件\02\去除商品上的头发、灰尘.psd

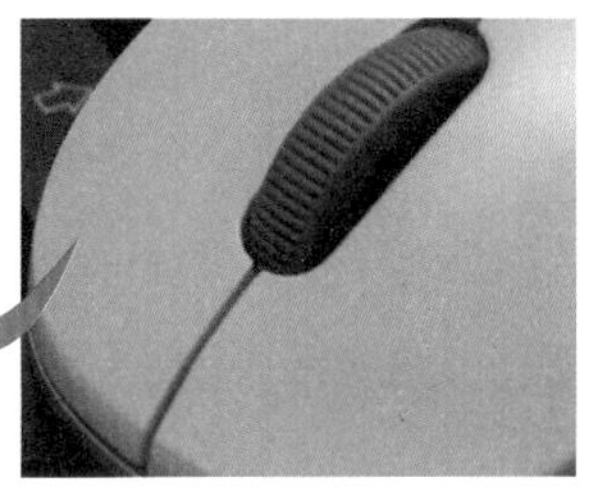

步骤01 打开并查看图像

打开素材文件“16.jpg”，从整体上看照片中的商品表现完整，非常不错，但单击“缩放工具”按钮，在图像上单击，将图像放大后，可以看到鼠标上有较明显的灰尘、头发等。为了展现更高品质的商品效果，需要把这些瑕疵去掉。

步骤02 使用“修补工具”创建选区

单击工具箱中的“修补工具”按钮，沿商品中的头发边缘单击并拖曳鼠标，绘制选区，确定要去除瑕疵的范围，再将选区向旁边干净的鼠标表面位置拖曳。

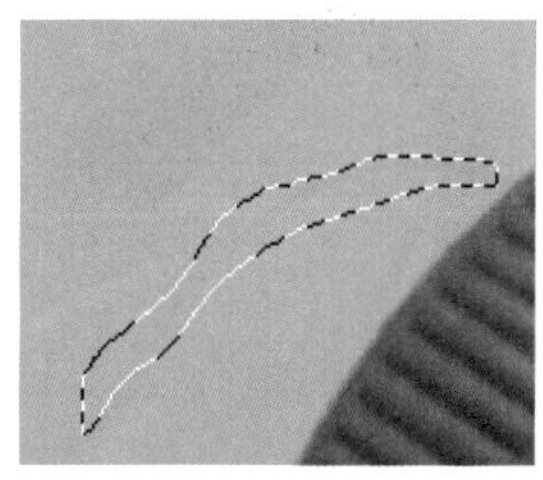

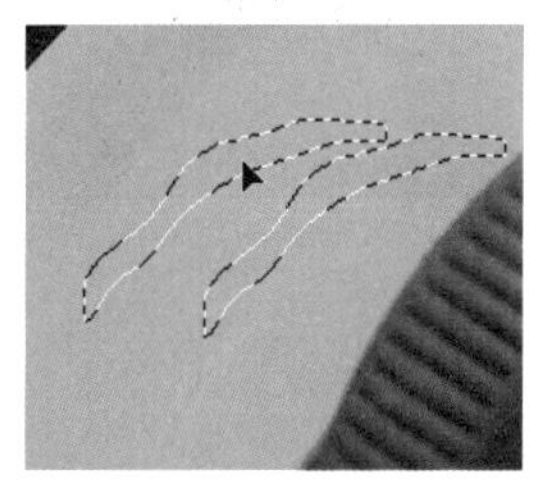

步骤03 选择“污点修复画笔工具”

继续使用“修补工具”修补图像，去掉其他区域的头发。为了得到更干净的画面效果，再单击“污点修复画笔工具”按钮，在选项栏中对画笔大小进行调整，由于灰尘颗粒较小，所以为了让修复的图像更自然，可以将画笔大小设置得稍小一些，然后将鼠标指针移至灰尘出现的位置。

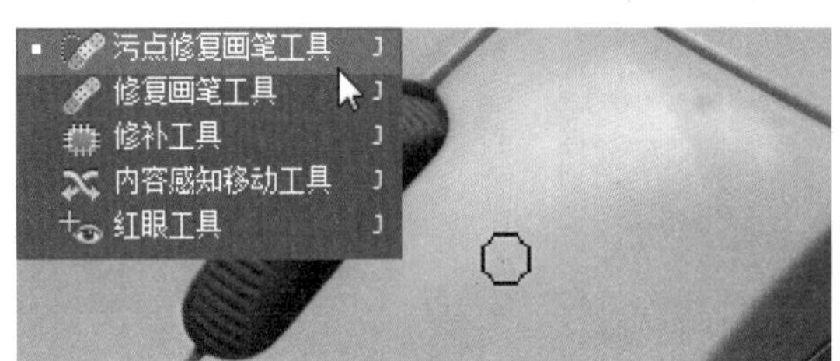

步骤04 修复图像

单击鼠标，去除商品上的灰尘，继续使用“污点修复画笔工具”在其他的灰尘位置连续单击或涂抹，去除更多的灰尘瑕疵，得到更干净的商品效果。

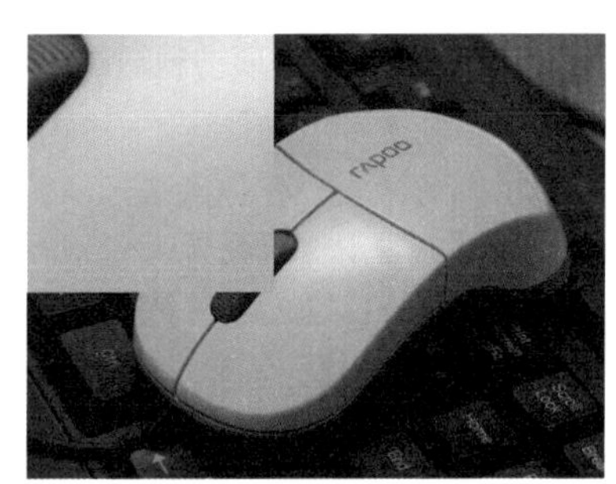

案例 15　去除用于悬挂商品的挂钩

在拍摄手提包时，经常会采用挂拍的方式，在拍摄完成的照片中就经常会出现多余的挂钩，后期处理的时候，需要将它去掉。下面的案例中即选择了一张挂拍的手提包图像，这里选择“仿制图章工具”对照片进行处理，去除包包上面的挂钩，在挂钩与手提包相连接的区域，则使用“钢笔工具”选取图像后再进行图像的去除，获得更干净的手提包图片。

素　材	随书资源\素材\02\17.jpg
源文件	随书资源\源文件\02\去除用于悬挂商品的挂钩.psd

步骤01　复制图像选择“仿制图章工具”

打开素材文件“17.jpg”，发现这张照片为了展示更饱满的包包效果，采用挂拍的方式完成，后期处理时需要将照片中的挂钩去掉。选择并复制“背景”图层，单击工具箱中的“仿制图章工具”按钮，选择工具。

步骤02　设置选项仿制图章

选择“仿制图章工具”后，先确定图像修复源。按住Alt键不放，在包包旁边干净的背景处单击，即可把鼠标单击位置设置为修复源，再将鼠标指针移至挂钩所在位置单击并涂抹。

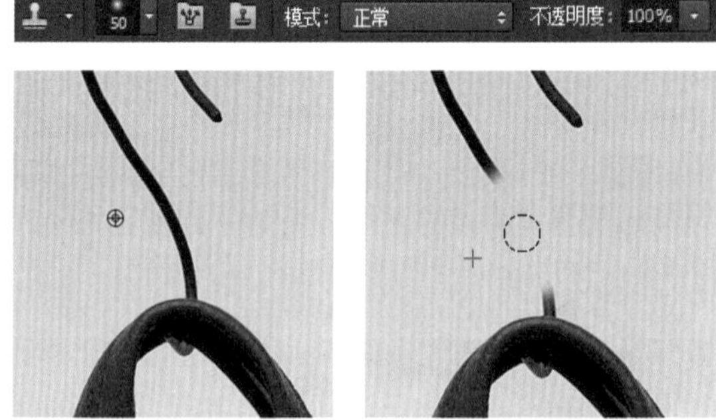

步骤03　使用“钢笔工具”选择图像

继续使用相同的方法取样并修复图像，完成与包包手提带不相交区域的挂钩的去除操作，接下来是手提带与挂钩连接紧密区域的处理。使用“钢笔工具”沿手提带边缘绘制路径，并将绘制的路径转换为选区，确定要修复的图像范围。

步骤04　使用“仿制图章工具”修复选区图像

按住Alt键不放，在选区旁边干净的背景位置单击，设置修复源，然后在选区内的挂钩位置涂抹，去掉挂钩图像。采用相同的方法可以实现准确的图像修复，使修复后的图像更加自然。

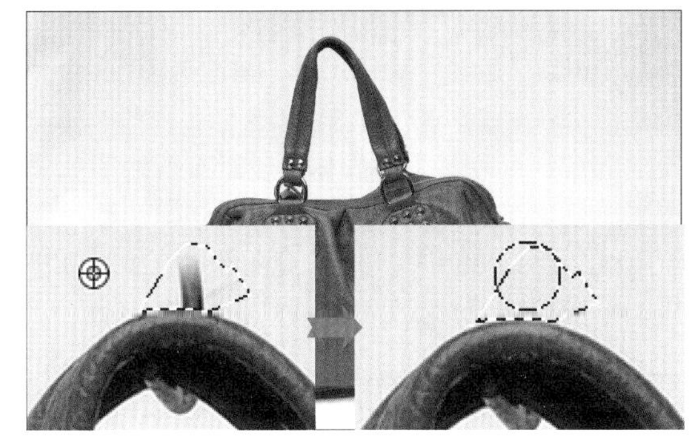

案例 16　锐化图像让商品更清晰

处理商品图像时，经常出现因拍摄效果不佳导致商品图片模糊不清的情况，这时可以使用Photoshop中的“锐化工具”锐化图像，得到更清晰的商品效果。使用“锐化工具”锐化图像时，可根据画面要表现的效果，锐化图像的部分像素，也可将其与锐化滤镜结合起来锐化图像。

素　材	随书资源\素材\02\18.jpg
源文件	随书资源\源文件\02\锐化图像让商品更清晰.psd

步骤01　复制打开的图像

打开素材文件“18.jpg”，发现图像因为锐化不够，画面略显模糊。按下快捷键Ctrl+J，复制图层，创建用于锐化的“图层1”图层。

步骤02　设置“USM锐化”滤镜

执行“图像>锐化>USM锐化”菜单命令，打开“USM锐化”对话框。由于这里需要提高图像的清晰度，因此将“数量”滑块向右拖曳，当拖曳至6位置时，可看到图像的清晰度得到了提升；再拖曳“半径”滑块，增强锐化效果。锐化后为“图层1”添加图层蒙版，将不需要锐化的背景图像还原。

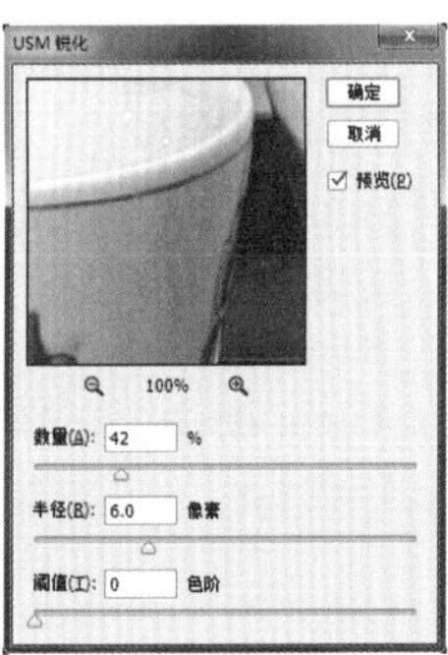

步骤03 选择“锐化工具”设置选项

确认锐化操作后，单击“确定”按钮，返回图像窗口。为了突出画面中的商品区域，再单击工具箱中的“锐化工具”按钮，在选项栏中调整“强度”值，为了避免锐化过度，这里将“强度”设置为8%，然后将鼠标指针移至茶具花纹位置。

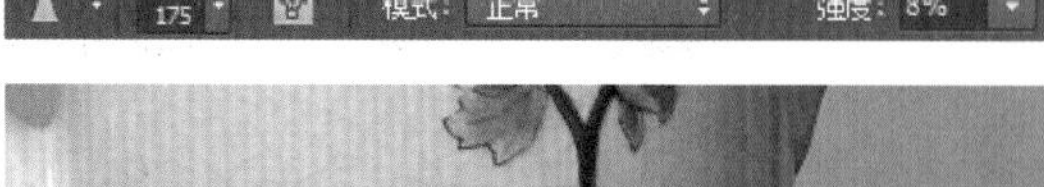

步骤04 涂抹锐化图像效果

将鼠标指针移至需要锐化的图像位置，单击并涂抹，锐化图像。经过反复的涂抹，控制锐化效果，得到主次分明的画面效果。

案例 17 通过填充更改商品颜色

处理商品照片时，若需要让观者看到更多不同颜色的商品效果，会对照片中某些区域的颜色进行重新设置。在 Photoshop 中，可以使用“油漆桶工具”或“渐变工具”快速填充并更改商品颜色，具体的填充颜色可以由设计者自行设定。

素　材	随书资源\素材\02\19.jpg
源文件	随书资源\源文件\02\通过填充更改商品颜色.psd

步骤01 使用“钢笔工具”选择图像

打开素材文件“19.jpg”，在填充颜色前需要选择要填充的区域。这里要更改墨镜的颜色，为了让填充的范围更准确，单击工具箱中的“钢笔工具”按钮，在下方的墨镜镜片位置绘制路径，按下快捷键Ctrl+Enter，将路径转换为选区，选择填充范围。

步骤02 设置填充颜色

接下来就是填充颜色的设置。墨镜镜片多为渐变的色彩效果，所以单击工具箱中的“渐变工具”按钮，在“渐变工具”选项栏中单击“渐变条”右侧的下三角按钮，在展开的面板中单击“紫，橙渐变”，根据要填充的颜色，再勾选“反向”复选框，反向渐变颜色。

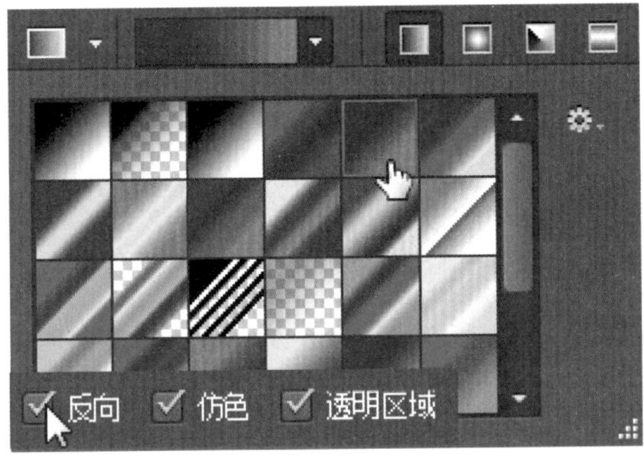

步骤03 拖曳鼠标填充渐变

单击“图层”面板中的“创建新图层”按钮，创建“图层1”图层，将鼠标指针移至选区上方，从左上角向右下角拖曳渐变效果。

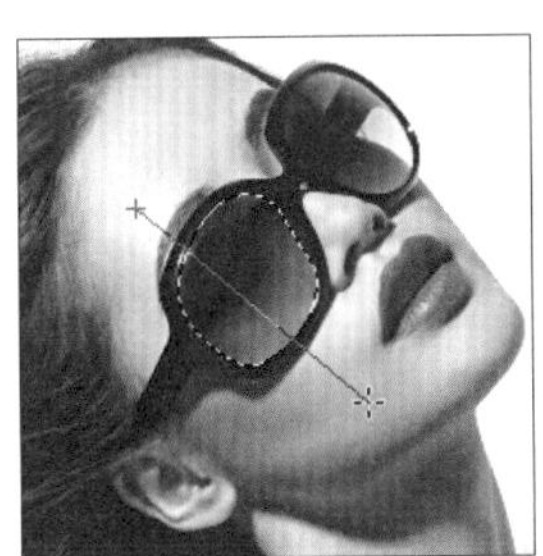

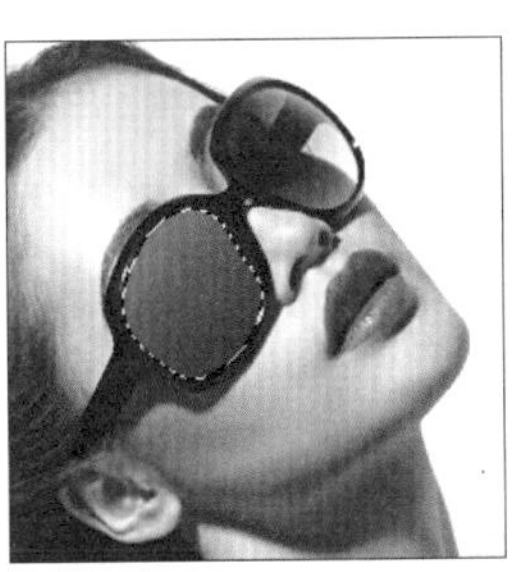

步骤04 更改混合模式融合图像

填充渐变后发现填充的渐变颜色浮于镜片上方，显得不自然。选择“图层1”图层，调整混合模式为“颜色”。为了使两侧的镜片颜色更统一，使用同样的方法，选择右侧的墨镜镜片，填充相同的渐变颜色后，对填充图层的混合模式进行调整，得到更完整的画面效果。

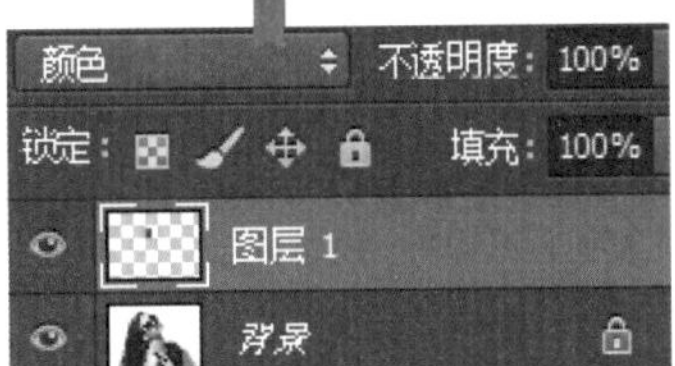

第 3 章

Photoshop 电商广告设计高级技法

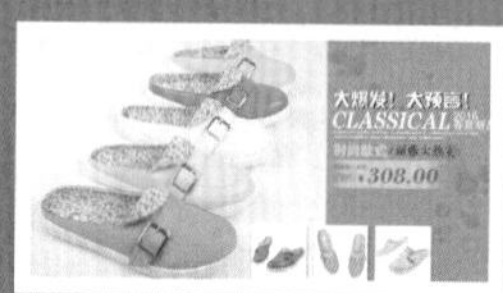

在第 2 章中介绍了一些基本的图像处理技法，本章会针对商品照片处理的高级技法进行讲解。设计和制作电商广告时，除了要对图像的大小、分辨率等进行调整外，为了让图像呈现更精致、完整的视觉效果，还会对照片中的商品进行抠取与合成、添加文字和图案加以修饰等。Photoshop 中提供了较多的抠图工具、文字工具、形状工具，使用这些工具可以对照片进行更深入的编辑，制作更有设计感的广告图片。

本章案例

- 18 规则对象的商品抠取
- 19 不规则对象的商品抠取
- 20 抠取轮廓清晰的商品
- 21 从纯色背景中快速抠取商品
- 22 从复杂背景中精细抠取商品
- 23 抠取半透明商品合成广告效果
- 24 合成图像让画面更丰富
- 25 提亮曝光不足的商品照片
- 26 加强对比让商品更细腻
- 27 修复局部偏暗的商品照片
- 28 校正偏色还原商品真实色彩
- 29 调整商品图像的颜色鲜艳度
- 30 变换商品色调营造特殊氛围
- 31 变换颜色展示不同颜色商品
- 32 制作横排商品文字效果
- 33 制作直排商品文字效果
- 34 在商品照片中添加段落文字
- 35 打造具有创意性的标题文字
- 36 文字与图形搭配应用
- 37 照片中水印图案的制作

3.1 抠图与合成

很多时候，为了满足合成、设计和展示的需要，要将商品图像从素材照片中抠取出来，以单独显示或添加到不同的图像中。Photoshop 中提供了多种用于抠取与合成图像的工具，设计者可以根据操作习惯选择适当的工具，完成图像的抠取与合成应用。

案例 18　规则对象的商品抠取

处理商品图像时，若商品的外形轮廓为较规则的圆形或方形，则可以使用 Photoshop 中的规则选框工具，从素材图像中快速抠取需要的商品进行后期处理。

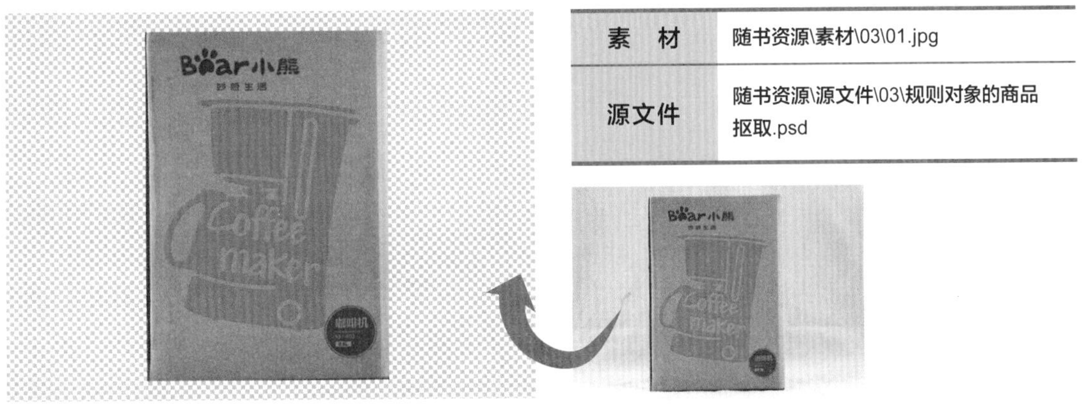

素　材	随书资源\素材\03\01.jpg
源文件	随书资源\源文件\03\规则对象的商品抠取.psd

步骤01　选择“矩形选框工具”

打开素材文件“01.jpg”，可以看到要抠取的商品为方形，因此单击工具箱中的“矩形选框工具”按钮。

步骤02　绘制矩形选区

将鼠标指针移至需要抠取的商品外包装盒的左上角位置，然后向其右下角拖曳鼠标，当拖曳至商品右下角边缘位置时，释放鼠标，框选住整个商品外包装盒区域。

步骤03 复制选区抠出图像

按下快捷键Ctrl+J，复制选区内的图像，复制的图像会自动添加到新创建的“图层1”图层中。若要查看抠出的图像效果，单击“背景”图层前的“指示图层可见性”图标，即可隐藏“背景”图层，查看抠出的图像。

案例 19 不规则对象的商品抠取

处理商品图像时，所遇到的大部分商品的外形都是不规则的。如果商品的外形轮廓是由直线组成的多边形，则可以使用“多边形套索工具”，通过连续的单击，将不规则的商品从素材图像中抠取出来。

素　材	随书资源\素材\03\02.jpg
源文件	随书资源\源文件\03\不规则对象的商品抠取.psd

步骤01 沿图像边缘绘制

打开素材文件“02.jpg”，可以看到玩具车的包装为不规则的形状，单击工具箱中的“多边形套索工具”按钮，将鼠标指针移至玩具包装盒的左上角位置并单击，然后将鼠标指针移至右上角的边角位置并单击。

步骤02 创建不规则选区

根据要抠取的玩具外形，继续沿商品边缘单击鼠标，当绘制的终点与起点重合时，鼠标指针会变为状，此时单击即可连接路径起点与终点，并得到选区效果。

步骤03 变换选区

观察创建的选区，将其放大后，能看到选区边缘并未能与商品外侧边缘很好地贴合，所以还要做进一步的调整。这里只需要对选区进行调整，因此执行“选择>变换选区”菜单命令，显示编辑框。右击编辑框中的图像，在弹出的快捷菜单中执行“变形”命令。

步骤04 对选区进行变形并抠出图像

显示变形编辑框，在编辑框上会出现控制线，单击并拖曳控制线，经过反复的拖曳，调整选区，使选区线条与下方的商品外形更一致。按下快捷键Ctrl+J，复制选区内的图像，抠出商品图像。

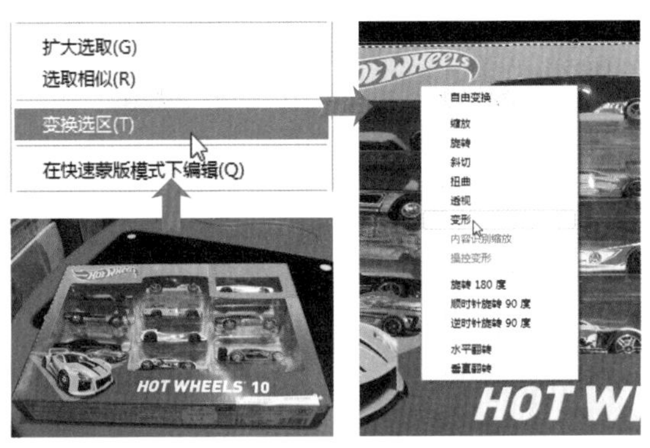

案例 20 抠取轮廓清晰的商品

处理商品图像时，若商品外形轮廓较清晰，且与背景颜色反差较大，则可以使用“磁性套索工具”沿图像边缘拖曳鼠标，抠取商品图像。“磁性套索工具”可以自动检测图像的边缘，通过跟踪对象的边缘快速创建选区。

素　材	随书资源\素材\03\03~04.jpg
源文件	随书资源\源文件\03\抠取轮廓清晰的商品.psd

步骤01 沿图像边缘拖曳鼠标

打开素材文件“03.jpg”，单击工具箱中的“磁性套索工具”按钮。为了让选择的对象更加准确，将“宽度”和“对比度”设置为较小的参数值，“频率”设置为较大的参数值，这样能够准确地将不同的颜色区别开来，并能生成较多的锚点。设置好后将鼠标指针移至婚纱图像边缘位置，单击并沿图像边缘拖曳鼠标。

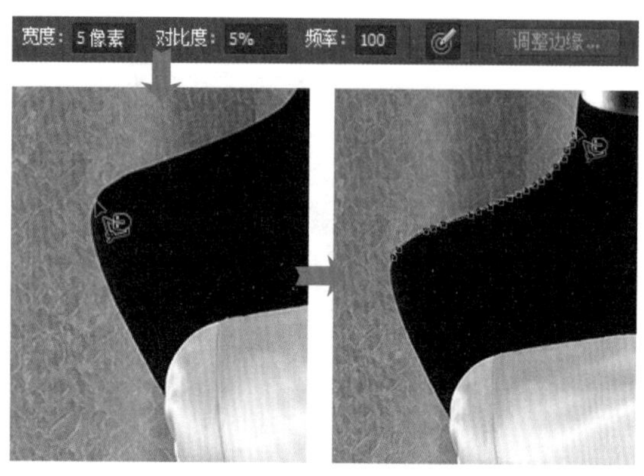

步骤02 创建选区效果

继续沿着裙子图像拖曳鼠标，当拖曳至起点处时，鼠标指针会变为状，单击鼠标左键，即可创建选区，并选中画面中的婚纱图像。

步骤03 复制并抠出图像

选择了需要的对象后，要将选择的图像抠取出来，按下快捷键Ctrl+J，得到“图层1”图层，单击“背景”图层前的“指示图层可见性”图标，隐藏图像，即可查看抠出的图像效果。此时发现抠出的图像边缘不够干净，单击工具箱中的“橡皮擦工具”按钮，在边缘涂抹，擦除多余的图像。

步骤04 添加新的背景图像

打开素材文件“04.jpg”，将打开的图像复制到抠出的婚纱图像下方，设置为背景。由于受到拍摄环境的影响，婚纱略微偏暗，复制婚纱图像，更改图层混合模式为“滤色”，提亮图像。

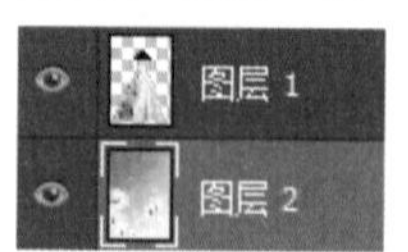

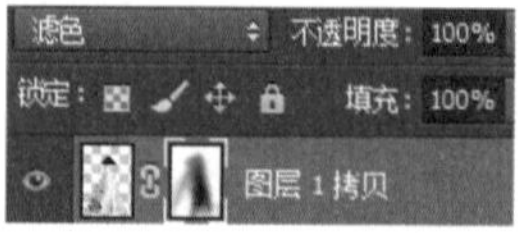

案例21 从纯色背景中快速抠取商品

如果在拍摄商品的过程中使用了纯色的背景，且背景与商品之间的颜色有较大差异时，这样的商品的抠取较为简单，只需使用“魔棒工具”和“快速选择工具”即可快速抠取商品。

素　材	随书资源\素材\03\05.jpg、06.psd
源文件	随书资源\源文件\03\从纯色背景中快速抠取商品.psd

步骤01 运用“魔棒工具”选择图像

打开素材文件“05.jpg”，可以看到灰色背景与蓝色商品之间颜色反差较大，因此可以使用“魔棒工具”抠取商品。单击工具箱中的“魔棒工具”按钮，为了快速选择图像，将“容差”从默认的32调整为50，然后在灰色的背景处单击，创建选区。

步骤02 使用“快速选择工具”调整选区

创建选区后，发现选择的对象不够准确。这里是要先选择背景部分，而创建的选区中选择了部分鞋子，所以还要调整选区。单击工具箱中的“快速选择工具”按钮，由于此处需要缩小选择范围，因此单击选项栏中的“从选区减去”按钮，然后在鞋子图像上单击，调整选区。

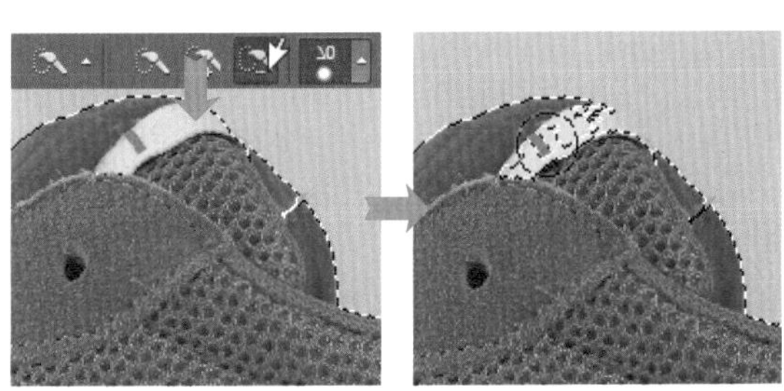

步骤03 继续调整选区

继续使用“快速选择工具”对选区做进一步的调整，以选中素材图像中的灰色背景部分。

步骤04 反选选区选择鞋子

由于本案例是要抠取素材图像中的运动鞋，因此选择灰色背景后，还需要执行“选择>反选”菜单命令，反选选区。这样就快速选中了画面中的鞋子图像。

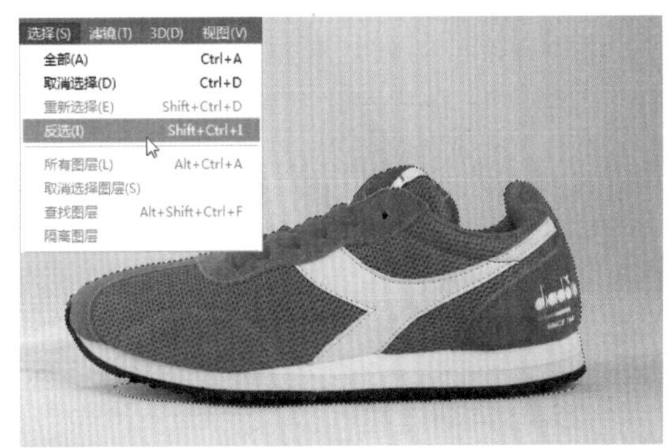

技巧提示：运用快捷键反选选区

除了执行“选择 > 反选”菜单命令外，还可以直接按下快捷键 **Shift+Ctrl+ I** 反选选区。

步骤05 复制并抠出选区图像

确保“背景”图层为选中状态，按下快捷键Ctrl+J，复制选区中的图像，得到“图层1”图层，此图层中的图像即为抠出的运动鞋。为了查看抠出的图像，单击“背景”图层前的“指示图层可见性”图标，隐藏“背景”图层，显示“图层1”图层中的鞋子图像。

技巧提示：使用“色彩范围”命令抠取图像

当需要抠取的素材图像中背景颜色与商品颜色差异较大时，除了可以使用“魔棒工具”和“快速选择工具”抠取外，还可以使用“色彩范围”命令抠取。执行“选择 > 色彩范围”菜单命令，打开“色彩范围”对话框，在对话框中用吸管工具吸取背景颜色，然后勾选“反相”复选框，选择图像，即可从纯色背景中快速把商品图像选取出来。

步骤06 使用“橡皮擦工具”擦除图像

由于运动鞋鞋底为黑色，所以在其下方还有黑色的投影，使用“魔棒工具”和“快速选择工具”抠取时，为了保留更完整的鞋子，对其下方的投影处理得不够干净。单击工具箱中的“橡皮擦工具”按钮，在“画笔预设”选取器中单击“硬边圆”画笔，然后在鞋子下方黑色的投影位置单击并涂抹，擦除多余的图像，得到更干净的画面效果。

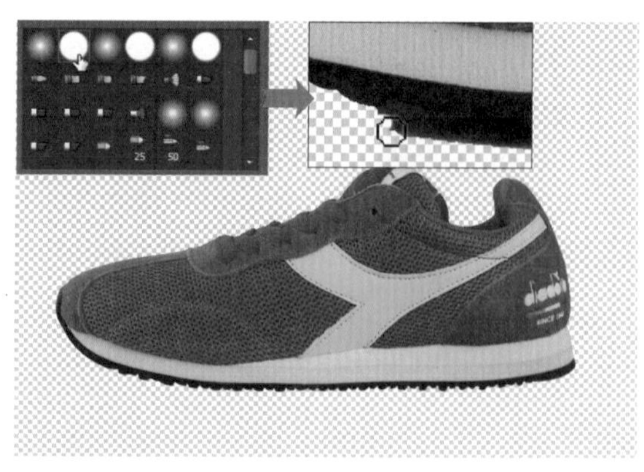

步骤07 设置渐变并拖曳鼠标

对于抠出的图像，可以为其设置不同颜色的背景。根据鞋子的色彩特点，将前景色设置为稍浅的蓝色，具体颜色值为R9、G120、B197，将背景色设置为较深的蓝色，具体颜色值为R8、G80、B154。设置后单击工具箱中的“渐变工具”按钮，在“渐变”拾色器下单击“前景色到背景色渐变”，单击“对称渐变”按钮，创建“图层2”图层，从图像中间向外侧拖曳鼠标。

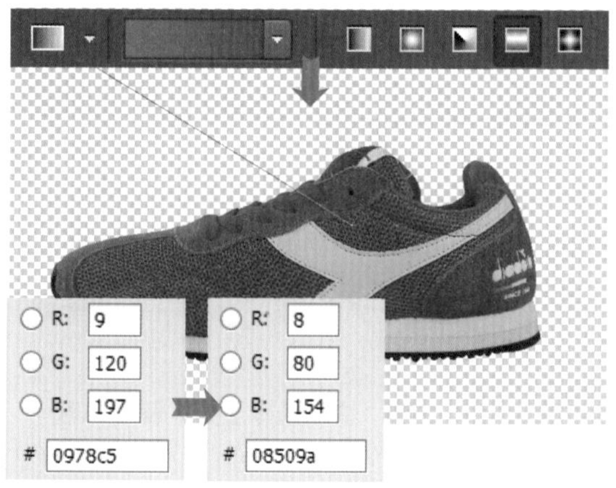

步骤08 填充渐变背景

释放鼠标，可看到根据设置的渐变选项，为抠出的鞋子添加了蓝色的渐变背景，使画面色彩更加统一。

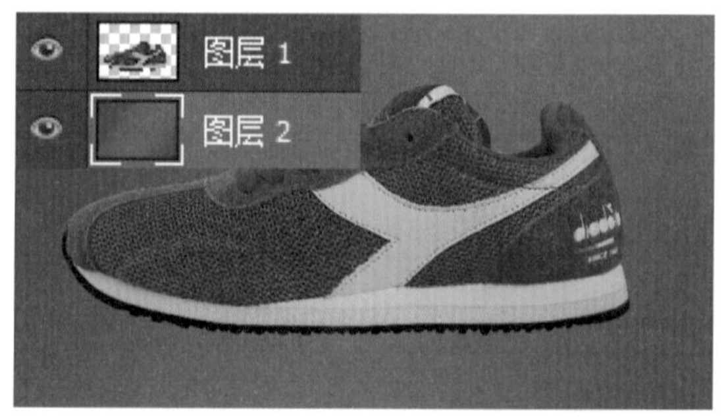

步骤09　复制文字到图像左上角

打开素材文件“06.psd”，单击工具箱中的“移动工具”按钮，将打开的文字对象复制到抠出的鞋子图像的左上角，创建更完整的画面效果。

案例 22　从复杂背景中精细抠取商品

当需要从复杂的背景中抠取外形相对复杂的商品时，要想得到精确的抠图效果，让抠出的商品图像边缘平滑、准确，可以使用“钢笔工具”来实现。“钢笔工具”是最准确的抠图工具，通过使用工具沿图像边缘绘制路径，再将路径转换为选区，选中商品图像，精细抠取商品。

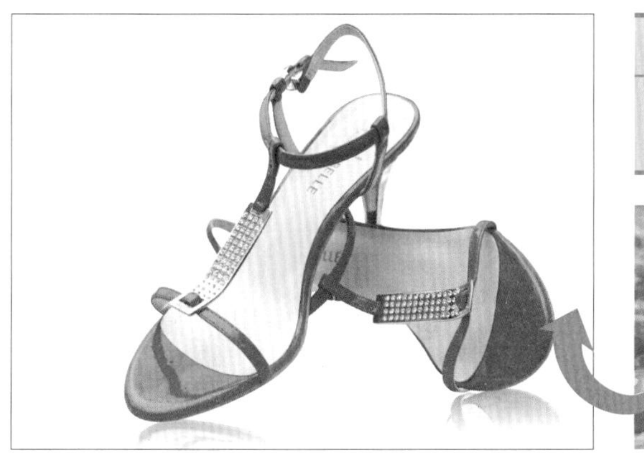

素　材	随书资源\素材\03\07.jpg
源文件	随书资源\源文件\03\从复杂背景中精细抠取商品.psd

步骤01　使用“钢笔工具”绘制路径起点

打开素材文件“07.jpg”，可看到图像统一为红色调，背景颜色与鞋子颜色较为相近，且高跟鞋外形较为复杂，需要用“钢笔工具”才能准确地抠出红色高跟鞋。单击工具箱中的“钢笔工具”按钮，选择“钢笔工具”后，在选项栏中把绘制模式设置为“路径”，将鼠标指针移至图像窗口中，在高跟鞋边缘位置单击，创建锚点，然后把鼠标指针移至另一位置，单击并拖曳鼠标，创建锚点和曲线路径。

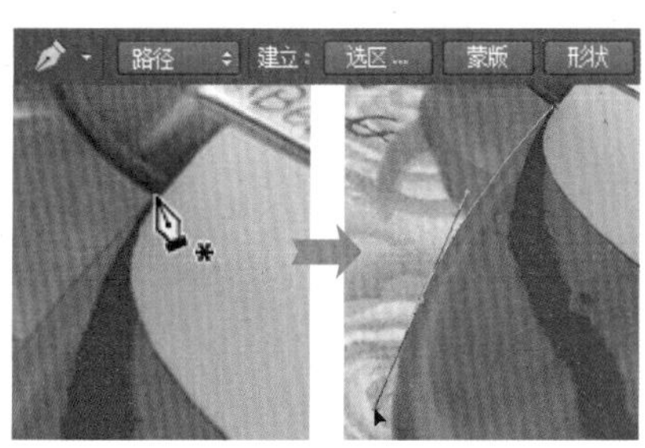

步骤02　转换路径锚点

为了使绘制的路径与高跟鞋边缘重合，按住Alt键不放，将鼠标指针移至创建的第二个路径锚点位置，这时鼠标指针会变为状，单击鼠标左键，转换路径锚点。

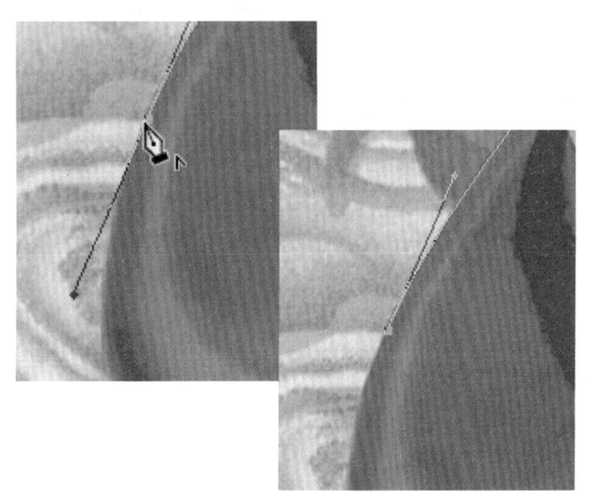

技巧提示：使用“转换点工具”转换锚点

在绘制的路径上，除了可以通过按住 **Alt** 键不放进行路径锚点的转换外，还可以单击“转换点工具”按钮，在需要转换的路径锚点位置单击，进行路径锚点的转换。

步骤03 继续进行路径的绘制

将鼠标指针移至红色高跟鞋边缘的另一位置，单击并拖曳鼠标，创建第三个路径锚点，和连接第二个路径锚点与第三个路径锚点的曲线路径。这时同样需要对路径锚点进行转换，按住Alt键不放，将鼠标指针移至第三个路径锚点位置，当鼠标指针变为状时，单击路径锚点即可转换。

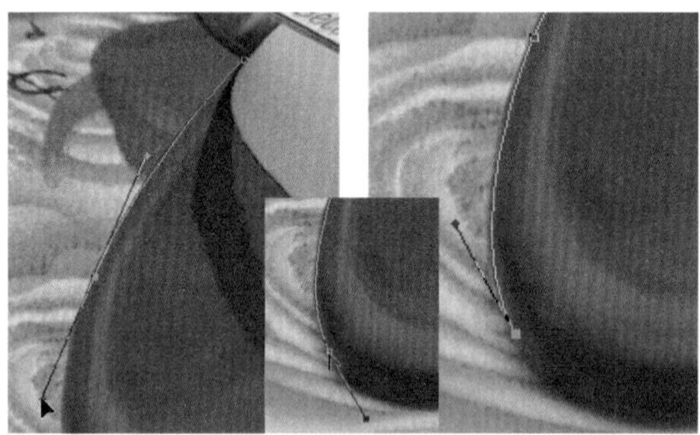

步骤04 沿高跟鞋边缘绘制路径

继续使用同样的方法，沿红色高跟鞋边缘单击鼠标，创建锚点，绘制路径。

步骤05 设置路径操作

绘制路径后，可看到绘制的路径中包含了部分多余的背景，需要将这些背景从路径中删去。单击“钢笔工具”选项栏中的“路径操作”按钮，在展开的列表中选择“排除重叠形状”选项，然后将鼠标移至高跟鞋鞋带中间的背景位置，单击鼠标，创建一个路径锚点。

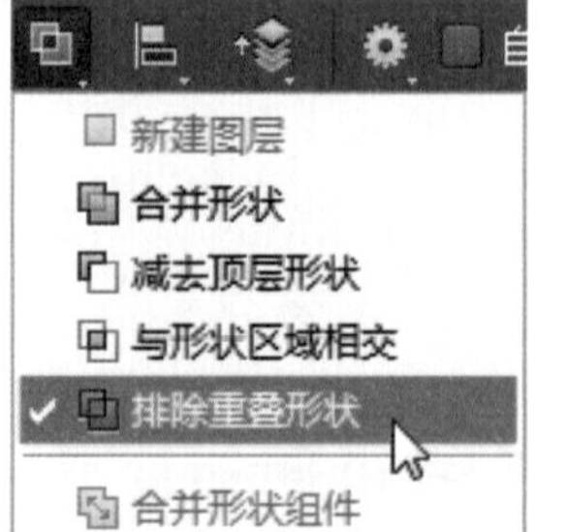

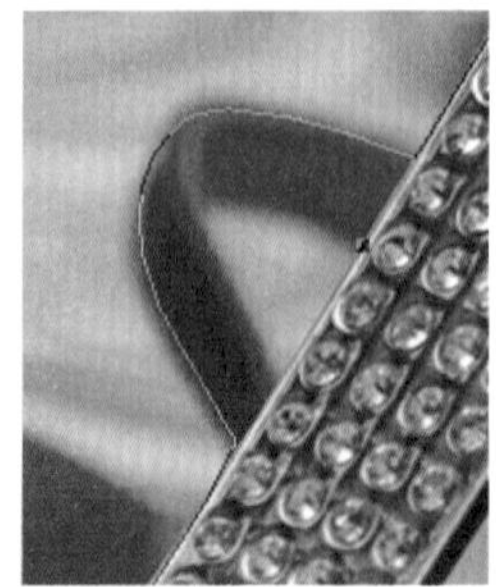

步骤06 继续绘制路径

将鼠标指针移至鞋带内侧的另一边缘位置，单击并拖曳鼠标，创建第二个路径锚点，和连接第一个路径锚点与第二个路径锚点的曲线路径。按住Alt键不放，单击第二个路径锚点，转换路径点，然后继续使用同样的方法绘制路径，当绘制的起点与终点重合时，单击并拖曳鼠标连接路径。

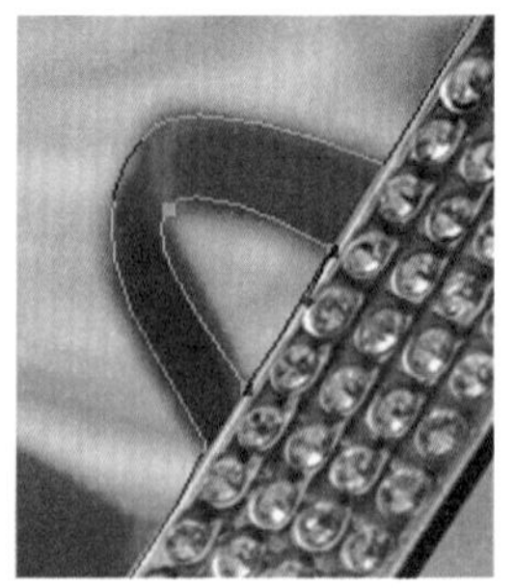

步骤07 将绘制的路径转换为选区

继续使用相同的操作方法，在另外多余的背景位置单击，创建锚点，绘制路径。绘制完成后还需要把路径转换为选区才能抠出图像，因此按下快捷键Ctrl+Enter，或单击“路径”面板中的“将路径作为选区载入”按钮。

步骤08 复制选区内的图像

创建选区后，接下来要将选区中的图像抠出。按下快捷键Ctrl+J，复制选区内的图像，得到“图层1”图层。隐藏“背景”图层，查看抠出的红色高跟鞋，由于受到拍摄环境的影响，鞋子显得偏暗，可以适当提亮。将“图层1”图层复制，得到“图层1拷贝”图层，把此图层的混合模式设置为“滤色”，使鞋子变得更加靓丽。

步骤09 盖印图层设置投影和背景

最后为了让画面更完整，将“图层1”和“图层1拷贝”图层选中，按下快捷键Ctrl+Alt+E，盖印图层，调整图层位置，添加蒙版设置为投影，创建“图层3”图层，将背景填充为白色。

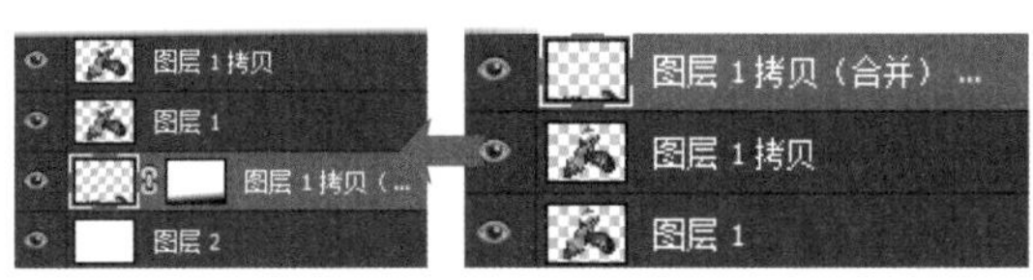

案例 23 抠取半透明商品合成广告效果

当商品为玻璃制品或半透明材质时，要将商品从素材图像中抠取出来，需要采用通道抠图的方法才能获得理想的效果。通道抠图的操作过程相对较为复杂，需要先把商品的外形轮廓抠出，然后通过复制通道图像并对其进行明暗对比的调整，来抠出半透明的图像。

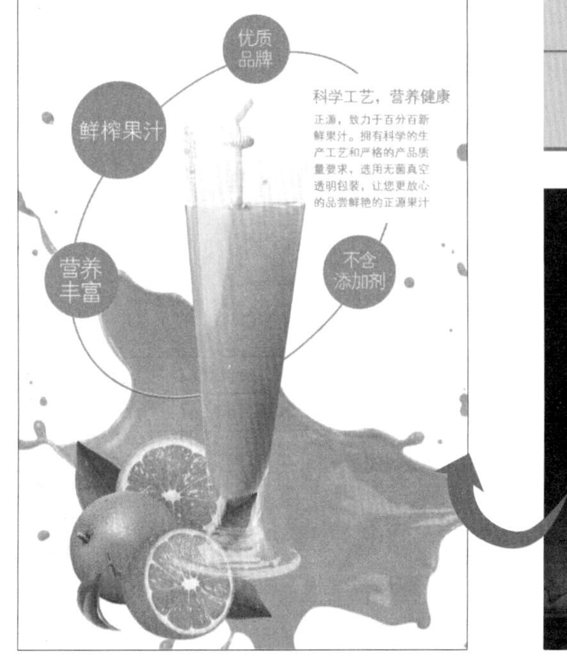

素 材	随书资源\素材\03\08~09.jpg、10~11.psd
源文件	随书资源\源文件\03\抠取半透明商品合成广告效果.psd

步骤01 使用“钢笔工具”绘制路径

打开素材文件“08.jpg”，需要将画面中的玻璃杯和杯中的果汁抠取出来。选择“钢笔工具”，沿玻璃杯边缘轮廓绘制路径，按下快捷键Ctrl+Enter，将绘制的路径转换为选区，选中商品图像。

步骤02 复制选区内的图像

为了让抠出的图像边缘更加干净，执行“选择>修改>收缩”菜单命令，打开“收缩选区”对话框，设置“收缩量”为1，适当收缩选区。按下快捷键Ctrl+J，复制选区内的图像，得到“图层1”图层，此图层中的图像即为抠出的玻璃杯效果。

步骤03 创建新图层填充纯色背景

经过前面的操作后，虽然抠出了商品的整体轮廓，但是并没有呈现出半透明的玻璃杯质感，因此接下来是半透明玻璃杯的处理。复制“图层1”图层；单击“图层”面板中的“创建新图层”按钮，新建“图层2”图层，设置前景色为黑色，按下快捷键Alt+Delete，将图层填充为黑色，这样可以更清晰地看到抠出的商品。

步骤04 复制通道中的图像

切换至“通道”面板，单击各通道，查看通道中的图像，发现“蓝”通道图像对比较强，因此将该通道拖曳到“创建新通道”按钮上，复制通道，得到“蓝 拷贝”通道。

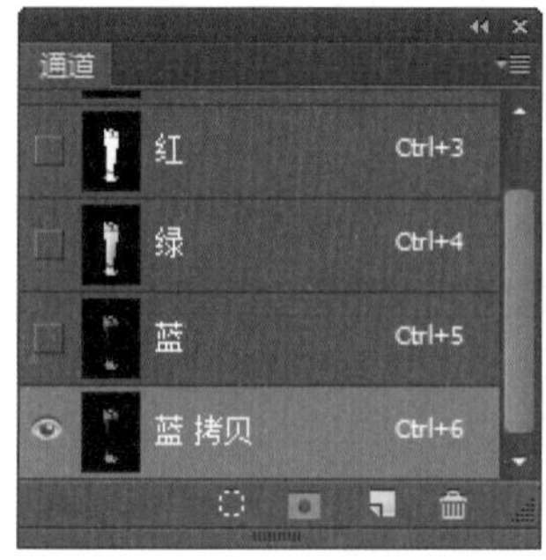

步骤05 设置“亮度/对比度”

确保“蓝 拷贝”通道为选中状态，执行“图像>调整>亮度/对比度”菜单命令，打开“亮度/对比度”对话框。为了抠出半透明的瓶子，将“亮度”滑块向右拖曳，提亮图像；将“对比度”滑块向右拖曳，加强明暗对比。

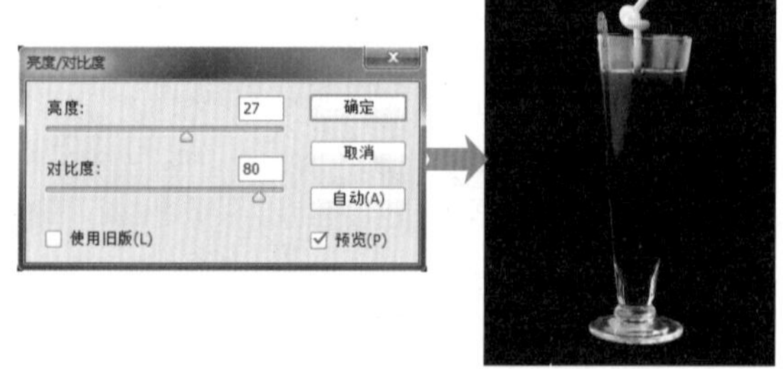

步骤06 载入通道选区

调整通道中的图像后，接下来要将通道中的图像载入到选区。单击“通道”面板中的“将通道作为选区载入”按钮，将“蓝 拷贝”通道中的图像作为选区载入，此时可以看到通道中的白色和灰色区域被添加到选区中。

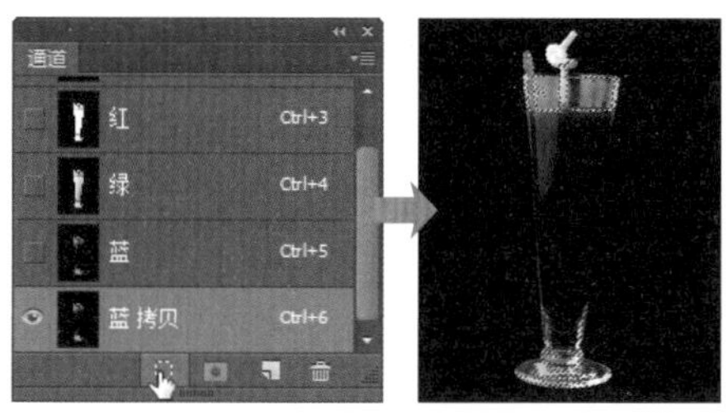

步骤07 添加图层蒙版

单击“通道”面板中的RGB通道，返回“图层”面板，查看创建的选区效果。选中“图层1”图层，单击“图层”面板底部的“添加图层蒙版”按钮，隐藏选区中的图像，此时可以看到抠出的半透明的玻璃杯图像。

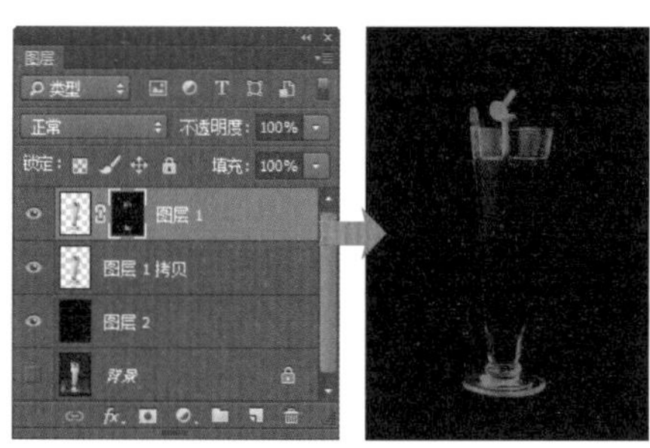

步骤08 添加并编辑图层蒙版

由于只需要对杯子进行半透明处理，而玻璃杯中的饮料需要完整地显示出来，因此选中“图层1拷贝”图层，单击“图层”面板底部的“添加图层蒙版”按钮，添加蒙版。选择“画笔工具”，设置前景色为黑色，运用画笔在玻璃杯顶部和底部涂抹，隐藏图像。

步骤09 填充白色背景设置“曲线”调整

在“图层2”图层上方新建“图层3”图层，按下快捷键Alt+Delete，将背景重新填充为干净的白色，此时可以看到玻璃杯上方颜色偏深。按住Ctrl键不放，单击“图层1”图层蒙版缩览图，载入选区，创建“曲线1”调整图层，提亮图像，增强半透明质感。

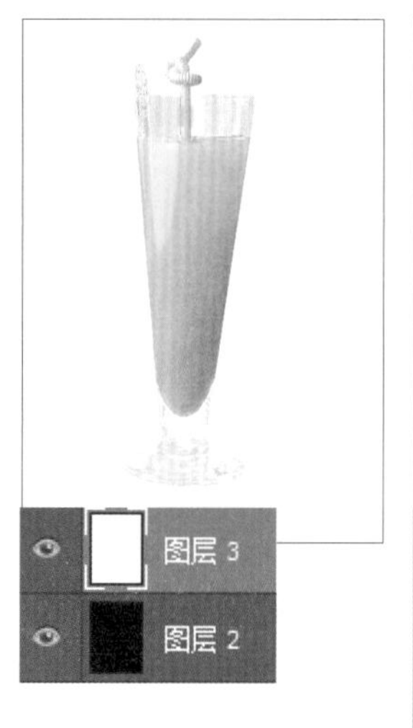

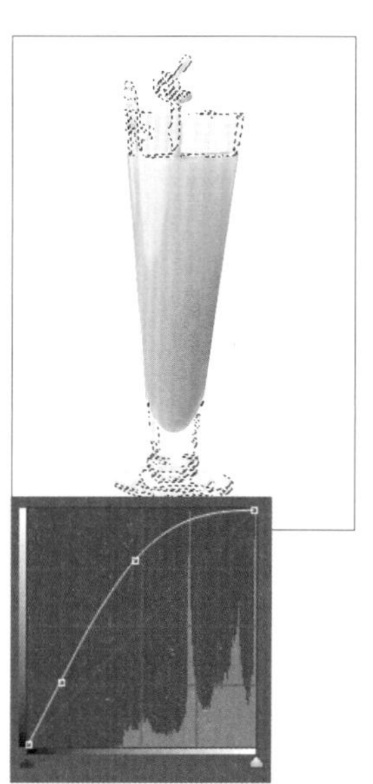

步骤10 继续调整并添加更多元素

为了表现出更干净的玻璃杯效果，创建“色阶1”和“色相/饱和度1”调整图层，对半透明的杯子部分进行调整。最后打开素材文件“09.jpg”和“10~11.psd”，为抠出的图像添加装饰和文字，完成广告的制作。

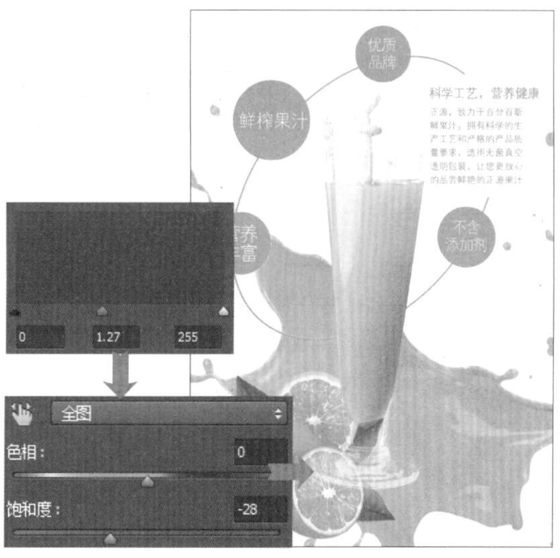

案例 24 合成图像让画面更丰富

将多张素材图像拼合在一起可以得到全新的画面效果。在制作广告图像时，经常需要将多张不同的图像组合起来，创建更丰富的图像效果。在 Photoshop 中，可以使用图层蒙版、剪贴蒙版等功能来进行图像的拼合与设计。

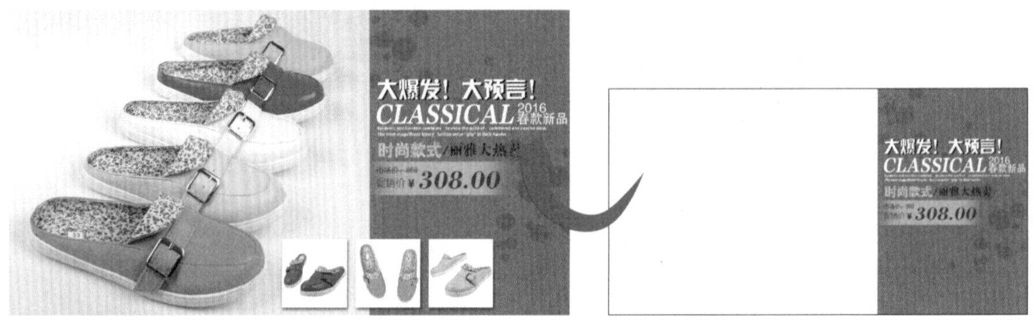

素　材	随书资源\素材\03\12~16.jpg
源文件	随书资源\源文件\03\合成图像让画面更丰富.psd

步骤01 复制图像

打开素材文件“12~13.jpg”，这里要将拍摄的鞋子添加到背景图像左侧。单击工具箱中的“移动工具”按钮，选择“13.jpg”中的鞋子图像，将其拖曳至“12.jpg”图像的左侧，在“图层”面板中生成“图层1”图层。

步骤02 使用“矩形选框工具”绘制选区

将鞋子图像复制到背景上之后，遮挡住了右侧的部分文字，所以要把多余的遮挡文字的图像隐藏。单击“图层1”图层前的“指示图层可见性”图标，隐藏“图层1”图层。单击工具箱中的“矩形选框工具”按钮，沿左侧白色背景绘制选区。

步骤03 添加图层蒙版拼合图像

再次单击“图层1”图层前的“指示图层可见性”图标，显示隐藏的图像。这里需要把选区外的图像隐藏，所以单击“图层”面板底部的“添加图层蒙版”按钮，隐藏图像。

步骤04 设置样式为图形添加投影

为了更好地展示不同颜色的鞋子效果，还要添加更多的鞋子图像。在添加图像前，使用“矩形工具”在要添加鞋子的位置单击并拖曳鼠标，绘制图形，用于确定鞋子的摆放位置；再双击矩形图层，打开“图层样式”对话框，勾选“投影”样式，设置“投影”样式选项，为图形添加投影，表现立体感。

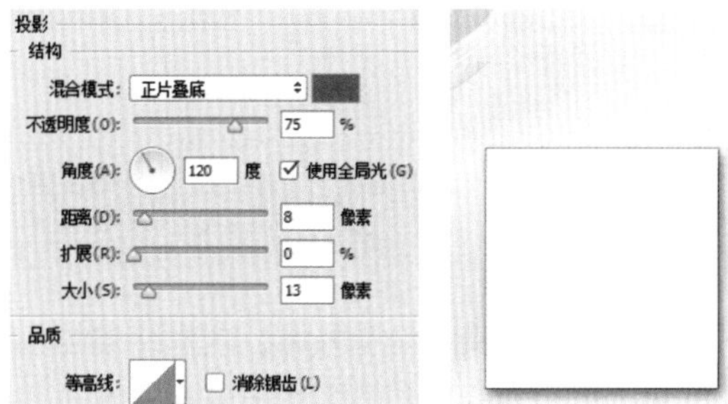

步骤05 复制图像

打开素材文件“14.jpg”，单击工具箱中的“移动工具”按钮，把打开的鞋子图像拖曳到绘制好的白色矩形中间位置，并调整大小，得到“图层2”图层。

步骤06 使用“钢笔工具”绘制路径

为了让画面显得更加干净，要将鞋子旁边的背景去掉。单击“钢笔工具”按钮，沿右侧鞋子边缘单击并拖曳鼠标，创建锚点，绘制路径。这里需要保留完整的两只鞋子，因此单击“钢笔工具”选项栏中的“路径操作”按钮，在展开的列表中选择“合并形状”选项。

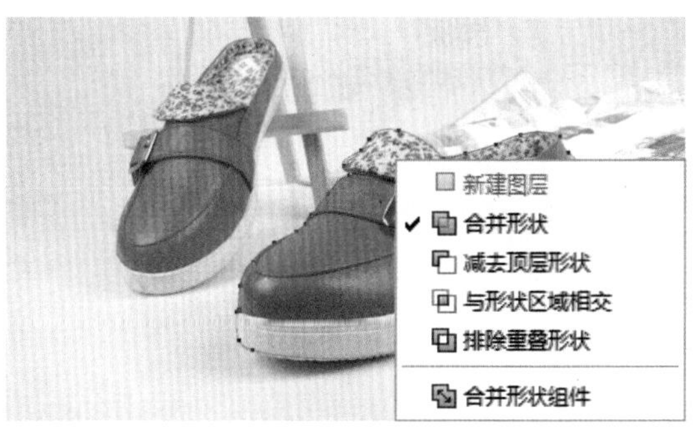

步骤07 将绘制的路径转换为选区

继续使用“钢笔工具”沿左侧鞋子边缘单击并拖曳鼠标，创建锚点，绘制路径。绘制后要将背景去掉，还要按下快捷键Ctrl+Enter，将路径转换为选区。

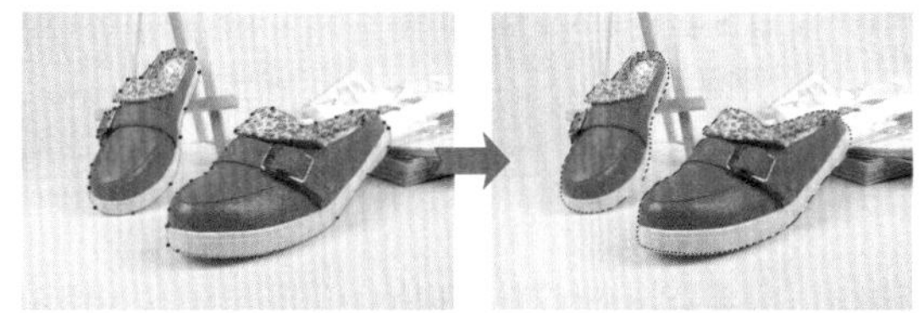

步骤08 添加图层蒙版隐藏图像

确保“图层2”图层为选中状态，单击“图层”面板底部的“添加图层蒙版”按钮，将选区外的图像隐藏。

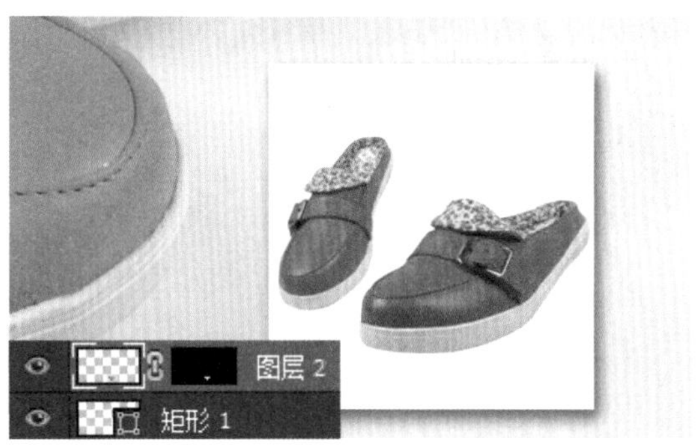

步骤09 创建剪贴蒙版

为确保抠出的鞋子被完整地置入绘制的矩形内部，选中“图层2”图层，执行“图层>创建剪贴蒙版”菜单命令，创建剪贴蒙版效果。由于这里要展示3种不同颜色的鞋子效果，因此再复制两个白色矩形，然后用“移动工具”把复制的矩形移至已经设置好的红色鞋子旁边，得到并排的版面效果。

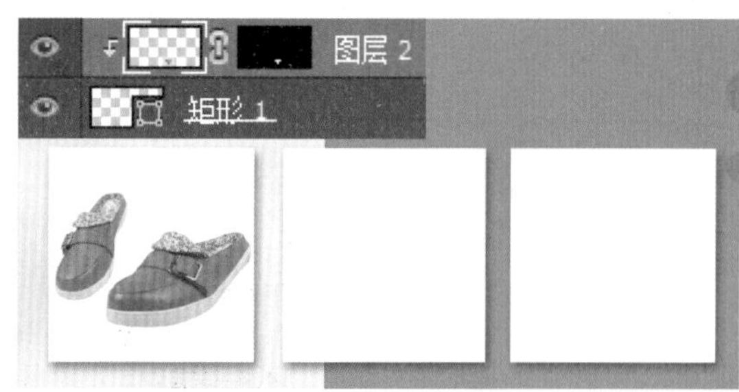

步骤 10　添加更多商品图像

打开素材文件“15~16.jpg”，将打开的图像分别复制到中间和右侧的白色矩形中。为了使画面更加统一，使用同样的方法，用“钢笔工具”抠出鞋子图像，并创建剪贴蒙版，完成图像的合成操作。

3.2 调色

商品照片的色彩呈现效果是影响观者对商品第一印象的关键因素。画面灰暗、色彩暗淡的图像难以激发观者的购买欲望，而商品照片的色差问题甚至可能引发交易纠纷。本节将针对商品照片的色调调整进行讲解。

案例 25　提亮曝光不足的商品照片

在商品的拍摄过程中，经常会因为曝光过度而导致图像偏亮，或因为曝光不足而导致图像偏暗，此时可以通过“曝光度”命令来调整图像的曝光度，使曝光达到正常。如果图像曝光不足，则可以提高曝光度，使其变得明亮；如果图像轻微曝光过度，则可以降低曝光度，使其变得暗一些。

素　材	随书资源\素材\03\17.jpg
源文件	随书资源\源文件\03\提亮曝光不足的商品照片.psd

步骤01 打开图像复制图层

打开素材文件“17.jpg”，按下快捷键Ctrl+J，复制图像，得到“图层1”图层。

步骤02 打开“曝光度”对话框

由于素材图像明显曝光不足，所以需要对曝光度进行调节。执行“图像>调整>曝光度”菜单命令，打开“曝光度”对话框。

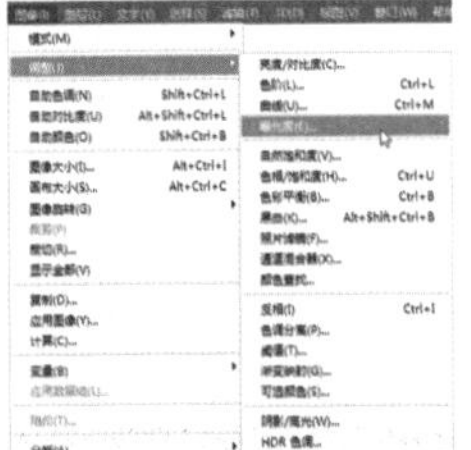

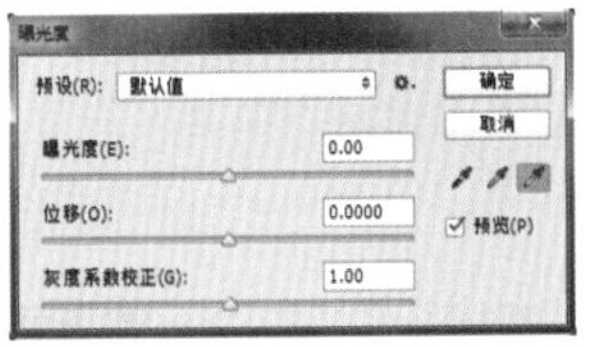

步骤03 设置并调整曝光选项

在“曝光度”对话框中拖曳“曝光度”滑块，可快速提高或降低图像的曝光度，向左拖曳降低曝光度，向右拖曳提高曝光度。因为素材图像曝光不足，所以将“曝光度”滑块向右拖曳，当拖曳至+2.16位置时，图像已经变得够明亮了；为了让暗部细节得到修复，再适当向右拖曳“灰度系数校正”滑块，提亮暗部。

案例 26　加强对比让商品更细腻

拍摄商品时，可能会因为拍摄光线的原因，导致拍出的照片显得灰暗，缺乏层次感，不能表现出商品的质感。此时可以通过后期明暗的调整轻松获得细腻的画面。在 Photoshop 中，可以使用“亮度 / 对比度”和“色阶”快速调整图像的亮度和对比。

素　材	随书资源\素材\03\18.jpg
源文件	随书资源\源文件\03\加强对比让商品更细腻.psd

步骤01 单击“亮度/对比度”按钮

打开素材文件“18.jpg”，这是一张翡翠摆件照片，仔细观察可以看到画面偏暗，缺乏层次，显得平淡，因此，处理时需要先提升画面的亮度。单击“调整”面板中的“亮度/对比度”按钮。

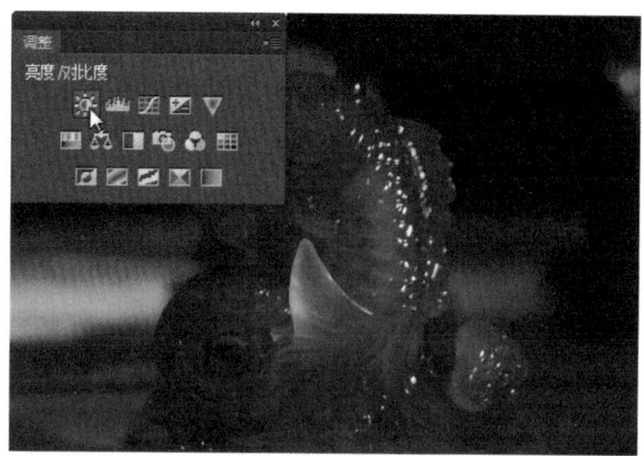

步骤02 调整亮度

单击按钮后，将创建“亮度/对比度1”调整图层，原图像整体偏暗，所以先在“属性”面板中将“亮度”滑块向右拖曳，提高图像的亮度。

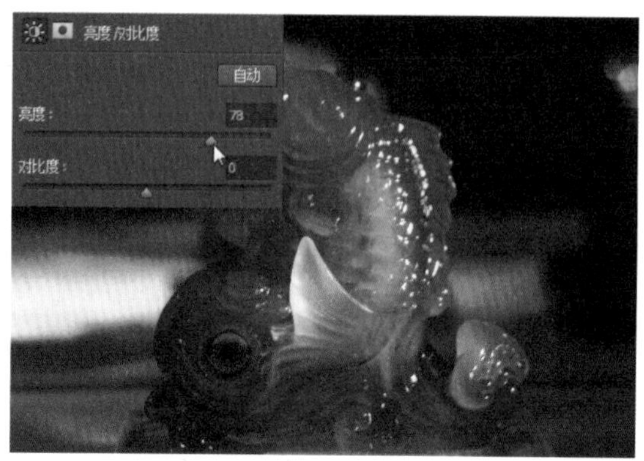

步骤03 调整对比度

提高图像亮度后，画面虽然变亮了，但对比还没有提高，因此单击“对比度”滑块。向左拖曳会降低对比，向右拖曳会增强对比，这张照片明显对比较弱，所以向右拖曳“对比度”滑块。

步骤04 设置“色阶”加强对比

为了进一步加强对比效果，单击“调整”面板中的“色阶”按钮，创建“色阶1”调整图层，在打开的“属性”面板中向右拖曳代表暗部区域的黑色滑块，使其变得更暗，向左拖曳代表亮部区域的白色滑块，使其变得更亮，以增强对比。

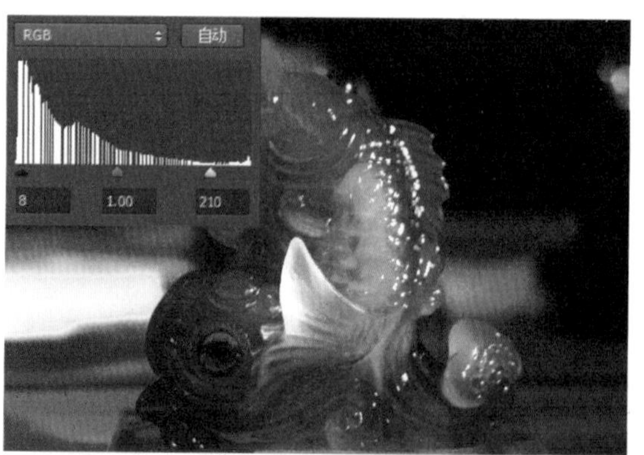

案例27 修复局部偏暗的商品照片

拍摄商品时如果曝光不准确，则拍摄的照片很可能会出现局部曝光不足的情况。与整体曝光不足的图像不同，处理局部曝光不足的照片的时候，可以应用“阴影 / 高光”命令对曝光不足的阴影部分进行调整，修复偏暗的商品图像，还原其清晰的层次与细节。

素　材	随书资源\素材\03\19.jpg
源文件	随书资源\源文件\03\修复局部偏暗的商品照片.psd

步骤01 打开并复制图像

打开素材文件“19.jpg”，图像中数码相机的亮部层次感相对较好，而暗部区域显得太暗，细节不够清晰，需要在处理时进行修复。为了便于查看和对比处理效果，选中“背景”图层，将其拖曳到“创建新图层”按钮上，释放鼠标，复制图层，得到“背景 拷贝”图层。

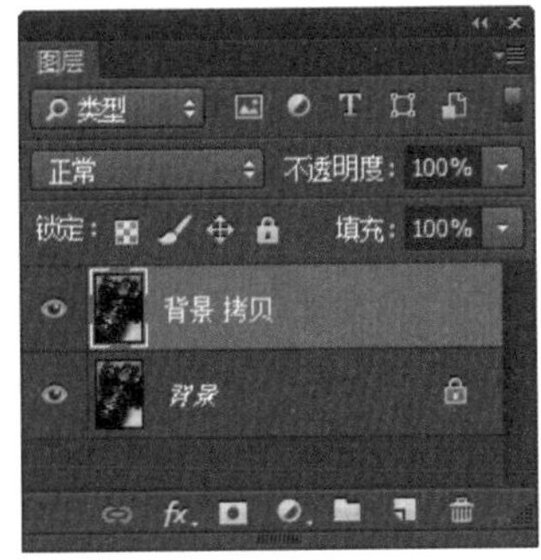

步骤02 打开“阴影/高光”对话框

执行“图像>调整>阴影/高光”菜单命令，打开“阴影/高光”对话框，在对话框中默认设置阴影“数量”为35%。

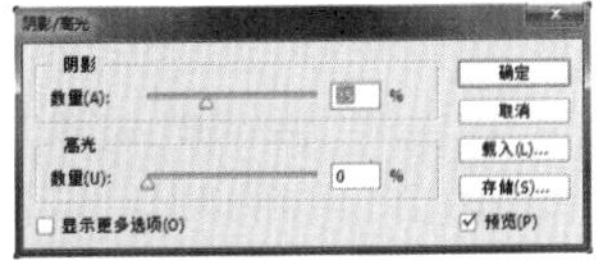

步骤03 调整选项提亮阴影

当阴影“数量”为35%时，发现阴影部分还是不够亮。为了让它变得更亮，再将阴影“数量”滑块向右拖曳，当拖曳至45%时，可以看到阴影部分变得较为清晰。

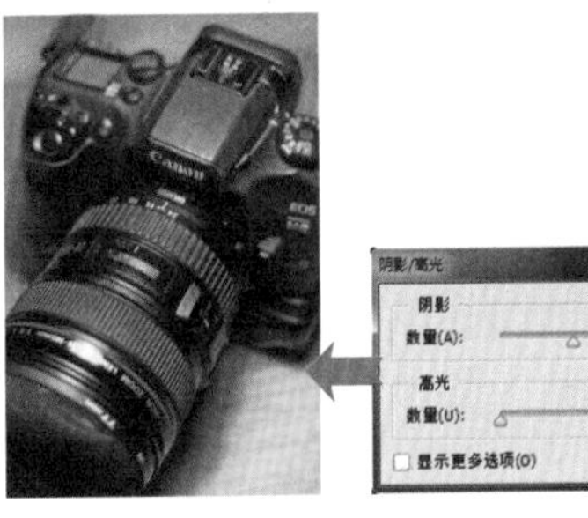

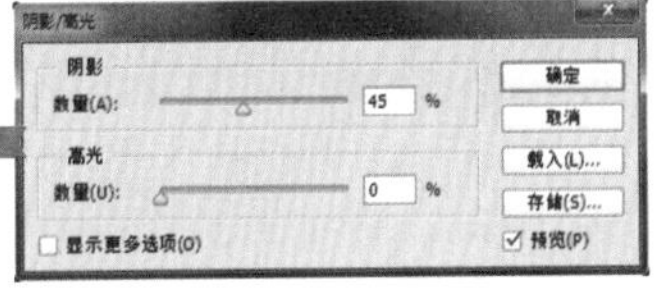

步骤04 设置滤镜去除杂色

提亮阴影后，发现阴影部分出现了较为明显的噪点，为了使图像更干净，要对其进行降噪。执行“滤镜>杂色>减少杂色”菜单命令，打开“减少杂色”对话框，先将“强度”设置为最大值，以便最大限度地去除噪点，再适当调整下方的参数，设置后单击“确定”按钮，去除照片中的噪点。

案例 28　校正偏色还原商品真实色彩

商品照片如果存在色差，不能真实地表达商品原本的色彩，会造成观者对商品的判断失误，进而导致退换货的情况。对于照片中商品的色差问题，可以使用 Photoshop 中的自动校色功能进行快速调整，还原商品真实色彩。

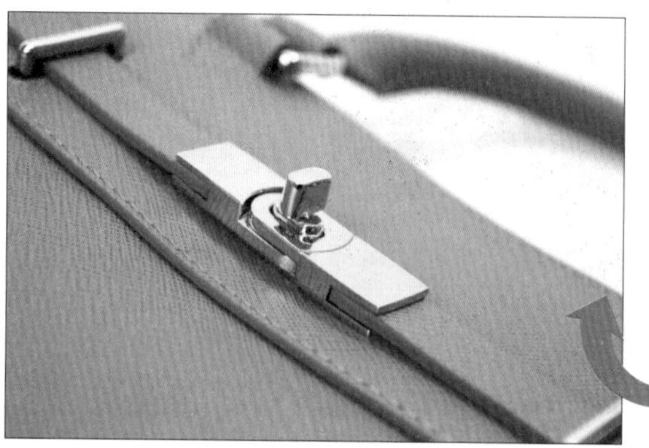

素　材	随书资源\素材\03\20.jpg
源文件	随书资源\源文件\03\校正偏色还原商品真实色彩.psd

步骤01　打开并复制图像

打开素材文件“20.jpg”，因为受到拍摄环境和相机白平衡的影响，照片出现了偏蓝色的情况，需要对其进行校正。在校正之前，选择“背景”图层，将其拖曳到“创建新图层”按钮上，释放鼠标，复制图层，得到“背景 拷贝”图层。

步骤02　执行“自动色调”命令校正颜色

这里为了保留原始的图像效果，以便之后能查看和修改图像，选择复制的“背景 拷贝”图层，执行“图像>自动色调”菜单命令。执行命令后，可以看到照片颜色基本恢复了正常。

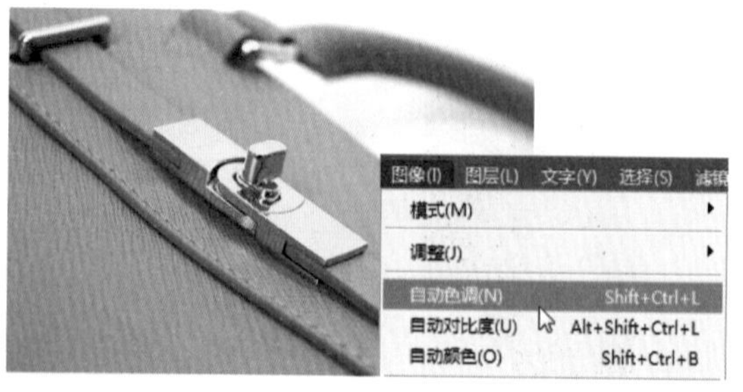

步骤03　设置“曲线”提亮图像

经过上一步的校色后，图像颜色得到了还原，但是图像亮度还是不够，包包颜色有点偏暗。单击“调整”面板中的“曲线”按钮，创建“曲线 1”调整图层。这里需要提亮图像，所以在曲线上单击，添加曲线控制点并向上拖曳曲线，更改曲线形状，提高图像的亮度。

技巧提示：使用 Camera Raw 滤镜校正偏色

在 Photoshop 中，要校正偏色的商品图像，除了可以使用“自动色调”命令外，还可以使用 Camera Raw 滤镜。执行“滤镜>Camera Raw 滤镜”菜单命令，打开 Camera Raw 对话框，在对话框中可运用“白平衡工具”在图像中单击来校正颜色，如果校正的效果不够准确，还可以拖曳“白平衡”选项下的“色温”和“色调”滑块进行进一步的调节。

案例 29　调整商品图像的颜色鲜艳度

商品的颜色饱和度会直接影响观者对商品的好感度，如果照片中商品的颜色非常暗淡，将不能吸引更多观者的注意。对于素材照片中商品的颜色饱和度偏低、不够鲜艳的情况，可以使用“自然饱和度”及“色相/饱和度”来加以修复。

素　材	随书资源\素材\03\21.jpg
源文件	随书资源\源文件\03\调整商品图像的颜色鲜艳度.psd

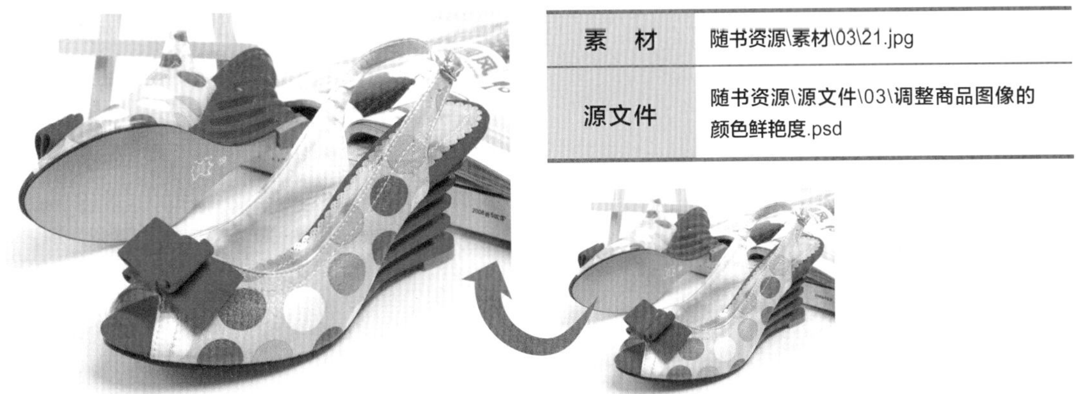

步骤01　新建“自然饱和度”调整图层

打开素材文件“21.jpg”，可以看到照片色彩非常暗淡，鞋子颜色不够鲜艳，需要在处理时提高颜色的鲜艳度。单击“调整”面板中的“自然饱和度”按钮，创建“自然饱和度1”调整图层。

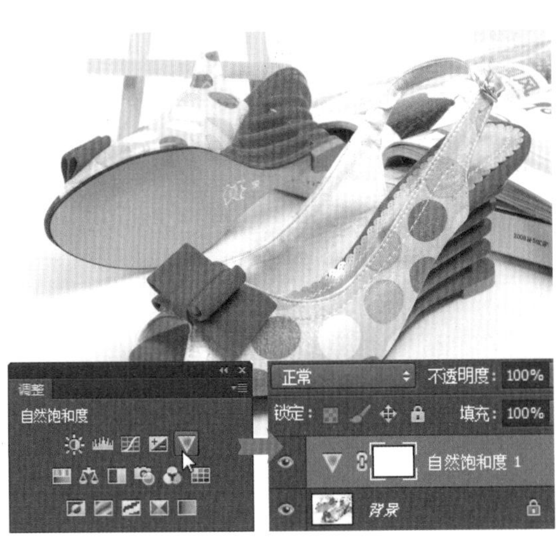

步骤02　调整“自然饱和度”

打开“属性”面板，在面板中显示了“自然饱和度”及“饱和度”选项。这里为了防止颜色调整过度，仅对“自然饱和度”进行设置。由于原照片的颜色饱和度太低，导致色彩不够鲜艳，所以将“自然饱和度”滑块向右拖曳。

步骤03　设置“色相/饱和度”增强颜色

应用“自然饱和度”调整后，感觉图像颜色虽然得到了一定的改善，但还是不够艳丽。单击“调整”面板中的“色相/饱和度”按钮，新建“色相/饱和度1”调整图层，在“属性”面板中向右拖曳“饱和度”滑块，进一步提升图像的颜色饱和度。

步骤04 应用"画笔工具"编辑图层蒙版

由于这里仅需突出画面中的鞋子部分，所以可以不对背景的颜色饱和度加以提升。单击"色相/饱和度1"图层蒙版，选择"画笔工具"，为了让颜色过渡更自然，将"不透明度"设置为50%，在背景处涂抹，还原背景颜色。

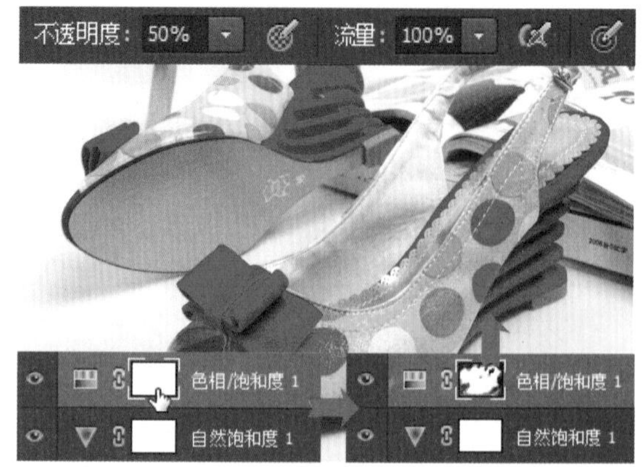

案例 30 变换商品色调营造特殊氛围

在对商品照片进行调色的过程中，有时需要在保证观者不会误判商品颜色的前提下，适当地改变商品照片的色调，以营造出一种特殊的氛围。在 Photoshop 中，可以使用"色彩平衡"和"可选颜色"对照片的颜色进行调整，从而表现出不同的色调效果。

素　材	随书资源\素材\03\22.jpg
源文件	随书资源\源文件\03\变换商品色调营造特殊氛围.psd

步骤01 设置"色彩平衡"

打开素材文件"22.jpg"，为了营造更温馨的视觉氛围，可将图像转换为暖色调。单击"调整"面板中的"色彩平衡"按钮，新建"色彩平衡1"调整图层。

步骤02 拖曳滑块调整"中间调"颜色

接下来要在"属性"面板中调整颜色。在面板中将滑块向不同的颜色拖曳，即可增强对应的颜色。由于这里要将图像转换为暖色调效果，因此将"青色-红色"滑块向红色方向拖曳，增加红色，再将"黄色-蓝色"滑块向黄色方向拖曳，增加黄色。

步骤03 调整“高光”颜色

在上一步中调整了“中间调”颜色，为了让画面色调更统一，下面对高光部分进行调整。在“色调”下拉列表框中选择“高光”选项，将“青色-红色”滑块向红色方向拖曳，增加高光部分的红色。

步骤04 设置“可选颜色”加强暖色调

经过调整，画面已经基本呈现出暖色调效果。为了增强这种氛围，新建“选取颜色1”调整图层，打开“属性”面板，在面板中分别选择“红色”和“黄色”选项，调整颜色比，加强暖色调效果。

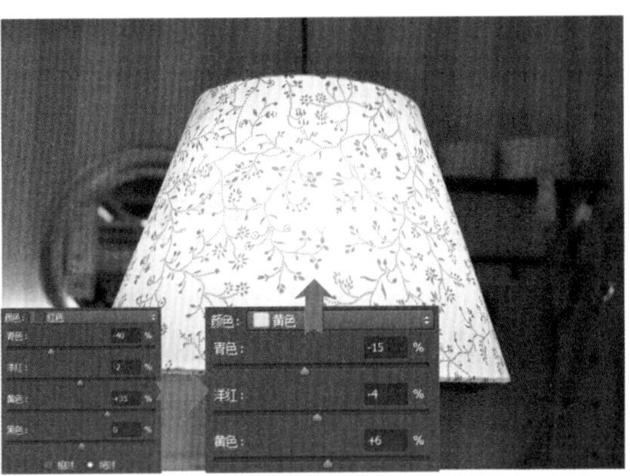

案例 31　变换颜色展示不同颜色商品

店铺所销售的商品中，往往同一类型的商品会有多种不同的颜色供观者选择，而拍摄时为了节约成本，只会对其中一种颜色的商品进行拍摄，然后通过后期处理的方式，用Photoshop中的“替换颜色”命令对商品颜色进行替换，以呈现不同颜色的商品效果。

素　材	随书资源\素材\03\23.jpg
源文件	随书资源\源文件\03\变换颜色展示不同颜色商品.psd

步骤01 复制图像

打开素材文件“23.jpg”，选中“背景”图层，将其拖曳到“创建新图层”按钮上，释放鼠标，复制图层，得到“背景 拷贝”图层。

步骤02 设置颜色替换范围

这里只需要替换毛衣颜色，所以执行“图像>调整>替换颜色”菜单命令，打开“替换颜色”对话框，先用“吸管工具”在人物身上的毛衣位置单击，设置要替换的颜色范围；为了将整个毛衣部分都设置到要替换的区域中，再单击“添加到取样”按钮，继续在毛衣位置连续单击。

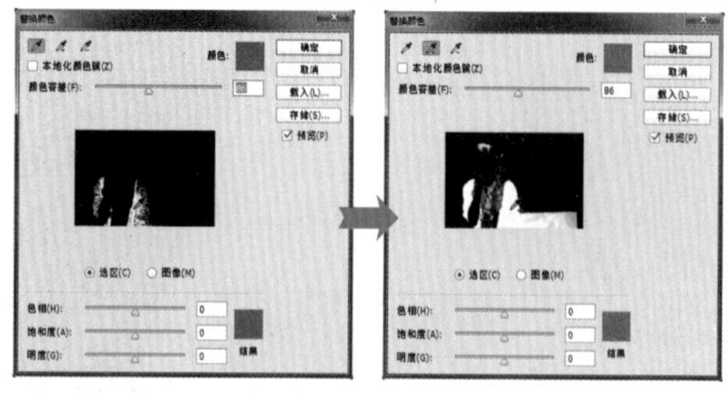

步骤03 设置选项更改颜色

确定要替换颜色的范围后，接下来就要设置替换后的颜色。根据毛衣商品所包含的颜色，在“替换颜色”对话框下方拖曳“色相”及“饱和度”滑块，调整颜色。

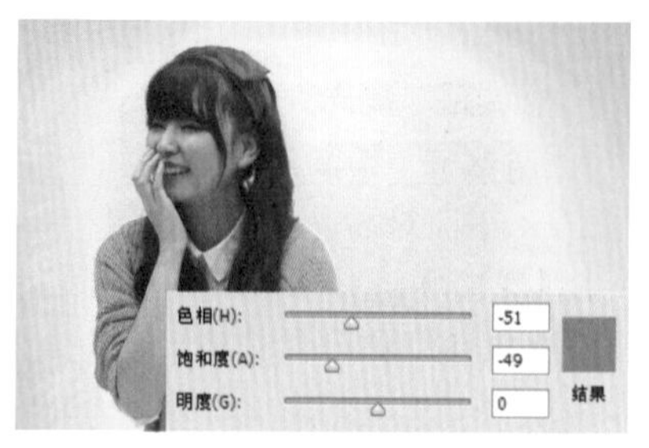

步骤04 编辑图层蒙版还原背景颜色

单击“替换颜色”对话框中的“确定”按钮，完成商品颜色的替换。由于这里只需对毛衣的颜色进行变换，因此选中“背景 拷贝”图层，单击“图层”面板底部的“添加图层蒙版”按钮，添加蒙版，使用黑色画笔在画面中不需要更改颜色的区域涂抹，还原图像颜色。

3.3 文字编辑与图形的绘制

文字与图形在电商广告中经常会被用到，为了向观者完整地传递商品的外观、功能、属性等信息，在图像中会结合文字和图形，来向观者阐述更为详尽的商品信息。同时，利用文字和图形还能更好地装饰图像，增强图片的美观性。本节将对商品照片中文字与图形的处理方法进行介绍。

案例 32 制作横排商品文字效果

处理商品图片时，经常需要在商品图片上添加横向排列的文字信息，这时可以通过“横排文字工具”来创建横排商品文字效果。使用“横排文字工具”输入文字后，可以结合“字符”面板或文字工具选项栏调整文字的字体、大小及间距等，从而制作出更适合图像的文字排列效果。

素　材	随书资源\素材\03\24~25.jpg
源文件	随书资源\源文件\03\制作横排商品文字效果.psd

步骤01　设置并输入文字

打开素材文件“24.jpg”，单击工具箱中的“横排文字工具”按钮，将鼠标指针移至图像窗口中，单击并输入文字“春”。输入后打开“字符”面板，对文字属性进行调整。由于输入的文字为主题文字，为提高其辨识度，将字体设置为较粗的“微软雅黑”，字体大小设置为“66点”，然后根据广告的风格特点，设置文字颜色为绿色。

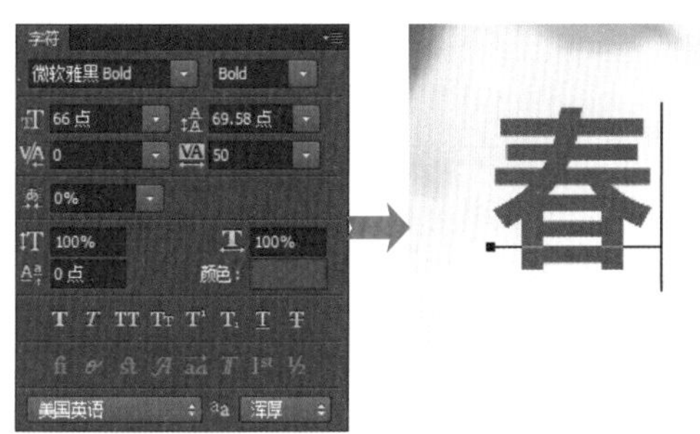

步骤02　复制图像

为了增强文字的表现力，可以在输入的文字下方叠加纹理图案。打开素材文件“25.jpg”，单击工具箱中的“移动工具”按钮，将打开的草地图像拖曳到文字上方，生成“图层1”图层。

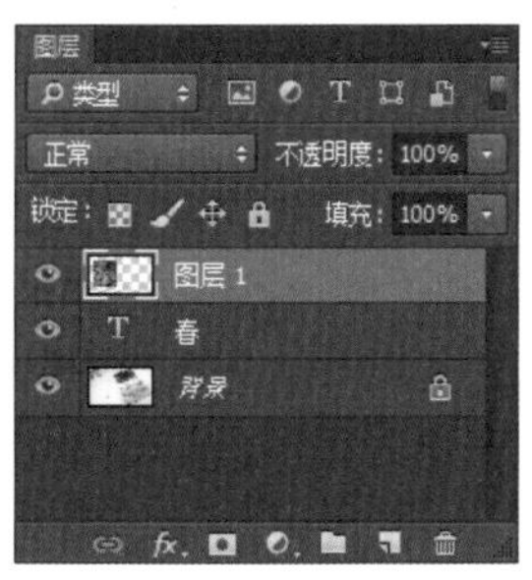

步骤03　创建剪贴蒙版拼合图像

这里只需要显示文字上方的草地图像，因此在确保“图层1”图层为选中状态的情况下，执行“图层>创建剪贴蒙版”菜单命令，创建剪贴蒙版，根据文字形状拼合图像。

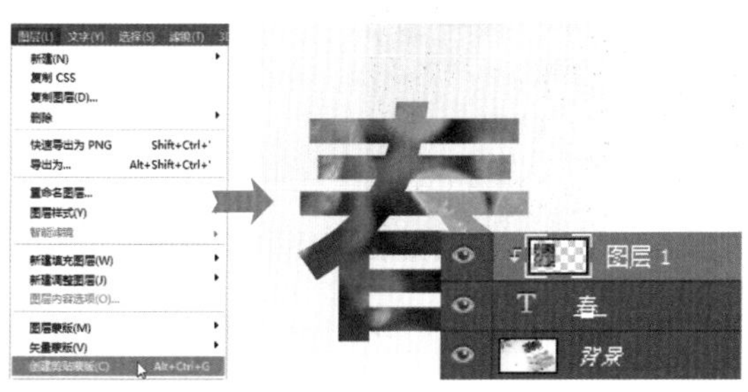

步骤04　设置并输入文字

选择“横排文字工具”，在已经输入的“春”字旁继续输入文字“焕新”。输入后打开“字符”面板，调整文字属性。为了表现文字的层次感，将字体设置为较细的“张海山锐线体简”，文字颜色也设为绿色。

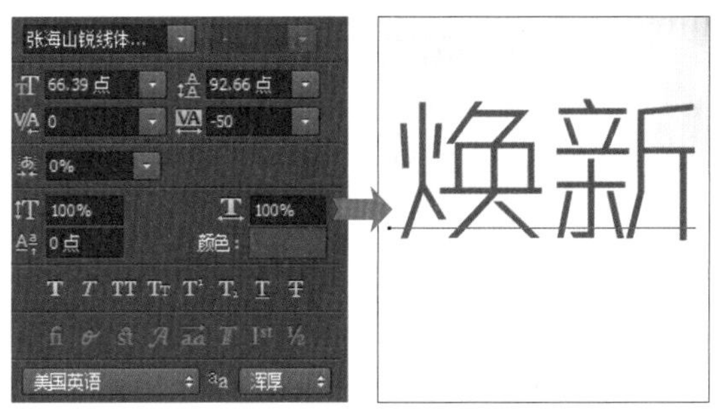

步骤05　复制文字更改文字颜色

为了让文字更有创意，可以创建两种不同的颜色效果。将“焕新”文字图层复制，创建“焕新 拷贝”图层，确保“横排文字工具”为选中状态，单击选项栏中的“设置文本颜色”颜色块，打开“拾色器（文本颜色）”对话框，在对话框中将颜色设置为更清爽的淡绿色，具体颜色值为R149、G182、B49，设置后单击“确定”按钮，更改文字颜色。

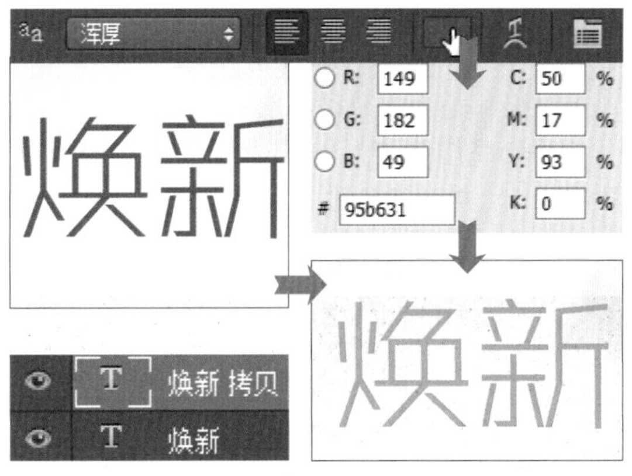

步骤06　创建图层蒙版

更改文字颜色后，原“焕新 拷贝”图层会更改为“焕新”图层。这里只需要保留上半部分文字的淡绿色，因此单击工具箱中的“矩形选框工具”按钮，在文字上方单击并拖曳鼠标，绘制矩形选区；再选中上一层的“焕新”图层，单击“图层”面板中的“添加图层蒙版”按钮，添加蒙版。

步骤07 输入文字

选择“横排文字工具”，在已输入的标题文字下方再输入文字“——我和春天有个约会，爱上哈利女鞋”。输入后打开“字符”面板，对文字的大小和颜色做进一步的调整，使文字主次更加分明。

步骤08 继续输入更多横排文字

结合“横排文字工具”和“字符”面板，继续在图像左侧输入更多的文字。

步骤09 变换文字效果

最后，为了使文字表现出错落分明的视觉效果，选中“SPRING”文字图层，按下快捷键Ctrl+T，打开自由变换编辑框。右击编辑框中的文字，在弹出的快捷菜单中执行“顺时针旋转90度”命令，按顺时针方向旋转选中的文字对象。旋转完成后按Enter键，应用旋转效果。

案例33 制作直排商品文字效果

在电商广告中，除了可以添加横排文字效果外，有时也需要添加直排文字效果。使用Photoshop中的“直排文字工具”可以在图像中的指定位置添加直排商品文字效果，并且可根据画面需要对文字进行编辑，创建更丰富的文字编排效果。

素　材	随书资源\素材\03\26.jpg
源文件	随书资源\源文件\03\制作直排商品文字效果.psd

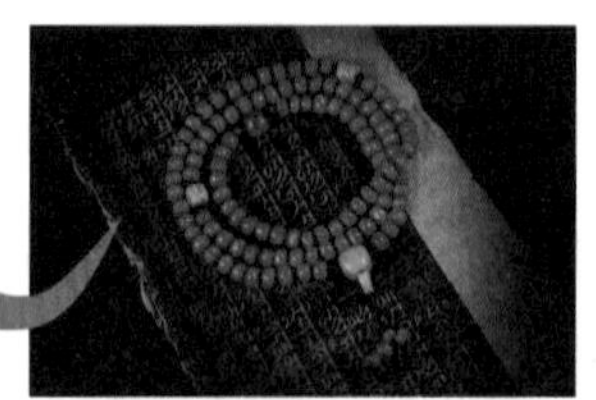

步骤01 使用“直排文字工具”输入文字

打开素材文件“26.jpg”，按住工具箱中的“横排文字工具”按钮T不放，在弹出的隐藏工具中单击“直排文字工具”按钮IT，选择“直排文字工具”，将鼠标指针移至图像右侧，单击并输入文字“静心”。

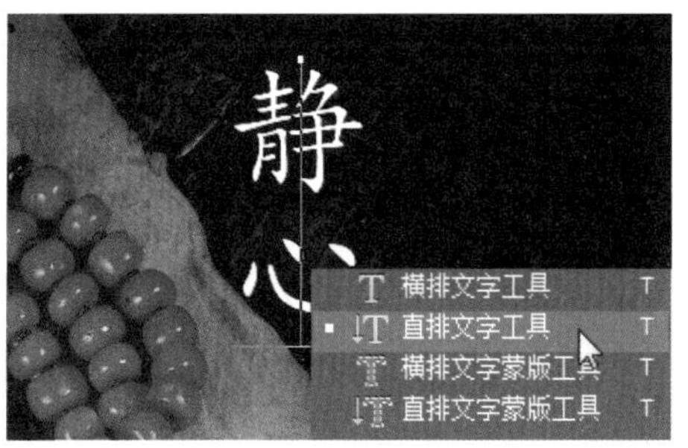

步骤02 打开“字符”面板更改文字效果

输入文字后打开“字符”面板，对输入文字的属性进行设置。这里根据画面的整体风格，将文字颜色由白色更改为红色，再单击“设置字体系列”下三角按钮，在展开的列表中选择“叶根友毛笔行书3.0版常规”。

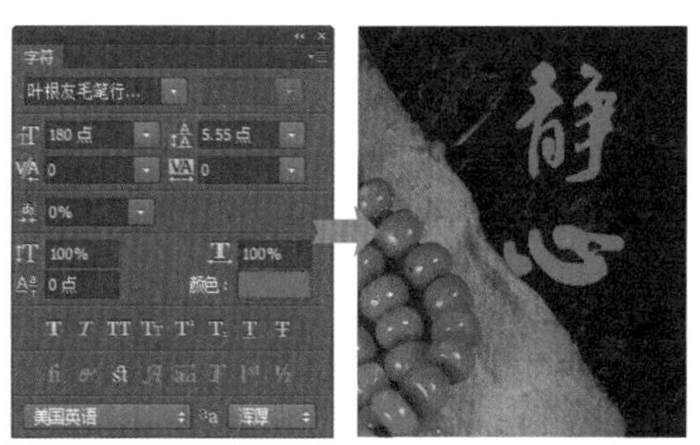

步骤03 继续使用工具输入文字

确保“直排文字工具”为选中状态，在已输入的文字右侧再次单击，输入文字“养生—”，表现手链的用途。

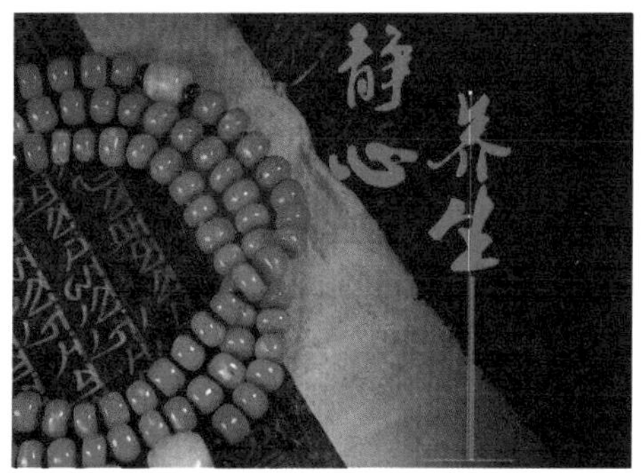

步骤04 打开“字符”面板更改字体和颜色

这里为了将不同的文字区分开来，打开“字符”面板，在面板中将字体更改为较工整的“方正大标宋_GBK”，并将文字缩小一些，文字颜色设置为较醒目的白色。

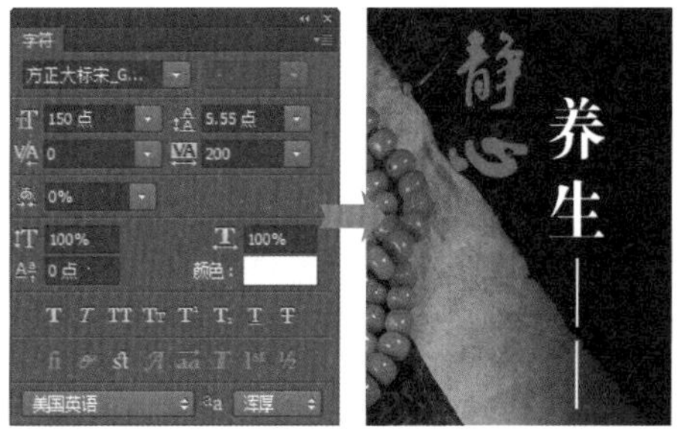

步骤05 输入文字调整大小

继续使用“直排文字工具”在“养生—”文字下方单击，输入更多的文字信息。输入后感觉文字显得过大，影响主题的表达效果，因此打开“字符”面板，在不更改字体的情况下，将文字大小由150点更改为42点，缩小文字。

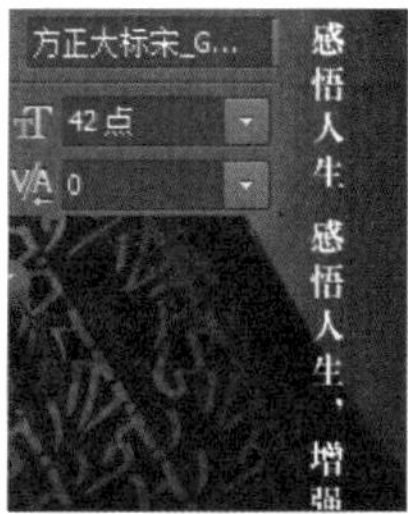

步骤06 设置文字间距

确保“直排文字工具”为选中状态，将鼠标指针移至需要分段的文字位置，按下键盘中的空格键，对文字进行分段设置。这时文字会因间距太小而重叠在一起，打开“字符”面板，在面板中单击“设置行距”下三角按钮，在展开的下拉列表中选择“60点”选项，增加行间距。

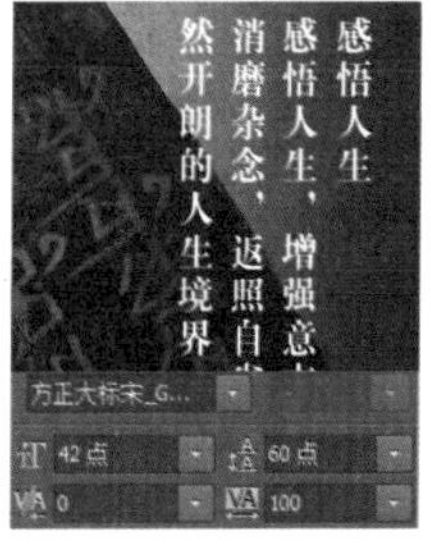

步骤07 设置下划线文字效果

为了突出部分文字效果，使用“直排文字工具”在文字上单击并拖曳鼠标，选中部分文字，使文字反相显示。单击“字符”面板中的“下划线”按钮，为文字添加下划线效果。

步骤08 更改文字大小和间距

使用“直排文字工具”在输入的文字“感悟人生”上单击并拖曳鼠标，选中文字。为了将其与左侧的文字区分开来，在“字符”面板中将文字大小设置为“72点”，设置后文字与左侧文字的行间距显得过小，因此再将行距设置为“90点”。

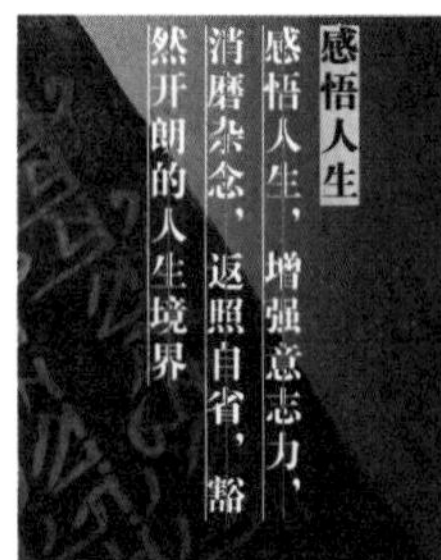

技巧提示：清除输入的文字

输入文字后按下快捷键 **Ctrl+Enter**，可确认输入的文字。如果单击选项栏中的“取消所有当前编辑”按钮，则可以清除输入的文字。

步骤09 查看图像效果

设置完成后，单击工具箱中的任意工具，退出文字编辑状态，完成本案例的制作。此时在图像窗口中可以看到调整后的直排文字效果。

技巧提示：直排文字与横排文字的转换

使用“直排文字工具”在图像中输入直排文字后，确保文字为选中状态，单击选项栏中的“切换文本取向”按钮，可以将竖直方向排列的文字效果更改为横向排列的文字效果。如果是用“横排文字工具”输入的横向排列的文字效果，单击该按钮，则可以将横向排列的文字效果更改为竖直方向排列的文字效果。

案例 34 在商品照片中添加段落文字

处理商品图像时，经常需要在商品图像上添加文字说明或商品描述信息。如果输入的文字较多，为了方便管理文字，可以通过输入段落文字的方式进行处理。添加段落文字后，还可以根据需要对文字的对齐方式、样式等效果进行设置。

素　材	随书资源\素材\03\27.jpg
源文件	随书资源\源文件\03\在商品照片中添加段落文字.psd

步骤01 绘制文本框

打开素材文件“27.jpg”，单击工具箱中的“横排文字工具”按钮T，在要输入段落文字的位置单击并拖曳鼠标，绘制文本框。

步骤02 在文本框中输入文字

在绘制的文本框中单击，将插入点定位于文本框内部，然后在文本框中输入文字，完成段落文字的创建。单击工具箱中的任意工具，退出文字输入状态。打开“字符”面板，在面板中对文字属性进行设置。为了让文字与画面的整体风格更为协调，在面板中将字体调整为“方正隶变简体”。

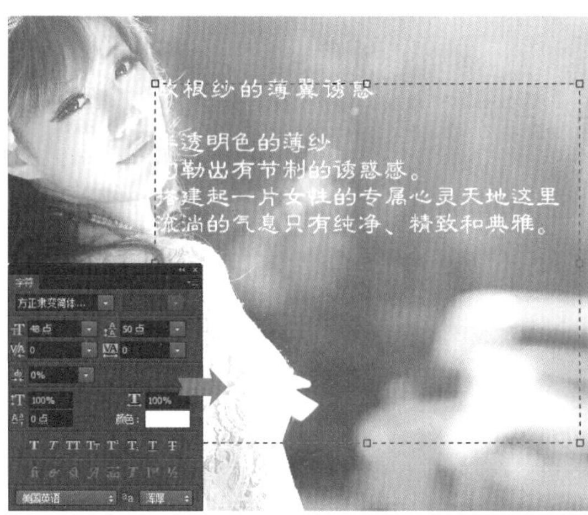

步骤03 设置文字对齐方式并更改文字效果

选中段落文字图层，执行“窗口>段落”菜单命令，打开“段落”面板。由于输入的文字遮挡住了人物的面部，因此要对段落文字的对齐方式进行重新设置。单击“段落”面板中的“右对齐文本”按钮，将文字设置为右对齐效果，然后选择段落中的首排文字，在“字符”面板中适当更改选中文字的大小和字体。

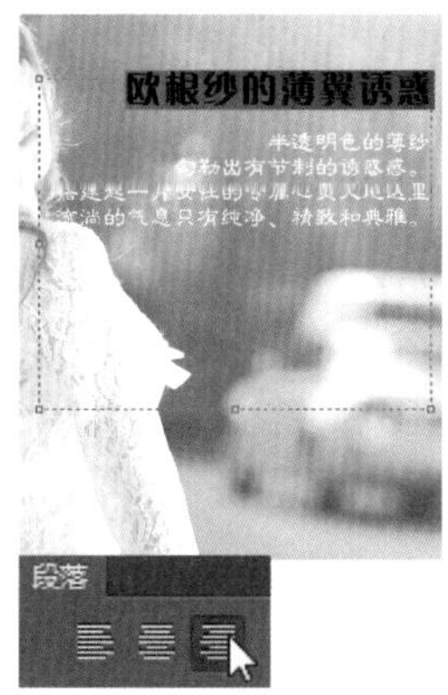

步骤04 设置样式为文字添加投影

为了让文字更突出且富有立体感，双击文字图层，在打开的“图层样式”对话框中设置“投影”样式，为文字添加投影效果。使用相同的方法，在下方进行更多段落文字的创建。

 案例 35　打造具有创意性的标题文字

文字的变形是电商广告中经常会遇到的操作之一。变形文字通过对文字的部分笔画进行变化，使其呈现出另一种外形，构造出别样的风格。在 Photoshop 中，使用“转换为形状”命令可以将文字图层转换为形状图层，并且可以结合路径编辑工具对文字形状进行变形。

素　材	随书资源\素材\03\28.jpg
源文件	随书资源\源文件\03\打造具有创意性的标题文字.psd

步骤01　打开图像输入文字

打开素材文件“28.jpg”，单击工具箱中的“横排文字工具”按钮T，在画面中需要添加主题文字的位置单击，输入文字“天猫新风尚”。

步骤02　在“字符”面板中更改文字属性

为了突出标题文字信息，执行“窗口>字符”菜单命令，打开“字符”面板，将文字字体设置为粗一些的“方正综艺简体”，将字号设置为较大的“256点”，颜色设置为鲜艳的黄色。

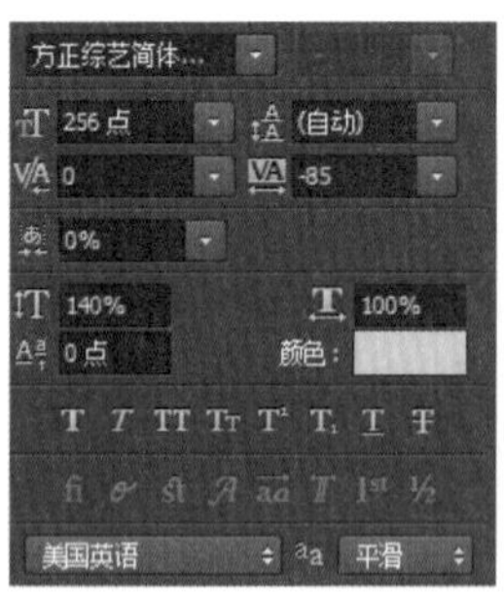

步骤03　执行命令将文字转换为形状

为了让文字更有创意，可以对文字进行变形。在变形前选中文字图层，执行“文字>转换为形状”菜单命令，将文字转换为图形，得到形状图层。

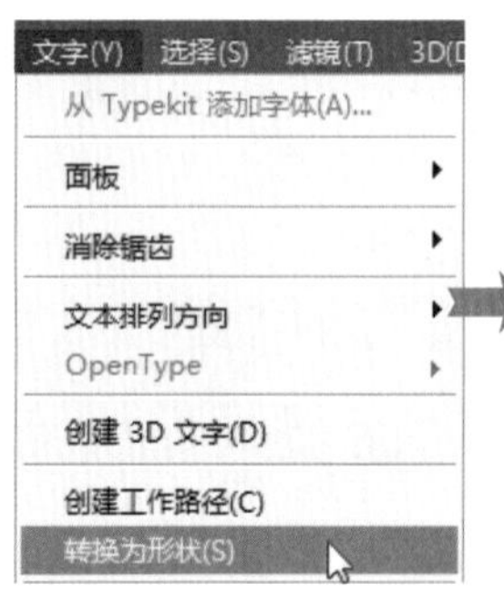

步骤04　选中文字图形

要对图形进行变形，先要选中路径上的锚点。按住工具箱中的“路径选择工具”按钮不放，在弹出的隐藏工具中单击“直接选择工具”按钮，然后将鼠标指针移至文字“猫”的上方，单击鼠标，即可选中文字图形，并显示图形上的所有锚点。

步骤05 删除路径上的锚点

从图形上看，由于锚点太多，不利于编辑，所以可以先删除一些锚点。按住工具箱中的“钢笔工具”按钮不放，在弹出的隐藏工具中单击“删除锚点工具”按钮，将鼠标指针移至需要删除的路径锚点位置，单击鼠标，即可将鼠标单击位置的锚点删除。

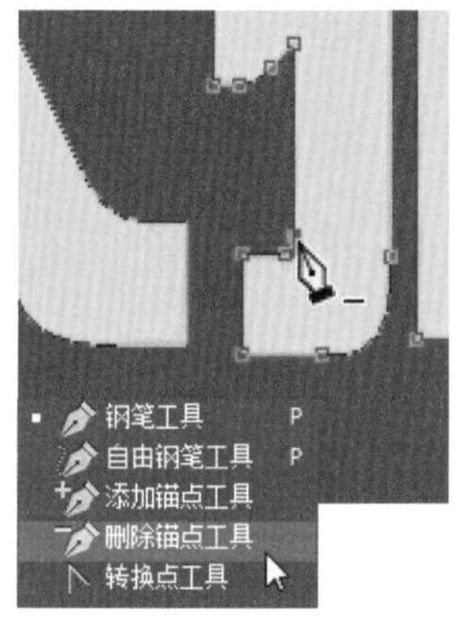

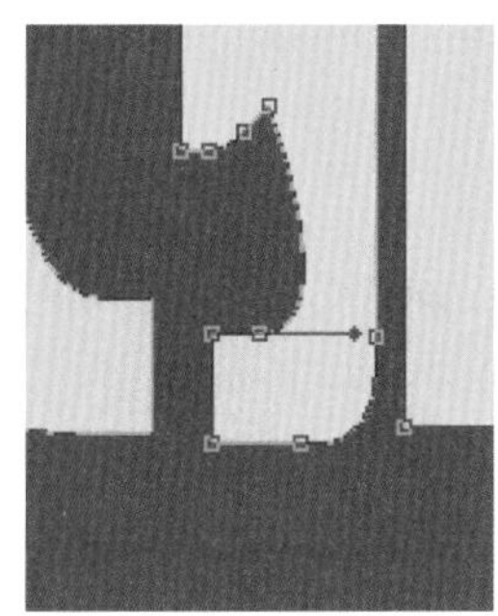

步骤06 转换路径锚点

删除锚点后，图形的形状也会随之发生改变。这里要将曲线路径转换为直线路径，因此按住工具箱中的“钢笔工具”按钮不放，在弹出的隐藏工具中单击“转换点工具”按钮，将鼠标指针移至需要转换的路径锚点位置，单击鼠标，即可将鼠标单击位置的锚点转换。

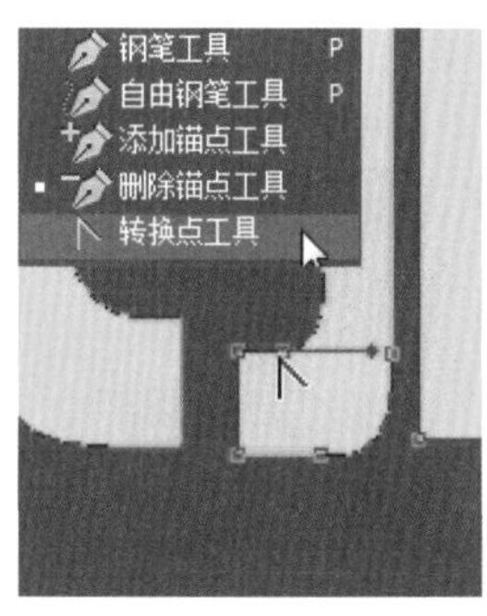

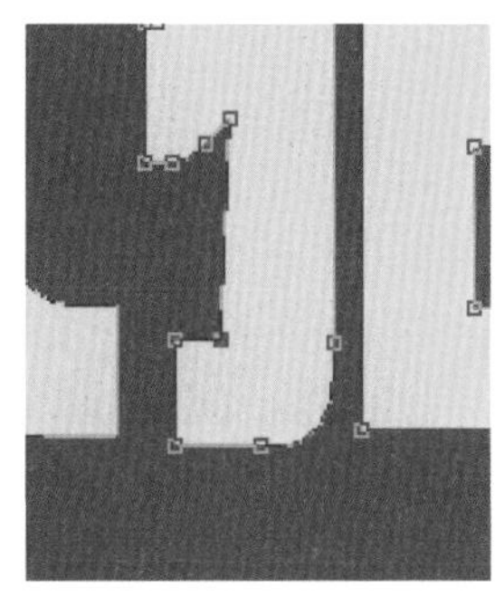

步骤07 更改路径锚点位置

按住工具箱中的“路径选择工具”按钮不放，在弹出的隐藏工具中单击“直接选择工具”按钮，在上一步转换的路径锚点位置单击，选中锚点，然后单击并向右拖曳，调整路径锚点的位置，更改图形形状。

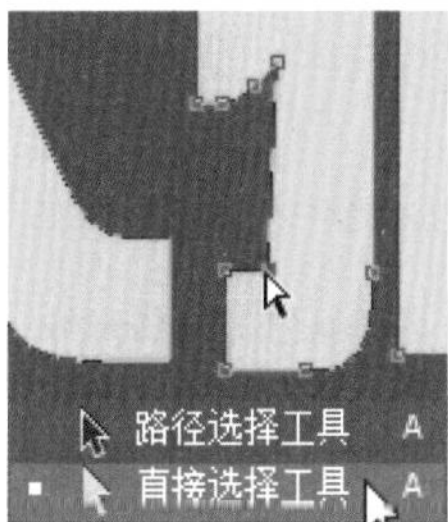

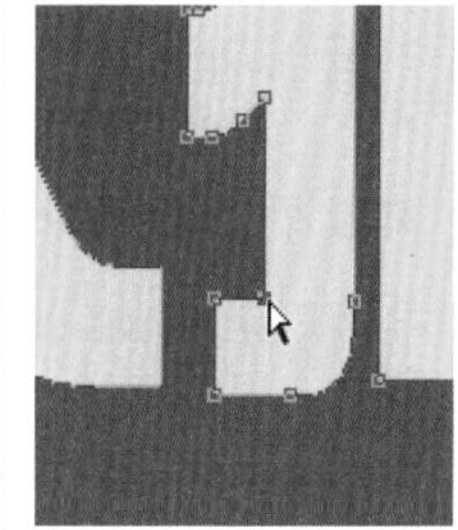

步骤08 继续调整锚点位置

使用“直接选择工具”单击左侧的另一个路径锚点，然后向左上角方向拖曳该锚点，使路径锚点与文字“天”的边缘接在一起。

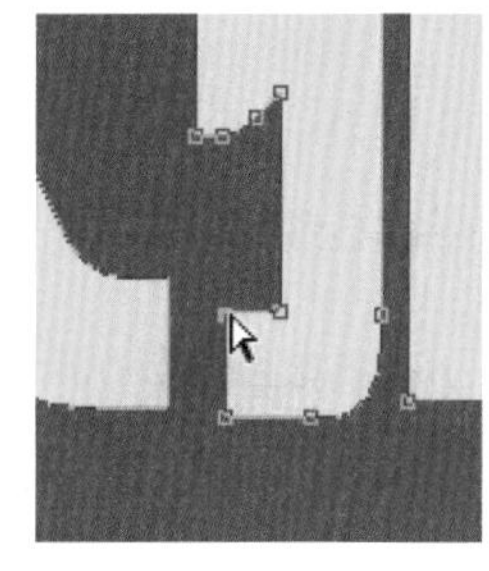

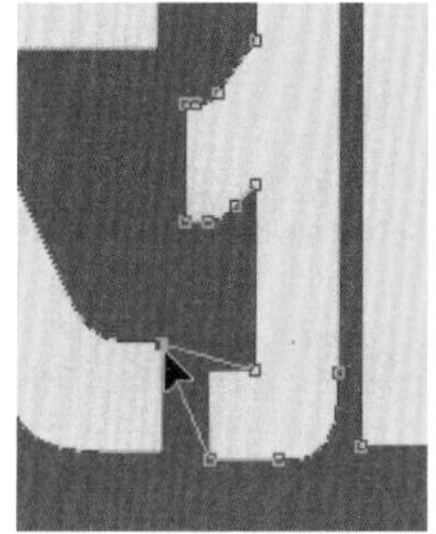

步骤09 更改文字图形

使用同样的方法，继续调整路径锚点的位置。再单击另一曲线路径上的锚点，当鼠标指针变为实心箭头时，单击并拖曳鼠标，调整曲线路径的外形。

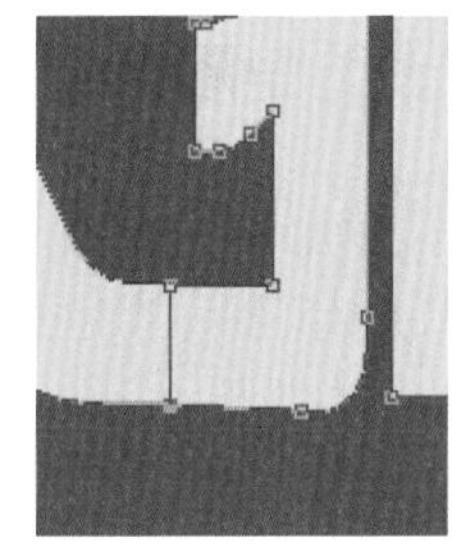

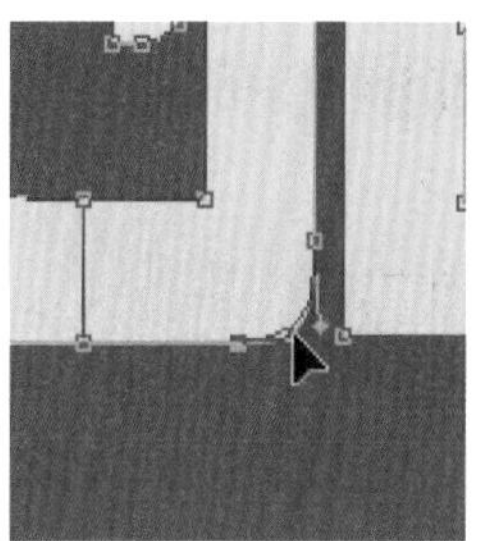

步骤10 用相同方法调整其他文字

使用同样的方法，选中其他文字图形及图形上的锚点，继续对图形进行编辑，调整文字效果，得到更有创意的文字组合效果。

案例 36　文字与图形搭配应用

在设计电商广告图片的过程中，经常会用文字与图形相搭配的方式对画面进行点缀、布局等。在 Photoshop 中，可以利用形状工具在图像中的指定位置进行图形的绘制，并且通过与文字的搭配使用，创建更为完整的画面效果。

素　材	随书资源\素材\03\29.jpg
源文件	随书资源\源文件\03\文字与图形搭配应用.psd

步骤01　使用“矩形工具”绘制矩形

打开素材文件“29.jpg”，此处要制作文字与图形的搭配效果，所以单击工具箱中的“矩形工具”按钮■，然后在选项栏中将绘制模式设置为“形状”，填充颜色设置为白色，设置后在图像顶端绘制一个白色矩形。

步骤02　继续绘制矩形

确保“矩形工具”为选中状态，然后在白色矩形的左上角位置绘制一个稍小的矩形。为了让画面的色调风格更协调，将新绘制的矩形颜色设置为R223、G145、B9。

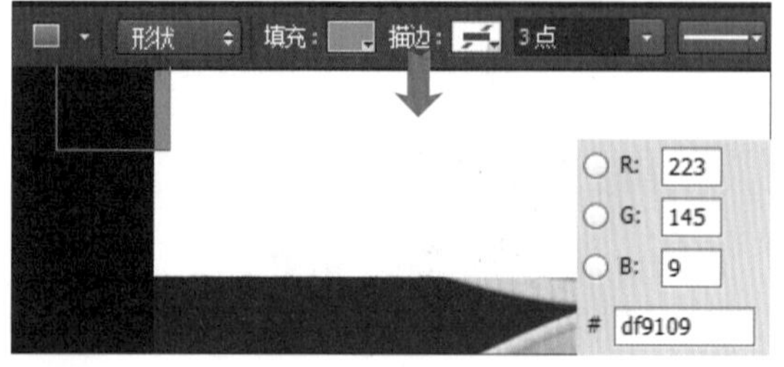

步骤03　使用“横排文字工具”输入文字

继续使用“矩形工具”在白色矩形的右侧绘制一个相同颜色的矩形，单击工具箱中的“横排文字工具”按钮T，在两个矩形的中间位置输入标题文字“产品介绍”。输入后打开“字符”面板，为了增强文字的可读性，将字体设置为工整的“方正兰亭黑_GBK”，并将其颜色设置为与橙黄色矩形相同的颜色。

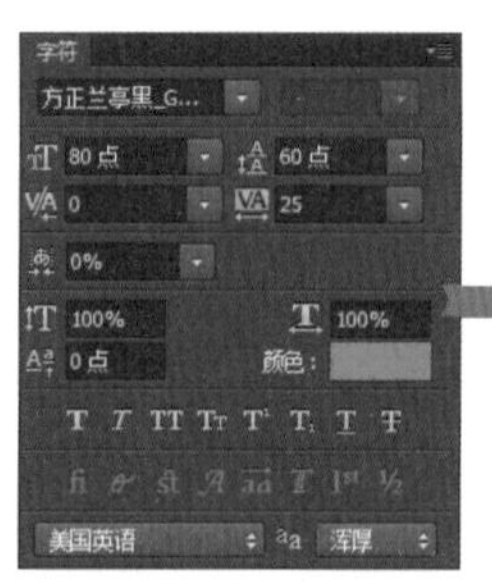

步骤04　继续输入白色的文字

为了方便不同的观者阅读，使用“横排文字工具”在“产品介绍”旁边输入对应文字的英文，然后在“字符”面板中将英文颜色改为白色，以突出矩形上的字母。

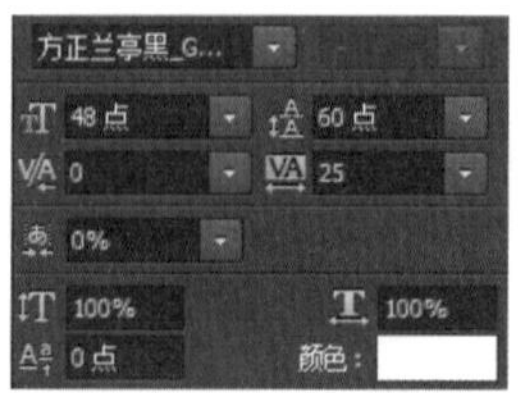

步骤05 用“直线工具”绘制白色线条

为了让标题信息栏更加丰富，可以进行更多图形的添加。单击工具箱中的“直线工具”按钮，在选项栏中将绘制模式设置为“形状”，填充颜色设置为白色。由于这里要绘制一条较细的直线，因此将“粗细”值设置得小一些，然后在英文右侧单击并拖曳鼠标，绘制线条。

步骤06 载入形状绘制箭头图形

单击工具箱中的“自定形状工具”按钮，单击“形状”右侧的下三角按钮，在展开的面板中单击右上角的扩展按钮，执行菜单中的“箭头”命令，追加箭头形状到“形状”面板中。单击“箭头2”形状，在直线右侧绘制白色箭头，以增强画面指示性。

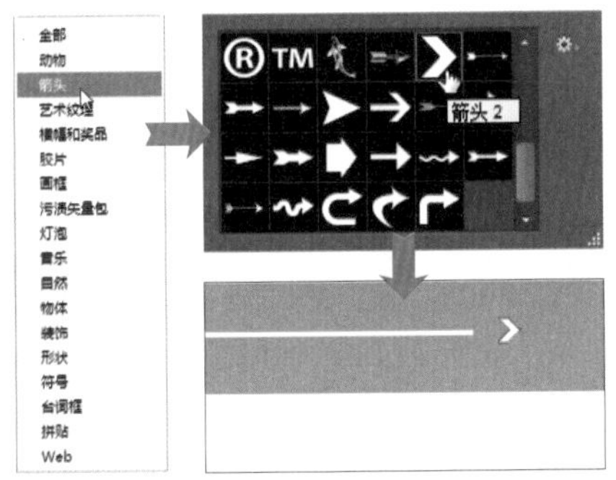

步骤07 复制图形创建并排图形效果

选中绘制的箭头所在的“形状2”图层，按下快捷键Ctrl+J，复制图层，创建“形状2拷贝”图层。这里要创建并排的箭头图案，所以将复制的箭头右移。

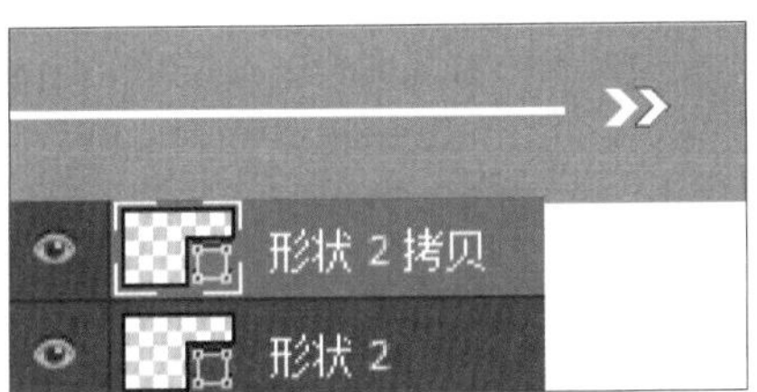

步骤08 使用“矩形工具”绘制白色矩形

选择“矩形工具”，在选项栏中设置绘制模式为“形状”，填充颜色为白色，在下方的饼干图像上单击并拖曳鼠标，绘制白色的矩形。为了表现出半透明的图形效果，选中“矩形4”图层，将图层的“不透明度”降低，设置为70%。

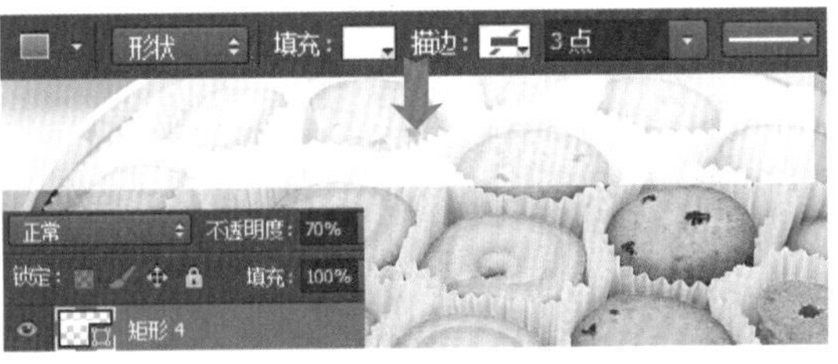

步骤09 使用“渐变工具”填充渐变

下面要让绘制的矩形呈现渐隐效果，使其与下方的饼干图像自然地过渡到一起。为“矩形4”图层添加图层蒙版，单击工具箱中的“渐变工具”按钮，在选项栏中选择“黑，白渐变”，从白色矩形右侧向左侧拖曳渐变。

步骤10 继续输入文字并绘制图形

选择“横排文字工具”，打开“字符”面板，设置文字属性，在白色矩形上输入数字“01”。输入后为了突出白色矩形上的文字，在文字下方绘制一个橙黄色的矩形。最后继续使用文字工具添加更多文字。

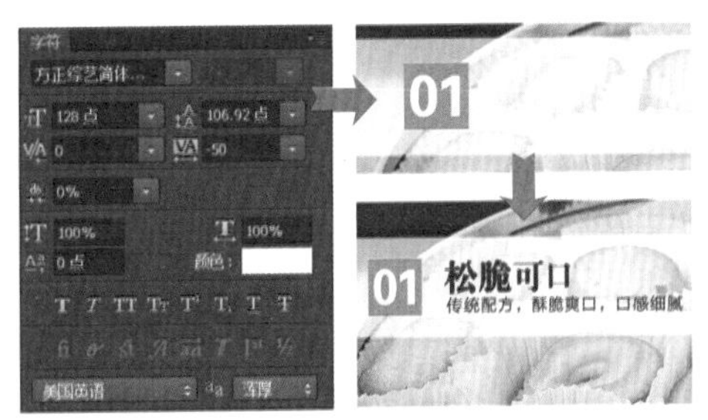

案例 37 照片中水印图案的制作

第 2 章介绍了使用“淘宝图片批量处理工具”为照片批量添加水印的方法，下面将介绍更为个性化的水印图案的制作方法。在 Photoshop 中，可以将绘制或下载的任意图形制作成水印图案，并且结合“浮雕效果”滤镜和图层混合模式，可以让制作的水印图案真正地与商品图像融合在一起。

素　材	随书资源\素材\03\30.jpg
源文件	随书资源\源文件\03\照片中水印图案的制作.psd

步骤01 执行“载入形状”命令

打开素材文件“30.jpg”，按住工具箱中的“矩形工具”按钮不放，在弹出的隐藏工具中单击“自定形状工具”按钮，在选项栏中单击“形状”右侧的下三角按钮，展开“形状”面板，单击右上角的扩展按钮，在弹出的菜单中执行“载入形状”命令。

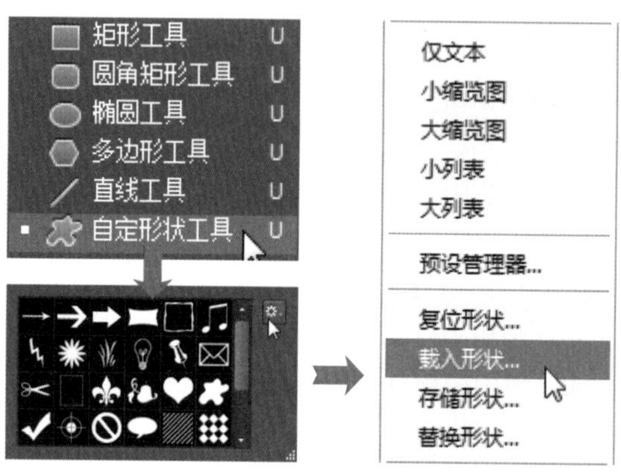

步骤02 载入水印图案

打开“载入”对话框，在对话框中找到要载入的水印图案，单击该图案将其选中，然后单击“载入”按钮，载入图案。单击“形状”面板右侧的滚动条，在“形状”面板最下方会显示载入的水印图案。

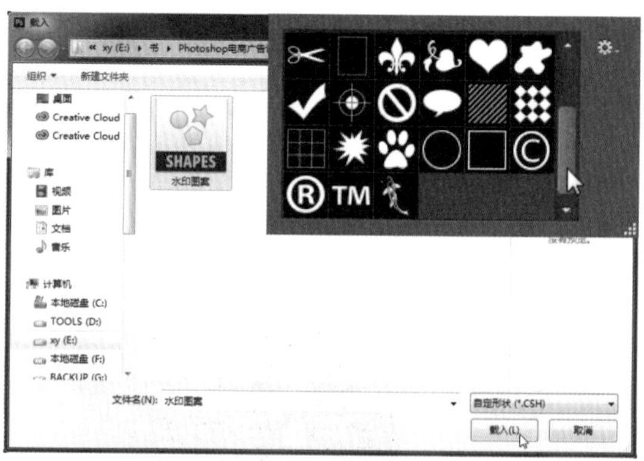

技巧提示：自定义形状

使用“自定形状工具”不但可以添加下载的形状到“形状”面板中，还可以将个人绘制的图形定义为形状。使用图形绘制工具绘制形状后，执行“编辑 > 定义自定形状”菜单命令，打开“形状名称”对话框，在对话框中输入形状名称，单击“确定”按钮，即可完成形状的自定义操作。

步骤03 选择并绘制图形

确保“自定形状工具”为选中状态，单击“形状”面板中载入的水印图案，在选项栏中设置绘制模式为“形状”，设置前景色为白色，在照片中的人物旁边单击并拖曳鼠标，绘制白色的水印图案。

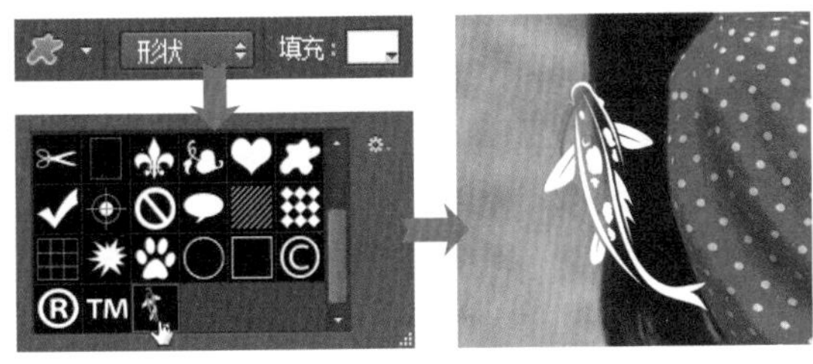

步骤04 绘制黑色矩形

为了提高店铺的辨识度，可以在图案旁边添加文字信息。单击工具箱中的“矩形工具”按钮，选择“矩形工具”，设置绘制模式为“形状”，前景色为黑色，在绘制的水印图案旁边单击并拖曳鼠标，绘制一个黑色矩形。

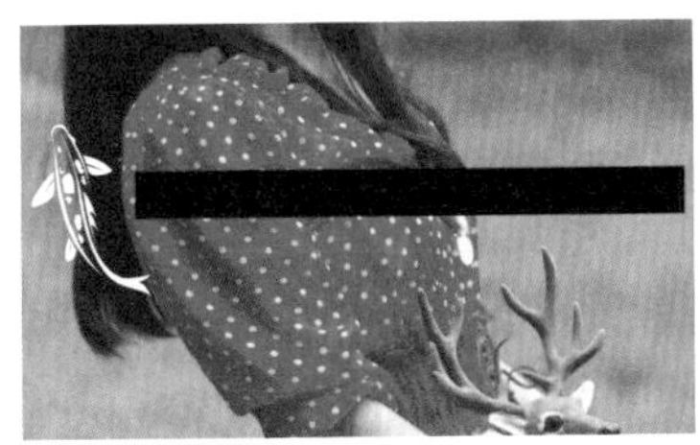

步骤05 在矩形中间输入水印文字

单击工具箱中的“横排文字工具”按钮，在矩形中间输入英文。输入后打开“字符”面板，为了使文字更加醒目，将文字颜色设置为白色，再将字体设置为较工整的“方正大标宋_GBK”。

步骤06 使用“横排文字工具”继续输入文字

确保“横排文字工具”为选中状态，在矩形下方输入“林家小铺 实物拍摄 盗图必究”等文字信息，然后打开“字符”面板。为了突出这部分文字，将字体设置为粗一些的“方正粗倩简体”，字号设置得更大一些。

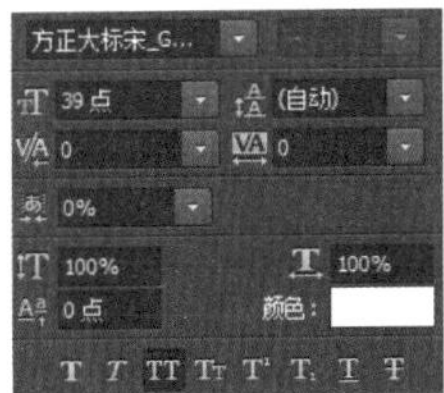

步骤07 盖印水印图案

至此完成了水印图案与文字的组合设计。为了方便后面随时更改图案信息，可以选中“形状1”及其上方的所有图层，按下快捷键Ctrl+Alt+E，盖印选中图层，得到“林家小铺 实物拍摄 盗图必究（合并）”图层。

步骤08 设置“浮雕效果”滤镜

隐藏“形状1”及其上方所有未盖印的图层，再选中“林家小铺 实物拍摄 盗图必究（合并）”图层。为了使设置的水印图案呈现立体感，执行“滤镜>风格化>浮雕效果”菜单命令，在打开的对话框中单击“确定”按钮，应用浮雕效果。

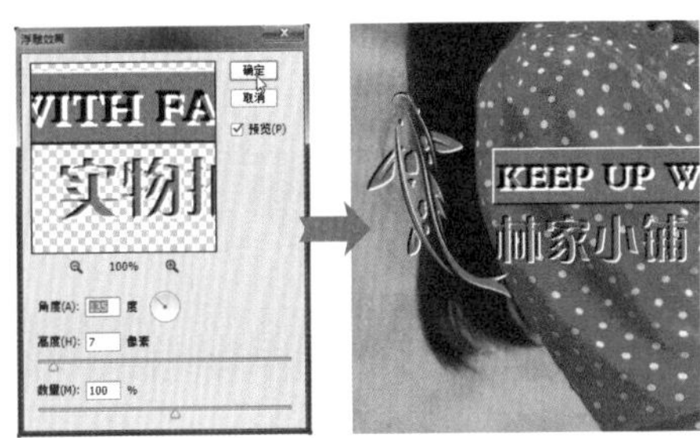

步骤09 更改图层混合模式

最后为了防止其他店家盗用图片，可以将添加的水印图案与下方的照片融合。选中“林家小铺 实物拍摄 盗图必究（合并）”图层，将此图层的混合模式更改为“叠加”，设置后可以看到制作的水印图案效果。

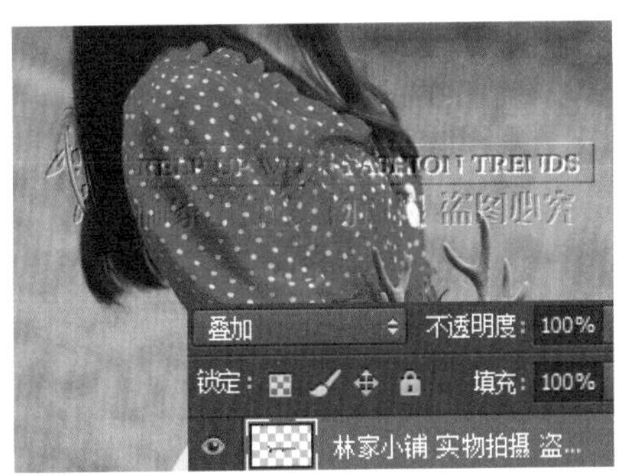

第 4 章 横幅式广告设计

横幅式广告也称为 Banner 广告，通常横向出现在网页中，是网络广告中出现比较早的一种广告形式，它通过简练的语言、图片介绍商品的特点、用途等。横幅式广告位于页面顶部，在淘宝、京东等电商平台上都有大量横幅式广告的应用。在设计横幅式广告时，需要根据不同电商平台对图像大小的要求来安排广告内容。为了达到更醒目的视觉效果，在广告色彩的应用上要根据商品特点，选择绚丽的色彩搭配，以便快速抓住观者的眼球。

本章案例

- 38 简约图形组成的横幅式广告
- 39 蓝色炫酷风格的横幅式广告
- 40 渐变背景的横幅式广告
- 41 粉色唯美风格的床品广告
- 42 女式鞋靴广告
- 43 民族风手链广告
- 44 婴儿辅食广告
- 45 时尚手提包广告
- 46 数码产品广告

案例 38　简约图形组成的横幅式广告

本案例是为某品牌女装设计的横幅式广告。为了突出女装品牌的时尚感，在画面中大量运用图形表现，将不同形状、大小的几何图形有序地组合起来，让简单的画面变得更有时尚感。

素　材	随书资源\素材\04\01~02.jpg
源文件	随书资源\源文件\04\简约图形组成的横幅式广告.psd

步骤01　使用“矩形工具”绘制灰色背景

在Photoshop中先创建一个新的文件，然后根据广告风格，对背景颜色进行设置。选择“矩形工具”，在选项栏中将绘制模式设置为“形状”，填充颜色设置为灰色，沿文件边缘单击并拖曳鼠标，绘制矩形，定义背景色调。

步骤02　应用“钢笔工具”绘制黑色多边形

单击工具箱中的“钢笔工具”按钮，由于接下来需要进行图形的绘制，所以在选项栏中将绘制模式设置为“形状”，设置填充色为黑色，然后在背景左侧连续单击，绘制四边形图形。

技巧提示：选择绘制模式

在“钢笔工具”选项栏中提供了“形状”和“路径”两种可选择的绘制模式，选择“形状”模式可以创建任意形状的几何图形，选择“路径”模式则只创建路径，而不对路径应用填充效果。

步骤03　置入图像调整图像的不透明度

为了突出广告设计主题，执行“文件>置入嵌入的智能对象”菜单命令，将人物图像“01.jpg”置入到绘制的黑色矩形中。根据版面效果，执行“编辑>变换>水平翻转”菜单命令，翻转图像，然后添加剪贴蒙版，隐藏矩形外的图像。此时可看到图像显得太亮了，所以将“不透明度”降低一些。

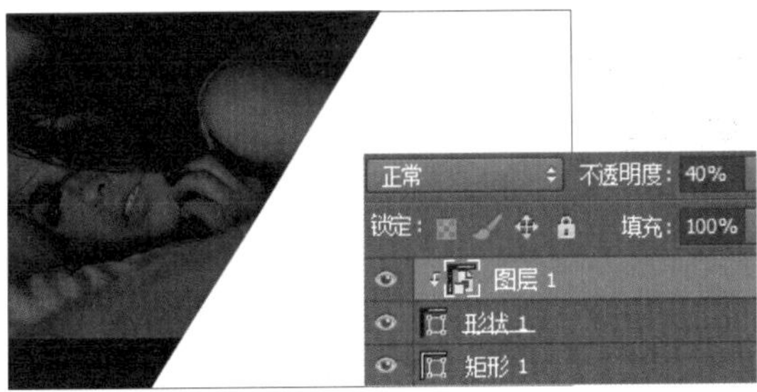

步骤04 使用“渐变工具”编辑蒙版合成图像

为了让置入的图像与下方图形自然地融合在一起，为“图层1”图层添加图层蒙版，单击“渐变工具”按钮，选择“黑，白渐变”，从人物图像下方往上拖曳黑白渐变，隐藏部分图像，拼合图像效果。

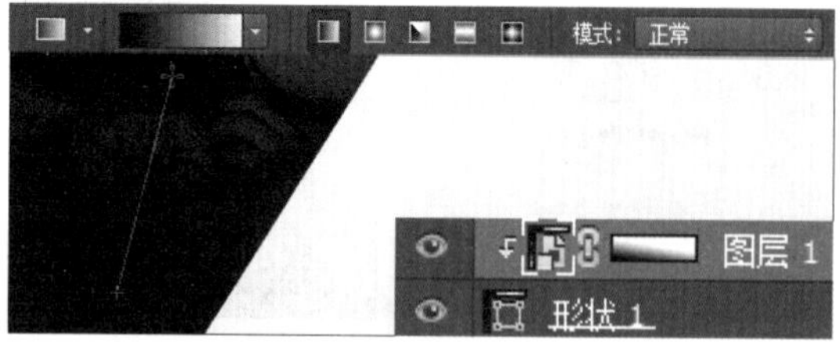

步骤05 使用“钢笔工具”绘制四边形

为了让画面显得更稳定，单击工具箱中的“钢笔工具”按钮，选择“钢笔工具”，再在图像右侧绘制一个相似的黑色四边形图形。

步骤06 绘制图形设置“渐变叠加”样式

绘制两侧的图形后，下面是中间部分图形的绘制。使用“钢笔工具”在画面中间的留白处绘制一个白色三角形，为了突出此图形，双击图层，打开“图层样式”对话框。在对话框中单击“渐变叠加”样式，然后在对话框右侧设置样式选项，设置从R4、G116、B221，至R4、G181、B247，至R0、G255、B210的颜色渐变。设置后单击“确定”按钮，为绘制的图形叠加渐变颜色，丰富画面效果。

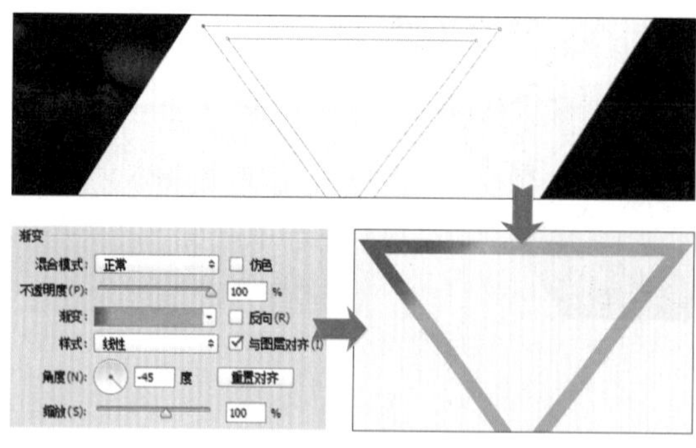

步骤07 绘制更多图形组合文字效果

接下来需要绘制主题文字，先新建“2016”图层组，用于管理图层中的图形。此广告为2016春装上新广告，为了突出文字“2016”，选择“钢笔工具”，确保选项栏中的绘制模式为“形状”，将填充颜色更改为R17、G30、B53，在三角形的上方继续绘制更多图形，组合成数字“2016”，增强画面的设计感。

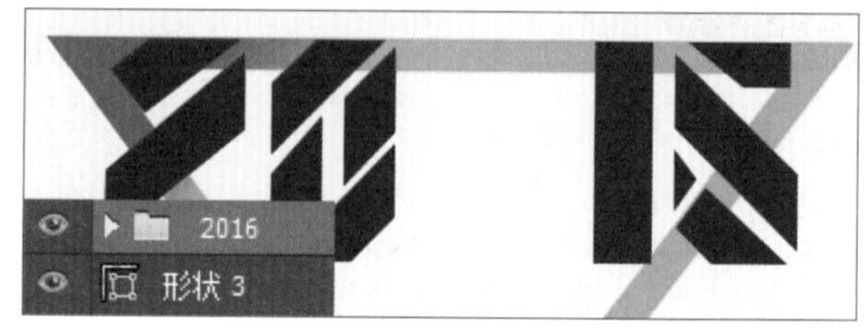

步骤08 使用“多边形工具”绘制蓝色三角形

为了得到更丰富的画面效果，还需要添加更多的图形。创建“图形”图层组，单击工具箱中的“多边形工具”按钮，接下来要绘制三角形，所以在选项栏中设置“边”为3，为了让图形颜色更统一，将填充颜色设置为蓝色，将鼠标指针移至图形上，单击并拖曳鼠标，绘制图形。

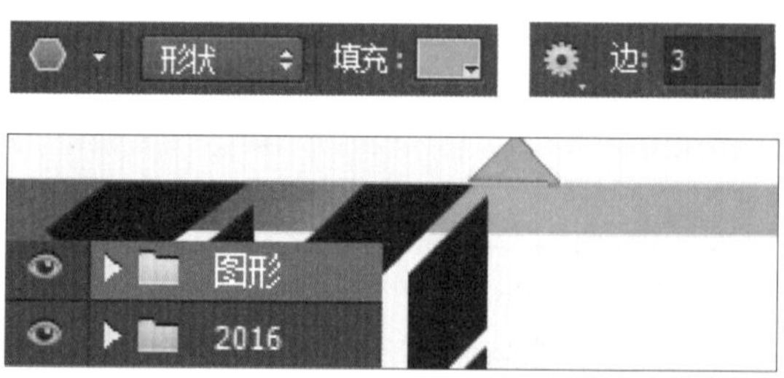

步骤09 更改三角形的不透明度

绘制图形后，感觉图形颜色偏深。选择多边形图层，将图层的“不透明度”调整为40%，降低不透明度。

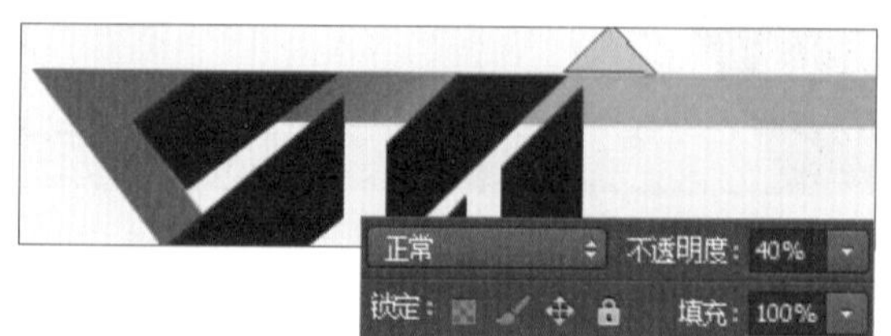

步骤10 复制三角形更改图形颜色和不透明度

为了得到更丰富的图形效果，连续按下快捷键Ctrl+J，复制多个三角形，然后分别对三角形的位置、大小和颜色进行进一步的调整。

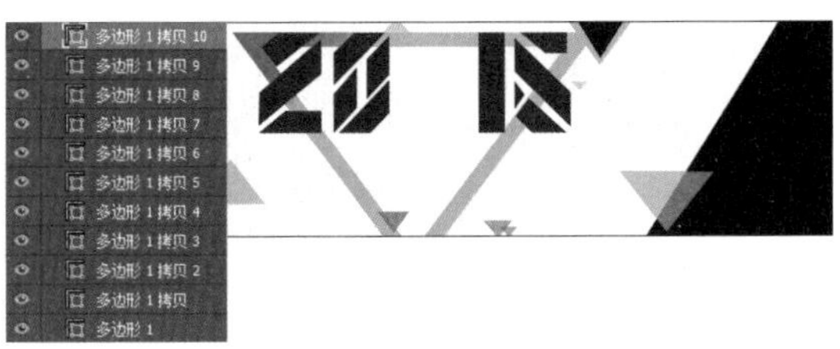

步骤11 绘制直线

单击工具箱中的“直线工具”按钮，显示“直线工具”选项栏，这里需要再绘制一些较细的线条，因此在选项栏中把“粗细”设置为1像素，将鼠标指针移至需要绘制线条的位置，单击并拖曳鼠标，绘制倾斜的直线。

步骤12 复制线条图案

连续按下快捷键Ctrl+J，复制上一步所绘制的线条，单击“移动工具”按钮，分别选择复制图层中的线条，将其移至不同的位置，得到错位排列的线条效果。

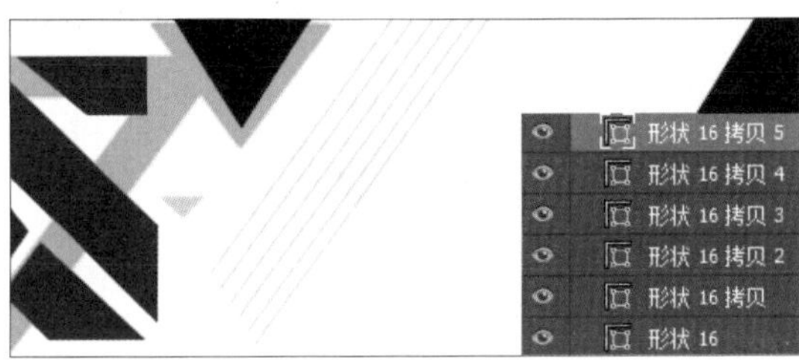

步骤13 绘制更粗的线条

确保“直线工具”为选中状态，在选项栏中将填充颜色设置为R0、G0、B0，此时需要再绘制较粗的直线，设置“粗细”为2像素，将鼠标指针移至蓝色图形的中间位置，绘制一条直线。这里需要制作间断的线条效果，选中线条所在图层，选择“画笔工具”，将前景色设置为白色，为了让线条断开得更整齐，单击“画笔预设”选取器中的“硬边圆”画笔，在直线中间位置单击。

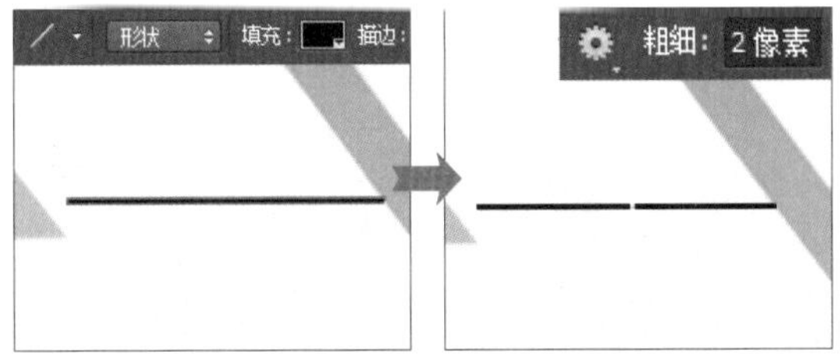

步骤14 置入图像更改图层混合模式

将人物图像“02.jpg”置入到画面中间位置，置入的图像背景为白色，将下方绘制的图形遮挡住了，需要将它隐藏起来。选中人物所在的“图层2”图层，将此图层的图层混合模式设置为“变暗”，混合图像，隐藏人物图像中比背景颜色浅的部分图像。

步骤15 复制图像编辑图层蒙版

混合图像后，可以看到人物脸上有一条蓝色的线条，接下来要把该线条隐藏起来。按下快捷键Ctrl+J，复制图层，创建“图层2拷贝”图层，将此图层的混合模式设置为“正常”；再单击“添加图层蒙版”按钮，在除蓝色线条外的其他区域涂抹，隐藏图像。

步骤16 使用“曲线”提亮肤色

素材图像中人物的皮肤稍显暗沉，新建“曲线1”调整图层，打开“属性”面板。为了让暗沉的肌肤恢复光泽，在曲线中间单击，添加一个控制点，向上拖曳该点，提亮图像，然后使用黑色的“柔边圆”画笔在皮肤外的其他位置涂抹，还原图像亮度。

步骤17 输入文字

为了增强广告图像的完整度，最后使用“横排文字工具”在人物图像的两侧输入文字信息，并根据版面效果，在文字旁边绘制简单的图形，完成广告的设计。

案例39 蓝色炫酷风格的横幅式广告

本案例是横幅式剃须刀广告。在设计中根据剃须刀防水的特点，在画面中添加包含水元素的素材来烘托商品形象，而在背景的处理上，利用与水元素相近的蓝色进行填充，让画面色调更加统一，再把商品完整地抠取出来，使其完美、精致地展现在观者眼前，提升商品的外在价值。

素　材	随书资源\素材\04\03.psd、04.jpg
源文件	随书资源\源文件\04\蓝色炫酷风格的横幅式广告.psd

步骤01 选择“矩形工具”绘制图形

创建新文件，单击工具箱中的“矩形工具”按钮■，显示工具选项栏。这里需要设置渐变的背景效果，所以单击“填充”右侧的下三角按钮，展开“填充”面板，在面板中单击“渐变”按钮，然后在下方进行渐变颜色的设置。为了迎合主题，这里设置不同浓度的蓝色渐变，设置后在图像中单击并拖曳鼠标，绘制渐变色矩形。

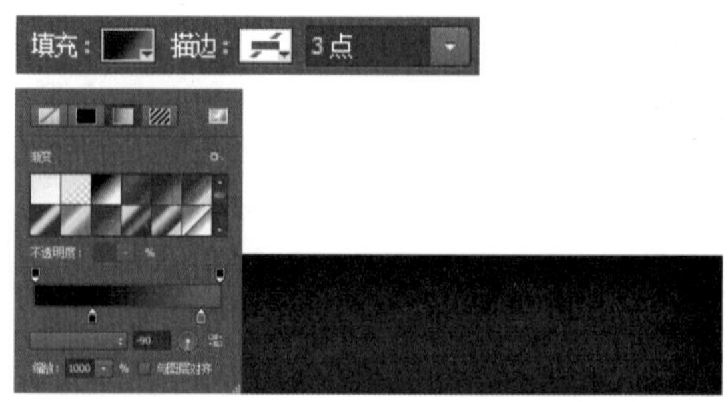

步骤02 使用“矩形选框工具”选择图像

单击“矩形选框工具”按钮，为了让加深前与加深后的图像边缘过渡更加自然，在选项栏中将“羽化”设置为100像素，然后在图形中单击并拖曳鼠标，绘制选区。由于要对边缘进行处理，所以按下快捷键Shift+Ctrl+I，反选选区。

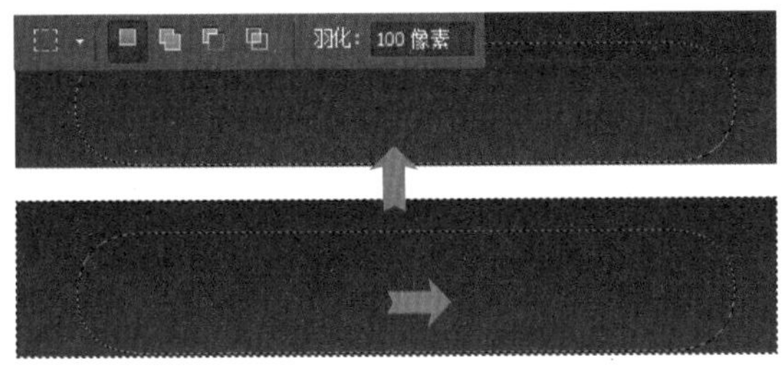

步骤03 设置“曲线”调整选区内的图像亮度

新建“曲线1”调整图层，打开“属性”面板。这里需要为图像添加晕影，使边缘部分的图像变得更暗。在“属性”面板中向上拖曳曲线，图像会变亮，向下拖曳会变暗，这里要让图像变得更暗，所以在曲线上单击并向下拖曳曲线，降低选区内的图像亮度。

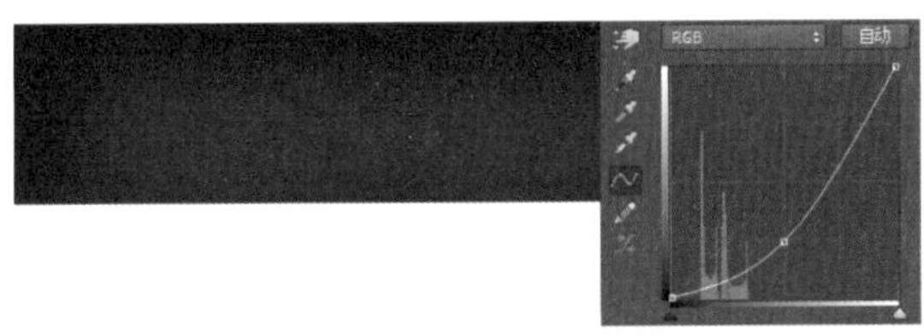

步骤04 复制水花图像

为了突出剃须刀防水的重要特征，打开素材文件“03.psd”，将其中的水花图像复制到绘制的蓝色背景中。由于添加的水花图像偏亮，与背景显得不是很协调，因此，为了让水花与下方的蓝色背景融合得更加自然，选中“图层1”图层中的水花图像，将该图层的混合模式从“正常”更改为“强光”，采用强光方式混合图像。

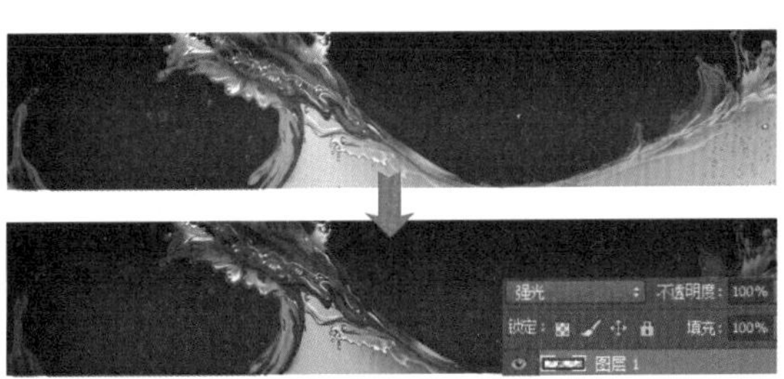

步骤05 设置并填充颜色

设置前景色为R21、G74、B111，新建“图层2”图层，按下快捷键Alt+Delete，将图层填充为设置的前景色。

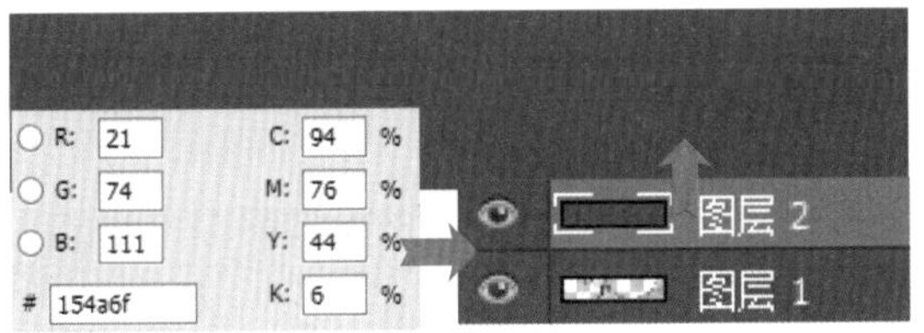

步骤06 创建图层蒙版隐藏图像

此处只需要显示部分填充颜色，用于突出后面要添加的商品图像，因此单击“添加图层蒙版”按钮，为“图层2”图层添加图层蒙版，然后选择“画笔工具”，在“画笔预设”选取器中选择“柔边圆”画笔，在多余的填充颜色位置涂抹，隐藏图像。

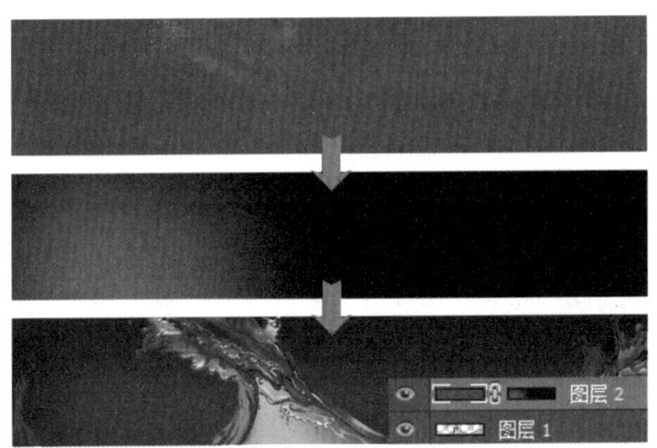

步骤07 置入剃须刀图像

经过前面的操作，完成了背景图像的制作，接下来是广告商品的添加。为了方便处理和编辑商品图像，新建“商品”图层组，将剃须刀图像“04.jpg”置入“商品”图层组中。这里需要将剃须刀竖直摆放，所以执行“编辑>变换>水平翻转”再执行“编辑>变换>顺时针旋转90度”菜单命令，旋转图像。

步骤08 创建图层蒙版隐藏图像

将商品图像所在图层命名为“图层3”图层，单击“图层”面板中的“添加图层蒙版”按钮，为“图层3”图层添加图层蒙版。这里只需要保留需要的剃须刀部分，所以选择“画笔工具”，设置前景色为黑色，在除剃须刀以外的背景位置涂抹，隐藏多余的图像。

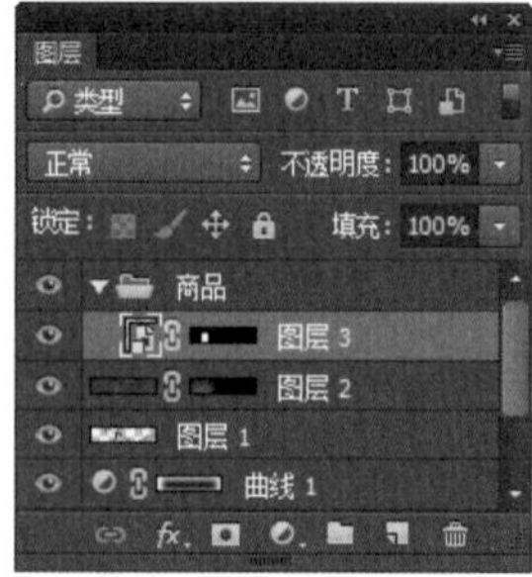

步骤09 创建“黑白”调整图层隐藏杂色

由于受到环境色的影响，剃须刀边缘显示为红色，影响整体效果。新建“黑白1”调整图层，将商品图像转换为黑白效果，去除多余的颜色，使画面变得更干净，然后在“属性”面板中对颜色值加以调整，控制商品图像的明暗、层次变化。

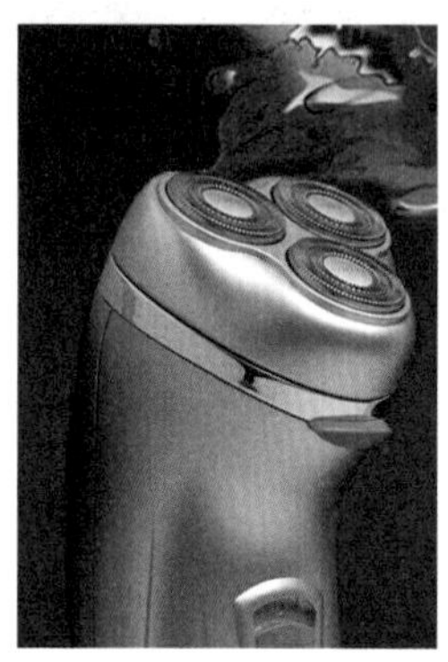

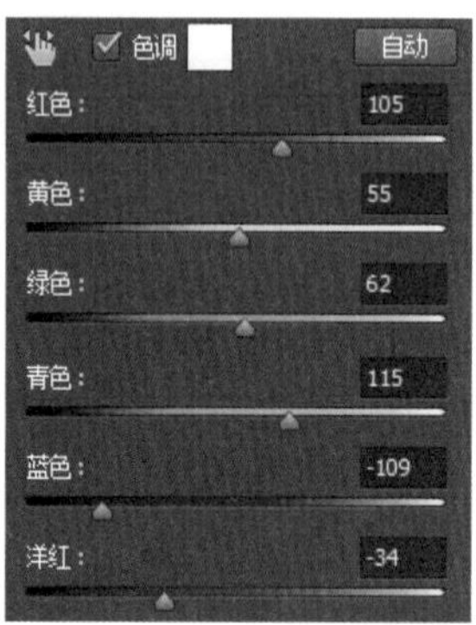

步骤10 应用“色阶”调整对比

为了加强剃须刀的质感，按住Ctrl键不放，单击“图层3”图层蒙版缩览图，载入剃须刀选区。新建“色阶1”调整图层，这里需要加强对比效果，因此将代表阴影的黑色滑块向右拖曳，使阴影部分变得更暗；再将代表高光的白色滑块向左拖曳，使高光部分变得更亮；最后将代表中间调的灰色滑块向左拖曳，降低中间调亮度。

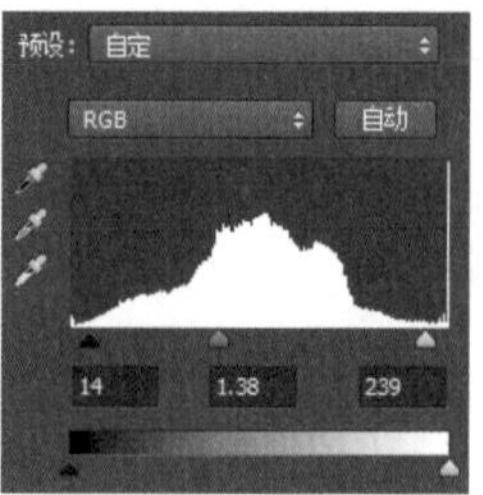

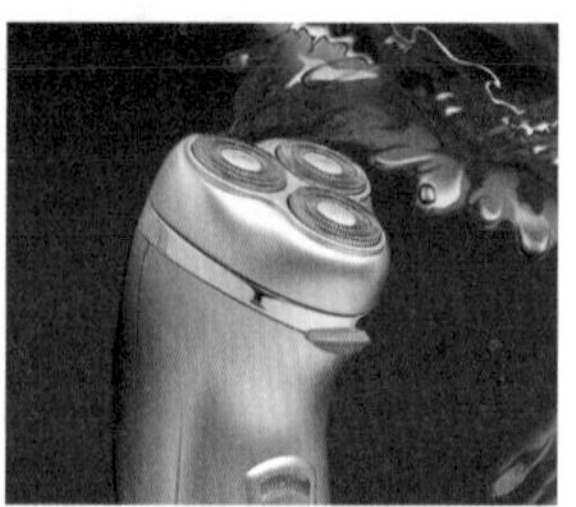

步骤11 盖印并复制更多商品图像

选中“图层3”及其上方的“黑白1”“色阶1”调整图层，按下快捷键Ctrl+Alt+E，盖印选中图层，创建“色阶1（合并）”图层。按下快捷键Ctrl+J，复制图层，得到两个调整后的剃须刀图像，并根据版面效果调整图像的大小和位置。

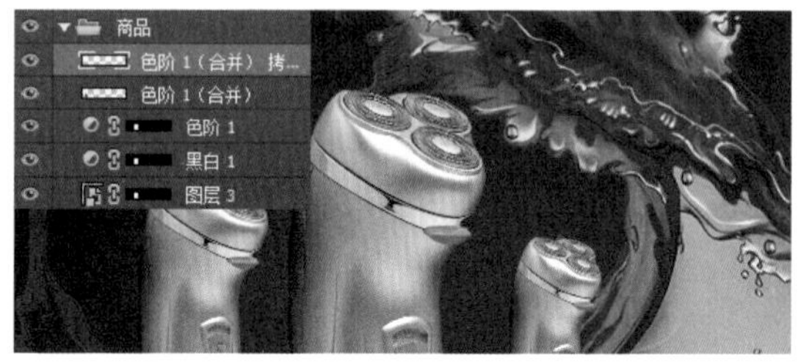

步骤12 设置并输入文字

新建“文字”图层组，选择工具箱中的“横排文字工具”，将鼠标指针移至剃须刀图像右侧，单击并输入文字“品质生活”，打开“字符”面板，在面板中对文字属性进行调整。为了突出文字效果，将文字字体设置为较粗的“汉仪菱心体简”，文字颜色设置为醒目的白色，并将字符间距设置为-25，让文字更加紧凑。

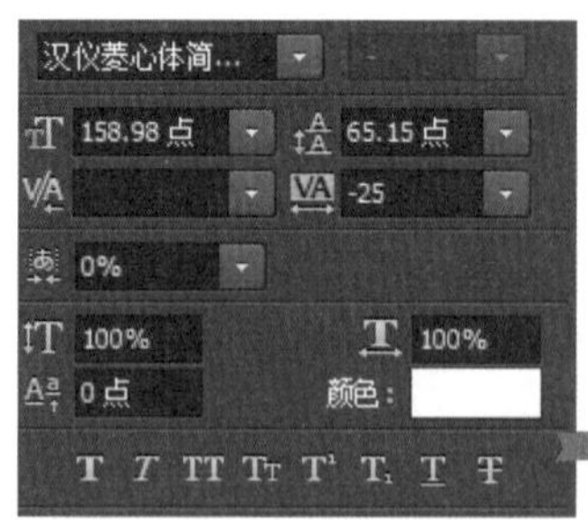

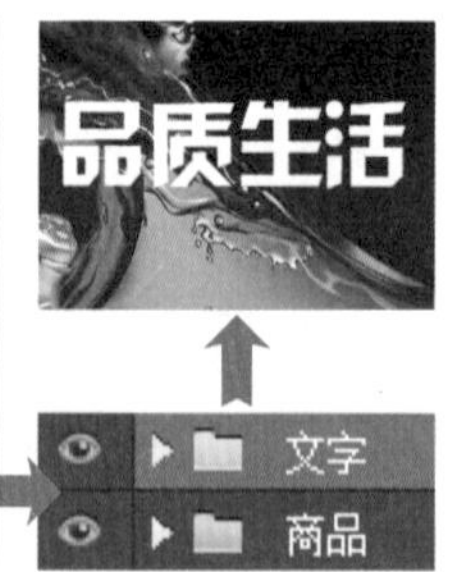

步骤13 更改属性输入较小的文字

确保“横排文字工具”为选中状态，在已经输入的文字右侧输入文字“飞利浦锋利剃须”。输入的文字会根据上一步所设置的字体样式进行显示，这显然不合适，所以打开“字符”面板，先将字体设置为较细的“方正兰亭超细黑简体”，使文字变细，再将文字大小缩至52.12点，让文字主次关系更明朗。

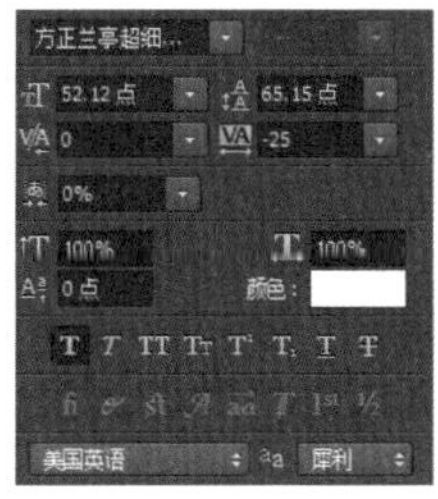

步骤14 绘制标签图案

单击“矩形工具”按钮，显示工具选项栏。为了让促销标签更醒目，将填充颜色设置为红色，在图像中单击并拖曳鼠标，绘制红色矩形，然后旋转图形，移至左下角位置。使用“横排文字工具”在红色图形上输入文字“热销”，并在“字符”面板中将字体调整为较工整的“微软雅黑”，便于阅读。

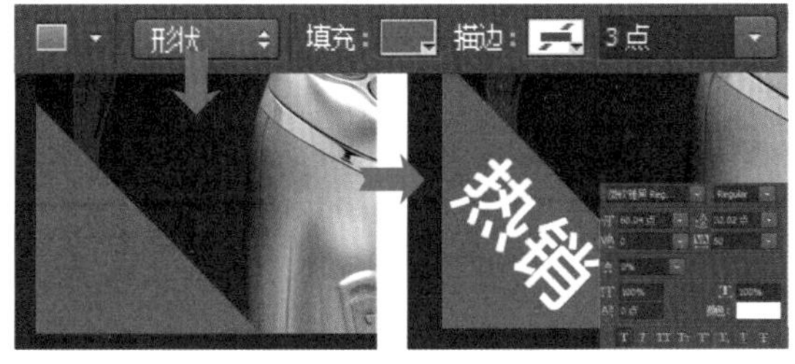

步骤15 设置图层样式

选择“钢笔工具”，在画面右侧绘制不规则图形。为了让绘制的图形呈现立体的视觉效果，双击图层缩览图，打开“图层样式”对话框，设置“投影”样式，为图形添加投影。

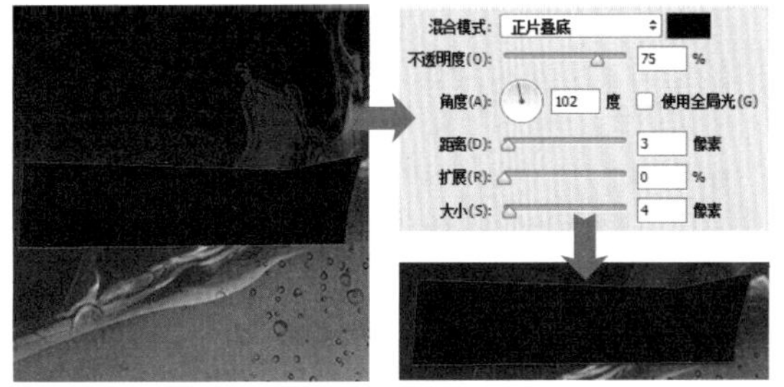

步骤16 添加更多的文字和图形

选择“钢笔工具”，在绘制好的图形上方再绘制一个与步骤14中绘制的图形颜色相近的四边形，并使用“横排文字工具”在绘制的四边形中间输入商品的促销价格。最后运用“横排文字工具”输入更多文字，完成本案例的制作。

案例 40 渐变背景的横幅式广告

本案例是为美颜祛斑霜设计的广告。在设计过程中，为了将商品纯天然、无添加、无毒害等特点表现出来，画面采用绿色作为主色调，并利用由浅到深的色彩变化，将作品的设计主题更清晰地表现出来。同时，清新的绿色也更容易获得女性消费者的青睐，达到更好的商品推广效果。

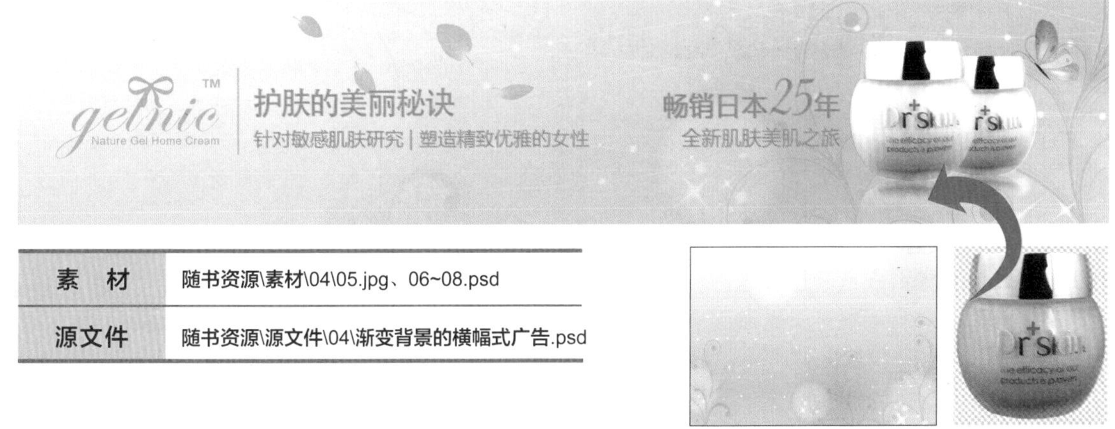

素 材	随书资源\素材\04\05.jpg、06~08.psd
源文件	随书资源\源文件\04\渐变背景的横幅式广告.psd

步骤01 填充渐变颜色

创建新图层，设置前景色为R245、G246、B219，背景色为R213、G237、B164。单击“渐变工具”按钮，在选项栏中选择“前景色到背景色渐变”，新建“图层1”图层，从图像上方往下拖曳鼠标，填充渐变颜色。

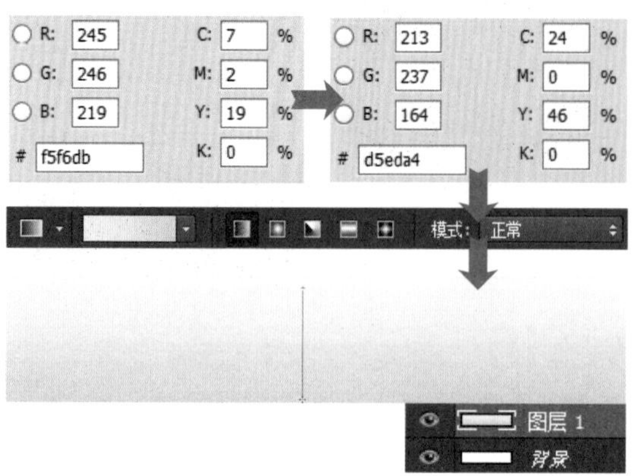

步骤02 更改颜色填充图像

设置前景色为R227、G240、B184，背景色为R173、G223、B122，单击“渐变工具”按钮，在选项栏中选择“前景色到背景色渐变”，新建“图层2”图层，再次从图像上方往下拖曳鼠标，填充渐变颜色。

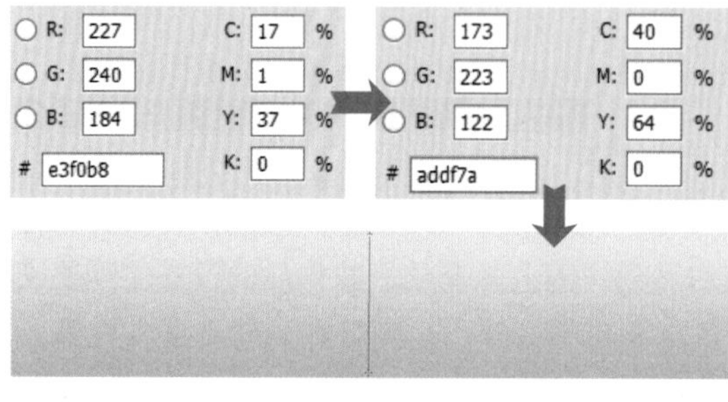

步骤03 创建图层蒙版

由于此处只需要变换右侧图像的颜色，所以选中“图层2”图层，单击“图层”面板中的“添加图层蒙版”按钮，添加图层蒙版。确保“渐变工具”为选中状态，在选项栏中选择“黑，白渐变”，从图像左侧向右侧拖曳黑白渐变，渐隐渐变颜色，使背景颜色过渡更加丰富。

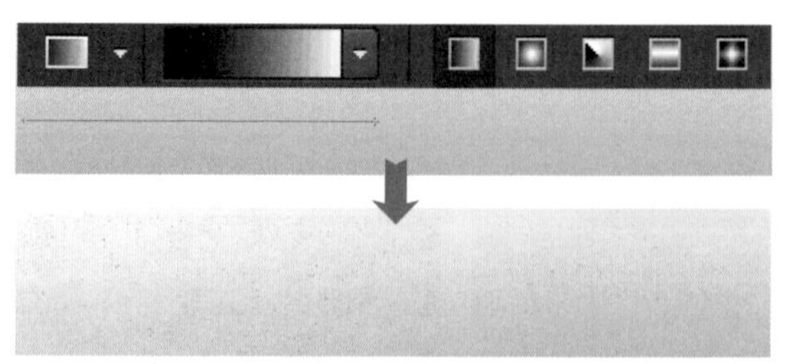

步骤04 添加新的花纹图像

将花纹图案“05.jpg”置入到绘制好的渐变背景中，命名为“图层3”图层。为了让置入的花纹图案与背景融合在一起，选中“图层3”图层，添加图层蒙版。确保“渐变工具”为选中状态，在选项栏中选择“黑，白渐变”，从图像左侧向右侧拖曳黑白渐变，隐藏左侧多余的花纹图案。

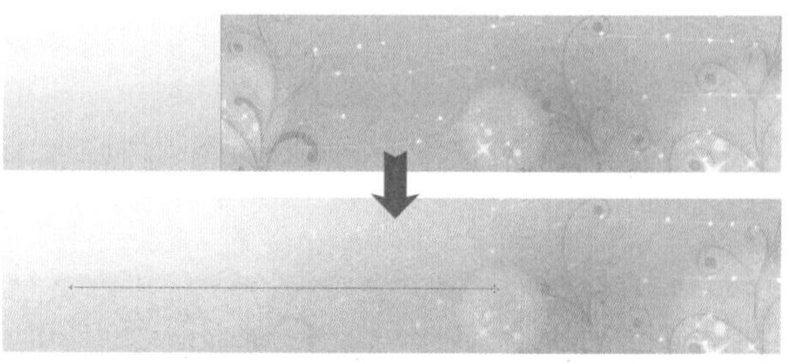

步骤05 置入绿叶和蝴蝶图像

将绿叶和蝴蝶图像“06~07.psd”置入到画面中，命名为“图层4”和“图层5”图层。再分别选中这两个图层中的图像，调整它们的大小和位置。

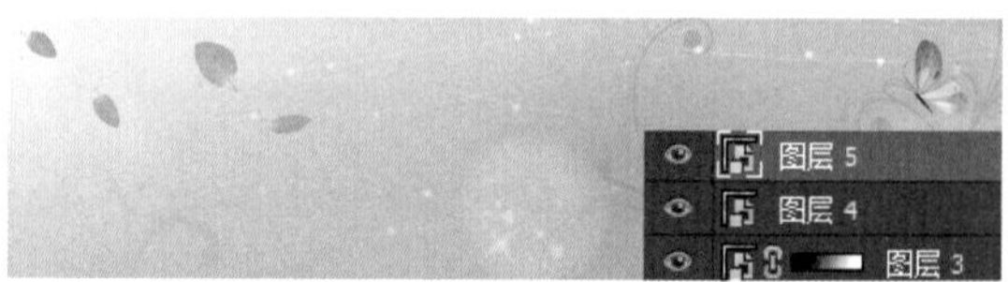

技巧提示：通过不同方法置入图像

在 **Photoshop** 中要将图像置入到新的画面中，也可以在文件夹中选中要置入的图片，将其拖曳至任务栏中的 **Photoshop** 图标上，当弹出 **Photoshop** 工具界面后，将图像拖曳至需要置入的图像上，释放鼠标，同样可以快速置入图像。

步骤06 设置并输入文字

为了提高广告的信任度，可以在图像中进行品牌标志的设计。新建“LOGO”图层组，单击“横排文字工具”按钮，在图像左侧单击，输入化妆品名“gelnic”，输入后打开“字符”面板，在面板中选择较为柔和的英文字体，并将文字颜色设置为与画面风格一致的浅绿色。

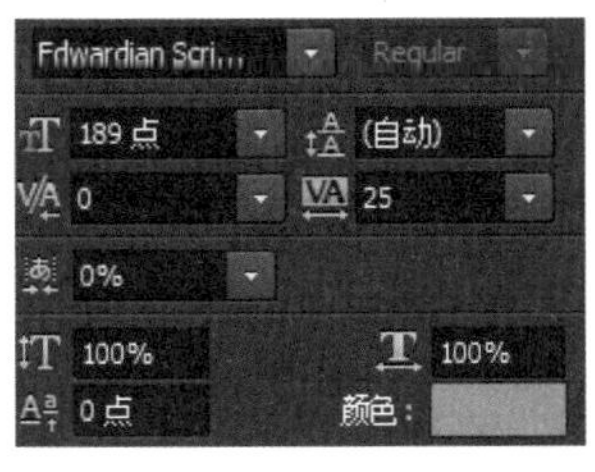

步骤07 输入更多文字

确保“横排文字工具”为选中状态，继续在输入的文字旁边单击，输入不同的文字信息。输入后，为了让文字的主次关系更加突出，结合“字符”面板来调整这些文字的字体和大小等。

步骤08 应用“自定形状工具”绘制图形

设置好品牌文字后，还需要添加品牌图案。这里选择“自定形状工具”，单击“形状”右侧的下三角按钮，展开“形状”面板，选择“领结”形状，在文字上单击并拖曳鼠标，绘制相同颜色的领结图形。

步骤09 选择路径锚点并变形

观察绘制的图形，发现图形与文字衔接不是很理想。单击“直接选择工具”按钮，在绘制的图形上单击，选中图形及锚点，结合路径编辑工具对领结图形的外形加以调整，使图形与文字自然衔接。

步骤10 复制商品图像

完成品牌标志的设计后，下面还要进行商品的处理。新建“产品1”图层组，打开素材文件“08.psd”，选择“移动工具”，将化妆品图像拖曳到新建文件的右侧，发现拖入的商品图像太大了。按下快捷键Ctrl+T，利用自由变换编辑框调整图像的大小，再双击图层，打开“图层样式”对话框，设置“内发光”样式，提亮边缘部分。

步骤11 载入选区填充颜色

查看添加的化妆品图像，感觉还是很暗，需要进行进一步的提亮操作。按住Ctrl键不放，单击“图层4”图层缩览图，载入商品选区。新建“颜色填充1”调整图层，这里为了让图像更白净，将填充颜色设置为白色。

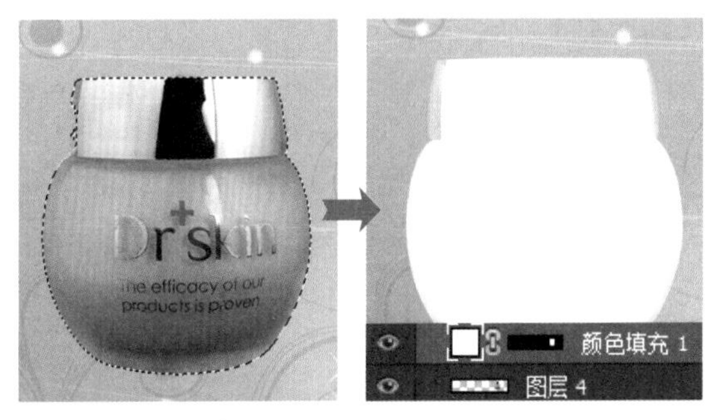

步骤12 编辑图层蒙版控制显示范围

由于这里并不是要对整个商品图像进行颜色填充，因此单击“颜色填充1”图层蒙版，选择“画笔工具”，设置前景色为黑色，在瓶子中间无须填充颜色的位置涂抹，隐藏填充颜色。为了让设置的颜色与下方的商品图像融合在一起，还需要对图层混合模式进行调整，这里选择“柔光”选项，它将设置的填充颜色以较柔和的方式融入到画面中，然后适当降低不透明度。

步骤13 设置“色阶”调整层次

为了增强瓶子的质感，按住Ctrl键不放，单击“图层4”图层缩览图，载入商品选区。在图像上方新建“色阶1”调整图层，打开“属性”面板。这里需要加强对比效果，因此先把黑色滑块向右拖曳，使暗部区域变得更暗；再将白色滑块向左拖曳，使亮部区域变得更亮；然后稍微向左拖曳灰色滑块，提亮中间调部分。

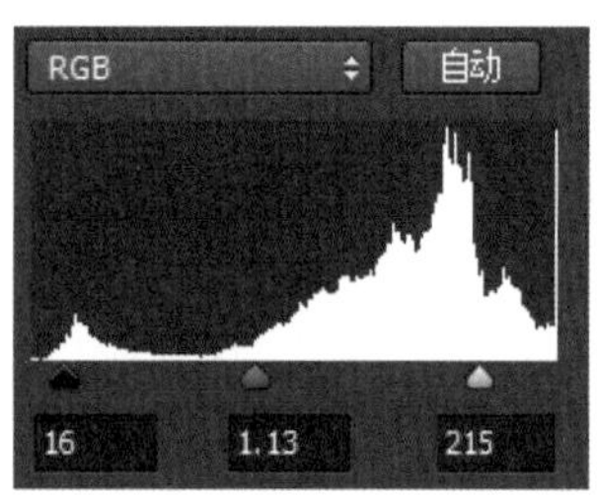

步骤14 设置“色相/饱和度”去除杂色

为了让瓶子颜色更为干净，再次载入商品选区，新建“色相/饱和度1”调整图层，打开“属性”面板，分别选择“黄色”“蓝色”和“洋红”选项，将“饱和度”设置为-100，去除多余颜色。

步骤15 盖印图像

为了让添加的化妆品图像更有立体感，需要为其添加倒影。选中“图层4”及其上方的所有调整图层，按下快捷键Ctrl+Alt+E，盖印选中图层，得到“色相/饱和度1（合并）”图层，再将图层垂直翻转，并结合“渐变工具”将部分倒影隐藏起来。最后将设置好的商品和倒影再次盖印，移至原瓶子图像的下方，创建叠加的商品展示效果。

步骤16 输入文字

选择工具箱中的“横排文字工具”，在图像中间位置单击，输入更多的商品介绍信息。根据内容的重要性，对文字的大小和字体进行调整，完成本案例的制作。

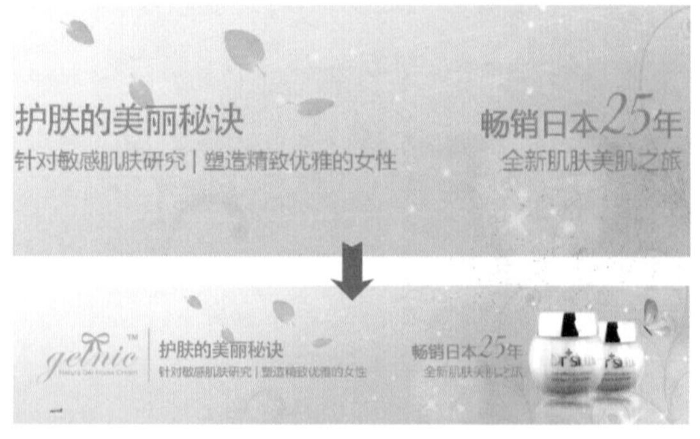

案例 41　粉色唯美风格的床品广告

本案例是唯美风格的床品广告设计。设计中为了表现家居床品的温馨、舒适，利用调整命令对图像的颜色进行处理，将图像打造成唯美的粉紫色调，给人带来温馨、优雅的色彩感受的同时，营造出一种与大自然融合的氛围，使作品更加吸引人。

素　材	随书资源\素材\04\09~12.jpg、13.psd
源文件	随书资源\源文件\04\粉色唯美风格的床品广告.psd

步骤01　使用“画笔工具”编辑图层蒙版

新建文件，执行“文件>置入嵌入的智能对象”菜单命令，将素材“09.jpg”图像置入到新建文件的左侧，并在“图层”面板中生成“09”图层。这里只需要显示风车和部分风景，所以单击“添加图层蒙版”按钮，为“09”图层添加图层蒙版，单击“画笔工具”按钮，设置前景色为黑色，在多余的图像上涂抹，隐藏部分图像。

步骤02　应用“色阶”提亮图像

隐藏图像后，图像的颜色太暗，与要表现的主题风格不协调。按住Ctrl键不放，单击“09”图层蒙版缩览图，载入选区。新建“色阶1”调整图层，打开“属性”面板，这里要让图像变得更亮，因此将灰色滑块向左拖曳，提亮图像。

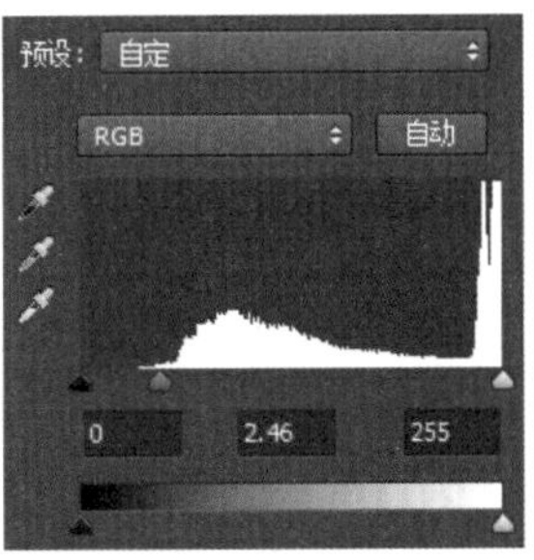

技巧提示：载入蒙版选区

在图层中创建图层蒙版后，可以按住Ctrl键不放，单击“图层”面板中蒙版缩览图，即可将图层蒙版作为选区载入。

步骤03　置入床品素材

执行“文件>置入嵌入的智能对象”菜单命令，将素材文件“10.jpg”床品图像也置入到新建文件的中间位置，并在“图层”面板中生成“10”图层。

步骤04 使用"渐变工具"编辑图层蒙版

置入图像后，需要把多余的图像隐藏起来。选中"10"图层，单击"添加图层蒙版"按钮，为图层添加图层蒙版，结合"渐变工具"和"画笔工具"对蒙版加以编辑，将床品左右两侧的多余图像隐藏起来，得到更自然的渐隐效果。

步骤05 调整图像的明暗层次

观察添加的床品素材图像，可以看到图像太暗，因此需要对它的亮度进行调整。按住Ctrl键不放，单击"10"图层蒙版缩览图，载入选区。新建"曲线1"调整图层，单击并向上拖曳曲线，提亮图像。再新建"色阶2"调整图层，由于"曲线"处理的图像亮度还不够，所以在"属性"面板中选择"中间调较亮"选项，进一步提亮图像，削弱对比，让图像的色彩变得更柔和。

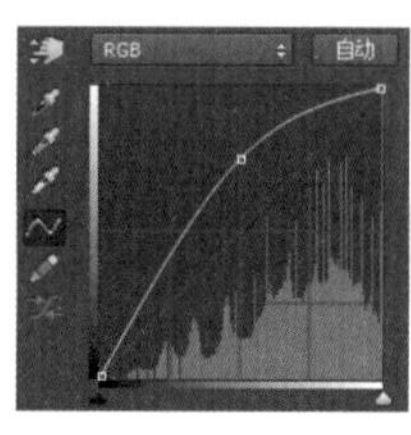

步骤06 置入花朵素材

将花朵素材"11.jpg"置入到新建文件的中间位置，并在"图层"面板中生成"11"图层。

步骤07 调整图像的不透明度

同样，这里也需要将多余的花朵图像隐藏起来。选中"11"图层，单击"添加图层蒙版"按钮，为图层添加图层蒙版，结合"渐变工具"和"画笔工具"对蒙版加以编辑，隐藏图像。此时发现花朵颜色太抢眼了，将"11"图层的"不透明度"降低，设置为31%即可。

步骤08 设置"可选颜色"

查看图像，感觉黄色的花朵颜色不是很协调。按住Ctrl键不放，单击"11"图层蒙版缩览图，载入花朵选区。新建"选取颜色1"调整图层，打开"属性"面板，这里只需要对黄色的花朵进行编辑，所以在"颜色"下拉列表框中选择"黄色"选项，调整颜色百分比，更改颜色。

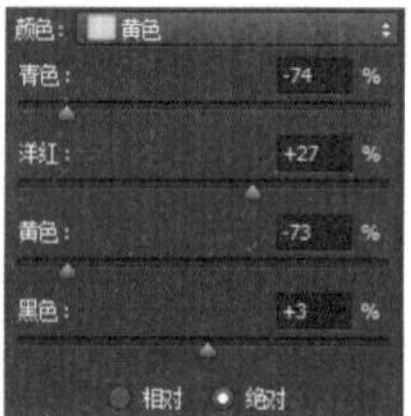

步骤09 使用"曲线"修饰花朵颜色

调整颜色后的花朵还是有点偏黄，再次载入花朵选区，新建"曲线2"调整图层，在"属性"面板中进行设置。这里需要削弱黄色，因此选择"蓝"通道，向上拖曳曲线，调整通道中的图像亮度，使图像更加粉嫩。

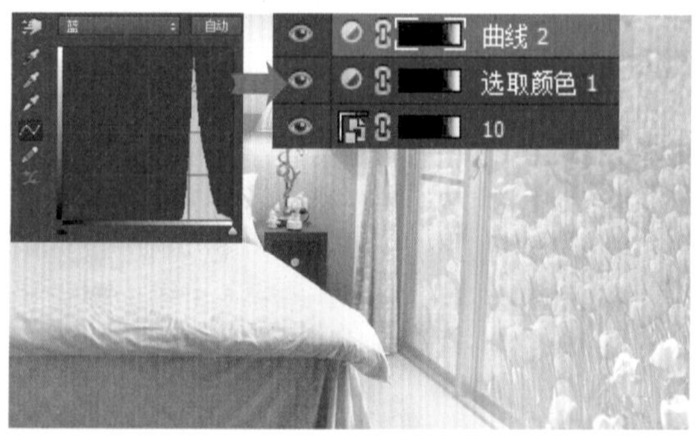

步骤10　设置“曲线”转换色调

观察调整后的图像，可明显地感觉到中间的床品图像与右侧花朵的颜色不是很统一。为了让画面整体色调更和谐，新建“曲线3”调整图层，打开“属性”面板，这里也选择“蓝”通道，然后向上拖曳通道曲线，提高“蓝”通道中的图像亮度，使画面的色调变为统一的粉色。

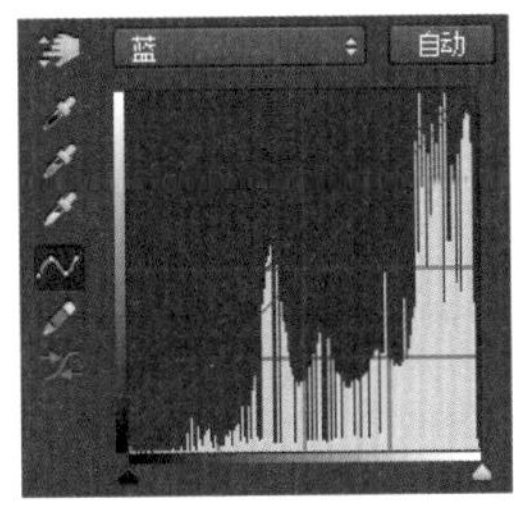

步骤11　复制并变换图像

执行“文件>打开”菜单命令，打开素材文件“12.jpg”，单击“移动工具”按钮，将光斑图像拖入到新建文件的中间位置，并在“图层”面板中生成“图层1”图层。按下快捷键Ctrl+T，利用自由变换编辑框调整图像至填满整个文件。

技巧提示：等比例缩放图像

将鼠标指针移至自由变换编辑框四角的任意一个转角点位置，当鼠标指针变为双向箭头时，按住Shift键不放，单击并拖曳鼠标，可以等比例缩放编辑框内的图像。

步骤12　创建图层蒙版拼合图像

这时会看到添加的光斑素材将下面的商品及花朵等图像都遮挡住了，所以选中“图层1”图层，单击“添加图层蒙版”按钮■，为“图层1”图层添加图层蒙版。再选择“画笔工具”，将前景色设置为黑色，在不需要的光斑图像上涂抹，隐藏图像，显示较淡的光斑。经过设置后，为了让图像更柔和，将图层的“不透明度”设为80%。

步骤13　设置“色彩平衡”调整颜色

新建“色彩平衡1”调整图层，打开“属性”面板。这里要对图像的颜色进行进一步的处理，为了让图像更接近粉蓝色调，在面板中将“青色-红色”滑块向红色方向拖曳，增加红色；将“洋红-绿色”滑块向绿色方向拖曳，增加绿色；再将“黄色-蓝色”滑块向蓝色方向拖曳，增加蓝色。

步骤14　应用“曲线”增强对比

新建“曲线4”调整图层，在“属性”面板中进行设置。由于前面使用“曲线”对图像进行了颜色调整，导致画面对比被削弱，这里为了加强对比效果，在“预设”下拉列表框中选择“中对比度（RGB）”选项，提高对比。

步骤15　绘制图形输入文字

单击“矩形工具”按钮■，设置前景色为白色，在床品图像左侧单击并拖曳鼠标，绘制一个白色矩形。为了表现更通透的画面感，将矩形的“不透明度”降为46%，得到半透明的矩形。打开素材文件“13.psd”，其中是设计好的文字，单击“移动工具”按钮，将文字拖曳到绘制的白色矩形上，完成本案例的制作。

案例 42　女式鞋靴广告

本案例是女式鞋靴广告。在画面中将两种不同颜色的鞋子置于图像左侧，为观者提供了更多的选择。整幅画面在色调上使用女性偏爱的蓝色、粉色进行表现，对比的色彩搭配使画面富有新意且充满设计感。

素　材	随书资源\素材\04\14~17.jpg、18.psd
源文件	随书资源\源文件\04\女式鞋靴广告.psd

步骤01　新建文件并填充颜色

新建文件，设置前景色为R215、G147、B145，按下快捷键Alt+Delete，将背景填充为设置好的颜色。

步骤02　置入图像更改图层混合模式

将布纹图像“14.jpg”置入到绘制的背景中。此时置入的图像是浮于背景之上的，为了让纹理与下方的背景融合，选中图层，将图层混合模式更改为“叠加”，混合图像。

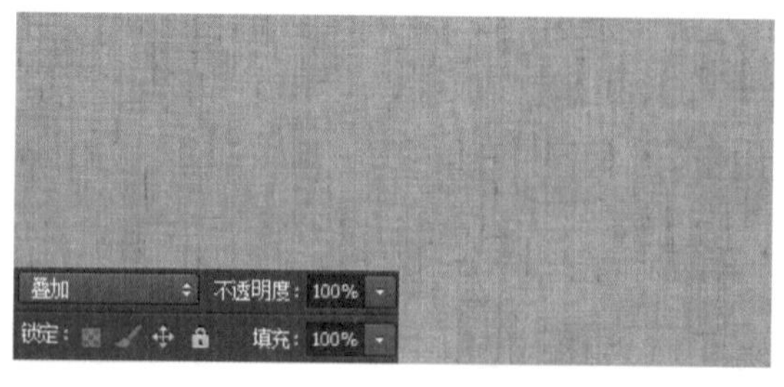

步骤03　设置“USM锐化”滤镜锐化纹理

设置后叠加于画面中的纹理还不是很明显，需要增强。执行“滤镜>锐化>USM锐化”菜单命令，打开“USM锐化”对话框，根据图像效果在对话框中调整锐化选项，此处设置“数量”为82%，“半径”为4.7，单击“确定”按钮，锐化图像。

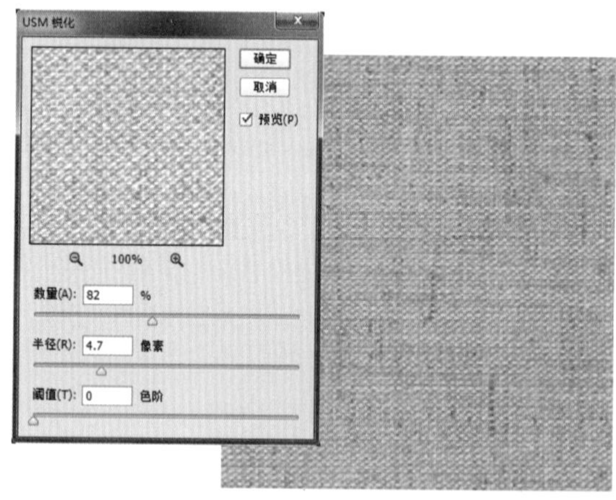

步骤04　应用“色相/饱和度”更改颜色

由于后面要添加的商品颜色也是红色的，为了让背景与鞋子形成更明显的视觉反差，新建“色相/饱和度1”调整图层，将“色相”滑块向左拖曳，将背景颜色更改为蓝色。

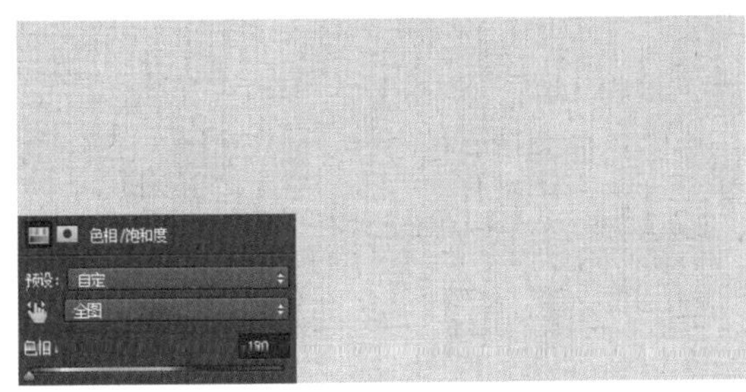

步骤05 填充颜色增强层次

为了让画面呈现自然的明显变化，还要进行色彩和影调的处理。设置前景色为R158、G211、B210，新建“颜色填充1”调整图层，将图层混合模式更改为“柔光”，让填充的颜色以更柔和的方式与下方背景混合。由于这里要对右下角填充颜色，所以用黑色画笔在不需要填充颜色的左侧涂抹，隐藏填充颜色。

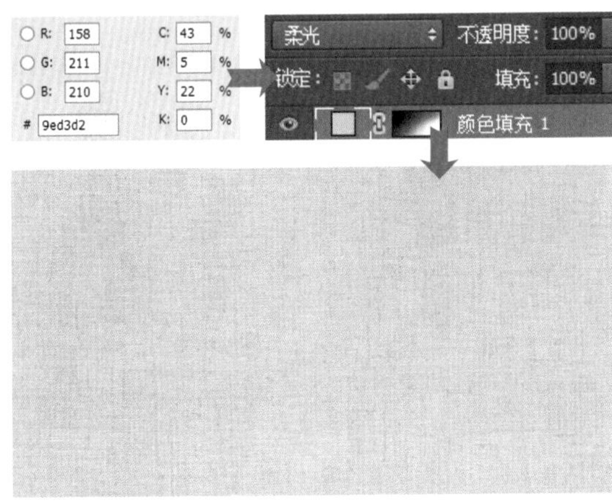

步骤06 复制图层

经过上一步的操作，发现虽然设置了填充效果，但是不太明显。按下快捷键 Ctrl+J，复制图层，创建“颜色填充1拷贝”图层，增强填充颜色。

步骤07 载入选区调整“曲线”

按住Ctrl键不放，单击“颜色填充1拷贝”图层蒙版缩览图，载入选区。新建“曲线1”调整图层，这里要将选区内的图像调整得更亮，所以单击并向上拖曳曲线，提亮图像。

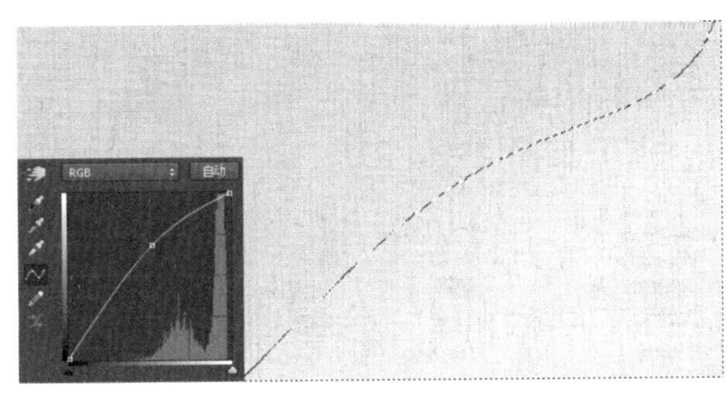

步骤08 设置“曲线”降低选区图像亮度

在上一步中提亮了右下角的图像，为了增强两侧图像的对比效果，下面再对左侧图像进行亮度的调整。按住Ctrl键不放，单击“曲线1”图层蒙版缩览图，载入选区，执行“选择>反选”菜单命令，选中左侧的图像。新建“曲线2”调整图层，这里要降低选区内的图像亮度，所以单击并向下拖曳曲线。

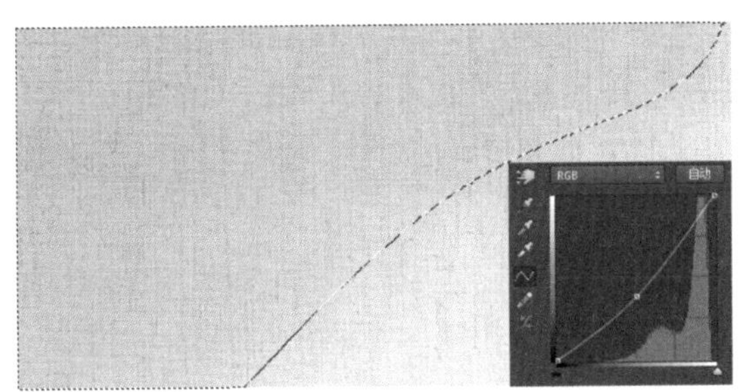

步骤09 使用“钢笔工具”绘制图形

单击“钢笔工具”按钮，下面需要进行图形的绘制，所以在选项栏中把绘制模式设置为“形状”，然后将填充颜色设置为玫红色，在图像左下角连续单击，绘制图形。

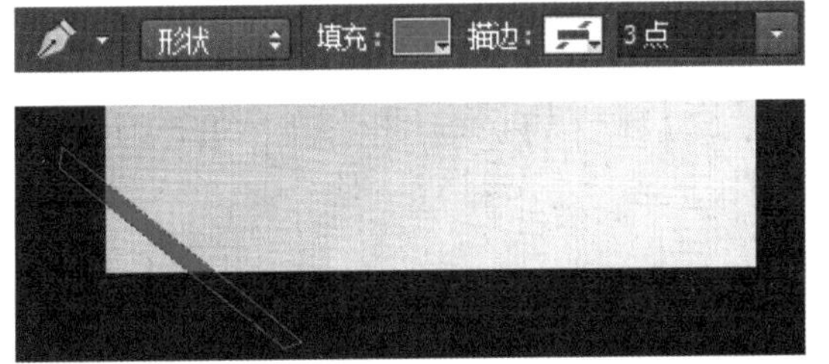

步骤10 设置图层样式

双击形状图层，打开“图层样式”对话框。为了让图形呈现出立体感，单击“内阴影”样式，设置样式选项，将阴影的“不透明度”设置为最大值，使阴影更加清晰，“距离”设置为2，“大小”设置为2；再单击“投影”样式，设置样式选项，为了让投影更自然，投影的“不透明度”保持不变，“距离”和“大小”均设置为1。设置完成后单击“确定”按钮，应用样式效果。

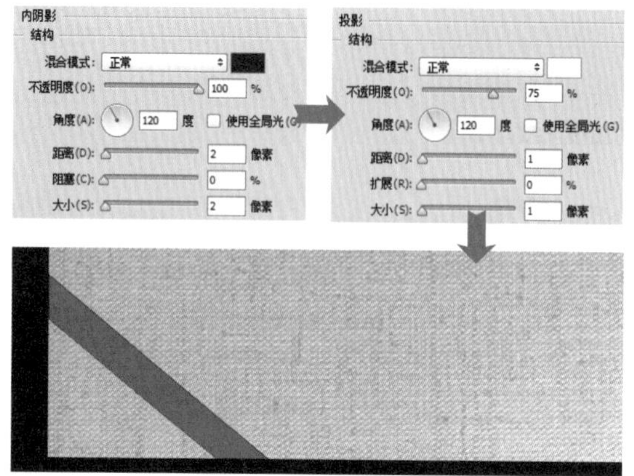

步骤11 复制图形调整位置

继续使用相同的方法，在画面中再绘制一个紫色图形，并为其设置样式，然后将绘制的两个图形所在图层同时选中，按下快捷键Ctrl+Alt+E，盖印选中图层，将盖印的图形复制到画面右侧，得到更稳定的图像。

步骤12 置入人物图像

将人物图像“15.jpg”置入到画面右侧。这里只需要使用部分图像，所以选中“15”图层，单击“图层”面板中的“添加图层蒙版”按钮，添加图层蒙版。选择“画笔工具”，将前景色设置为黑色，先用“硬边圆”画笔在较清晰的人物图像边缘涂抹，为了避免毛领边缘处理得生硬、不自然，再选择“柔边圆”画笔，将“不透明度”调得低一些，在毛领边缘涂抹，隐藏多余图像。

步骤13 使用“钢笔工具”抠取图像

接下来需要在画面中添加鞋子素材。创建“鞋子”图层组，置入素材文件“16.jpg”到画面左侧，这里只需要保留鞋子部分，所以要将它从原素材中抠出。为了让抠出的图像更准确，单击“钢笔工具”按钮，在选项栏中将绘制模式改为“路径”，沿鞋子边缘进行路径的绘制，绘制完成后按下快捷键Ctrl+Enter，将路径转换为选区，再适当收缩选区。

步骤14 创建图层蒙版拼合图像

选中鞋子所在图层，单击“图层”面板中的“添加图层蒙版”按钮，添加图层蒙版，将选区外的图像隐藏，抠出鞋子图像。再使用相同的方法，将另外一双靴子图像置入到画面中，并结合“钢笔工具”和图层蒙版把鞋子抠取出来。

步骤15　使用“钢笔工具”绘制图形

为了让鞋子呈现立体的视觉效果，接下来为它添加投影。选择“钢笔工具”，在鞋子图像下方绘制路径，按下快捷键Ctrl+Enter，将路径转换为选区。单击“渐变工具”按钮，设置前景色为黑色，选择“前景色到透明渐变”，创建新图层，从选区左侧向右拖曳渐变。

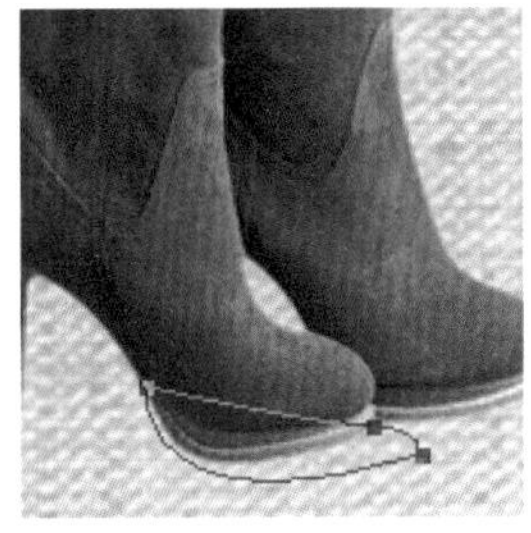

步骤16　使用“高斯模糊”滤镜模糊图像

此时填充的投影边缘过于整齐，显得不自然。为了让其呈现自然的投影效果，执行“滤镜>模糊>高斯模糊”菜单命令，打开“高斯模糊”对话框。在对话框中设置“半径”为1，单击“确定”按钮，轻微地模糊图像，应用滤镜完成图像的模糊处理。此时可看到较自然的投影效果。

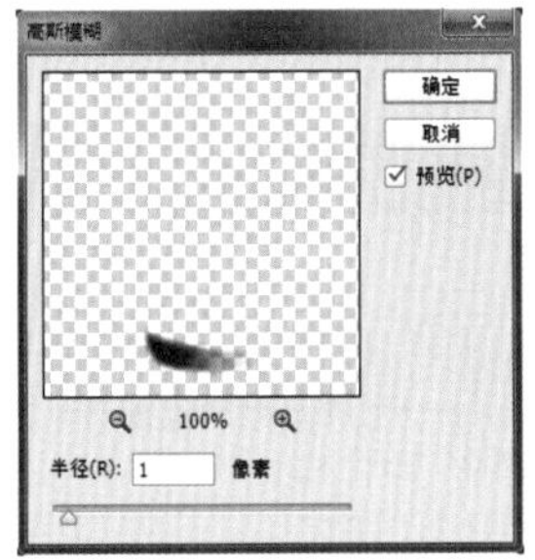

步骤17　复制投影图像

制作好一个投影后，连续按下快捷键Ctrl+J，复制多个投影图像。选择“移动工具”，将这些复制的图像移至不同的鞋子图像下方，形成更加统一的投影效果。

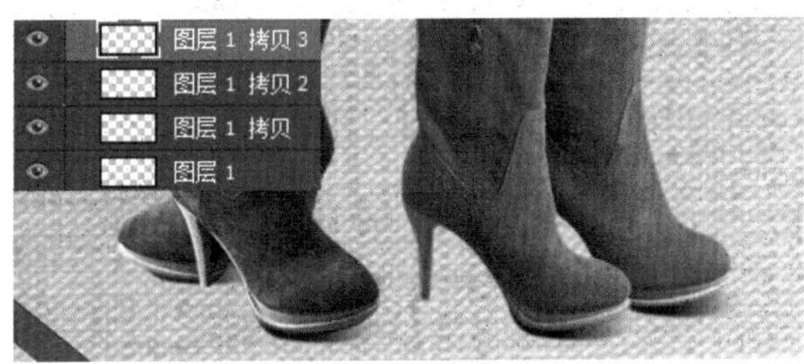

步骤18　制作新的投影

完成鞋子前端投影的制作后，接下来还要在尖细的后跟处添加类似的投影效果。创建新图层，使用与步骤15~16相同的方法绘制投影，并对其进行模糊设置。

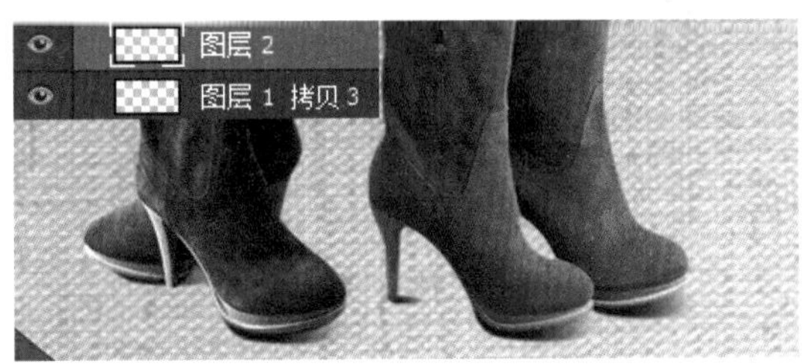

步骤19　绘制图形

新建“文字”图层组，为了突出鞋子的价格优势，将前景色设置为R221、G11、B40，按住Shift键不放，在鞋子图像旁边单击并拖曳鼠标，绘制一个红色圆形。再将前景色改为R221、G129、B98，在圆形上方绘制一个矩形，将圆形划分为两部分，并按下快捷键Ctrl+T，旋转所绘制的矩形。

R: 221
G: 11
B: 40

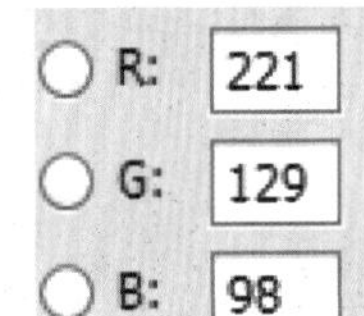

步骤20　输入文字并添加图层样式

执行“图层>创建剪贴蒙版”菜单命令，创建剪贴蒙版，将矩形置于圆形中。选择“横排文字工具”，在图形中间输入鞋子价格信息。为了让输入的文字更加突出，双击文字图层，为文字设置“内阴影”和“投影”样式。

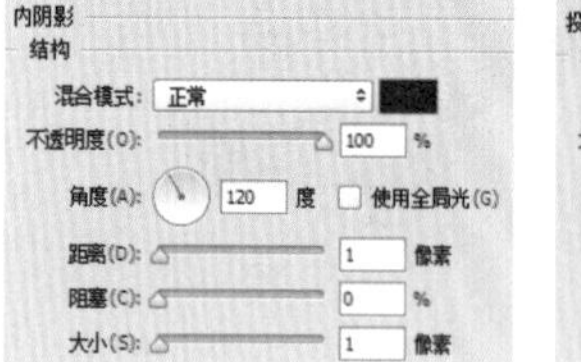

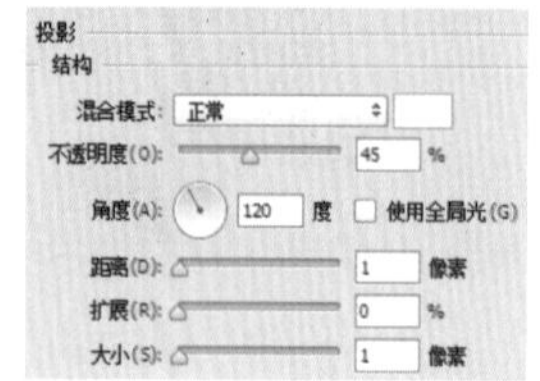

步骤21 创建剪贴蒙版拼合图像

继续使用“横排文字工具”在画面中输入英文“ALL-MATCH”，并为文字添加类似的图层样式，说明鞋子的百搭特性。为了突出鞋子这一卖点，打开素材文件“18.psd”，将其中的图像复制到文字上方，执行“图层>创建剪贴蒙版”菜单命令，创建剪贴蒙版，为文字添加纹理。

此时纹理会遮住下方的文字，为了让文字与纹理融合，将“不透明度”降为35%。使用同样的方法，运用文字工具和图形绘制工具在图像上绘制更多的图形，并添加合适的文字信息。

案例 43 民族风手链广告

本案例是民族风手链广告。通过将手链的整体效果与局部效果相结合的表现方式，让观者既能了解手链整体效果，又能从细节上感受到手链的做工，同时为了与作品的主题风格更和谐，利用暗色调的背景与商品相搭配，让画面显得更加沉稳，富有厚重感。

素　材	随书资源\素材\04\19~21.jpg
源文件	随书资源\源文件\04\民族风手链广告.psd

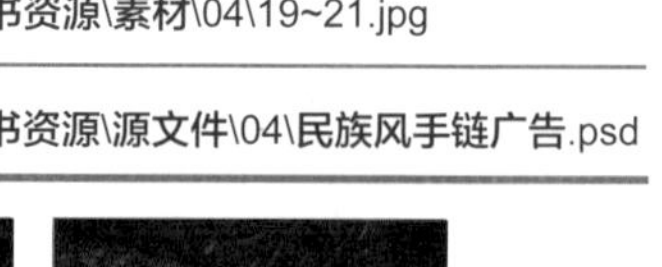

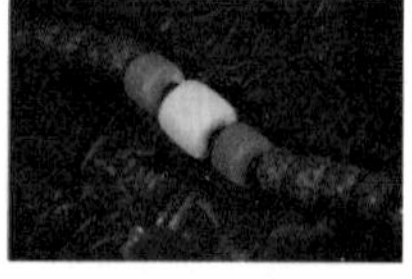

步骤01 置入背景图像

新建文件，将素材文件“19.jpg”置入到新建文件中。

步骤02 创建图层蒙版拼合图像

要让置入的图像融入到黑色背景中，单击“图层”面板中的“添加图层蒙版”按钮，为图层添加图层蒙版。再选择“画笔工具”，设置前景色为黑色，运用“柔边圆”画笔在需要隐藏的图像位置涂抹，设置后感觉图像过于突兀，因此将图层的“不透明度”调低一些，设置为70%。

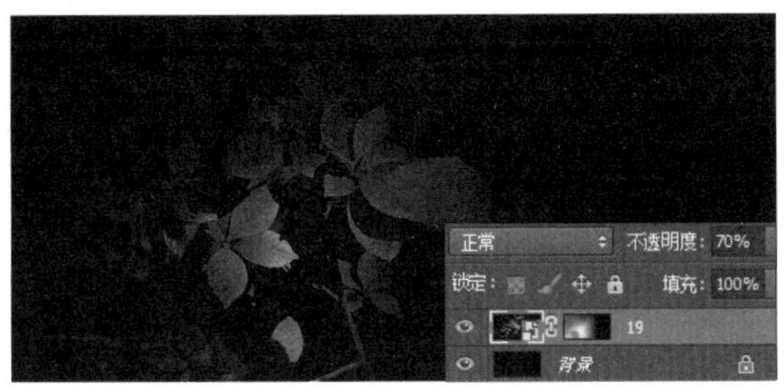

步骤03 使用“椭圆工具”绘制圆形

单击“椭圆工具”按钮，在选项栏中将绘制模式设置为“形状”，在图像中单击并拖曳鼠标，绘制一个白色圆形。为了突出圆形，双击形状图层，打开“图层样式”对话框，在对话框中设置“描边”样式，为图形添加描边效果。

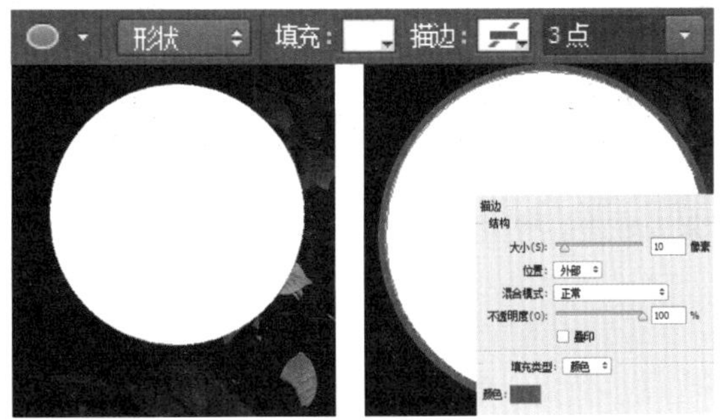

步骤04 置入饰品图像

将饰品图像“20.jpg”置入到新建文件中。这里只需要显示圆形中间的手链图像，因此执行“图层>创建剪贴蒙版”菜单命令，创建剪贴蒙版，将圆形外的图像隐藏起来。

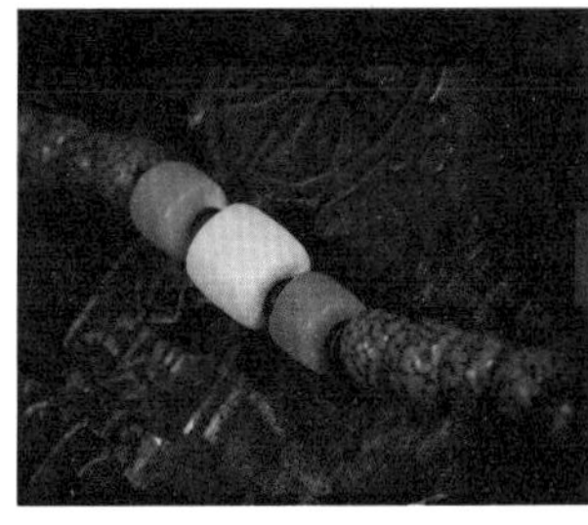

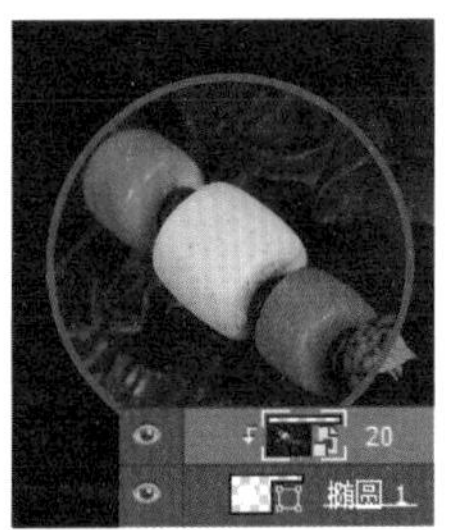

步骤05 置入更多商品图像

将商品图像“21.jpg”置入到新建文件中。按下快捷键Ctrl+T，利用自由变换编辑框，将图像调整至与新建文件同等高度。

步骤06 添加图层蒙版

此时会看到手链与下方的图像并没有衔接起来，所以单击“图层”面板中的“添加图层蒙版”按钮，添加图层蒙版。选择“画笔工具”，设置前景色为黑色，用画笔在手链图像边缘涂抹，隐藏并拼合图像。

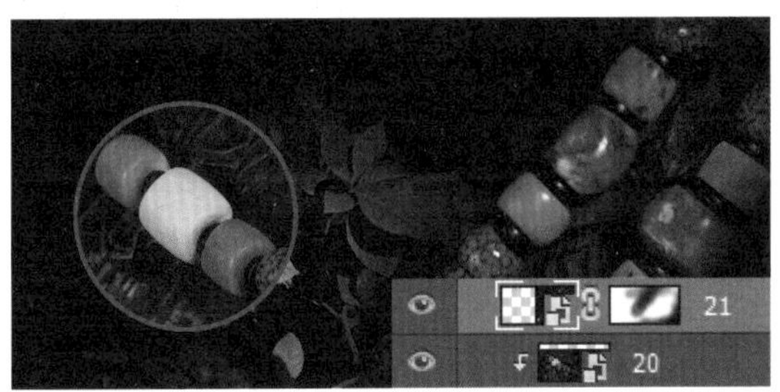

步骤07 设置“曲线”调整图像亮度

添加新的手链图像后，感觉图像有点偏亮。按住Ctrl键不放，单击“21”图层缩览图，载入选区。再新建“曲线1”调整图层，打开“属性”面板，此时需要降低图像的亮度，因此单击并向下拖曳曲线。

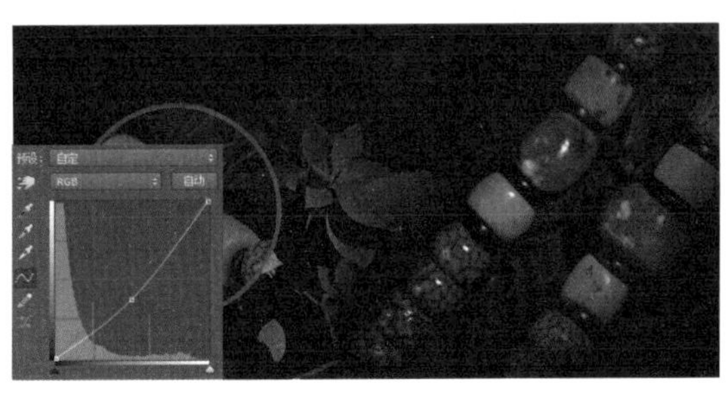

技巧提示：还原曲线调整

使用“曲线”调整图像后，在“属性”面板的“预设”下拉列表框中选择“默认值”选项，可以将图像恢复到未应用曲线调整前的效果。

步骤08 设置并输入文字

单击工具箱中的“横排文字工具”按钮T，将鼠标指针移至图像中间位置，单击并输入店铺名。输入后打开“字符”面板，在面板中对文字属性进行调整。为了让文字与设计的主题、风格更统一，将字体设置为“叶根友特楷简”，字号设置为104.77点。

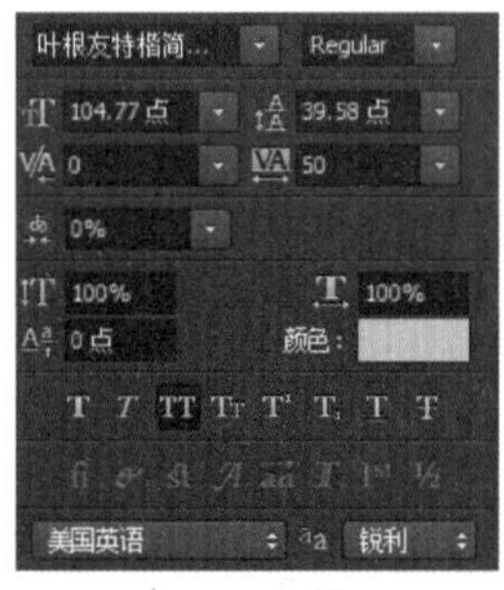

步骤09 更改文字属性并输入文字

按住“横排文字工具”按钮T不放，在弹出的隐藏工具中单击“直排文字工具”按钮，将鼠标指针移至已输入的文字下方，单击并输入商品名。输入后打开“字符”面板，这里为了表现文字的主次关系，将字体设置为细小、工整的“方正兰亭超细黑简体”，并适当调整文字大小。

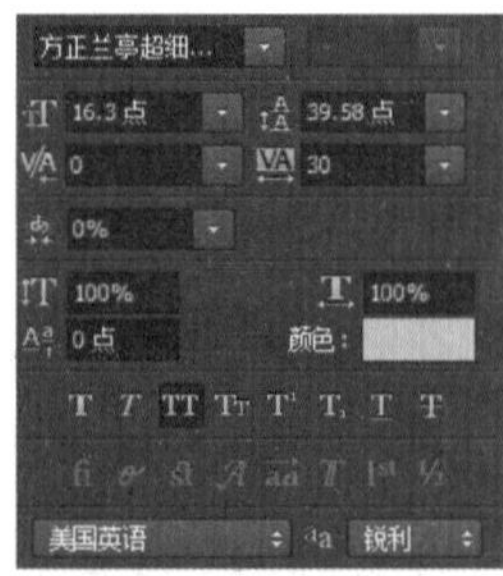

步骤10 添加更多文字

继续结合文字工具和“字符”面板在画面中输入更多的文字。为了突出部分商品卖点，运用图形绘制工具在文字下方绘制不同颜色的图形，完成本案例的制作。

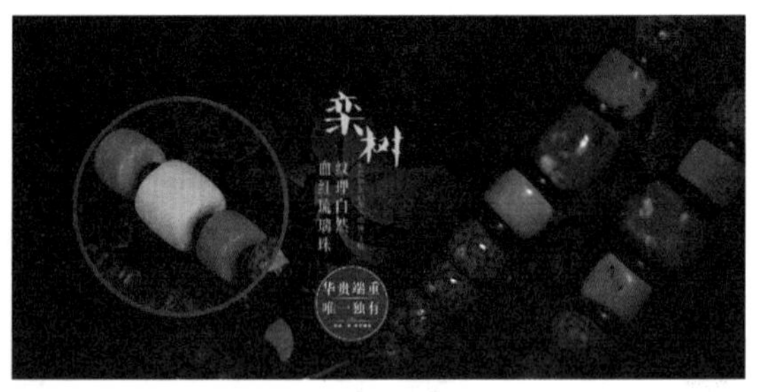

案例44 婴儿辅食广告

本案例是为某婴儿食品店铺设计的横幅式广告。在设计过程中使用较为鲜艳的色彩进行表现，同时对画面进行合理的布局，通过这些设计，让观者体会到商家的活动内容与活动所表现的主要商品，增加点击率，提高食品的购买率。

素 材	随书资源\素材\04\22.jpg、23.psd、24.jpg
源文件	随书资源\源文件\04\婴儿辅食广告.psd

步骤01 使用“矩形工具”绘制黄色背景

创建新文件，选择工具箱中的“矩形工具”，在选项栏中将填充颜色设置为R248、G243、B2，沿文件边缘单击并拖曳鼠标，绘制一个亮黄色的矩形背景。

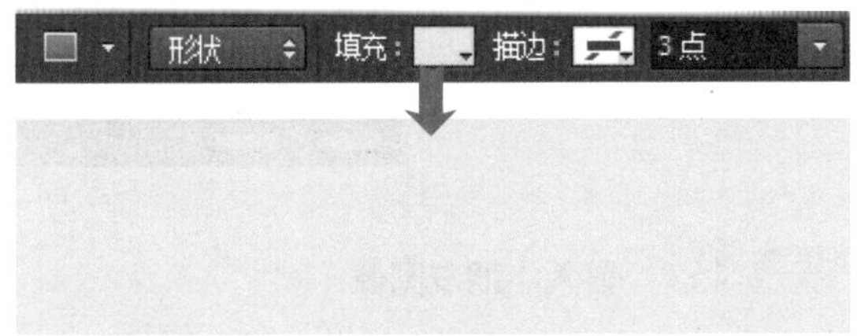

步骤02 设置图层样式

为了让绘制的背景表现出层次、质感，双击矩形所在图层，打开“图层样式”对话框。单击对话框中的“渐变叠加”样式，在右侧设置叠加选项，此处需加深右侧的图像，所以将叠加颜色设置为深一些的黄色；再单击“图案叠加”样式，在对话框右侧选择样式图案，为绘制的背景添加叠加的图案效果。

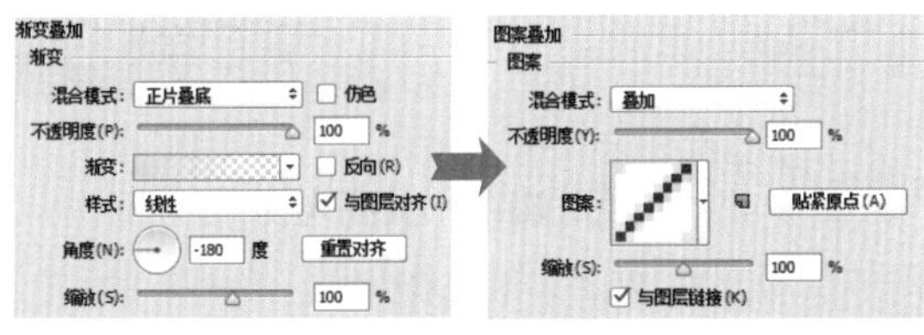

步骤03 绘制更多图形

选择“矩形工具”，在黄色的背景图像左侧绘制一个绿色矩形。按下快捷键Ctrl+J，复制矩形，并对复制矩形的大小、颜色和位置进行调整，然后同时选中矩形图形，执行“编辑>变换>旋转”菜单命令，旋转图形，得到倾斜的图形效果。

步骤04 复制图像

经过前面的操作，完成了背景图形的绘制，接下来要在背景上添加更多的图像。打开素材文件“22.jpg”，将其中的叶子图像复制到绘制好的图形上，创建“图层1”图层，然后将多余的白色背景去掉，添加图层蒙版，拼合图像效果。

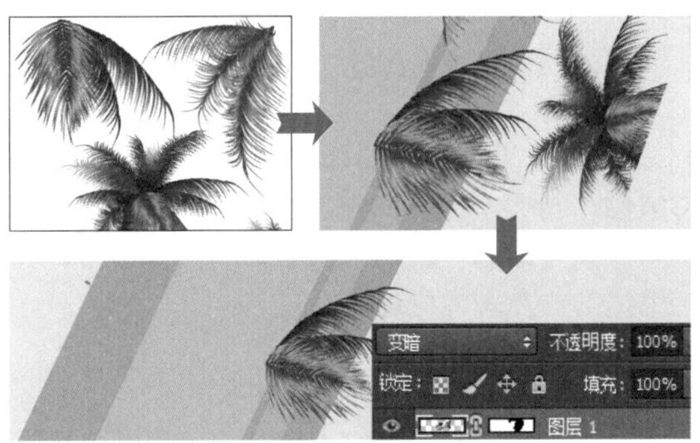

步骤05 设置“颜色叠加”样式

从添加到画面中的叶子来看，其颜色略微偏深。为了使其颜色与背景更为协调，双击“图层1”图层，打开“图层样式”对话框。在对话框中单击“颜色叠加”样式，然后将叠加颜色设置为与背景更为接近的浅绿色，并将混合模式设置为“柔光”，使设置的颜色与原图像混合，单击“确定”按钮，变换绿叶颜色。

步骤06 复制图像并添加图层蒙版

选中并复制“图层1”图层，创建“图层1拷贝”图层。单击“移动工具”按钮，将复制的叶子图像移至画面右侧，并执行“编辑>变换>水平翻转”菜单命令，翻转图像。再单击“图层1拷贝”图层蒙版缩览图，用黑色画笔对蒙版进行进一步的调整，隐藏多余的叶子，创建更和谐的画面。

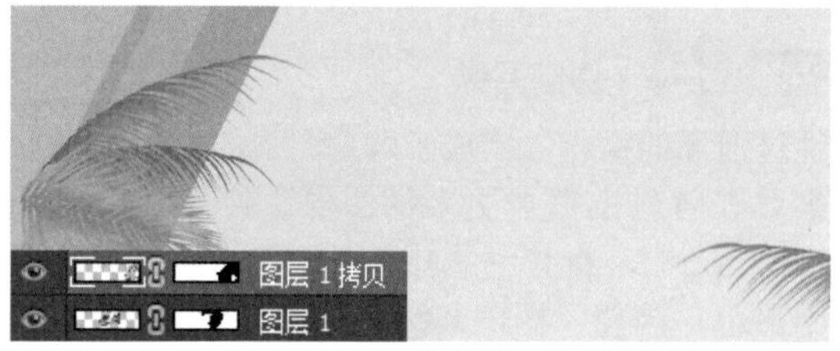

步骤07 复制奶粉桶图像

打开素材文件“23.psd”，将其中的奶粉桶图像复制到新建文件中。为了让奶粉桶图像呈现立体的视觉效果，还需要添加投影。按下快捷键Ctrl+J，复制“图层2”，创建“图层2拷贝”图层，执行“编辑>变换>垂直翻转”菜单命令，翻转图像，调整图像位置。

步骤08 使用“渐变工具”制作渐隐效果

为了让奶粉桶的投影更为逼真，选中“图层2拷贝”图层，单击“图层”面板底部的“添加图层蒙版”按钮，添加蒙版。单击“渐变工具”按钮，在选项栏中选择“黑，白渐变”，从下方投影位置向上拖曳渐变，创建渐隐的图像效果。

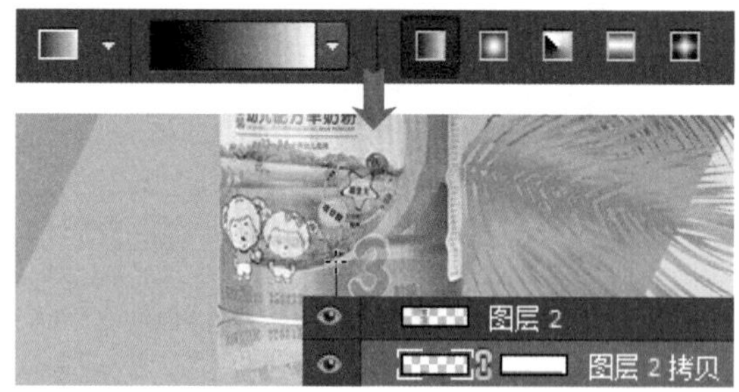

步骤09 复制添加更多奶粉桶图像

如果画面中只有一个奶粉桶图像，难免会显得有些单调。为了让图像呈现更有层次的视觉效果，将制作好的奶粉桶和投影图像复制，然后通过调整复制图像的位置、大小和排列顺序，制作叠加的商品展示效果。

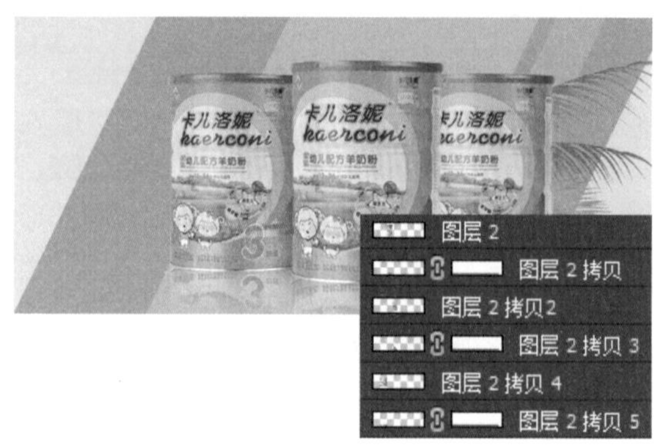

步骤10 置入小朋友图像

为了突出商品的消费对象，将小朋友图像“24.jpg”置入到奶粉桶图像上。由于这里只需要在图像中显示小朋友对象，因此选中“24”图层，添加图层蒙版，选择“画笔工具”，使用“硬边圆”画笔在清晰的小朋友图像边缘单击并涂抹，隐藏多余的背景图像。

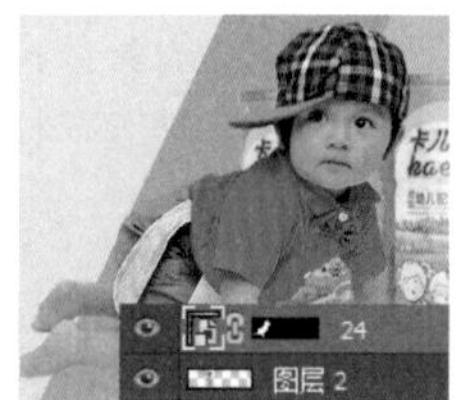

步骤11 设置“曲线”提亮人物

添加小朋友图像后，与背景相比，感觉添加的图像显得偏暗。按住Ctrl键不放，单击“24”图层蒙版缩览图，载入小朋友选区。新建“曲线1”调整图层，这里需要提高图像的亮度，所以单击并向上拖曳曲线。

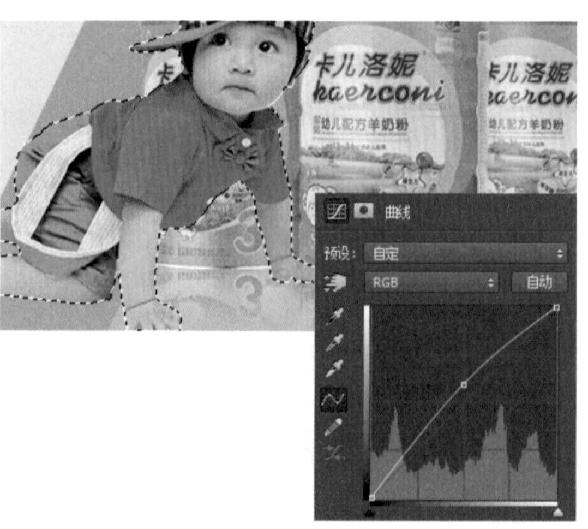

步骤12 创建图层组输入文字

选择工具箱中的“横排文字工具”，新建“文字”图层组，在图像右侧的留白处单击并输入文字“辅食营养品”，打开“字符”面板，对输入的文字进行调整。此处输入的文字为主标题文字，为了突出文字信息，将字体设置为较粗的“方正综艺简体”，字号设置为“95点”，并将字符间距调整为-65，让文字显得更紧凑。

步骤13 为文字添加图层样式

双击文字图层，打开“图层样式”对话框。单击“图案叠加”样式，设置叠加图案，为文字添加与背景相似的图案效果；此处输入的文字颜色为黑色，显得太突兀，因此单击“渐变叠加”样式，为文字叠加渐变颜色；为了让文字呈现立体的视觉效果，单击“投影”样式，设置样式选项，为文字添加投影。

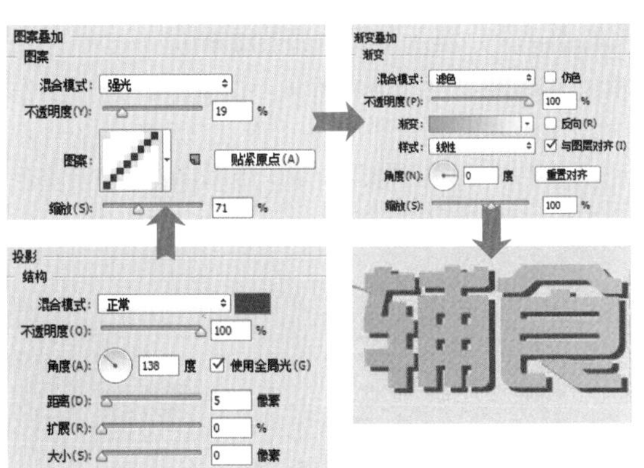

步骤14 载入选区填充颜色

按住Ctrl键不放，单击文字图层缩览图，载入文字选区。执行“选择>修改>扩展”菜单命令，打开“扩展选区”对话框。这里需要为文字添加描边效果，使文字更加醒目，因此对“扩展量”加以调整，然后单击“确定”按钮。将前景色设置为R84、G19、B175，在文字图层下创建新图层，为图层填充颜色。

步骤15 使用“椭圆选框工具”绘制选区

接下来为文字制作自然的光晕效果。单击“椭圆选框工具”，在选项栏中将“羽化”设置得稍微大一些，设为28像素，然后在文字上单击并拖曳鼠标，绘制选区。设置前景色为白色，创建新图层，按下快捷键Alt+Delete，将选区填充为白色。

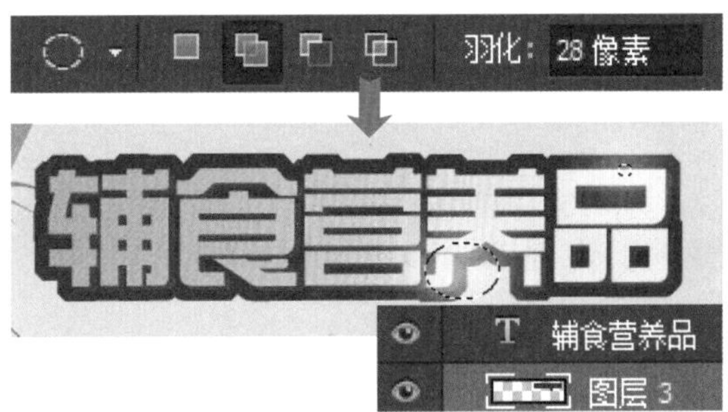

步骤16 添加文字及品牌信息

继续使用“横排文字工具”在画面中添加更多的文字，并根据文字的主次关系，对文字的颜色、大小进行调整。最后为了加深观者的信任感，在图像左上角绘制图形，制作品牌徽标效果，完成本案例的制作。

案例45 时尚手提包广告

本案例是为某品牌的一款手提包设计的横幅式广告。设计中通过喷溅的彩色油漆赋予画面动感，多变的色彩与要销售的包包的颜色相互呼应，让画面的整体效果更加协调统一，而且不同颜色的搭配让画面显得更有张力。

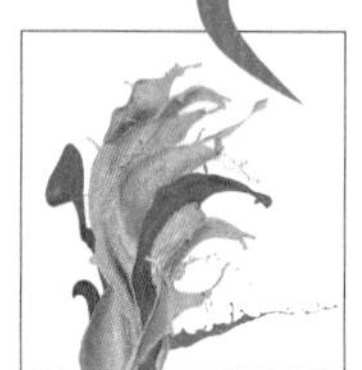

素　材	随书资源\素材\04\25~27.jpg
源文件	随书资源\源文件\04\时尚手提包广告.psd

步骤01 设置并填充颜色

新建文件，根据女性对色彩的偏好，将前景色设置为R238、G157、B174，新建“图层1”图层，按下快捷键Alt+Delete，将背景填充为粉红色。

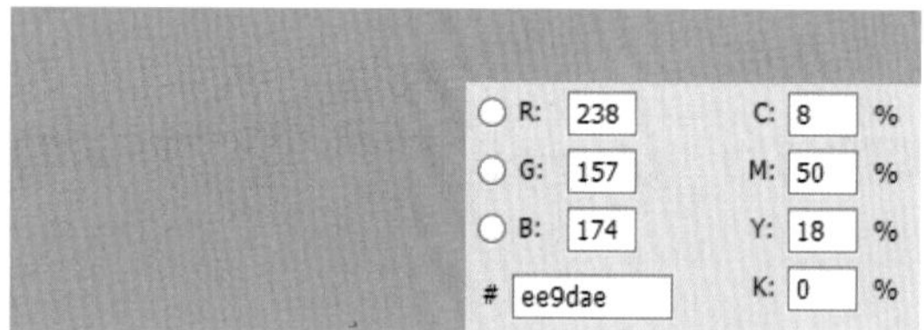

步骤02 编辑图层蒙版制作渐变背景

选中“图层1”图层，单击“图层”面板中的“添加图层蒙版”按钮，为“图层1”添加蒙版。单击工具箱中的“渐变工具”按钮，在选项栏中选择“黑，白渐变”，再单击“径向渐变”按钮，将“不透明度”降低一些，从图像中间向边缘拖曳，填充渐变，隐藏填充颜色。

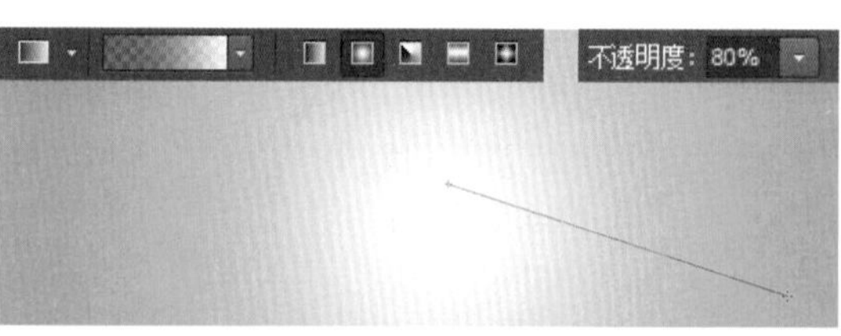

步骤03 置入图像添加图层蒙版

将家居图像“25.jpg”置入到画面中，用于制作手提包的摆放平台。单击“图层”面板中的“添加图层蒙版”按钮，为图层添加蒙版，使用黑色画笔将多余的图像隐藏起来。

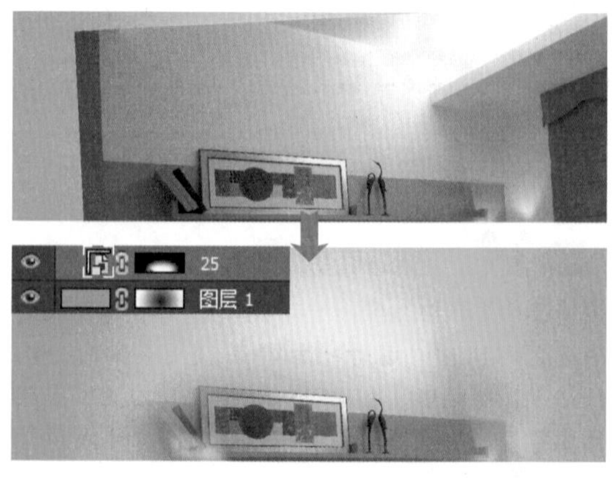

技巧提示：编辑图层蒙版

创建图层蒙版后，运用黑色画笔在蒙版上涂抹，被涂抹为黑色的区域将会隐藏起来，而使用白色画笔在蒙版上涂抹，被涂抹为白色的区域则会重新显示出来。根据这一特点，可以使用图层蒙版实现图像的自然拼合。

步骤04　设置“曲线”统一色彩

观察图像，发现家居图像的颜色与整个画面的色调明显不协调，需要进行调整。按住Ctrl键不放，单击“25”图层蒙版缩览图，载入选区。新建“曲线1”调整图层，由于图像显得太暗，所以在“属性”面板中单击并向上拖曳曲线，提亮图像亮度；然后选择“蓝”选项，再向上拖曳曲线，更改图像颜色，统一画面色调。

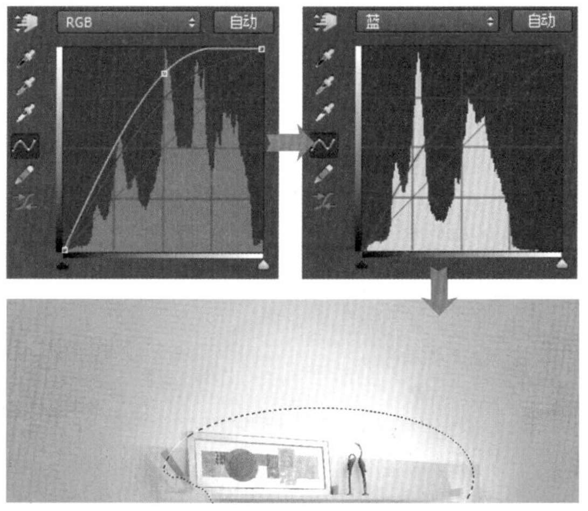

步骤05　设置“色彩平衡”增强暖色效果

查看调整后的台面图像，发现图像颜色略微偏黄，与旁边的粉红色背景不协调。为了让图像的颜色更加统一，按住Ctrl键不放，单击“曲线1”蒙版缩览图，载入中间部分选区。新建“色彩平衡1”调整图层，这里需要让图像变得更粉嫩，在“属性”面板中将“青色-红色”滑块向左拖曳，增加青色，削弱红色；再将“黄色-蓝色”滑块向右拖曳，削弱黄色，增强蓝色。

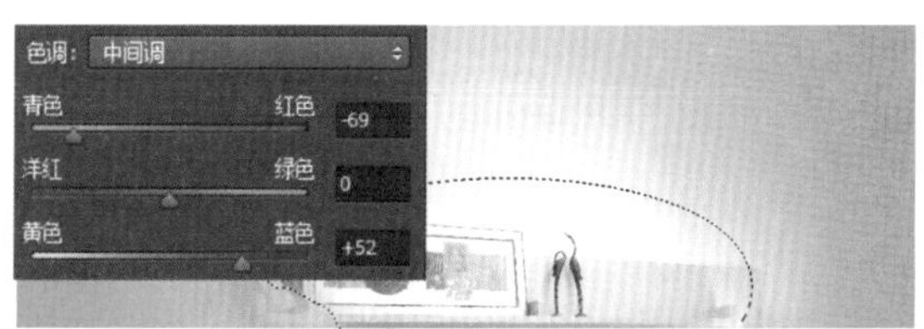

步骤06　置入彩色油漆素材

将彩色油漆图像“26.jpg”置入到画面中，运用“移动工具”将油漆图像向右移至最右侧位置。

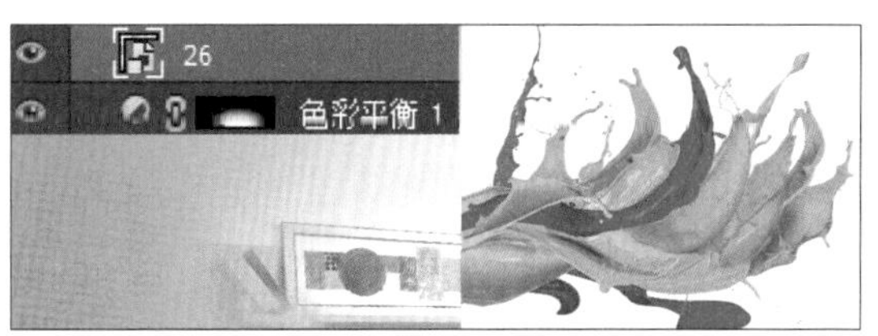

步骤07　根据“颜色范围”调整蒙版

下面要将油漆旁边的白色背景去掉，选中“26”图层，添加图层蒙版。打开“属性”面板，单击面板中的“颜色范围”按钮，打开“色彩范围”对话框。这里要隐藏白色背景，所以用“吸管工具”在白色背景位置单击，再勾选“反相”复选框，此时可以看到隐藏白色背景后的图像效果。

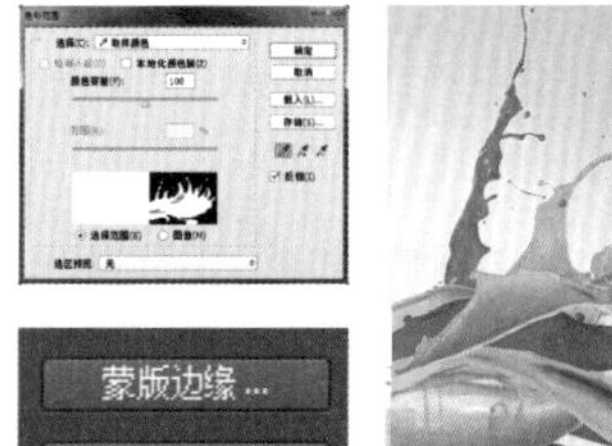

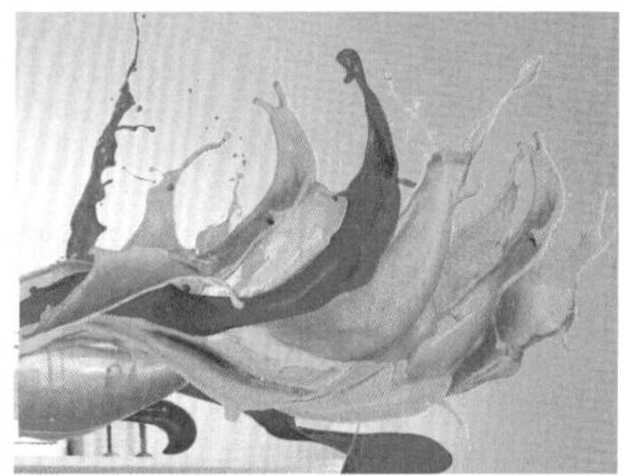

步骤08　载入并调整选区

将图像放大，发现抠出的油漆图像边缘还有一些未处理干净的白边，需要进行进一步的调整。按住Ctrl键不放，单击图层蒙版缩览图，载入选区。执行“选择>修改>收缩”菜单命令，将选区向内收缩1像素。

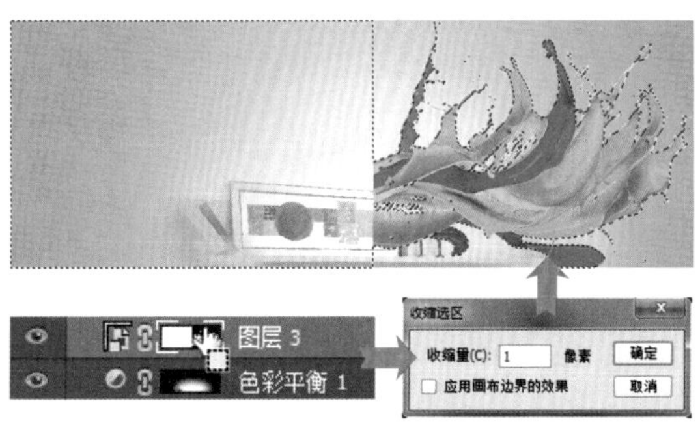

步骤09 将蒙版选区填充为黑色

单击图层蒙版缩览图，将前景色设置为黑色，然后按下快捷键Alt+Delete，将选区填充为黑色，去掉多余白边，得到更为干净的图像效果。

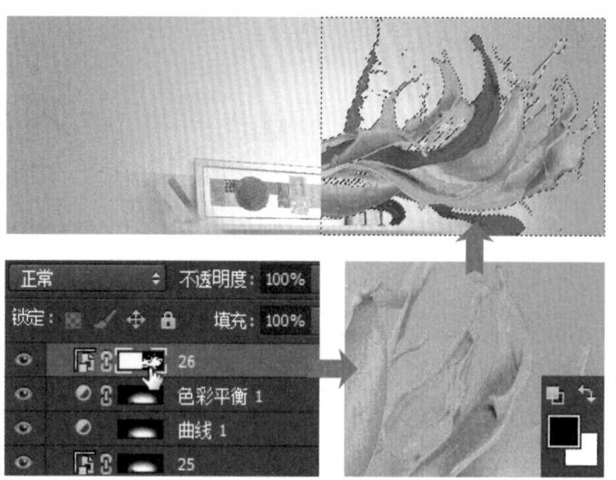

步骤10 使用“画笔工具”编辑图层蒙版

确保前景色为黑色，再单击“26”图层蒙版缩览图，在被隐藏的油漆图像上涂抹，把不需要隐藏的彩色油漆更完整地显示出来。

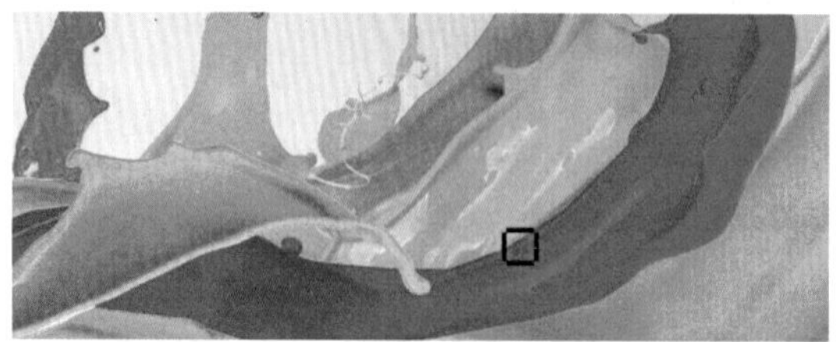

步骤11 复制图像设置对称效果

为了表现更均衡的图像效果，选中“26”图层，按下快捷键Ctrl+J，复制图层，创建“26拷贝”图层。执行“编辑>变换>水平翻转”菜单命令，翻转图像，再用“移动工具”将图像移至画面左侧。

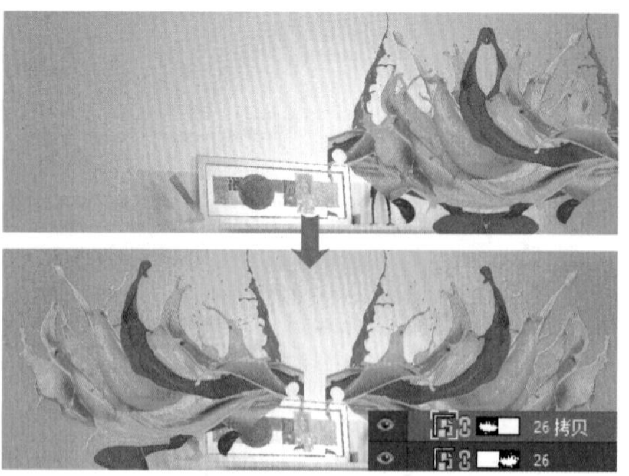

步骤12 置入手提包素材

新建“手提包”图层组，在该图层组下创建“蓝色包包”图层组，将手提包图像“27.jpg”置入到画面中。这里只需要保留手提包，而要让它与背景融合，就要将多余的手提包背景去掉。单击“图层”面板中的“添加图层蒙版”按钮，添加图层蒙版，用画笔在背景上涂抹，隐藏图像。

步骤13 使用“曲线”和“色彩平衡”调整图像

由于受到拍摄环境的影响，手提包偏暗且轻微偏色，需要进行调整。按住Ctrl键不放，单击“27”图层，载入手提包选区。新建“色彩平衡2”调整图层，打开“属性”面板，在面板中拖曳下方的颜色滑块，增强颜色。再创建“曲线2”调整图层，在曲线上单击，添加两个曲线控制点，拖曳控制点，调整图像，增强对比效果。

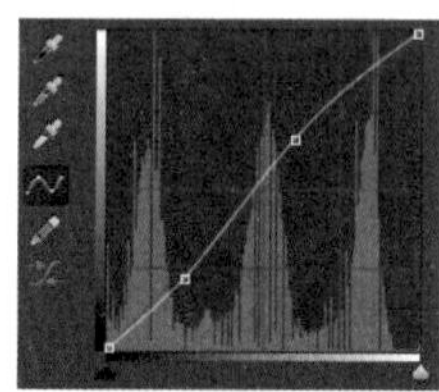

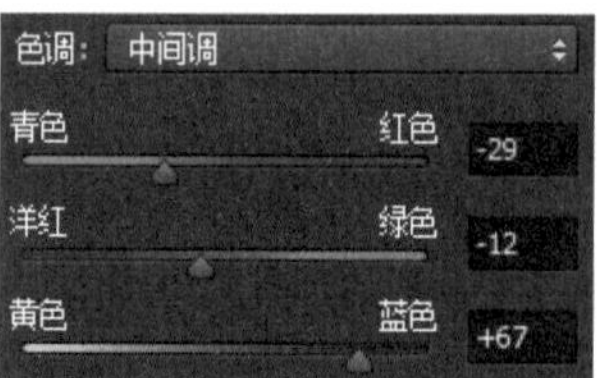

步骤14　复制包包调整颜色

复制“蓝色包包”图层组，然后分别将图层组命名为“红色包包”和“黄色包包”，并根据图层组名，利用调整命令对包包的颜色进行调整。

步骤15　绘制图形并输入文字

最后新建“文字”图层组，进行广告文案的设计。用“矩形工具”在蓝色包包左侧绘制一个玫红色矩形，然后复制更多矩形，调整其颜色和大小，再使用“横排文字工具”在矩形上输入对应的文字，完成广告的设计。

案例46　数码产品广告

本案例为横幅式数码产品广告。设计中将黑色的数码产品图片置于画面的左上角位置，并运用代表时尚、科技的蓝色填充背景，这样的配色可以很好地突出画面的主题。而在文字的处理上，通过对标题文字变形的方式，在视觉上营造出更新颖的设计感。

素　材	随书资源\素材\04\28~29.jpg
源文件	随书资源\源文件\04\数码产品广告.psd

步骤01　绘制蓝色背景

创建新文件，为了突出数码产品的科技感，将前景色设置为浅蓝色，具体颜色值为R204、G232、B254，在“图层”面板中确保“背景”图层为选中状态，按下快捷键Alt+Delete，填充颜色。

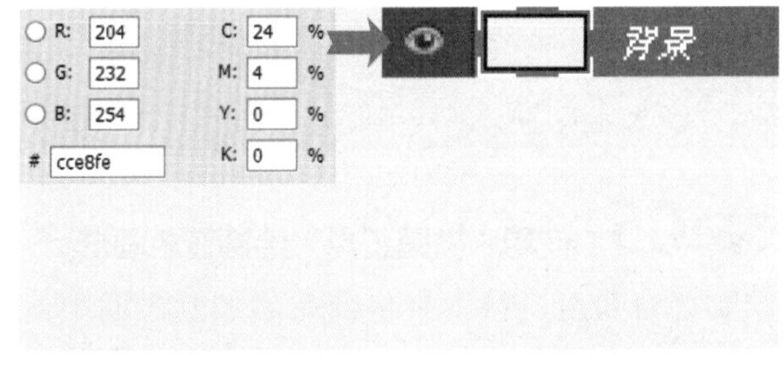

步骤02 使用“矩形工具”绘制矩形

选择工具箱中的“矩形工具”，在选项栏中将填充颜色设置为较深的蓝色，然后在画面中绘制一个矩形，并利用“自由变换”命令对绘制的矩形进行旋转。

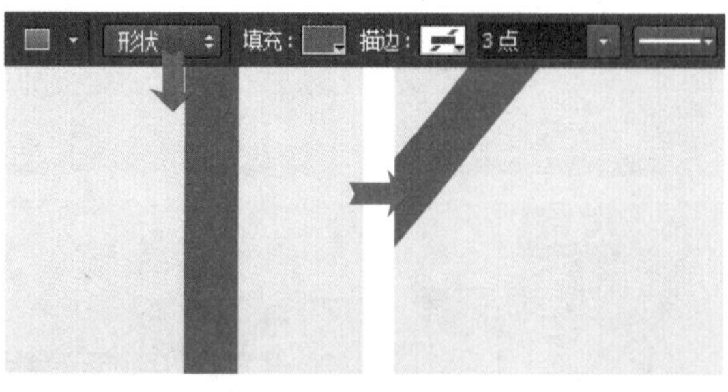

步骤03 使用“直线工具”绘制倾斜直线

选择工具箱中的“直线工具”，在选项栏中确保绘制模式为“形状”，根据需要绘制的线条的粗细，将“粗细”设置为4像素，然后在上一步中绘制的矩形旁边绘制较细的线条。

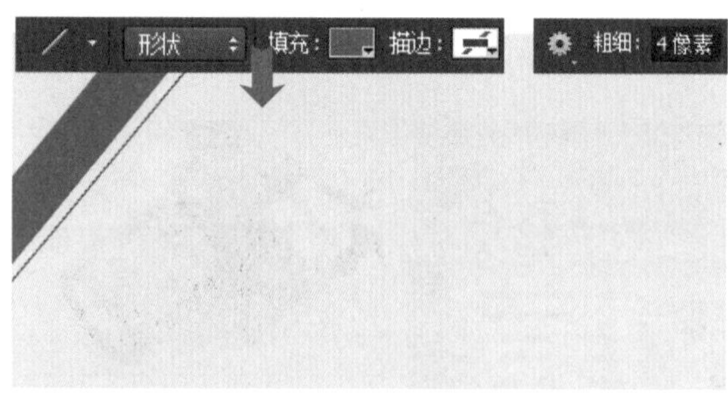

步骤04 继续绘制更多图形

继续结合Photoshop中的图形绘制工具，在新建的文件中绘制更多不同颜色、形状的图形，组合成广告背景。

步骤05 使用“椭圆工具”绘制蓝色圆形

绘制好背景后，接下来将商品添加到画面中。为了突出新添加的商品，先使用“椭圆工具”在需要添加商品位置的左上角绘制一个蓝色圆形，然后将数码相机镜头图像“28.jpg”置入到圆形上。

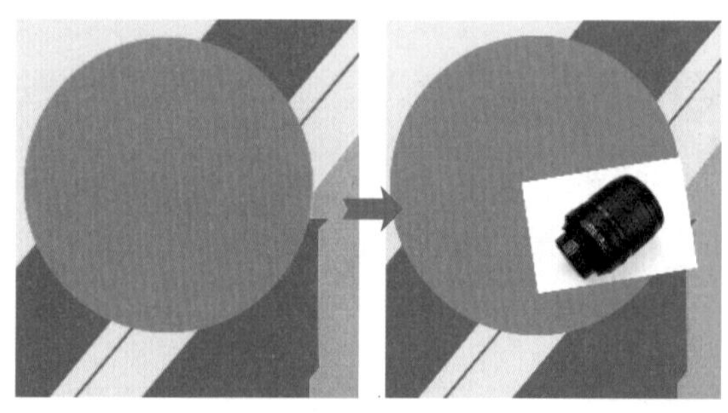

步骤06 创建图层蒙版抠出相机镜头

置入数码相机镜头图像后，可看到镜头后方白色的背景，这里要将其去掉，从而抠出商品。选中“28”图层，单击“图层”面板中的“添加图层蒙版”按钮，添加蒙版。用黑色画笔在镜头旁边的白色背景处涂抹，隐藏图像。

步骤07 设置样式加深镜头边缘

观察去掉背景后的镜头图像，发现图像边缘较亮，给人感觉处理得不够干净。为了让边缘颜色与中间部分的颜色更统一，可用“内阴影”样式削弱边缘图像的亮度。方法是双击“28”图层，打开“图层样式”对话框，在对话框中单击“内阴影”样式，然后设置样式选项，并通过预览查看效果。当达到满意的效果后，单击“确定”按钮，应用样式。

步骤08　设置“曲线”提亮商品

按住Ctrl键不放，单击“28”图层蒙版缩览图，载入选区。新建“曲线1”调整图层，打开“属性”面板，由于选区内的相机镜头偏暗，层次感偏弱，因此单击并向上拖曳曲线，提亮图像。

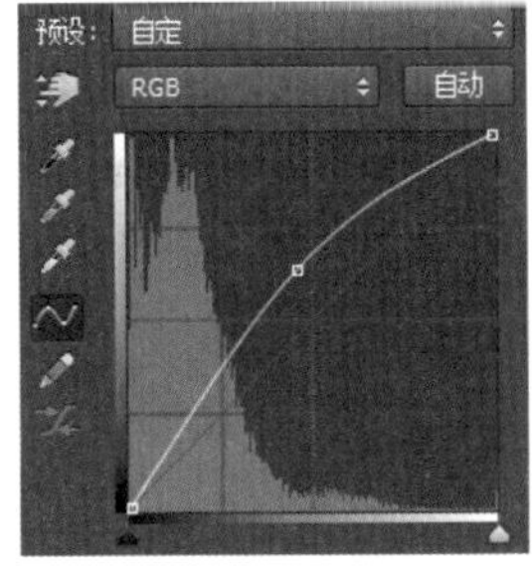

步骤09　添加数码相机图像

运用同样的处理方法，将素材文件“29.jpg”中的数码相机图像置入到圆形上。为了让添加的商品呈现立体的视觉效果，需要为它们设置投影，在商品图像下方创建新图层，并使用“椭圆工具”绘制一个黑色椭圆。

步骤10　使用“高斯模糊”滤镜模糊图像

执行“滤镜>模糊>高斯模糊”菜单命令，打开“高斯模糊”对话框，在对话框中对“半径”进行设置，当设置为10像素时，可以看到较为自然的投影效果。

步骤11　设置并输入文字

选择“横排文字工具”，在数码产品上方输入文字“数码相机/镜头”。打开“字符”面板，为了增强文字的可读性，将字体设置为较工整的“幼圆”，颜色为醒目的白色。设置后感觉文字笔画偏细，因此单击“仿粗体”按钮，将文字转换为粗体。

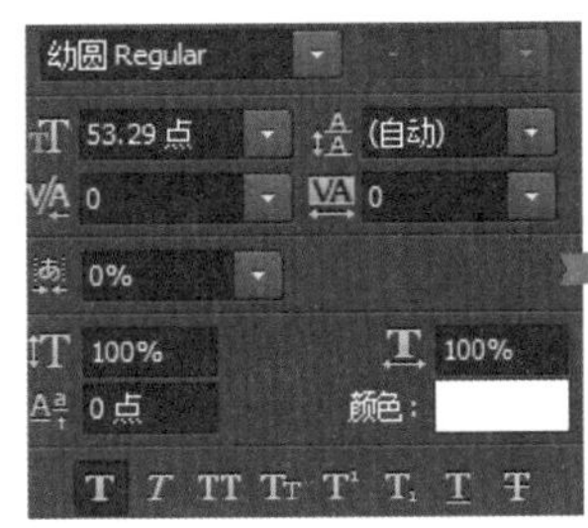

步骤12　更改属性输入纤细文字

确保“横排文字工具”为选中状态，在图像右侧输入文字“新春开年大促”，打开“字符”面板。这里为了让文字风格更加统一，将字体设置为较纤细的“迷你简幼线”，设置后由于文字间距太大，部分文字超出图像边缘，因此把间距缩小为-50。在“图层”面板中选中新创建的“新春开年大促”文字图层，将“不透明度”调整为85%，让文字与背景相融合。

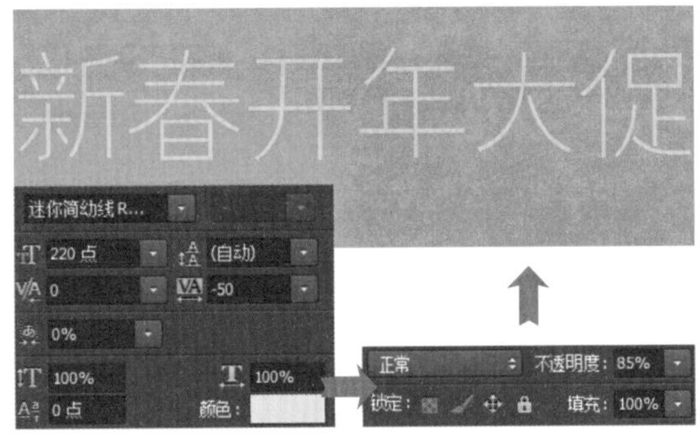

步骤13　输入白色粗体文字

接下来是最醒目的主标题文字的设置，使用“横排文字工具”在画面中输入文字“直降最风暴”，打开“字符”面板。为了让输入的文字更醒目，将字体设置为较粗的“汉仪菱心体简”，同样将间距调小，具体值为-100，让文字更紧凑。

步骤14 复制并变形文字

为了增强设计感，可以对文字进行变形。在变形之前，先复制文字图层，并隐藏原图层，然后对复制的图层执行“文字>转换为形状”菜单命令，将文字转换为形状。使用“直接选择工具”单击转换后的文字，选中文字形状及所有锚点，再结合路径编辑工具对路径文字进行变形。

步骤15 设置样式添加投影效果

双击变形后的文字图层，打开“图层样式”对话框。此处要让文字变得更有立体感，单击“投影”样式，然后在右侧拖曳投影选项滑块的位置，控制投影的不透明度、距离等。设置完成后单击“确定”按钮，应用样式。

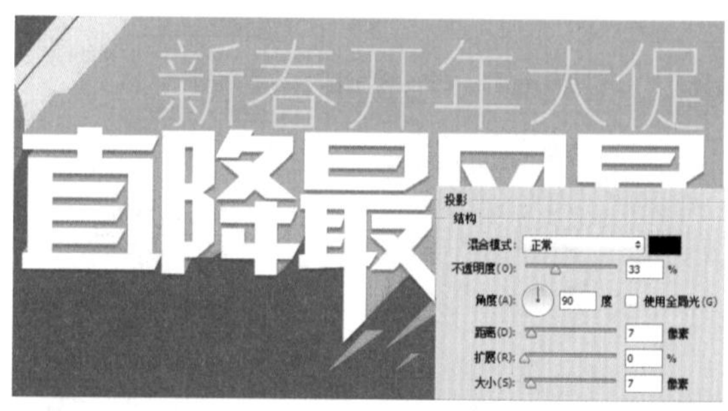

步骤16 添加更多的文字和图形

继续结合“横排文字工具”和“字符”面板在画面中输入更多的文字和标签信息，输入后运用图形绘制工具在输入的文字旁边添加合适的图形，使画面更加完整。

案例应用展示

横幅式广告通常会根据内容的多少来决定广告的篇幅大小。大多数情况下，为了增强广告的吸引力，会采用全横幅的方式展示，如下图所示的两张图片。

除了全横幅广告外，也有很多半横幅广告，其中最具代表性的就是在很多电商类网站首页或店铺首页中出现的轮播广告。这类广告通过幻灯片的方式进行广告图片的切换，方便观者快速了解广告信息。下图所示为半横幅式广告的应用展示。

第 5 章
竖式广告设计

2016 春夏新装
全面上市

京东零食专区
DELICIOUS HOME
美味带回家
品质保证 极速达

竖式广告通常是指在网站页面左右两侧位置进行展示的广告。竖式广告可以在不干扰观者浏览的前提下，对广告页面进行充分的伸展，因此在制作广告的过程中，可以充分利用一些简单的元素来突出需要展示的商品特征，并且可以通过改变广告中的部分元素，得到相对对称的竖式广告，或者制作出内容完全相同的竖式广告。本章将分别针对不同类型的竖式广告进行讲解，帮助读者掌握竖式广告的设计、制作流程。

本章案例

案例 47　多色展示夏季女装广告

本案例为时尚女装的广告，在设计的过程中，通过为图像填充不同颜色的背景，从而突出服饰百搭、可以适合不同风格等特点，同时在文字的编排上也非常简单明了，充分表现了优惠活动的内容。

素　材	随书资源\素材\05\01.jpg
源文件	随书资源\源文件\05\多色展示夏季女装广告.psd

步骤01　使用“矩形工具”绘制图形

创建新文件，单击工具箱中的“矩形工具”按钮，在显示的工具选项栏中设置绘制模式为“形状”，并将填充颜色设置为女性所喜爱的玫红色（R231、G96、B91），单击并拖曳鼠标，绘制一个与文件同等大小的玫红色矩形。

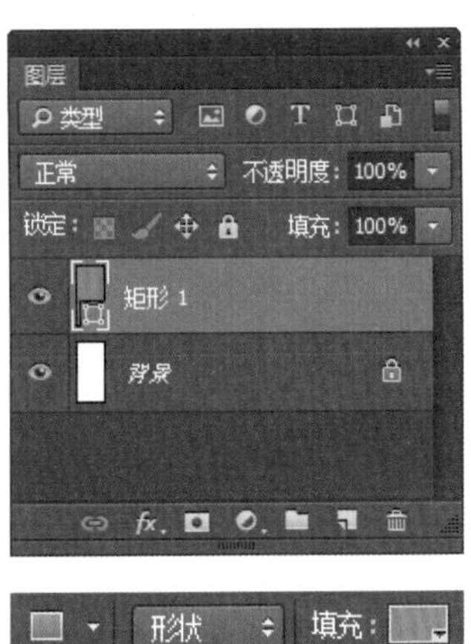

步骤02　绘制描边图形

绘制好玫红色矩形后，为了让画面显得更有层次感，选择“矩形工具”，在选项栏中将填充颜色设置为“无颜色”，描边颜色设置为白色，调整描边粗细和类型，在矩形内部绘制一个稍小的白色描边图形。

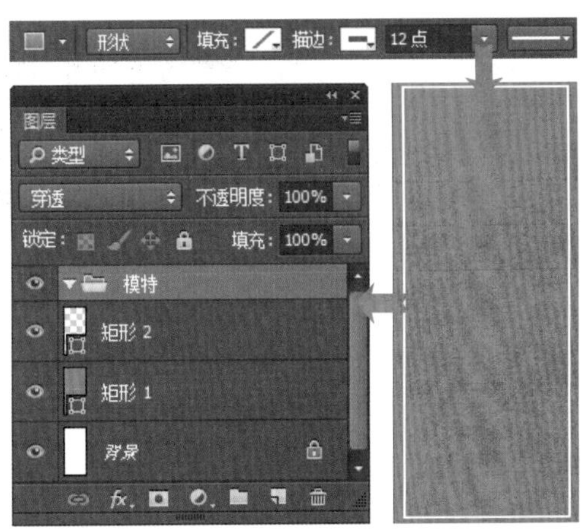

步骤03 使用“磁性套索工具”创建选区

下面要向绘制的背景中添加衣服图片，将素材文件“01.jpg”置入到画面中。观察素材图像，发现人物的着装与背景颜色反差较明显，因此可使用“磁性套索工具”抠取图像。选择“磁性套索工具”，在选项栏中设置选项后，将鼠标指针移到人物图像上方，沿人物图像拖曳鼠标，当拖曳的终点与起点重合时，双击鼠标，创建选区，选中人物部分。

宽度：5像素　对比度：80%　频率：80

步骤04 编辑图层蒙版隐藏图像

这里需要将选区外的背景隐藏起来，所以单击“图层”面板底部的“添加图层蒙版”按钮，添加图层蒙版。添加蒙版后按下快捷键Ctrl++，将图像放大，这时可以看到人物边缘处理得不是很干净，再单击“硬边圆”画笔，将前景色设置为黑色，用画笔在人物旁边多余的背景位置单击，隐藏多余的图像。

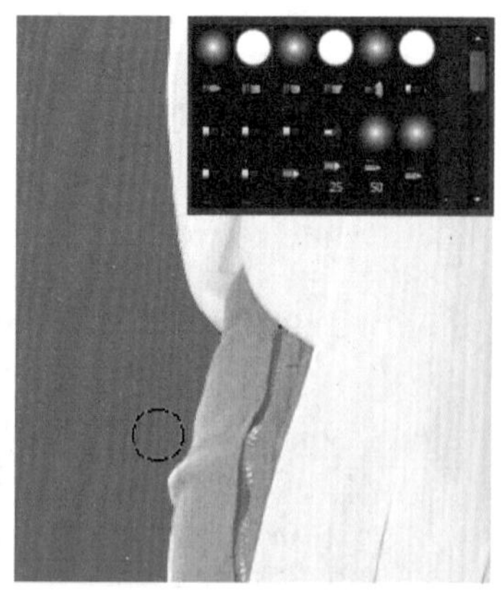

步骤05 运用“吸管工具”吸取颜色

接下来是头发部分的处理。为了更好地保留头发丝的完整度，可用“色彩范围”抠掉多余背景。在处理前先单击“01”图层缩览图，使用“吸管工具”在要选择发丝旁边的背景位置单击，确定要选择的颜色。

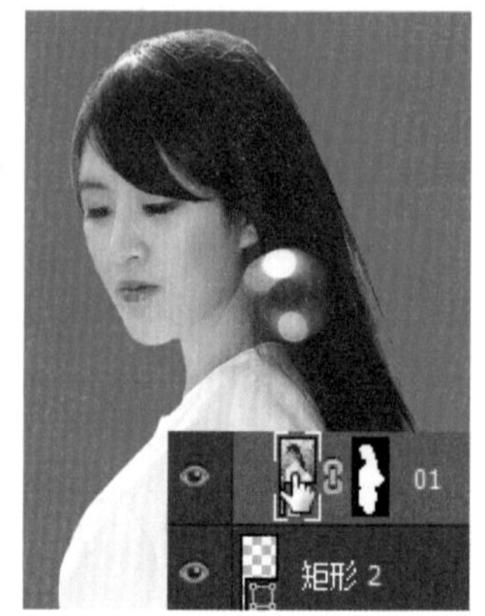

步骤06 设置“色彩范围”选择图像

执行“选择>色彩范围”菜单命令，打开“色彩范围”对话框，将“颜色容差”设置为最大值，以便能选择更多的背景图像，单击“确定”按钮，即可快速选择背景部分。

步骤07 运用“画笔工具”编辑图层蒙版

这里需要将选区中的背景隐藏起来，单击工具箱中的“画笔工具”按钮，在“画笔预设”选取器中单击“柔边圆”画笔，并将画笔笔触调整至合适的大小。单击“01”图层蒙版缩览图，设置前景色为黑色，在选区内的背景图像上涂抹，此时可以看到被涂抹区域的背景被隐藏。

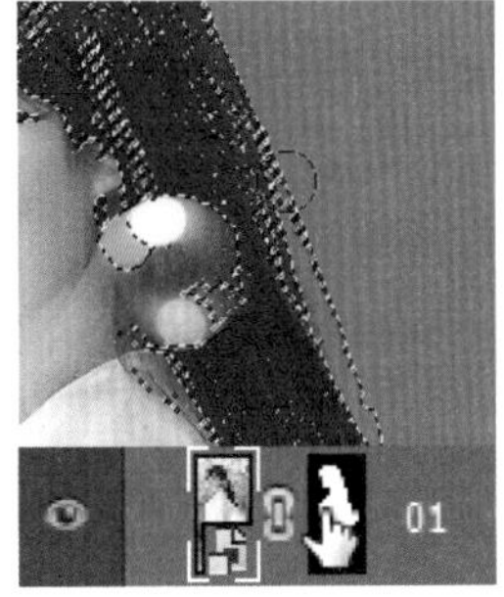

步骤08 更改图层混合模式

继续使用“画笔工具”反复涂抹选区，隐藏更多的背景，得到更干净的画面效果。为了防止边缘出现不自然的白边，选择“01”图层，将图层混合模式由“正常”更改为“正片叠底”，使人物融入到背景中。

步骤09 复制图层

复制“01”图层，创建“01拷贝”图层，再将图层混合模式由“正片叠底”更改为“正常”。

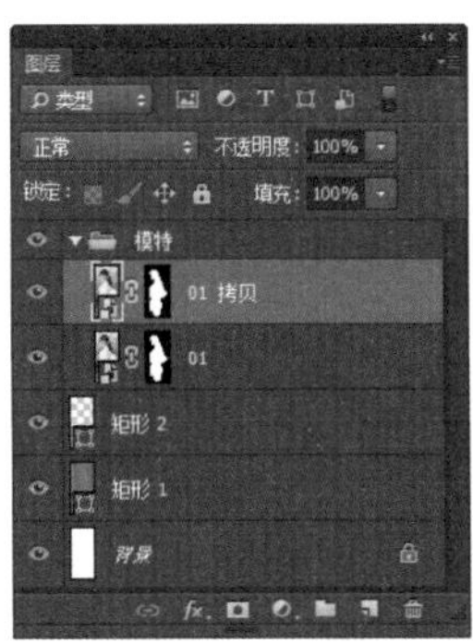

步骤10 运用“画笔工具”编辑图层蒙版

单击“01拷贝”图层蒙版缩览图，这里要对头发边缘进行处理。选择“画笔工具”，为了让涂抹后的边缘更自然，将画笔的“不透明度”设置为较小的参数值，然后在头发边缘涂抹，使发丝边缘看起来更干净。

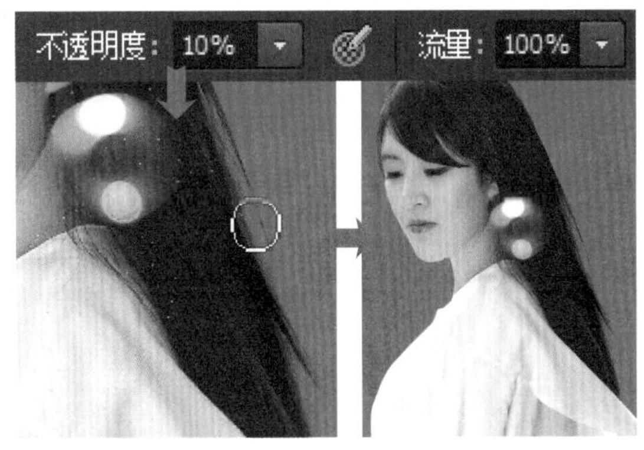

步骤11 绘制图形调整不透明度

经过前面的操作，完成了广告图片的处理，接下来是广告文字的制作。创建“文字”图层组，为了突出文字效果，先用“矩形工具”在需要输入文字的位置绘制一个白色矩形，并将矩形的“不透明度”降为80%，使其与背景衔接更自然。

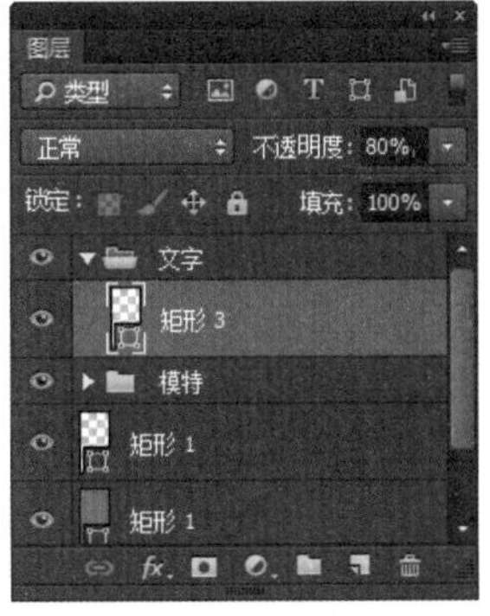
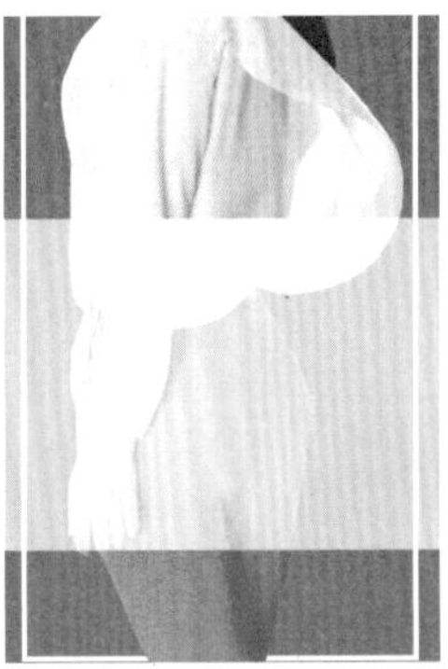

步骤12 绘制红色矩形

确保“矩形工具”为选中状态，在选项栏中将填充颜色设置为玫红色后，在白色矩形的左上角位置绘制一个玫红色矩形。复制矩形，执行“编辑>变换>顺时针旋转90度”菜单命令，旋转图形。

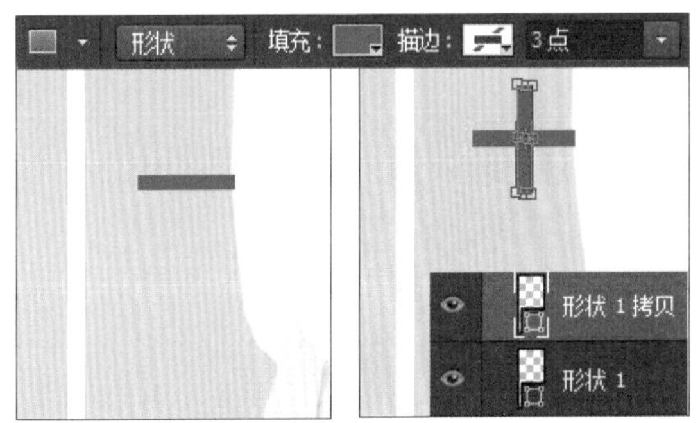

步骤13 调整图形添加文字

选择“移动工具”，单击并移动复制的矩形，调整位置，制作转角图形效果。单击“横排文字工具”按钮T，在玫红色矩形下方输入文字“新品专供”。打开“字符”面板，这里为了让文字更加醒目，将文字样式设置为粗体的“方正粗倩简体”，颜色设为绿色。

步骤14 设置并输入文案

使用同样的方法，结合图形和文字编辑工具，在画面中完成更多文案设计。最后为了迎合本案例的设计主题，突出衣服是新品的特点，选中“矩形1”图层，按下快捷键Ctrl+J，复制图层，将复制的“矩形1拷贝”图层中的图形颜色更改为黄色。

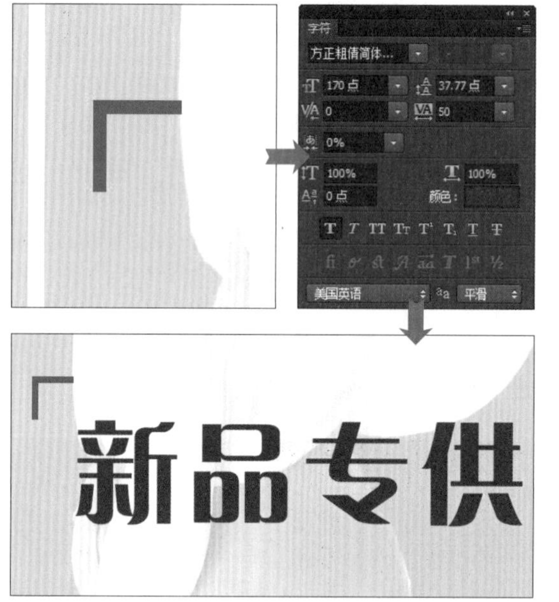

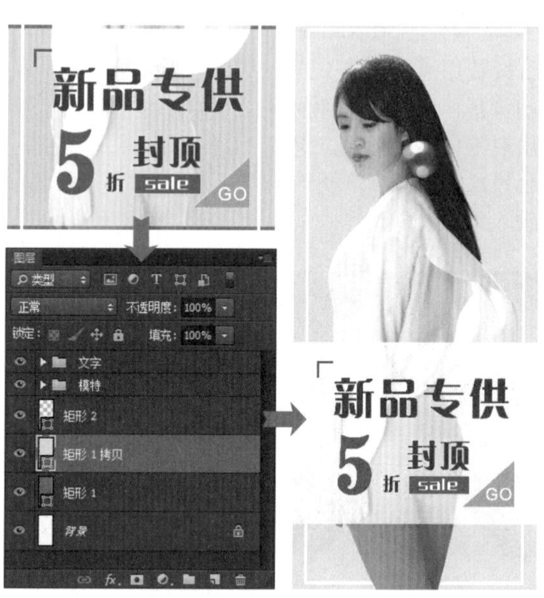

案例 48 清爽风格的竖式广告

本案例是清爽风格的竖式广告。设计中将要表现的冰淇淋图像安排在画面下方，有效地将视觉集中到冰淇淋图像上，并利用草莓形象来表现冰淇淋的口味，使观者能够更清楚该品牌冰淇淋是否是自己喜欢的口味，为观者提供更大的选择空间。

素　材	随书资源\素材\05\02~05.jpg
源文件	随书资源\源文件\05\清爽风格的竖式广告.psd

步骤01 打开并复制图像

创建新文件，打开素材文件“02.jpg”，单击工具箱中的“移动工具”按钮，把打开的蓝色天空素材拖曳到新建文件中，并在“图层”面板中生成“图层1”图层。按下快捷键Ctrl+T，打开自由变换编辑框，利用编辑框将图像调整至合适的大小。

步骤02 使用“椭圆选框工具”创建选区

将冰淇淋图像“03.jpg”置入到新建文件中，并在“图层”面板中生成“03”图层。选择“椭圆选框工具”，为了让抠取的冰淇淋图像边缘呈现自然的渐隐效果，在选项栏中将“羽化”参数设置为150像素，在冰淇淋图像上绘制一个椭圆形选区。

步骤03 创建图层蒙版合成图像

选中冰淇淋图像所在图层，单击“图层”面板底部的“添加图层蒙版”按钮，添加蒙版，将选区外的图像隐藏。此时发现在冰淇淋图像上方还有较突兀的红色背景，因此选择“画笔工具”，将前景色设置为黑色，在该区域涂抹，隐藏图像。

步骤04 使用“套索工具”抠取图像

为了让冰淇淋图像更清晰、富有层次感，接下来还要做细节的修整。单击“套索工具”按钮，在选项栏中对“羽化”值进行调整，如果希望锐化后的图像与锐化前的图像之间锐度变化更自然，可以适当增大羽化值，建议为50像素，将鼠标指针移至冰淇淋中间位置，单击并拖曳鼠标，创建选区，并复制选区内的图像，创建“图层2”图层。

步骤05 设置“USM锐化”滤镜

对图像进行锐化前，并不能保证能得到较准确的锐化效果，所以执行“图层>智能对象>转换为智能对象”菜单命令，将“图层2”图层转换为智能图层，以便应用智能滤镜并随时更改锐化效果。转换为智能图层后，执行“滤镜>锐化>USM锐化”菜单命令，打开“USM锐化”对话框，在对话框中根据图像调整锐化选项，设置后单击“确定”按钮。

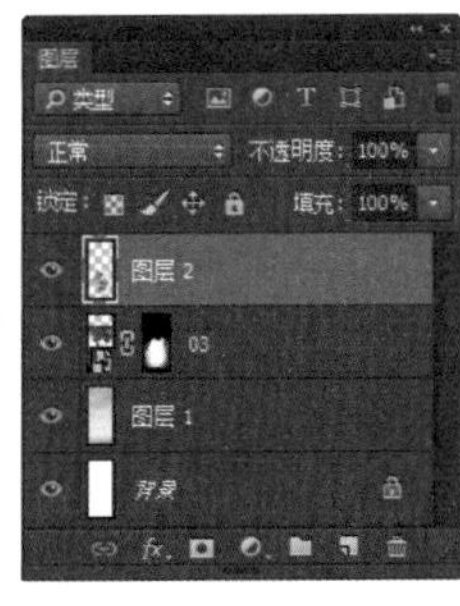

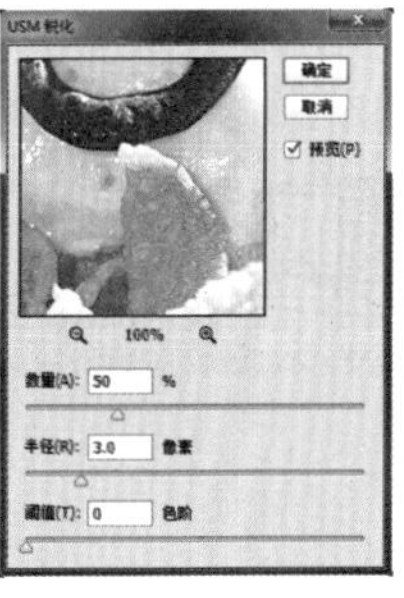

技巧提示：控制“USM锐化”锐化选项

“**USM**锐化”对话框中包括“数量”“半径”和“阈值”**3**个选项，“数量”用于控制锐化的程度，值越大，锐化效果越明显；“半径”用于控制锐化边缘的宽度，较大值易产生较宽的边缘效果；“阈值”用于控制图像中确认边缘的效果。

步骤06 调整“色阶”提亮中间调部分

按住Ctrl键不放，单击“03”图层蒙版缩览图，载入冰淇淋选区。新建“色阶1”调整图层，此处为了让冰淇淋颜色更亮，在“预设”下拉列表框中选择“中间调较亮”选项，提亮中间调部分，降低明暗反差。

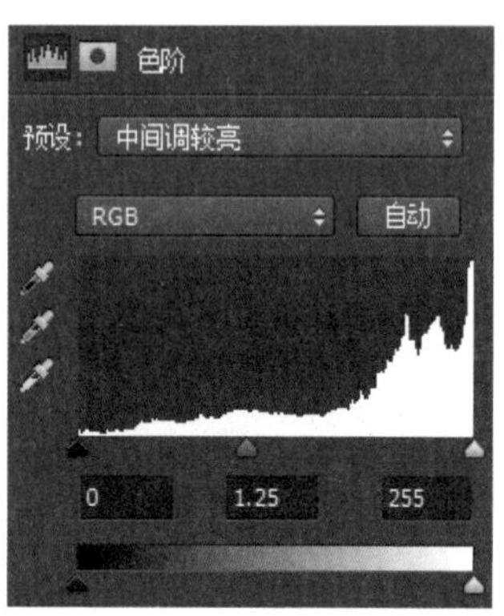

步骤07 设置“自然饱和度”使颜色变鲜艳

按住Ctrl键不放，单击“图层2”图层缩览图，载入选区。新建“自然饱和度1”调整图层，此处希望让冰淇淋呈现更诱人的色泽，将“自然饱和度”滑块向右拖曳，让图像的饱和度变得更高。

步骤08 设置“可选颜色”

按住Ctrl键不放，单击“03”图层蒙版缩览图，载入冰淇淋选区。新建“选取颜色1”调整图层，打开“属性”面板，素材中的冰淇淋是黄色，不是很好看，这里在“颜色”下拉列表框中选择“黄色”，拖曳下方的滑块，削弱黄色，加强红色。

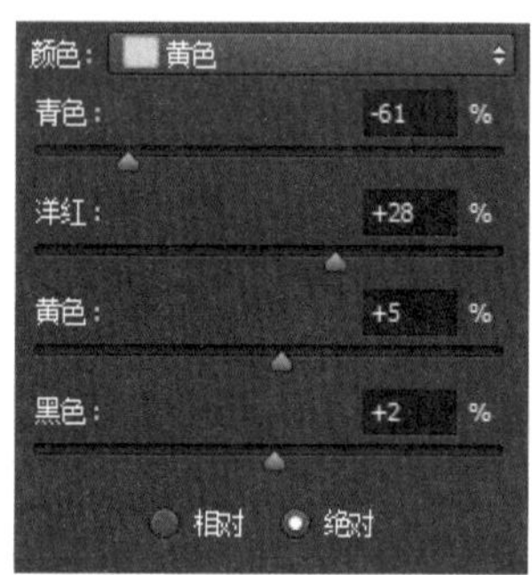

步骤09 置入草莓图像

在图像窗口中查看调整冰淇淋颜色后的效果。为了突出冰淇淋的口味，下面添加相应的水果素材。将草莓图像“04.jpg”置入到新建文件中。单击“图层”面板中的“添加图层蒙版”按钮，添加蒙版，用黑色画笔涂抹图像，隐藏多余的背景。

步骤10 设置“曲线”提高草莓图像的亮度

观察添加的水果素材，发现草莓亮度不够，导致其色彩看起来也不是很饱满。按住Ctrl键不放，单击“04”图层缩览图，载入选区。新建“曲线1”调整图层，这里需要提亮草莓图像，所以单击并向上拖曳曲线。

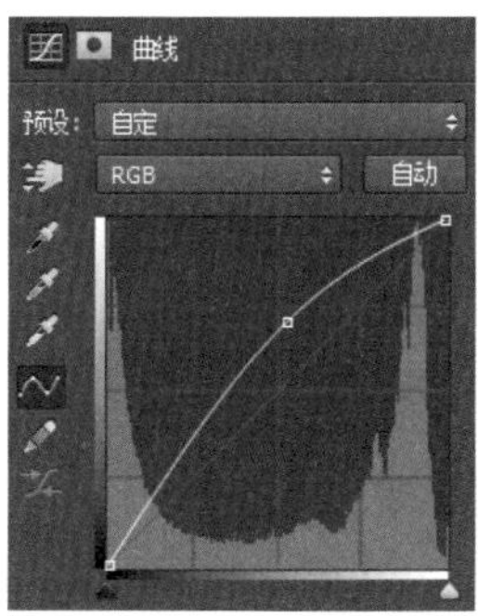

步骤11 设置“色阶”调整图像

再次载入草莓选区，新建“色阶2”调整图层。为了让图像变得更亮，将代表中间调的灰色滑块向左拖曳，当拖曳至1.65位置时，可以看到草莓图像的亮度已经变得很合适了。

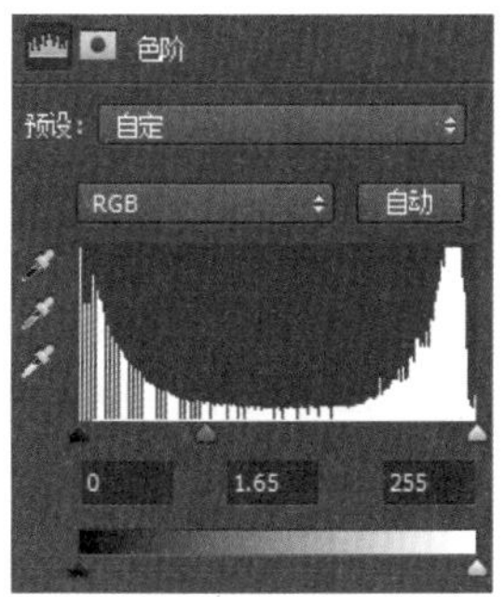

步骤12 添加图像并绘制图形

使用同样的方法，将单个草莓图像“05.jpg”置入到新建文件中，并调整图像的亮度。单击“椭圆工具”按钮，在图像上方绘制一个淡粉色的圆形。

步骤13 设置图层样式

双击形状图层缩览图，打开“图层样式”对话框。这里需要让绘制的图形表现出立体的浮雕感，所以单击对话框左侧的“斜面和浮雕”样式，然后在右侧适当调整样式选项，设置完成后单击“确定”按钮。

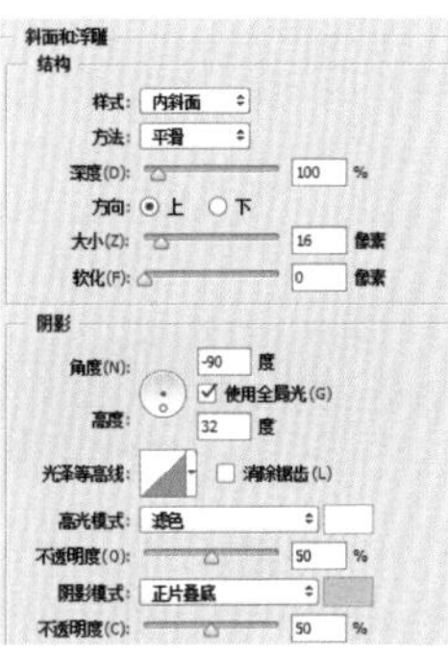

步骤14 复制图形更改颜色

连续按下快捷键Ctrl+J，复制多个圆形，将这些复制的圆形依次向右拖曳，调整位置，创建并排的图形效果，用于代表不同口味的冰淇淋。最后使用“矩形工具”和“横排文字工具”在画面中添加文案，完成本案例的制作。

案例 49　欧式复古风格的竖式广告

本案例是欧式复古风格的竖式广告。为了迎合作品的主题，设计时将背景颜色定义为深褐色，并将欧式风格的沙发放于画面下方，使商品形象更加深入人心。而在文字的处理上，为了让整个图像的风格更加统一，通过文字的错位编排，让画面更加灵活。

素　材	随书资源\素材\05\06~07.jpg
源文件	随书资源\源文件\05\欧式复古风格的竖式广告.psd

步骤01　打开并复制图像

创建新文件，打开素材文件“06.jpg”，单击工具箱中的“移动工具”按钮，将其中的风景图像拖曳到新建文件中。按下快捷键Ctrl+T，打开自由变换编辑框，将图像调整至合适大小。

步骤02　使用“矩形选框工具”创建选区

单击工具箱中的“矩形选框工具”按钮，在图像底部单击并拖曳鼠标，创建选区。执行“选择>修改>羽化”菜单命令，打开“羽化选区”对话框。这里为了让后面调整的图像明暗过渡更自然，将“羽化半径”设置为150像素，羽化选区。

步骤03　使用“曲线”调整选区亮度

新建“曲线1”调整图层，打开“属性”面板。这里想让选区中的图像变得更暗，所以单击并向下拖曳曲线。

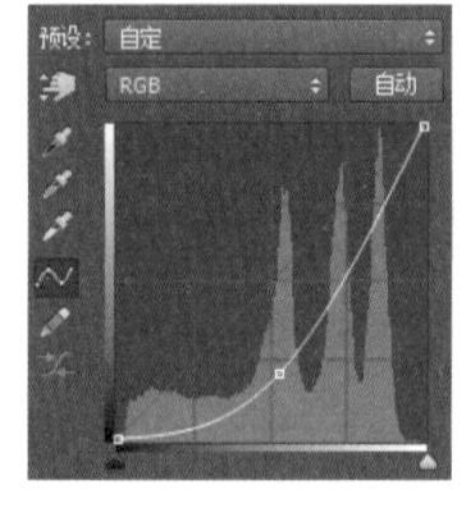

步骤04　运用“矩形工具”绘制图形

单击“矩形工具”按钮，根据设计要表现的风格特点，在选项栏中将填充颜色设置为复古的深褐色。使用“矩形工具”沿文件边缘绘制图形，并将创建的“矩形1”图层混合模式更改为“正片叠底”，让矩形与背景融合。

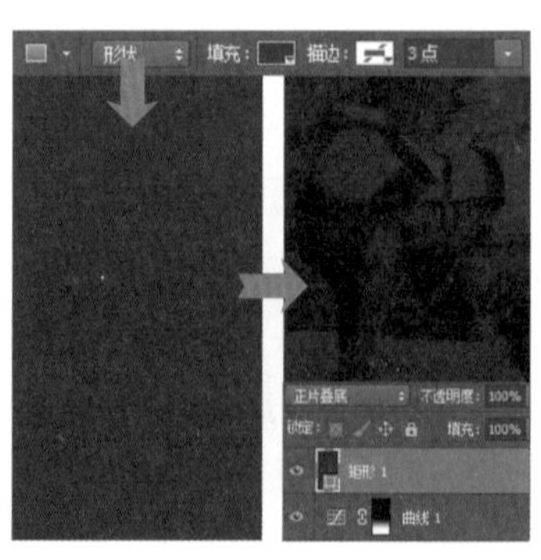

步骤05　设置样式为图像添加纹理

双击“矩形1”图层缩览图，打开“图层样式”对话框。为了增强画面的质感，下面为图形添加样式。单击“图层样式”对话框左侧列表中的“图案叠加”样式，然后在右侧设置样式选项。为方便调整和查看样式效果，可以勾选“预览”复选框，当设置为合适的样式后，单击“确定”按钮。

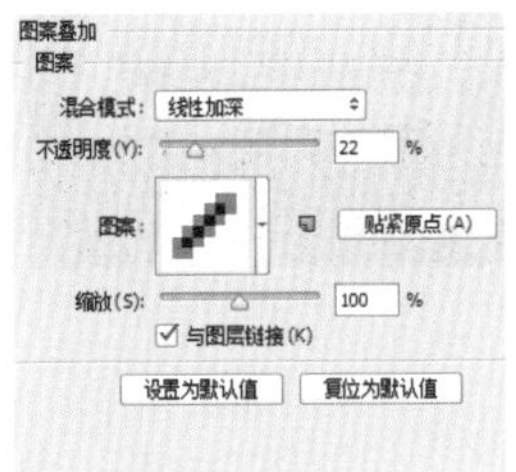

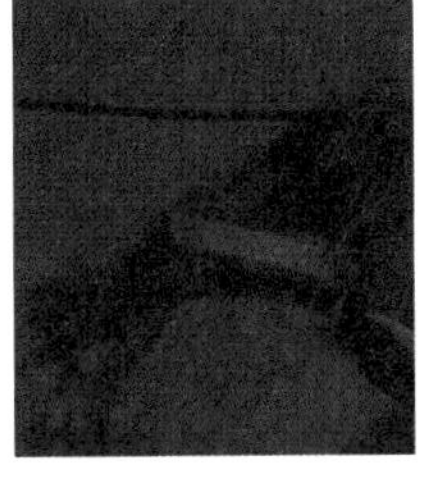

步骤06　复制图像

将沙发图像“07.jpg”置入新建文件中。按下快捷键Ctrl+T，打开自由变换编辑框，利用编辑框调整图像的大小和位置。

步骤07　使用“画笔工具”编辑图层蒙版

添加沙发图像后，要将部分图像从原图像中抠取出来，隐藏多余的背景。单击“图层”面板中的“添加图层蒙版”按钮，为图层添加图层蒙版。单击工具箱中的“画笔工具”按钮，将前景色设置为黑色，再将画笔大小设置为较小的参数值，然后沿沙发边缘涂抹。确定沙发轮廓后，将画笔大小调大一些，继续涂抹背景，将整个背景都隐藏起来。

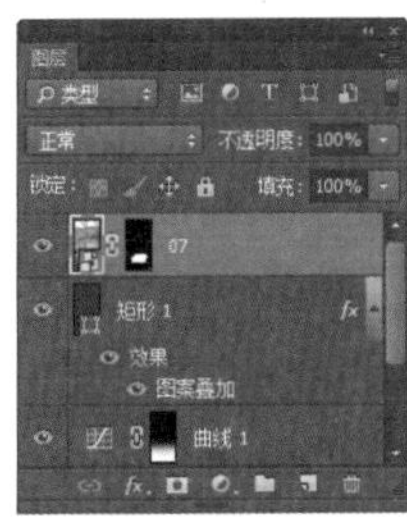

步骤08　设置图层样式

观察沙发图像，发现沙发与背景衔接过于生硬。双击沙发所在图层，打开“图层样式”对话框，在对话框中单击“投影”样式，将“不透明度”调低一些，然后将“扩展”和“大小”值放大，这样可使投影影响的范围变大，从而降低沙发周围的图像亮度。

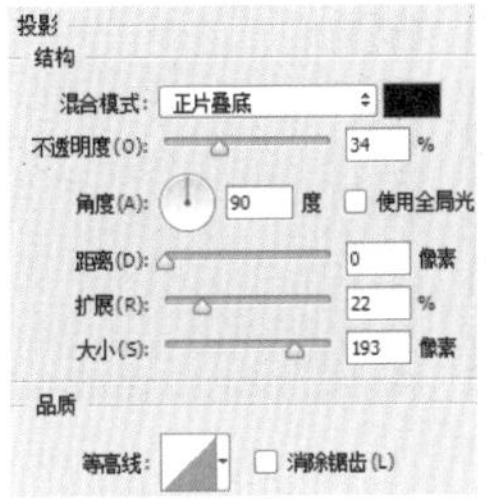

步骤09　调整“曲线”提高沙发亮度

按住Ctrl键不放，单击沙发所在图层的图层缩览图，载入选区。新建“曲线2”调整图层，打开“属性”面板。由于素材照片中沙发的亮度不够，显得不是很干净，因此单击并向上拖曳曲线，提亮图像。

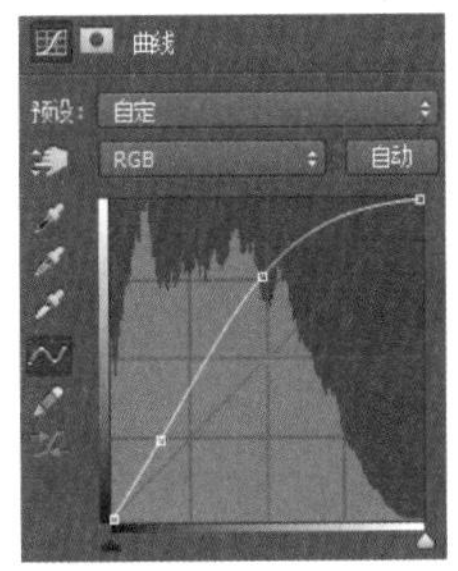

步骤10　载入选区调整色彩范围

经过设置后，虽然亮度得到了一定的改善，但是高光部分的亮度还是偏低。再次载入沙发选区，单击沙发所在图层的图层缩览图，执行“选择>色彩范围”菜单命令，打开“色彩范围”对话框。下面要对高光部分进行调整，所以直接在“选择”下拉列表框中选择“高光”选项即可。

步骤11 应用“曲线”提亮高光部分

单击“色彩范围”对话框中的“确定”按钮，创建选区，即可选中沙发的高光区域。新建“曲线3”调整图层，此处要让沙发的高光部分变得更亮，所以单击并向上拖曳曲线。

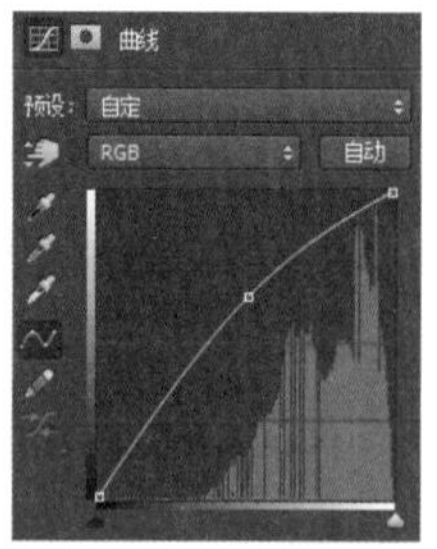

步骤12 设置“照片滤镜”变换色调

按住Ctrl键不放，单击图层蒙版缩览图，载入沙发选区，接着对选区中沙发的颜色进行修饰。为了让画面的颜色更加统一，新建“照片滤镜1”调整图层，在“属性”面板中选择“深褐”滤镜，再将“浓度”滑块向右拖曳，加深滤镜效果。

步骤13 使用“椭圆选框工具”绘制投影

对于添加的沙发图像，为了使其看起来更富有立体感，可以增强投影部分。使用“椭圆选框工具”在沙发下方绘制一个椭圆形选区，设置前景色为R19、G16、B16，创建新图层，按下快捷键Alt+Delete，将选区填充为设置的颜色。此时可以看到添加的投影显得太假，执行“滤镜>模糊>高斯模糊”菜单命令，在打开的对话框中设置选项，模糊图像，使投影更加柔和。

步骤14 更改图层混合模式

选中投影所在的“图层1”图层，要让设置的投影融入到画面中，可对该图层的混合模式进行更改，这里选择“强光”，这样所产生的投影颜色会更强，再将“不透明度”降为93%。

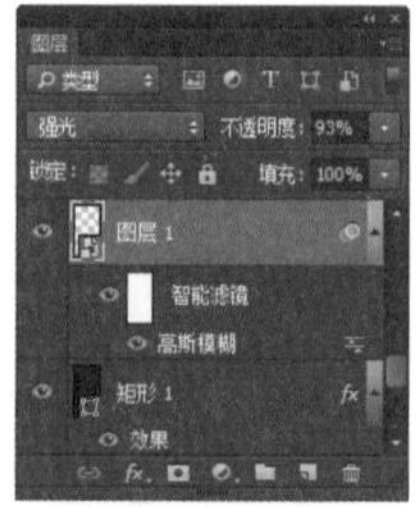

步骤15 输入文字

经过前面的操作，完成了广告图像的制作，最后进行广告文字的添加。选择“横排文字工具”，在画面上方输入文字“别”，打开“字符”面板。为了让输入的文字与要表现的欧式风格的沙发搭配更协调，将字体设置为较流畅的“汉仪小隶书简”，文字颜色设置为醒目的白色。

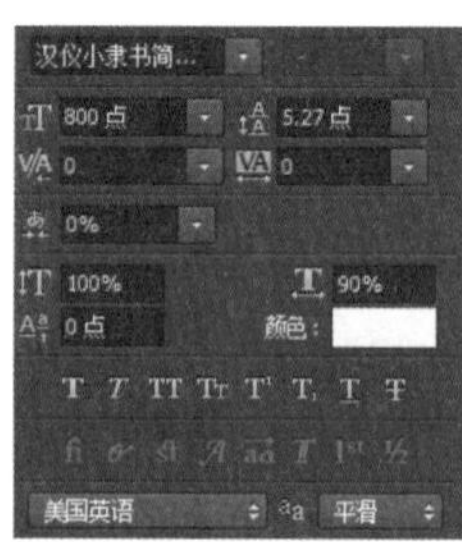

步骤16 添加更多文字

使用“横排文字工具”在文字“别”的右下角输入文字“墅”，然后将文字颜色更改为反差较大的黄色，使文字表现出错落有致的视觉效果。继续使用相同的方法，使用“横排文字工具”在图像上单击，输入更多文字，完成本案例的制作。

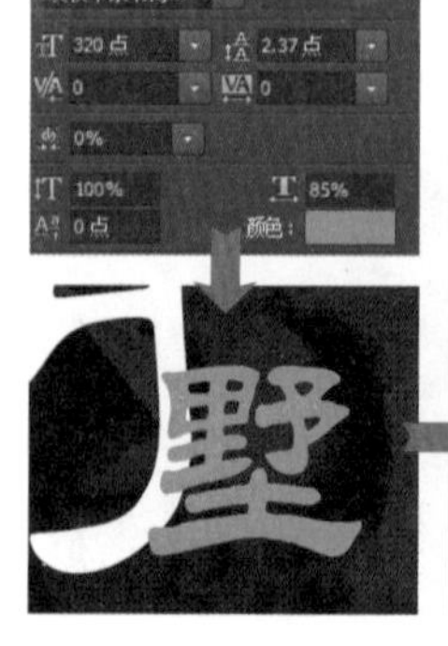

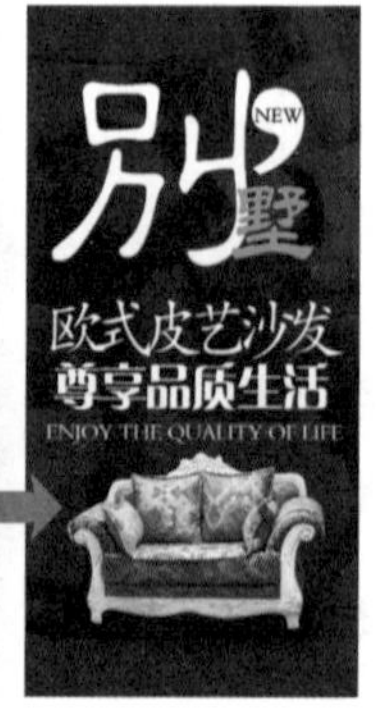

案例 50　突显商品功效的竖式广告

本案例是突显商品功效的竖式广告。由于它是为洁面产品所设计的广告图片，因此在处理图像时，将水珠、水花等元素与洁面产品拼合在一起，制作成广告背景图像，突出商品的使用功效。此外，设计时还通过清爽的蓝色背景来烘托商品，给人带来清爽、舒适的感受。

素　材	随书资源\素材\05\08~10.jpg
源文件	随书资源\源文件\05\突显商品功效的竖式广告.psd

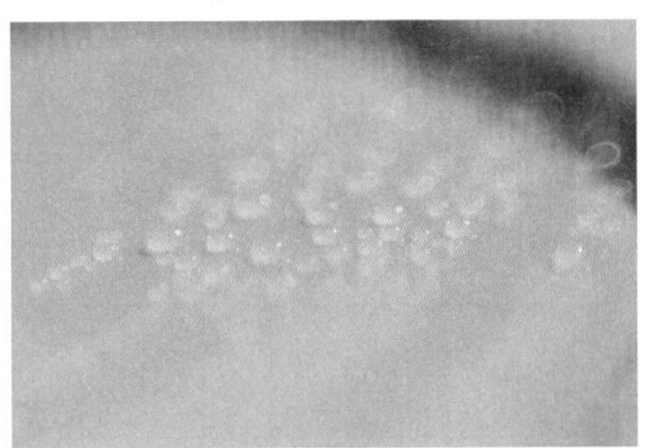

步骤01　创建新图层填充蓝色背景

创建新文件，单击工具箱中的“设置前景色”图标，打开“拾色器（前景色）”对话框。这里要对广告的主色调进行确定，为了突出洁面商品温和、清爽的效果，将颜色设置为天蓝色，具体颜色值为R1、G176、B243。设置后创建“图层1”图层，按下快捷键Alt+Delete，将背景填充为设置好的蓝色。

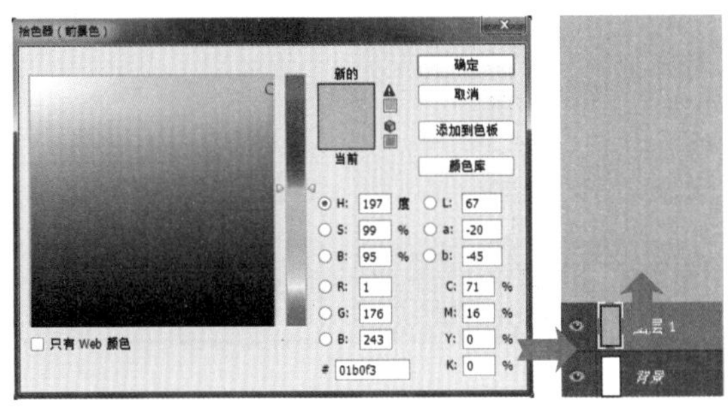

步骤02　使用“钢笔工具”抠取图像

接下来要将拍摄的商品照片添加到背景中。将洁面产品图像“08.jpg”置入到新建文件中。添加图像后，还应将多余背景去掉，单击“钢笔工具”按钮，沿商品图像边缘绘制路径。

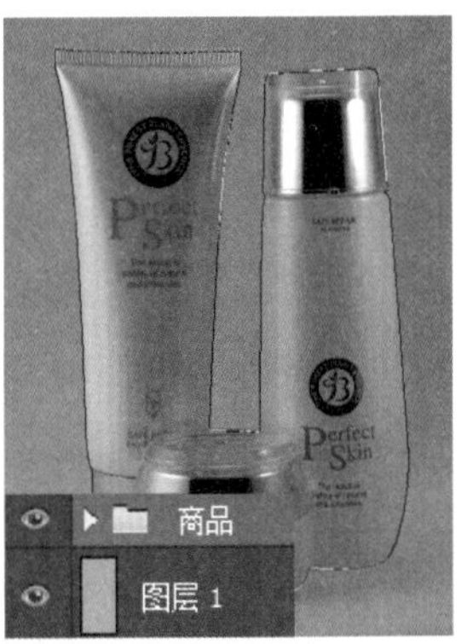

步骤03　创建并修改选区

按下快捷键Ctrl+Enter，将绘制的路径转换为选区，选中图像中的洁面产品。为了使抠出的商品更加干净，执行“选择>修改>收缩”菜单命令，打开“收缩选区”对话框。这里只需要稍微向内收缩一点即可，所以将“收缩量”设置为1像素。

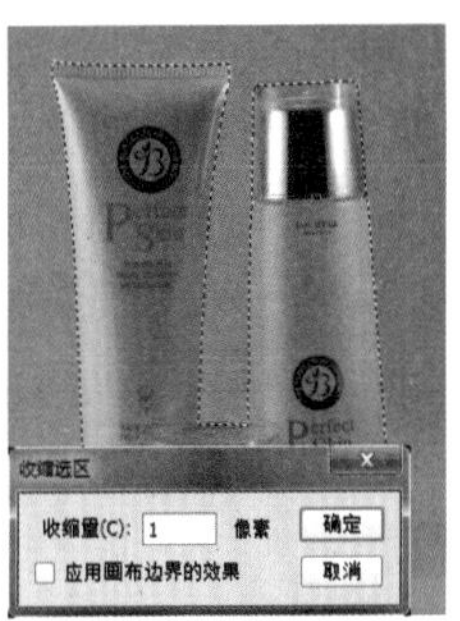

步骤04 创建图层蒙版隐藏背景

打开“图层”面板，单击面板底部的“添加图层蒙版”按钮，添加图层蒙版，这时选区外的背景图像即会被隐藏起来。观察图像，素材中的商品图像明显偏暗了许多，给人感觉商品很脏。按住Ctrl键不放，单击图层蒙版缩览图，载入商品选区。新建“曲线1”调整图层，打开“属性”面板。这里要提高图像亮度，所以单击并稍微向上拖曳曲线，将商品提亮一点。

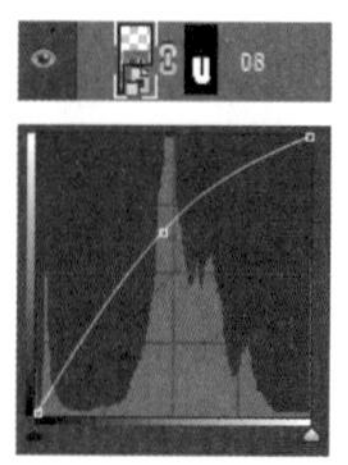

步骤05 设置“色阶”调整图像对比

为了避免高光部分出现曝光过度的情况，使用“曲线”调整时曲线设置参数不宜过大，但这会导致商品还是不够明亮。再次载入商品选区，新建“色阶1”调整图层，这里由于不对高光进行调整，因此只将代表阴影部分的黑色滑块向右拖曳，使阴影变暗，再将代表中间调部分的灰色滑块向左拖曳，提亮中间调。

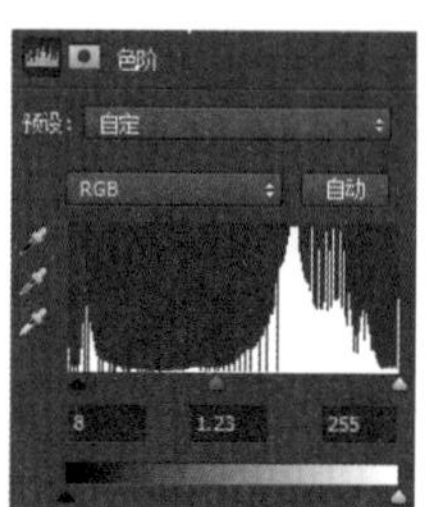

步骤06 应用“曲线”再次提亮图像

再次载入商品选区，新建“曲线2”调整图层，在打开的“属性”面板中单击并向上拖曳曲线，进一步提亮图像。

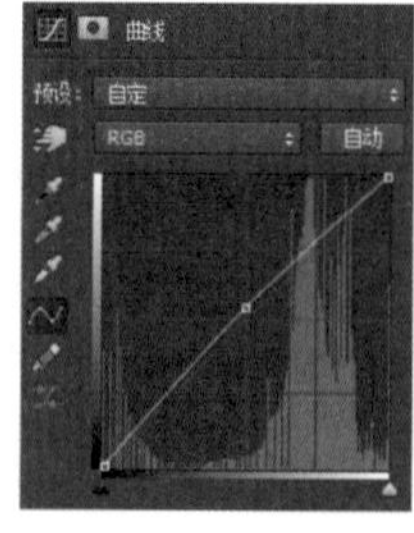

步骤07 使用“画笔工具”编辑图层蒙版

运用“曲线”提亮图像时，图像的高光部分还是出现了曝光过度。单击“画笔工具”按钮，设置前景色为黑色，将画笔“不透明度”降低，在较亮的商品图像上涂抹，还原图像亮度。

步骤08 设置“USM锐化”滤镜锐化图像

选择商品及商品图像上方的所有调整图层，按下快捷键Ctrl+Alt+E，盖印选中图层，创建“曲线2（合并）”图层。执行“滤镜>锐化>USM锐化”菜单命令，打开“USM锐化”对话框。要让图像变得更清晰，先将“数量”滑块向右拖曳，再将“半径”滑块向右拖曳，单击“确定”按钮，控制图像锐化。

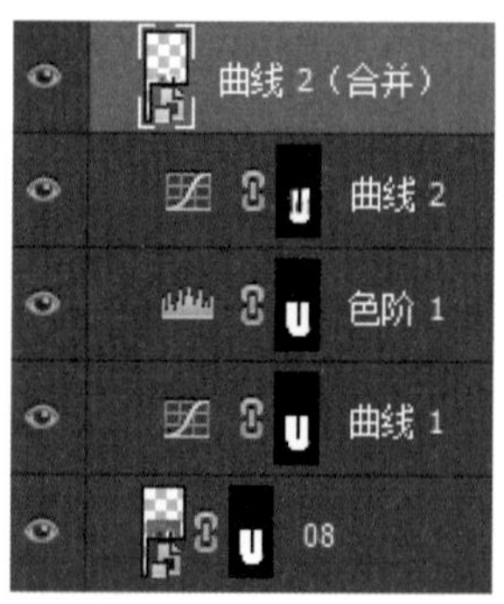

步骤09 设置“内发光”样式

对于锐化后的图像，其边缘显得有点不够明亮。双击图层缩览图，打开“图层样式”对话框。下面要对边缘进行提亮，单击“图层样式”对话框左侧样式列表下的“内发光”样式，为了让商品边缘更白，先将发光颜色设置为白色，再调整发光的“不透明度”“大小”等选项，创建自然的发光效果。

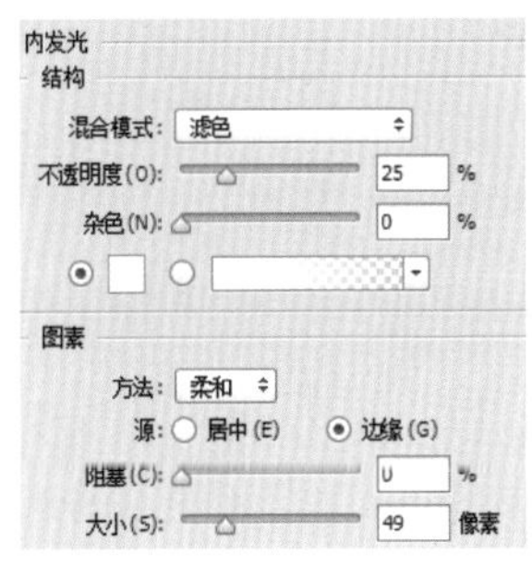

步骤10 使用“渐变工具”编辑图层蒙版

在商品所在图层下方创建“水花”图层组，将水珠图像“09.jpg”置入到商品图像下方。单击“渐变工具”按钮，在选项栏中选择“黑，白渐变”。这里需要将上半部分的水珠图像隐藏起来，让它融入到新建文件中，所以添加图层蒙版，从图像上方往下拖曳渐变，创建渐隐的图像效果。

步骤11 更改图层混合模式

拼合图像后，感觉水珠图像悬浮于蓝色背景上，画面显得不是很自然。选中水珠所在图层，将此图层的混合模式设置为“变亮”，混合图像。

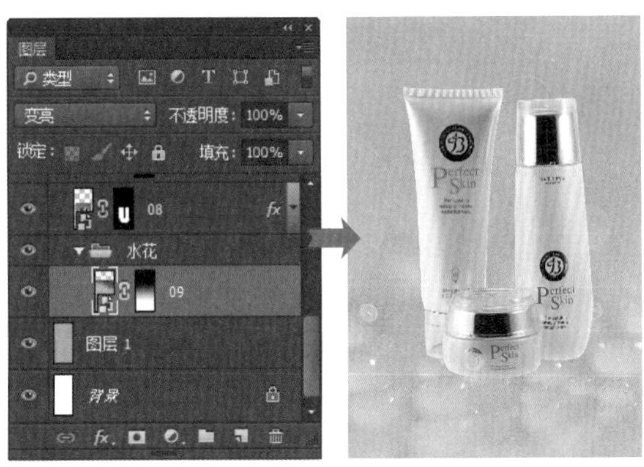

步骤12 置入图像创建图层蒙版

将水花图像“10.jpg”置入到商品图像下方，单击“图层”面板底部的“添加图层蒙版”按钮，添加蒙版。再次选择“渐变工具”，应用此工具编辑图层蒙版，拼合图像。

步骤13 使用“画笔工具”绘制喷溅的水花

选择“画笔工具”，将“水花.abr”画笔载入“画笔预设”选取器中，单击载入的水花画笔，单击“图层”面板底部的“创建新图层”按钮，新建“图层2”图层，隐藏商品图像。在画面中再次单击，绘制白色的水花图案，呈现更有动感的水花效果。

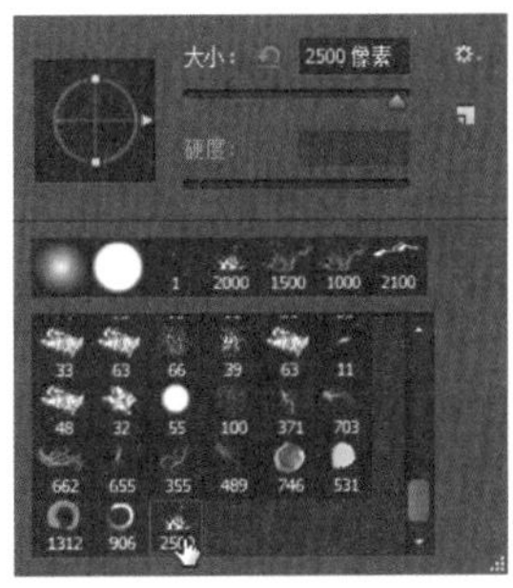

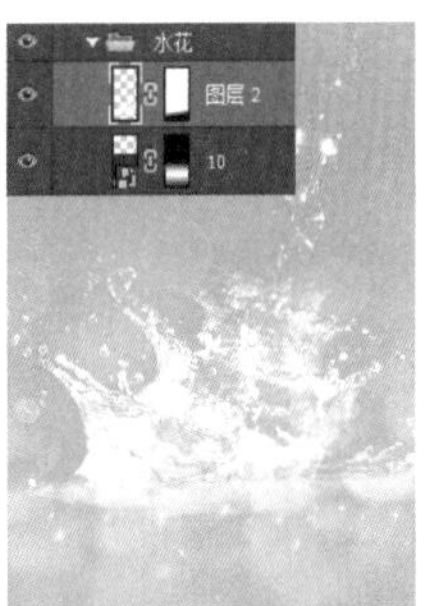

步骤14 盖印图像设置倒影

为了让编辑后的商品呈现立体的视觉效果，将所有商品图像所在图层及调整图层同时选中，按下快捷键Ctrl+Alt+E，盖印选中图层。执行“编辑>变换>垂直翻转”菜单命令，翻转图像，并利用“渐变工具”隐藏图像，制作逼真的倒影效果。

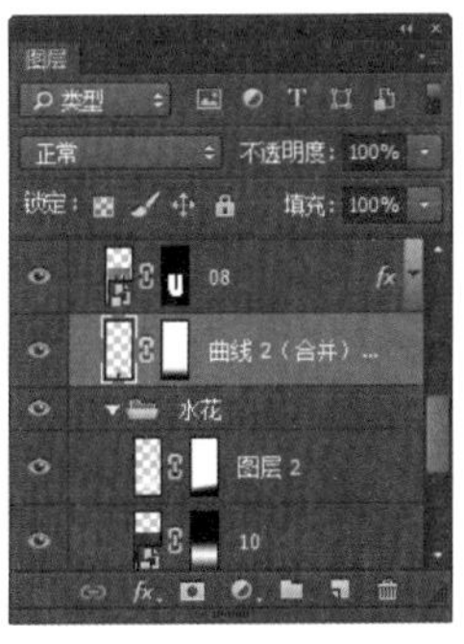

步骤15 添加广告文字和图形修饰

最后为了让广告更加完整，结合文字工具和图形绘制工具，在广告图像上方的留白位置设置广告文案效果。

案例 51 牛仔裤广告

本案例是竖式牛仔裤广告。设计时将拍摄的商品图像添加到画面中，为了突出要表现的牛仔裤，选择了新的纹理背景加以烘托。在文字的处理上，通过右对齐方式使版面显得更加工整。

素　材	随书资源\素材\05\11~14.jpg
源文件	随书资源\源文件\05\牛仔裤广告.psd

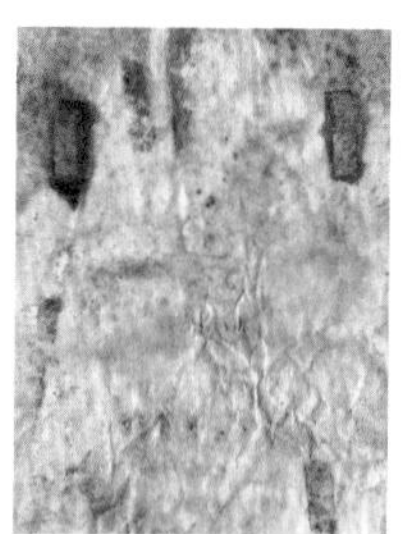

步骤01 使用“色阶”提高图像亮度

创建新文件，将素材文件“11.jpg”置入到新建文件中，这里可以看到置入的图像偏暗。新建“色阶1”调整图层，打开“属性”面板，将黑色滑块向右拖曳，降低暗部区域的图像亮度，将灰色和白色滑块向左拖曳，提高中间调和高光部分的图像亮度，使画面显得更干净。

步骤02 执行“去色”命令转换为黑白效果

将纹理图像“12.jpg”置入到新建文件中。执行“图像>调整>去色”菜单命令，去除颜色，将图像转换为黑白效果。

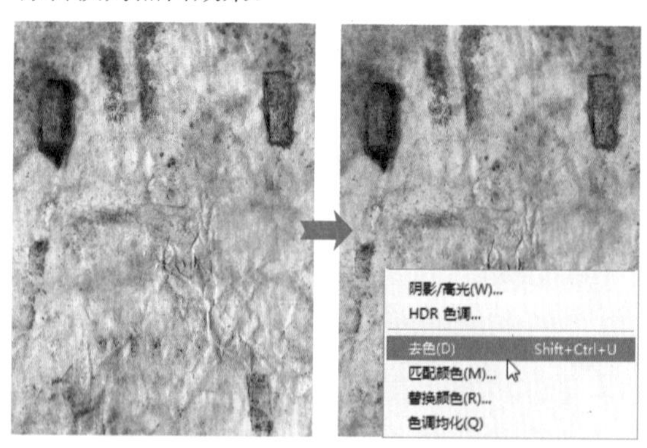

步骤03 设置“USM锐化”滤镜

下面要将置入的纹理素材与背景融合起来，将图层混合模式由“正常”更改为“柔光”，此时可以看到虽然叠加了纹理，但是纹理不够清晰。执行“滤镜>锐化>USM锐化”菜单命令，在打开的“USM锐化”对话框中将“数量”和“半径”滑块向右拖曳，让图像变得更加清晰。

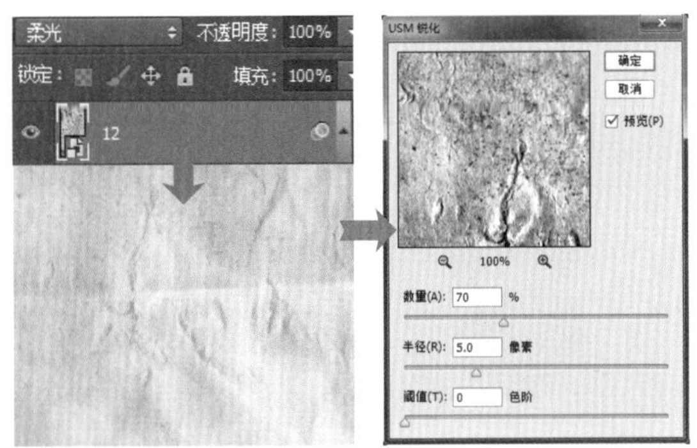

步骤04 添加图层蒙版

将牛仔裤图像“13.jpg”置入到新建文件中。单击“图层”面板中的“添加图层蒙版”按钮，用黑色画笔在多余的背景上涂抹，将其隐藏起来。

步骤05 设置“USM锐化”滤镜突出裤子纹理

执行“滤镜>锐化>USM锐化”菜单命令，打开“USM锐化”对话框。在对话框中设置参数，先将“数量”滑块向右拖曳至91位置，此时看到图像的清晰度有所提高，接下来向右拖曳“半径”滑块至3.2位置，扩大锐化的范围，进一步提高图像的清晰度。

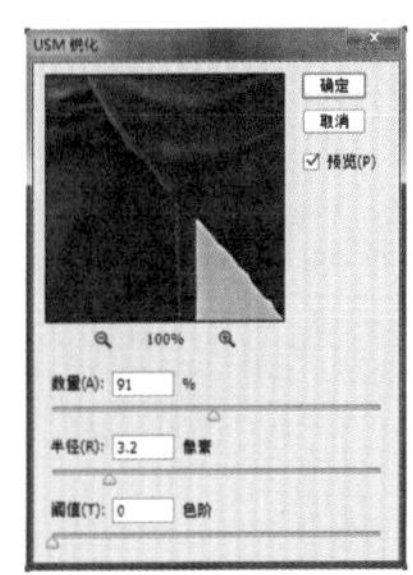

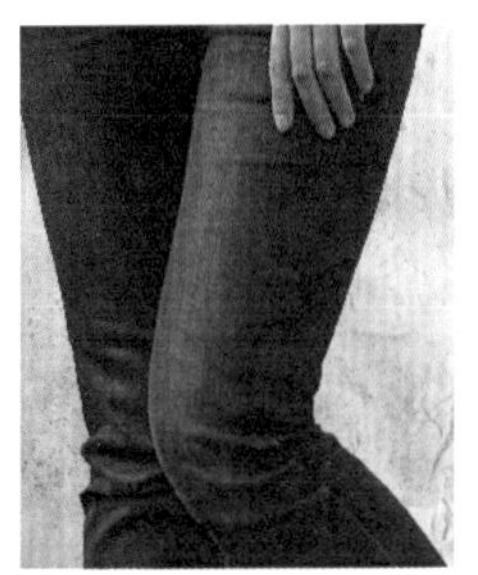

步骤06 应用“画笔工具”编辑图层蒙版

由于只需要对主体商品牛仔裤进行锐化，所以复制“13”图层，创建“13拷贝”图层，将此图层下方的“USM锐化”智能滤镜去除；再选择“画笔工具”，设置前景色为黑色，在裤子位置涂抹，显示下层图层中锐化的牛仔裤图像。

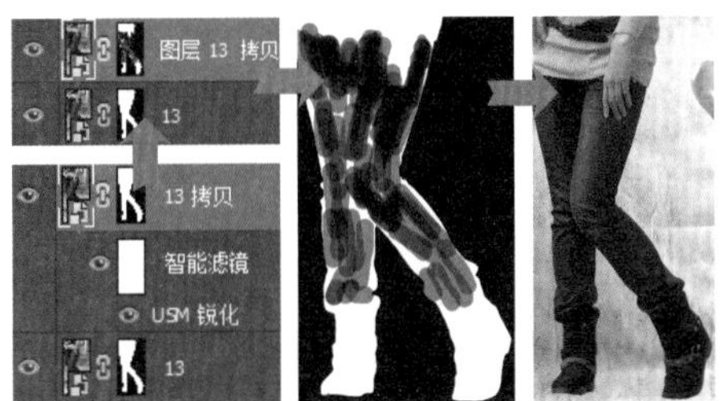

步骤07 设置“色彩平衡”调整裤子颜色

按住Ctrl键不放，单击“13”图层蒙版缩览图，载入选区。新建“色彩平衡1”调整图层，为了突出蓝色的牛仔裤，利用互补色原理，将“青色-红色”滑块向青色拖曳，增强青色；将“洋红-绿色”滑块向洋红拖曳，削弱绿色；将“黄色-蓝色”滑块向蓝色拖曳，增强蓝色。

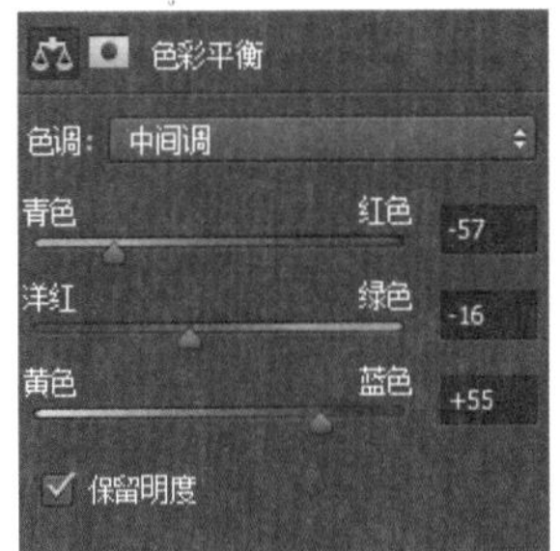

步骤08 运用“画笔工具”编辑图层蒙版

由于此处只要对牛仔裤的颜色加以修饰，所以单击“色彩平衡1”图层蒙版缩览图，选择“画笔工具”，设置前景色为黑色，在不需要调整颜色的衣服、手、鞋子等区域涂抹，还原图像颜色。

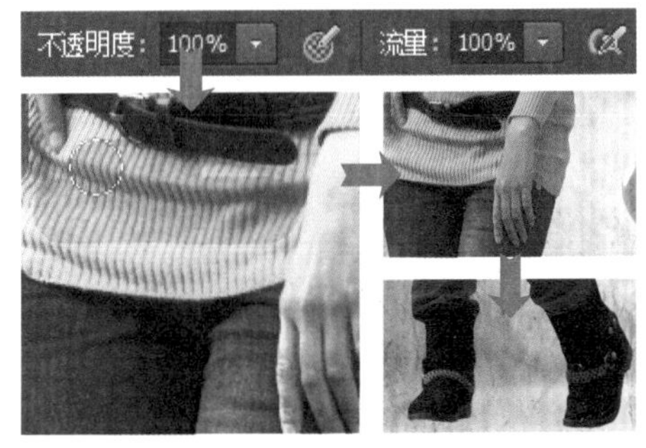

步骤09 设置"色阶"提亮牛仔裤

按住Ctrl键不放，单击"色彩平衡1"图层蒙版缩览图，载入选区。新建"色阶2"调整图层，要让灰暗的裤子变得明亮起来，可将白色滑块向左拖曳，把高光部分提亮，再将灰色滑块向左拖曳，提亮中间调部分，使图像变得更亮，然后将黑色滑块向右拖曳，加强对比效果。

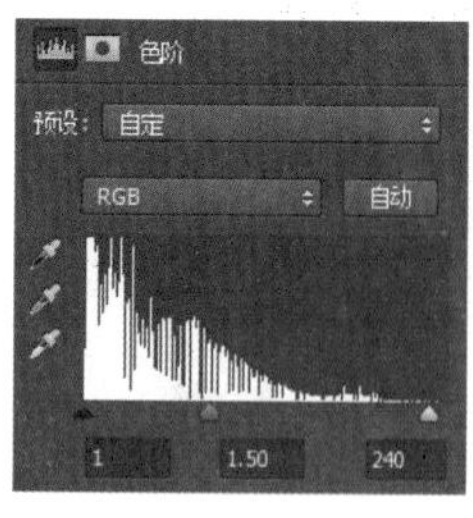

步骤10 应用"曲线"增强色彩对比

按住Ctrl键不放，单击"色阶2"图层蒙版缩览图，载入选区。新建"曲线1"调整图层，打开"属性"面板，运用鼠标在曲线上方和下方分别单击，添加两个曲线控制点，拖曳控制点，增强对比效果。

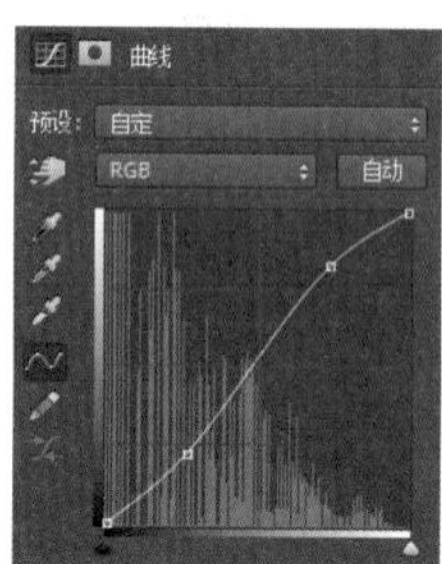

步骤11 设置"色相/饱和度"降低颜色浓度

利用"曲线"增强对比后，感觉裤子的颜色太过鲜艳了。再次载入裤子选区，新建"色相/饱和度1"调整图层，打开"属性"面板，这里需要降低图像的颜色饱和度，因此将"饱和度"滑块向左拖曳。

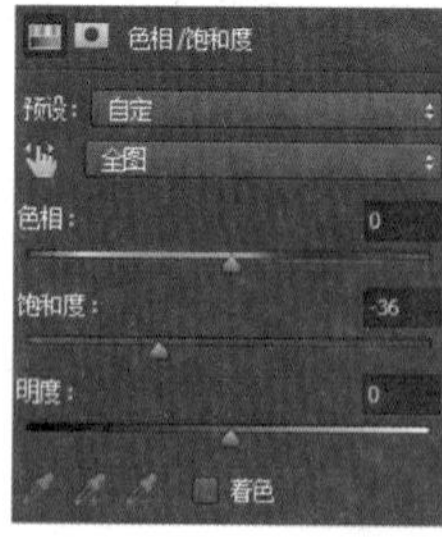

步骤12 绘制选区填充颜色

创建新图层，设置图层"不透明度"为37%，选择"椭圆选框工具"，在脚部下方单击并拖曳鼠标，绘制椭圆形选区。设置前景色为黑色，按下快捷键Alt+Delete，将选区填充为黑色。

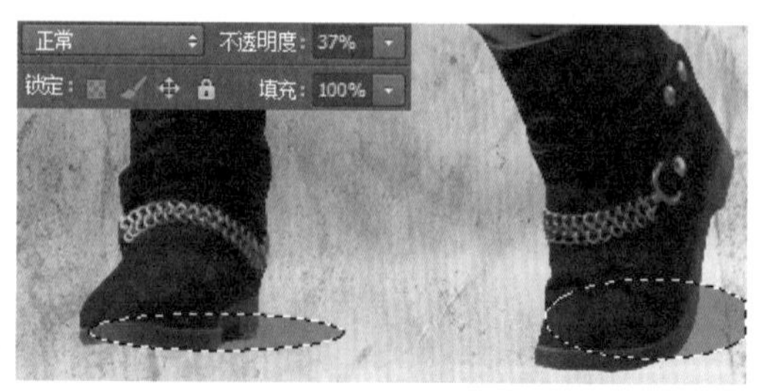

步骤13 设置"高斯模糊"滤镜

这里要为图像添加投影，表现立体感。为了让设置的投影更加自然，将图层转换为智能图层后，执行"滤镜>模糊>高斯模糊"菜单命令，打开"高斯模糊"对话框，将"半径"滑块向右拖曳，控制模糊的强度，当设置为11时，可以看到较为自然的投影。

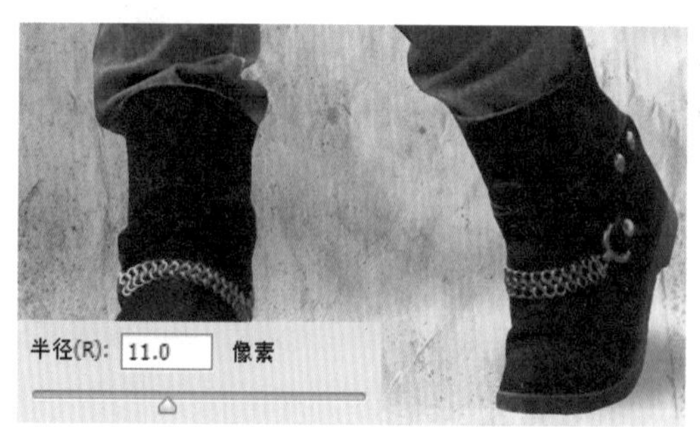

步骤14 输入文字

选择"横排文字工具"，在图像中间输入文字"新品特惠"，然后选中所有文字图层，按下快捷键Ctrl+Alt+E，盖印选中图层，创建"惠（合并）"图层。单击原文字图层前的"指示图层可见性"图标，将原文字图层隐藏。

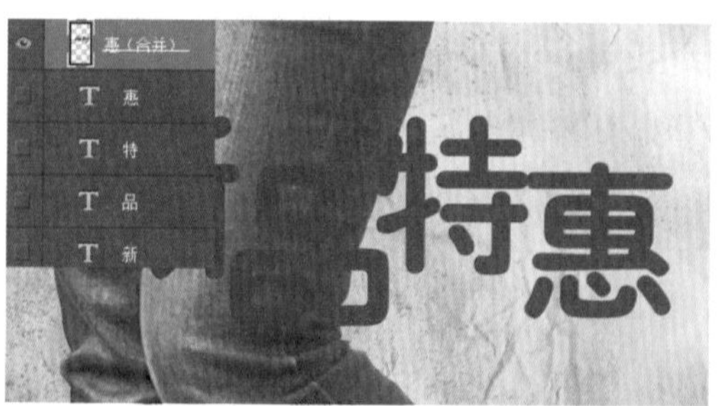

步骤15 添加图层样式

双击盖印的图层，打开“图层样式”对话框。为了突出标题文字，单击样式列表中的“渐变叠加”样式，设置叠加颜色为红色到蓝色渐变；再单击“投影”样式，设置投影颜色为鲜艳的红色，设置完成后单击“确定”按钮，应用样式。

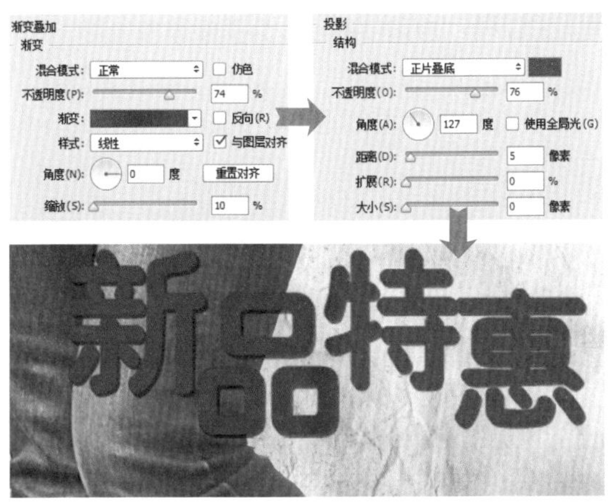

步骤16 锐化图像

将布纹图像“14.jpg”置入到新建文件中。执行“图层>创建剪贴蒙版”菜单命令，创建剪贴蒙版，将复制的布纹素材叠加至文字上面，并应用“USM锐化”滤镜锐化图像，增强文字质感。最后使用“横排文字工具”在已设计好的标题文字旁边输入更多文字，完成本案例的制作。

案例 52　咖啡机广告

本案例是竖式咖啡机广告。设计中使用了较多与咖啡相关的视觉元素，如花式咖啡图案、咖啡豆等，将这些元素合理地安排在画面中，既使画面内容显得丰富，又能更好地表现设计主题。此外，使用同一色系的颜色搭配，提升了画面品质，让设计的整体效果更加协调、统一。

素　材	随书资源\素材\05\15~17.jpg
源文件	随书资源\源文件\05\咖啡机广告.psd

步骤01 复制图像调整至合适大小

创建新文件，打开素材文件“15.jpg”，将其中的咖啡图像复制到新建文件中。按下快捷键Ctrl+T，打开自由变换编辑框，将素材图像调整至合适大小。

步骤02 设置“USM滤镜”锐化图像

此时可以看到添加到画面中的咖啡图像清晰度不够，画面显得有些模糊。执行“滤镜>锐化>USM锐化”菜单命令，打开“USM锐化”对话框。要让图像变得清晰起来，先将“数量”滑块向右拖曳，再结合“半径”选项，调整应用锐化的范围，将“半径”设置为8.0像素时，即可看到较为清晰的图像。

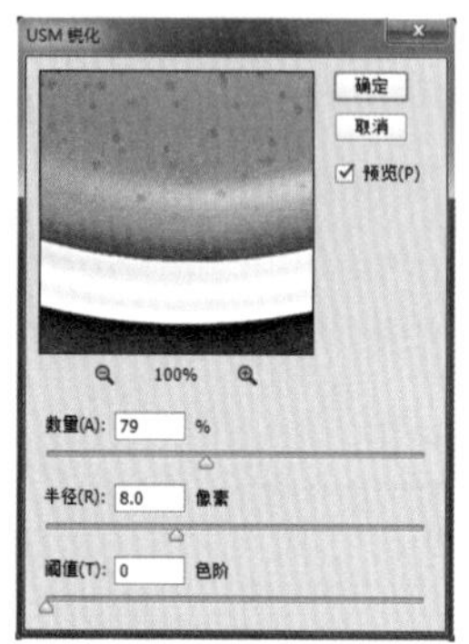

步骤03 设置“曲线”调整图像亮度

选择“矩形选框工具”，为了让调整后的图像与调整前的图像明暗过渡更自然，在选项栏中将“羽化”设置为较大的150像素，并沿图像边缘创建选区，再执行“选择>反选”菜单命令，反选选区。新建“曲线1”调整图层，这里需要降低选区内的图像明亮度，所以单击并向下拖曳曲线。

步骤04 应用“曲线”为图像添加晕影

创建“曲线2”调整图层，打开“属性”面板。下面要将图像整体变暗，在面板中单击并向下拖曳曲线。

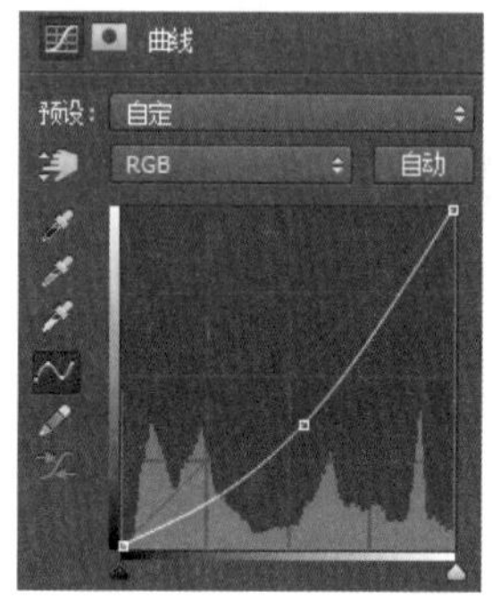

步骤05 设置“色阶”

创建“色阶1”调整图层，打开“属性”面板。这里想要图像变得更暗，将代表暗部和中间调部分的黑色和灰色滑块向右拖曳，使这两个区域变得更暗，再将代表高光部分的白色滑块稍微向左拖曳，提亮高光，增强对比效果。

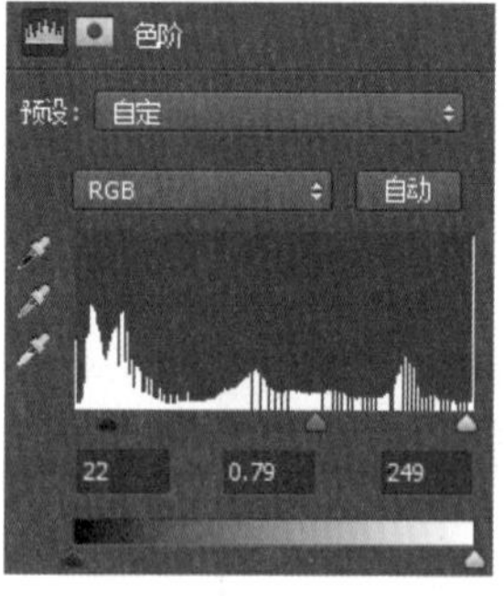

步骤06 设置“色相/饱和度”变换图像颜色

此时在图像窗口可看到调整后的图像对比变强了许多，但是颜色过于鲜艳了，需要削弱颜色鲜艳度。创建“色相/饱和度1”调整图层，并在打开的“属性”面板中将“饱和度”滑块向左拖曳至-26位置，降低饱和度，再根据咖啡的色彩特征，将“色相”滑块向左拖曳，变换色调。

步骤07 设置“照片滤镜”转换为深褐色调

新建“照片滤镜1”调整图层，打开“属性”面板。这里要将图像颜色转换为深褐色，因此在“滤镜”下拉列表框中选择“深褐”滤镜，选择后应用的滤镜颜色不是很明显，再将“浓度”滑块向右拖曳，增强颜色浓度。

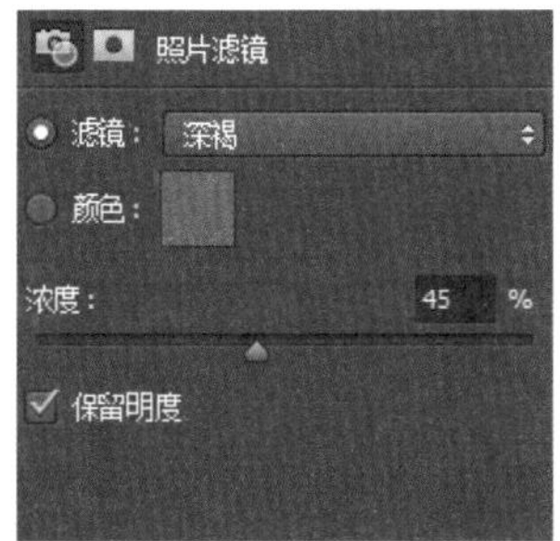

步骤08 设置“渐变叠加”样式

单击“钢笔工具”按钮，在选项栏中将绘制模式设置为“形状”，填充颜色设置为红褐色，具体颜色值为R93、G19、B9，在图像下方的空白位置绘制图形。为了让绘制的图形与上方咖啡杯的色调更协调，双击形状图层，打开“图层样式”对话框，在对话框中对“渐变叠加”样式加以调整。

步骤09 设置“斜面和浮雕”样式

为了使画面呈现流动的视觉效果，以突出手磨咖啡丝滑的口感，单击“斜面和浮雕”样式，并在对话框右侧设置样式选项。此处需要让浮雕显得更平滑，因此将“深度”设置为较大的184%，“大小”设置为133像素，然后调整其他选项，设置完成后单击“确定”按钮，应用样式。

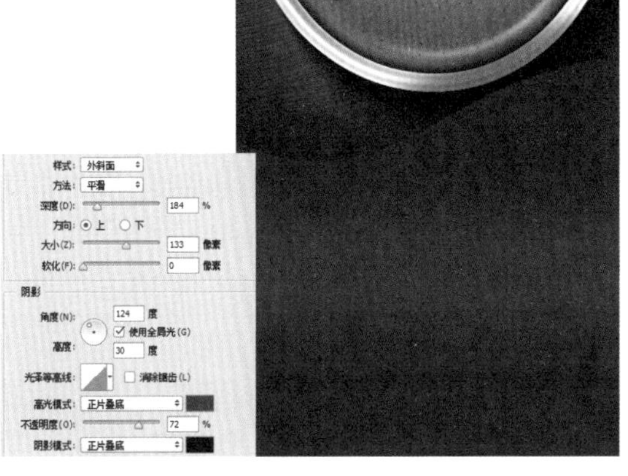

步骤10 创建剪贴蒙版拼合图像

将咖啡豆图像“16.jpg”置入到绘制好的渐变背景中，再为图层添加图层蒙版。选择“画笔工具”，设置前景色为黑色，用画笔在多余的咖啡豆图像上涂抹，隐藏并拼合图像。

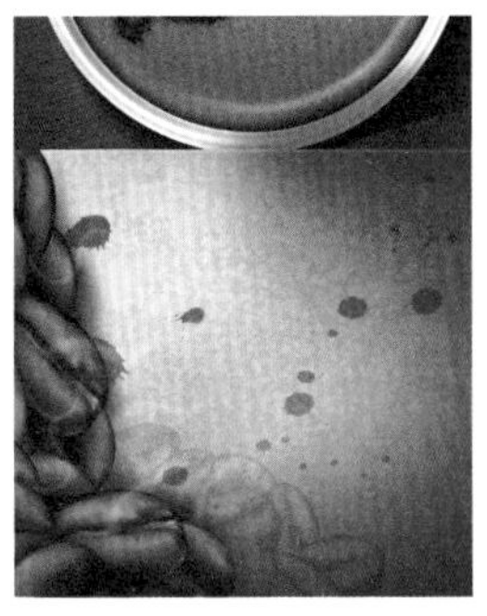

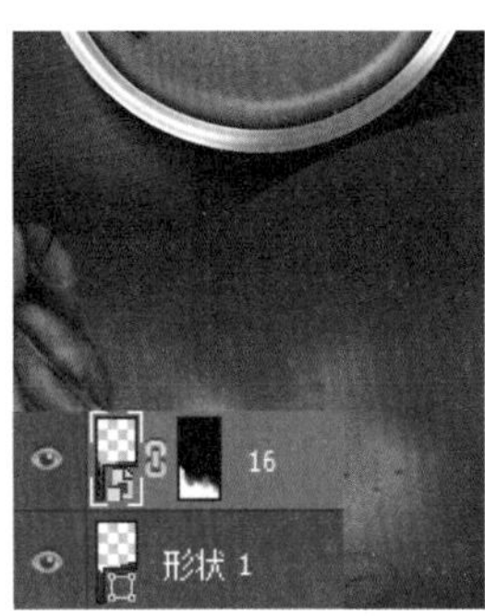

步骤11 使用“钢笔工具”绘制路径

经过前面的操作，完成了广告背景图像的制作，接下来要将拍摄的咖啡机素材添加到制作好的背景中。将咖啡机图像“17.jpg”置入到新建文件中。这里只需要使用咖啡机部分，所以先用“钢笔工具”沿咖啡机边缘绘制路径。

步骤12 创建并调整选区

按下快捷键Ctrl+Enter，将绘制的路径转换为选区，选中图像中的咖啡机对象。为了让抠出的咖啡机显得更干净，执行“选择>修改>收缩”菜单命令，打开“收缩选区”对话框，在对话框中将“收缩量”设置为2像素，单击“确定”按钮，将选区向内收缩2像素。

步骤13 设置“内阴影”样式

单击“图层”面板中的“添加图层蒙版”按钮，添加蒙版效果，将选区外多余的背景隐藏起来。再观察图像，发现咖啡机整体偏亮，而背景相对较暗，整个图像影调不是很协调。双击咖啡机所在图层，打开“图层样式”对话框，在对话框中单击“内阴影”样式，调整样式选项，先将咖啡机内侧边缘变暗。

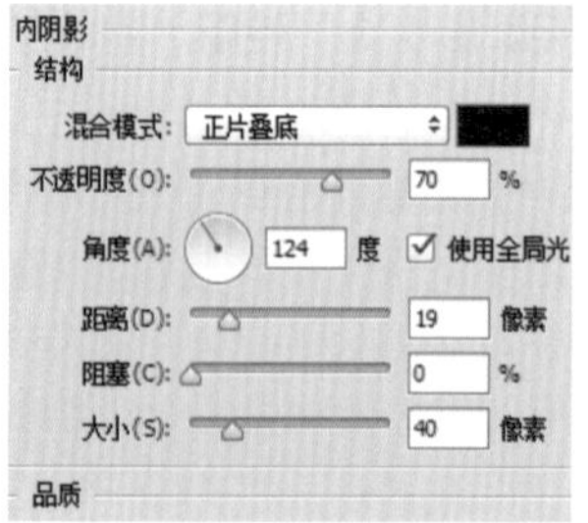

步骤14 设置“投影”样式

为了让咖啡机图像与背景融合得更加自然，单击“投影”样式，将投影的“不透明度”设置为18%，添加较淡的黑色投影，再将“扩展”设置为31%，扩大投影范围。此时投影边缘显得有些生硬，因此可以调整投影的大小，设置“大小”为141像素，设置后单击“确定”按钮，应用图层样式。

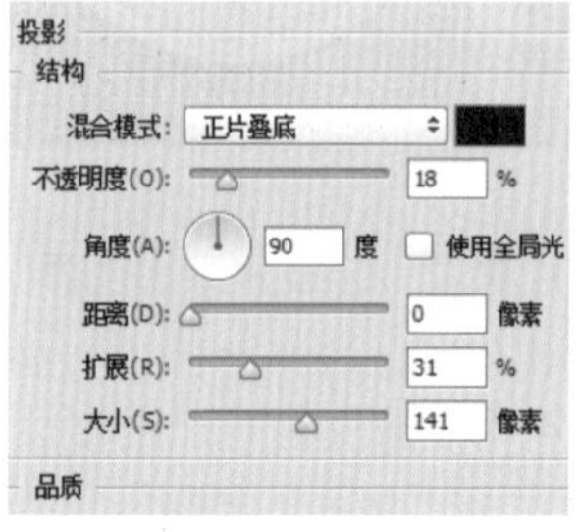

步骤15 应用“曲线”降低图像亮度

使用图层样式降低咖啡机内边缘亮度后，图像虽然变暗了一些，但是幅度不够。按住Ctrl键不放，单击咖啡机图层缩览图，载入选区。新建“曲线3”调整图层，并在打开的“属性”面板中单击并向下拖曳曲线，进一步降低咖啡机图像的亮度。

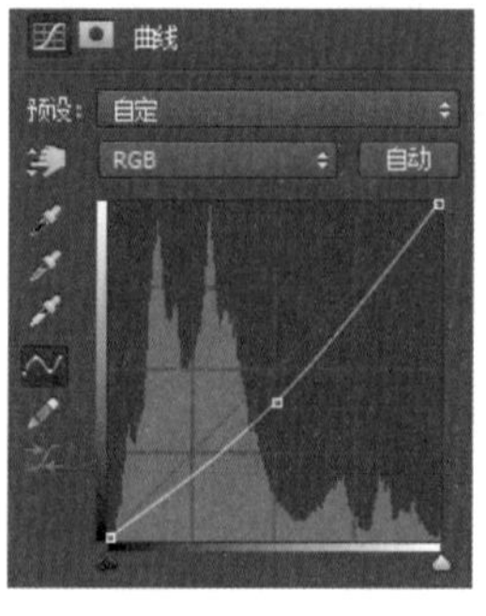

步骤16 调整“色阶”增强对比效果

按住Ctrl键不放，单击“曲线3”图层蒙版缩览图，载入咖啡机选区。新建“色阶2”调整图层，打开“属性”面板，在面板中将黑色滑块向右拖曳，使暗部区域变得更暗；将白色滑块向左拖曳，使亮部区域变得更亮，从而增强对比效果；将灰色滑块向右拖曳，降低中间调部分的图像亮度。

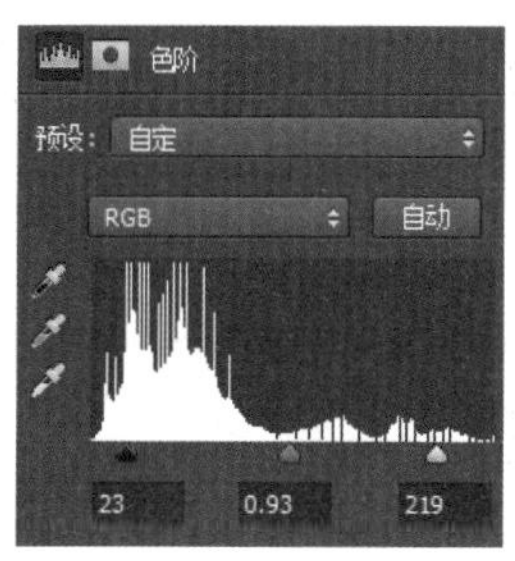

步骤17　使用“矩形选框工具”创建选区

单击“矩形选框工具”按钮，在选项栏中将“羽化”设置为150像素，在图像中间单击并拖曳鼠标，创建柔和的矩形选区。这里为了突出中间部分，要为边缘添加晕影，因此执行“选择>反选”菜单命令，反选选区，选择图像。

步骤18　应用“曲线”添加晕影

单击“调整”面板中的“曲线”按钮，创建“曲线4”调整图层，打开“属性”面板。想要选区中的图像变暗，在“属性”面板中的曲线中间位置单击，添加一个曲线控制点，并向下拖曳该控制点，将曲线更改为向下弯曲效果，从而降低图像亮度。

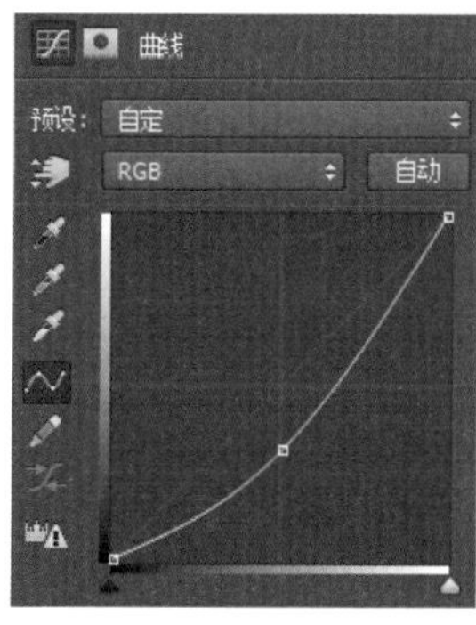

技巧提示：删除调整图层

创建调整图层后，单击“图层”面板中的调整图层，将其拖曳到“删除图层”按钮上，即可将创建的调整图层删除。

步骤19　创建选区填充颜色

要让添加的咖啡机呈现更立体的视觉效果，还要进行投影设置。创建“图层2”图层，转换为智能图层，选择“椭圆选框工具”，在咖啡机下方绘制椭圆形选区，按下快捷键Alt+Delete，将选区填充为黑色。执行“滤镜>模糊>高斯模糊”菜单命令，在打开的对话框中将“半径”设置为25像素，使绘制的图像变得模糊。

步骤20　设置图层样式

下面添加简单的文字说明，使画面更完整。为了突出文字信息，在输入文字前，使用“矩形工具”在图像上方绘制一个矩形，并根据画面效果为绘制的矩形添加“渐变叠加”和“投影”图层样式。

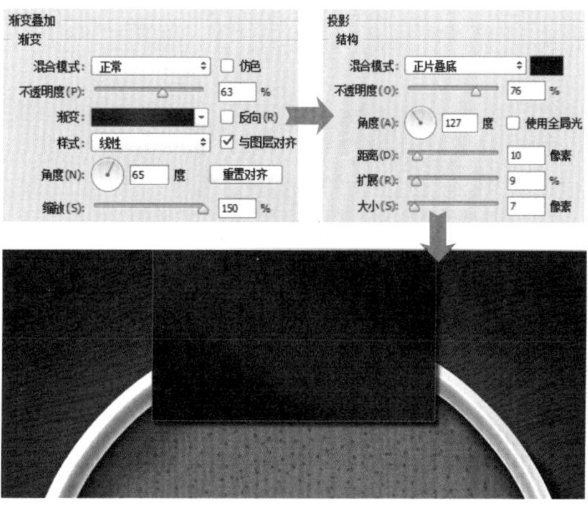

步骤21 添加文字及品牌信息

最后使用“横排文字工具”在矩形上输入对应的文字信息，并根据版面效果，为文字添加渐变颜色等加以修饰，完成本案例的制作。

案例 53 童装广告

本案例是竖式童装广告。设计时将穿着某品牌服饰的小朋友图像置于整个图像的视觉中心位置，有效地将观者的视线集中起来，再通过添加简单的三角形、线条等元素，丰富画面效果，使整个版面显得更轻松、活泼。

素　材	随书资源\素材\05\18.jpg
源文件	随书资源\源文件\05\童装广告.psd

步骤01 置入图像到背景中

创建新文件，单击“矩形工具”按钮，在选项栏中设置绘制模式为“形状”，调整填充颜色后，沿文件边缘绘制一个同等大小的矩形。将素材文件“18.jpg”置入到新建文件中。

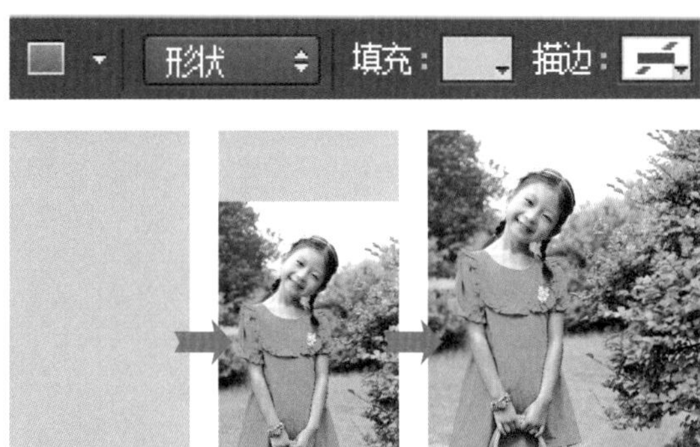

步骤02 执行“水平翻转”命令翻转图像

选中小朋友所在图层，执行“编辑>变换>水平翻转”菜单命令，翻转图像。

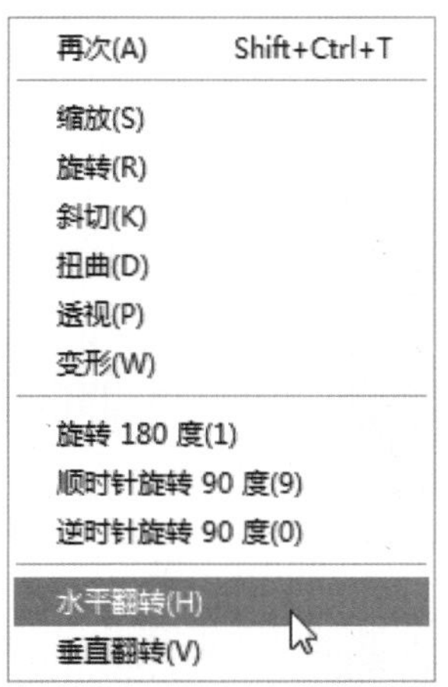

步骤03 使用“钢笔工具”绘制路径

添加小朋友图像后，下面要将小朋友图像完整地抠取出来。单击“钢笔工具”按钮，沿小朋友图像边缘绘制路径，再将绘制的路径转换为选区。此时为了防止选区边缘处理得不干净，可执行“选择>修改>收缩”菜单命令，将选区向内收缩1像素。

步骤04 根据取样颜色设置色彩范围

单击“添加图层蒙版”按钮，添加蒙版，隐藏选区外的图像。此时观察图像，发现有一些未处理干净的草地，使用“吸管工具”在绿色的草地位置单击，取样颜色，单击小朋友图层缩览图，执行“选择>色彩范围”菜单命令，根据取样颜色调整选择范围。

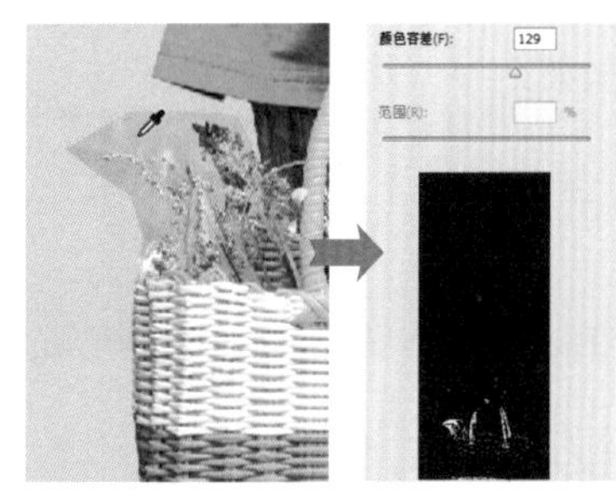

步骤05 使用“画笔工具”编辑选区图像

确认选择范围，创建选区。这里要把选区中的草地隐藏起来，因此选择“画笔工具”，将前景色设置为黑色，在选区内反复涂抹，隐藏图像，抠出更完整的小朋友图像。

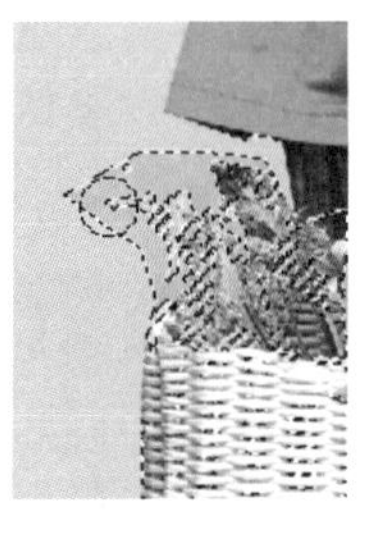

步骤06 使用“多边形工具”绘制三角形

为了让画面变得更加丰富，还需要在图像上绘制图形加以修饰。单击“多边形工具”按钮，在选项栏中设置绘制模式为“形状”，填充颜色为白色，边数为3，在图像中单击并拖曳鼠标，绘制白色三角形。按下快捷键Ctrl+J，复制三角形，双击图层缩览图，在打开的对话框中重新设置颜色。

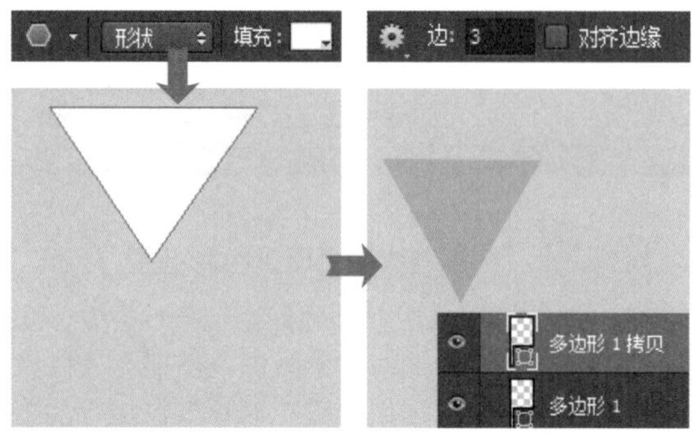

步骤07 复制三角形

连续按下快捷键Ctrl+J，复制更多的三角形。根据画面需要，将复制的三角形填充为不同的颜色效果。

步骤08 使用“直线工具”绘制线条

单击“直线工具”按钮，在选项栏中对填充颜色加以调整，再根据要绘制的直线粗细，对“粗细”选项进行调整，这里设置“粗细”为8像素，在图像中单击并拖曳鼠标，绘制直线效果。

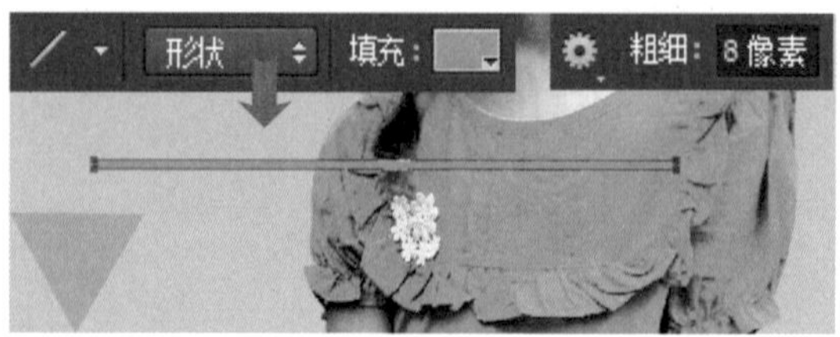

步骤09 旋转并复制线条图案

按下快捷键Ctrl+T，打开自由变换编辑框，单击并拖曳鼠标，旋转线条。再按下快捷键Ctrl+J，复制线条图形，将其移至不同的位置，并填充不同的颜色。

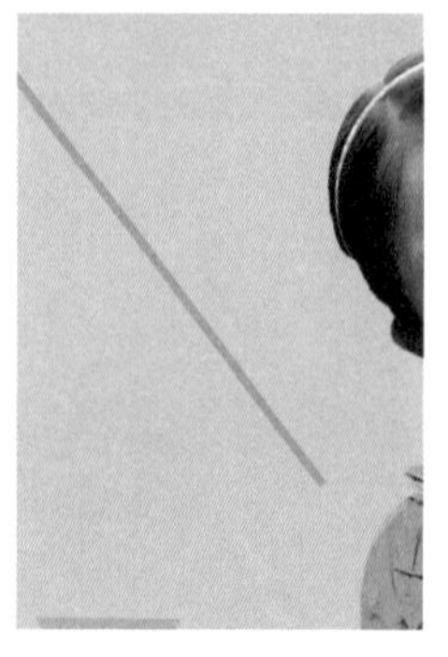

步骤10 添加文字

经过前面的操作，完成了广告图像的制作，最后需要在图像中添加文字。使用“横排文字工具”在图像上单击，输入数字“2016”，打开“字符”面板。为了让输入的文字更醒目，将字体设置为“方正大黑_GBK”，颜色设置为与背景颜色相似的蓝色。再使用同样的方法，完成更多文字的设计。

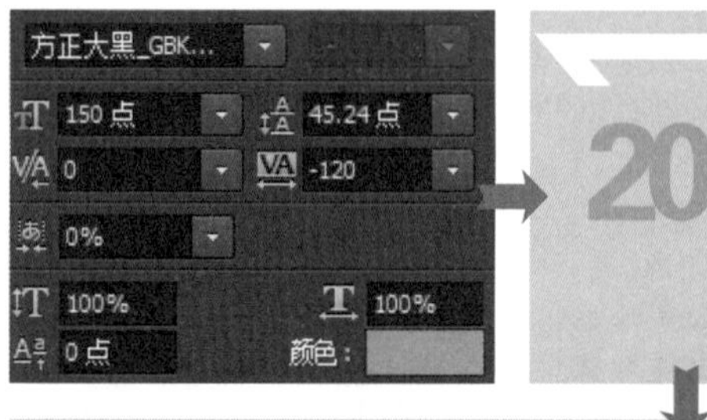

案例 54 曲奇饼干广告

本案例是竖式曲奇饼干广告。设计中通过将曲奇饼干抠出并放置于画面中间位置，配以文字说明来展示活动的主题。同时，为了让画面更具吸引力，在背景的处理上搭配了欧式风格的花纹，易使观者被独特的画面所吸引，从而关注到活动的信息。

素　材	随书资源\素材\05\19~20.psd、21.jpg
源文件	随书资源\源文件\05\曲奇饼干广告.psd

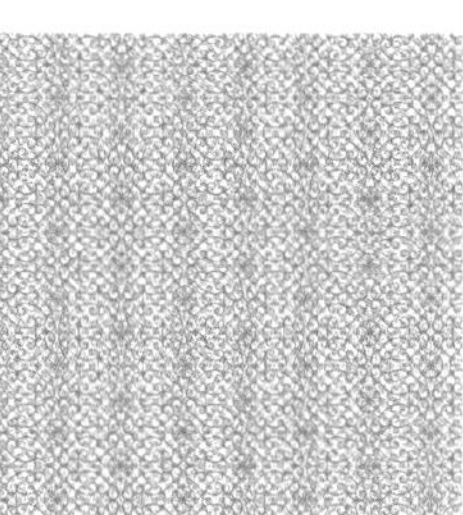

步骤01 设置颜色填充背景

创建新文件，单击工具箱中的“设置前景色”按钮，打开“拾色器（前景色）”对话框，在对话框中设置颜色为R243、G237、B201，设置后单击“确定”按钮。按下快捷键Alt+Delete，将背景填充为设置的前景色。

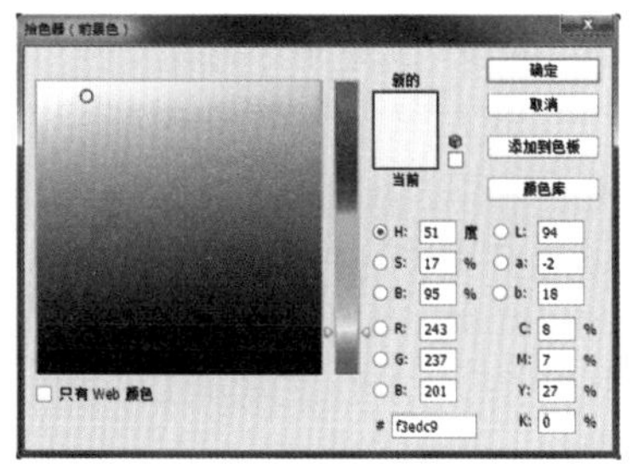

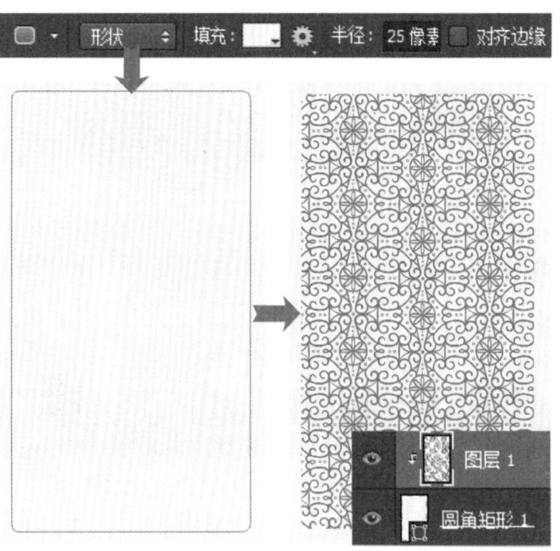

步骤02 复制花纹图像

选择“圆角矩形工具”，在选项栏中设置绘制模式为“形状”，填充颜色为浅黄色，再将“半径”设置为25像素，在图像中间绘制一个稍小的圆角矩形。打开素材文件“19.psd”，将其中的花纹图像复制到图形上方。

步骤03 添加更多花纹图像

查看复制的花纹图像，其色彩与整个画面的色调明显不协调。为了解决这一问题，选择“图层1”图层中的花纹图像，将图层混合模式设置为“排除”，“不透明度”设置为27%，混合图像。再打开素材文件“20.psd”，将其中的花纹边框复制到底纹图像边缘。

步骤04 创建并编辑图层蒙版

打开素材文件“21.jpg”，将其中的饼干图像复制到新建文件中。为了让画面变得干净，要将饼干旁边多余的白色背景隐藏起来。单击“添加图层蒙版”按钮■，为“图层3”图层添加蒙版，选择“画笔工具”，将前景色设置为黑色，使用画笔在白色的背景位置涂抹。

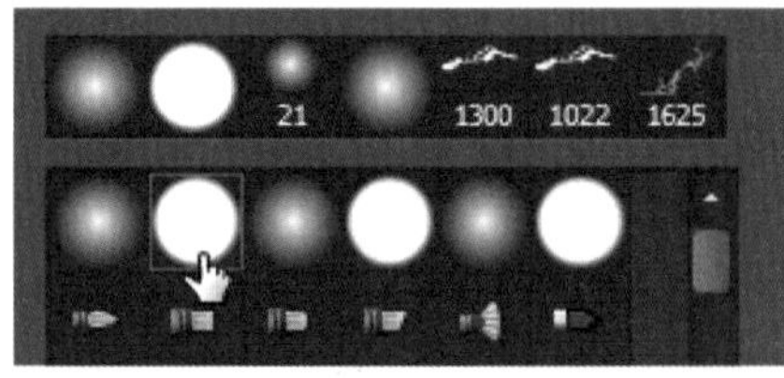

步骤05 载入选区调整图像亮度

观察图像，发现饼干因曝光原因而偏暗。按住Ctrl键不放，单击“图层3”图层蒙版缩览图，载入饼干选区。按下快捷键Ctrl+J，复制选区内的图像，创建“图层4”图层。新建“曲线1”调整图层，打开“属性”面板。这里想让图像变得更亮，所以选择RGB曲线，单击并向上拖曳曲线，提高图像亮度。

步骤06 设置“可选颜色”

为了让图像中饼干的颜色更诱人，再对饼干颜色进行调整。按住Ctrl键不放，单击“图层4”图层缩览图，载入选区。新建“选取颜色1”调整图层，由于饼干颜色主要为红、黄色，所以在“颜色”下拉列表框中分别选中“红色”和“黄色”，然后调整下方的颜色比。

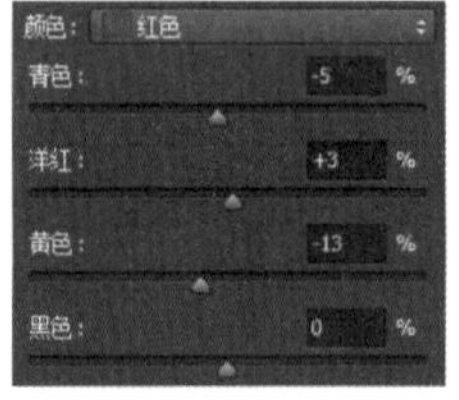

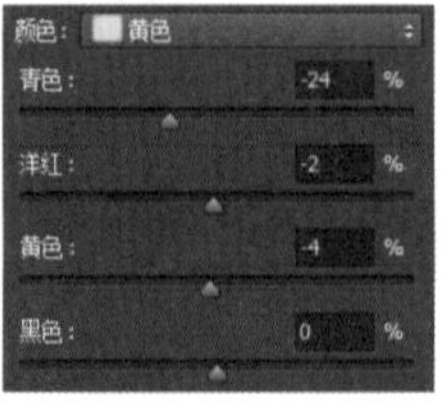

步骤07 使用“曲线”调整阴影亮度

再次载入饼干选区，执行“选择>色彩范围”菜单命令，打开“色彩范围”对话框。此处要对暗部加以提亮，所以在“选择”下拉列表框中选择“阴影”选项，单击“确定”按钮，创建选区。创建“曲线2”调整图层，并在“属性”面板中单击并向上拖曳曲线，提亮暗部。

步骤08　使用“曲线”调整高光亮度

前面对饼干进行了提亮，这时可看到图像高光部分有点曝光过度。载入饼干选区，执行“选择>色彩范围”菜单命令，打开“色彩范围”对话框，在对话框中选择“高光”选项，创建选区。新建“曲线3”调整图层，由于图像高光部分太亮，所以单击并向下拖曳曲线，降低图像亮度。

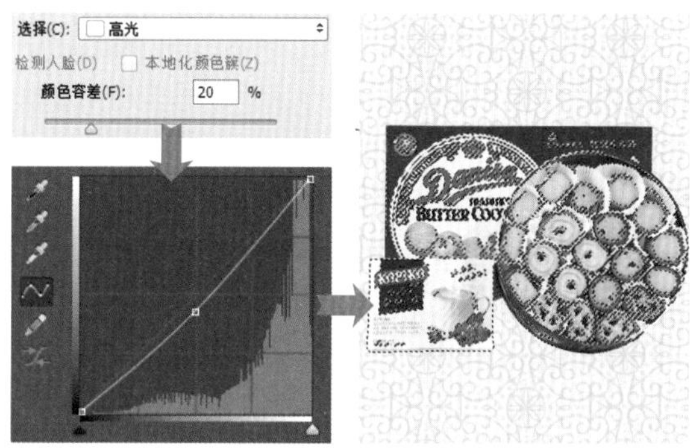

步骤09　设置“USM锐化”滤镜

将饼干及其上方的所有调整图层同时选中，按下快捷键Ctrl+Alt+E，盖印选中图层，创建“曲线3（合并）图层”。执行“滤镜>锐化>USM锐化”菜单命令，在打开的对话框中设置选项，对图像进行锐化，展现颗粒质感。

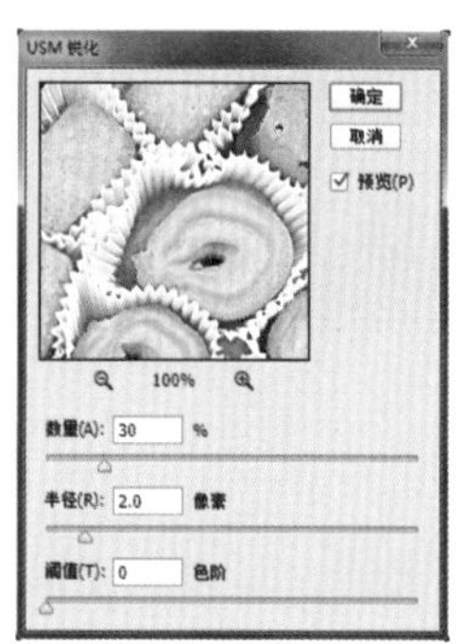

步骤10　盖印并翻转图像

想让饼干呈现立体的视觉效果，接下来要进行投影的设置。选中“曲线3（合并）”图层，按下快捷键Ctrl+J，复制图层，得到“曲线3（合并）拷贝”图层。执行“编辑>变换>垂直翻转”菜单命令，垂直翻转图像，并使用“移动工具”将图像移至原饼干图像的下方。

步骤11　使用“渐变工具”编辑图层蒙版

在上一步中虽然已经感觉图像形成了投影效果，但是投影给人的感觉太假。为了让投影更逼真，单击“图层”面板中的“添加图层蒙版”按钮，添加蒙版，结合“渐变工具”和“画笔工具”对蒙版加以编辑，将部分饼干图像隐藏起来，创建自然渐变的效果。

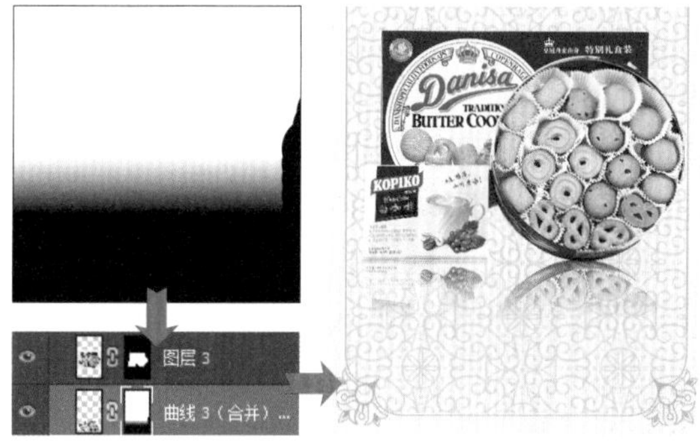

步骤12　绘制红色小圆

选择“椭圆工具”，在选项栏中设置绘制模式为“形状”，这里为了突出节日促销氛围，将图形描边颜色设置为红色，在饼干图像上单击并拖曳鼠标，绘制红色小圆。按下快捷键Ctrl+J，复制红色圆形，创建“椭圆1拷贝”图层。使用“移动工具”向右拖曳图形，创建并排的图形效果。

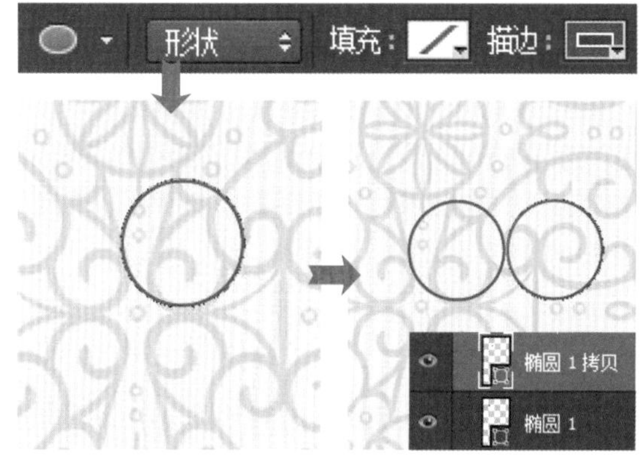

步骤13 复制圆形

连续按下快捷键Ctrl+J，复制多个同等大小的红色圆形。选择“移动工具”，分别选择各图层中的图形，将它们依次向右拖曳，得到多个圆形并排的图形效果。

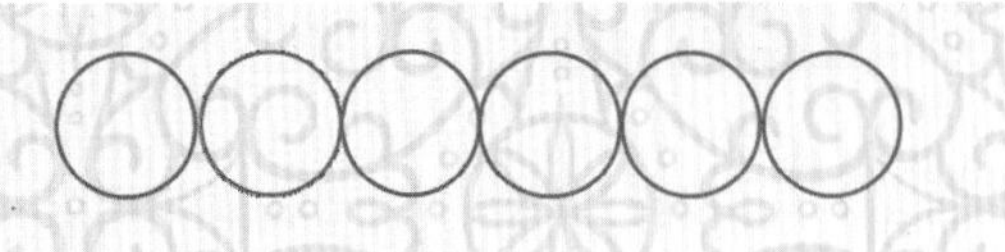

步骤14 输入文字

选择“横排文字工具”，在红色圆形中输入文字“京东零食专区”，打开“字符”面板。这里为了使文字与下方的底纹形成更统一、流畅的风格，将字体设置为“汉仪中圆简”；再将间距值调大，设置为310，使文字被置于圆形内；设置文字颜色为红色。

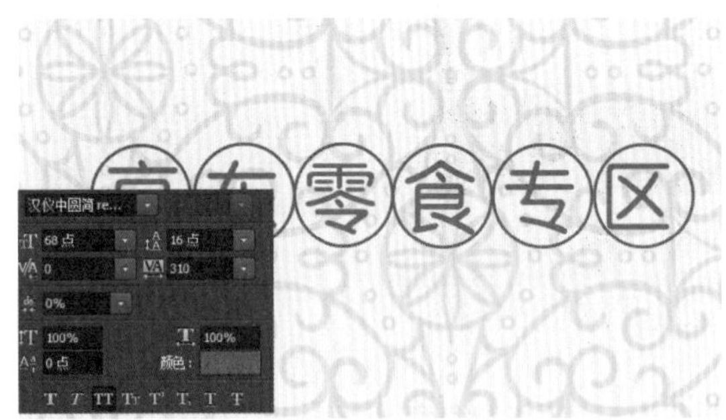

步骤15 绘制线条

选择“直线工具”，在选项栏中设置工具选项后，在文字下方单击并拖曳鼠标，绘制线条。结合“渐变工具”和“画笔工具”对线条进行编辑，创建渐变的效果。

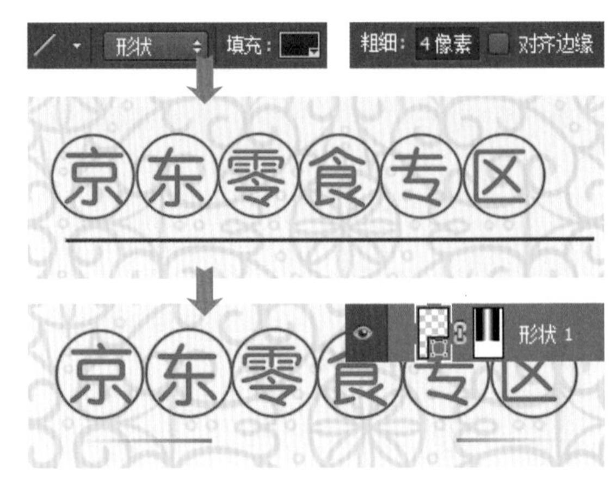

步骤16 绘制更多图形并添加文字

使用“横排文字工具”在画面中输入更多文字，为了让文字更有层次感，结合“字符”面板对文字的字体、大小等属性进行调整。最后在需要突出表现的文字下方绘制图形，完成本案例的制作。

案例应用展示

竖式广告的应用大多是在页面的两侧，所以在设计时需要注意呼应效果，例如左右内容要一致或者承接等。如下图所示的两幅图像，即为本章中所设计的竖式广告的应用效果展示。在前一幅图像中，两侧的广告图像通过不同的背景颜色搭配，给人眼前一亮的感觉；而在后一幅图像中，两侧的广告图像的内容完全一致，画面内容显得更加工整，重复的内容设置更容易吸引观者的视线。

我的搜狐
登录
注册
邮件
相册
说两句
手机看新闻
搜狐
新品专供
5折
封顶
关闭
《冰血暴》第二季
2月22日起 每周一搜狐视频独家放送
这包值哭
搜狗搜索
网页
搜索
新闻
5月4日
搜狐视角
搜狐图片
娱乐·视频
美剧更新
核心价值观
习近平同老挝国家主席举行会谈
习近平:留神家风问题|共筑中国梦|国平|这3年
总理力促营改增开推 各地"第一票"长啥样
江西用谈话函询严肃党纪：咬耳扯袖 抓早抓小
搜狐视频|欢乐颂 山海经 我是杜拉拉 艾伦秀
20省陆续公布高考改革方案 浙江推7选3模式
外媒：统计局反腐之后 市场发现"没数据"了
点击|海口强拆背后的怪现状
魏则西事件 政府责任不可推卸
资讯|经纪人2句话曝哈林恋情
15时乔欣刘涛接力聊《欢乐颂》
秒杀

意尔康皮鞋旗舰店
店铺动态评分
描述
服务
物流
4.7↓
4.7↓
4.7 -
服务承诺
先行赔付
七天退换
相关推荐
YEARCON
¥179.00
意尔康女鞋 2016春季新款通勤浅口
宝贝详情
历史评价1332
聚划算
51特惠
狂欢返场
299减50 499减80
活动时间：5月4日10点-6日9点
¥10 无门槛
¥50 满299减50
¥80 满499减80
¥100 满799减100
聚划算价:¥99
聚划算价:¥179
聚划算价:¥189
理肤泉品牌团
满299享4件套礼包
关闭
反馈
我的聚收藏 0件

第 6 章 按钮式广告设计

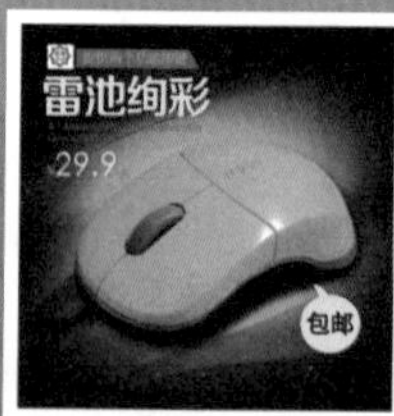

按钮式广告是从横幅式广告演变而来的一种广告形式，表现为图标式的广告，通常会将两个或多个按钮式广告组合进行设计。当观者单击按钮式广告图片时，会自动切换到对应的商品详情页面。由于按钮式广告面积较小，所以会被灵活地安排在页面中的任意位置，因此在设计时，多采用能够直观表现商品特点的图像与简洁的文字说明进行处理，广告中的文字信息应避免字体太小、文字说明拖沓等情况，方便观者快速掌握广告传递出的信息。

本章案例

- 55 木纹材质的按钮式广告
- 56 可爱风格的按钮式广告
- 57 半透明效果的按钮式广告
- 58 扁平组合式按钮广告
- 59 手机广告
- 60 鼠标广告
- 61 糖果色毛衣广告
- 62 墨镜广告

案例 55　木纹材质的按钮式广告

本案例是木纹材质的按钮式广告。设计时将多张不同的家居图像通过并排的方式安排于画面中，并在图像下方添加相似颜色的木纹按钮，使其与家居产品图片风格更协调。

素　材	随书资源\素材\06\01~06.jpg
源文件	随书资源\源文件\06\木纹材质的按钮式广告.psd

步骤01　置入图像更改图层不透明度

将素材文件“01.jpg”置入到新建文件中，作为背景图像。由于是背景图，所以可将其不透明度调低一些，在“图层”面板中选中“01”图层，将其“不透明度”调整为30%。

步骤02　绘制矩形

添加背景后，下面是按钮式广告的制作。新建“商品1”图层组，选择“矩形工具”，在画面左侧单击并拖曳鼠标，绘制一个矩形，然后将素材文件“02.jpg”置入到绘制的矩形上方。

步骤03　调整图像颜色

这里只需要保留矩形上的家居图片，所以执行“图层>创建剪贴蒙版”菜单命令，创建剪贴蒙版，将超出矩形的家居图像隐藏起来。观察画面上的家具产品，发现图像颜色暗淡，层次感较弱。按住Ctrl键不放，单击“矩形1”图层蒙版缩览图，载入选区。创建“色彩平衡1”和“色阶1”调整图层，对商品图像的颜色和亮度加以调整。

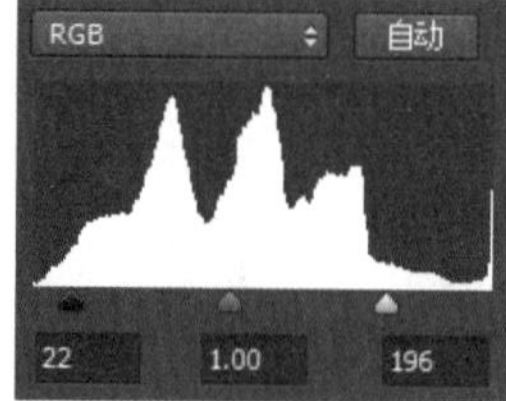

步骤04 使用“矩形工具”绘制图形

为了增强观者的信任感，下面在照片上添加品牌徽标。创建“LOGO”图层组，选择“矩形工具”，在需要添加徽标的左上角位置绘制一个颜色与商品颜色相近的矩形，使绘制的图形能够与背景色调更协调。

步骤05 用“自定形状工具”绘制图形

选择“自定形状工具”，单击选项栏中“形状”右侧的下三角按钮，在展开的面板中单击“模糊点2边框”形状，然后在矩形左侧绘制图形。绘制后连续按下快捷键Ctrl+J，复制两个绘制的图形，并调整图形的颜色和位置，制作成商品徽标。

步骤06 输入文字

为了加深观者对该家具品牌的印象，选择“横排文字工具”，在绘制的徽标旁边输入文字，然后根据需要适当调整输入文字的大小，使文字呈现清晰的层次关系。选择“矩形工具”，在文字“尚”和“家”下方各绘制一个与文字颜色不同的矩形，以突出该品牌家具的特点。

步骤07 使用“矩形工具”绘制白色矩形

经过前面的操作，完成了其中一个按钮式广告的设计，接下来进行另一个按钮式广告的设计。新建“商品2”图层组，选择“矩形选框工具”，根据按钮式广告的尺寸、比例，在选项栏中选择“固定比例”选项，设置比例为1.5:2，然后在画面中绘制选区，创建“图层2”图层，将选区填充为白色。

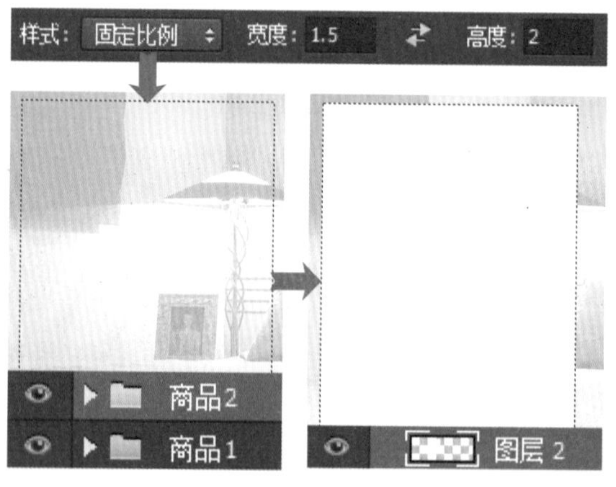

步骤08 置入图像设置剪贴蒙版

将素材文件“03.jpg”置入到上一步所绘制的矩形上，并在“图层”面板中生成“03”图层。这里同样只需要显示白色矩形中的家具图像，所以执行“图层>创建剪贴蒙版”菜单命令，创建剪贴蒙版，将矩形外的多余家具图像隐藏起来。

步骤09 调整图像色彩

观察新添加的家居产品图像，不难看出图像明显偏暗。按下Ctrl键不放，单击“图层2”图层缩览图，载入选区，创建“曲线1”调整图层，打开“属性”面板。要修复偏暗的图像，可在曲线上单击，添加两个曲线控制点，用鼠标向上拖曳控制点，提亮图像。提亮后图像颜色显得很平淡，为了营造出更温馨的画面感，创建“色彩平衡2”调整图层，在“属性”面板中将“青色-红色”滑块向红色拖曳，将“黄色-蓝色”滑块向黄色拖曳，加深红色和黄色。

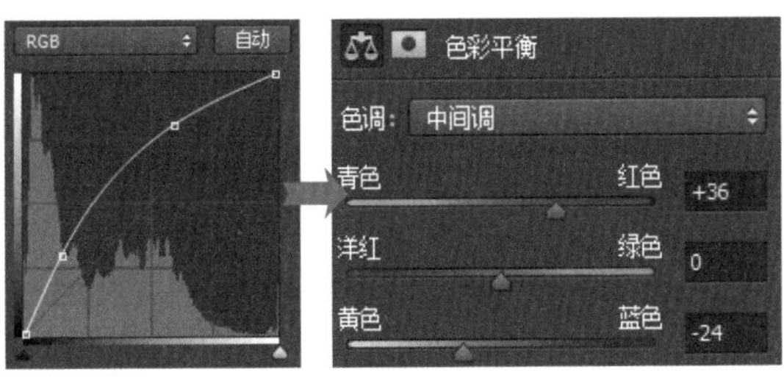

步骤10 设置并输入文字

选择“横排文字工具”，在图像下方输入家居用品名“电视柜+茶几”，再输入文字“聚划算：¥2599”。输入后为了突出商品的价格，使用“横排文字工具”选中数字“2599”，并调整文字的大小和颜色。

步骤11 使用“圆角矩形工具”绘制图形

既然是按钮式广告，自然可以在图像下方添加按钮图标。在“商品2”图层组下新建“按钮”图层组，设置前景色为R133、G93、B38，单击“圆角矩形工具”按钮，这里为了让绘制的矩形边缘呈现平滑的效果，将“半径”设置为8像素，在文字下方单击并拖曳鼠标，绘制图形。

步骤12 设置图层样式

为了让绘制的图形呈现立体效果，双击“圆角矩形1”图层，打开“图层样式”对话框。单击“投影”样式，在对话框中将投影颜色设置为比矩形颜色深一些的褐色，颜色值为R52、G12、B4，“不透明度”设置为80%，“距离”设置为6，“大小”设置为5；再单击“外发光”样式，将外发光颜色更改为R184、G140、B84，“不透明度”设置为60%，“大小”设置为3。

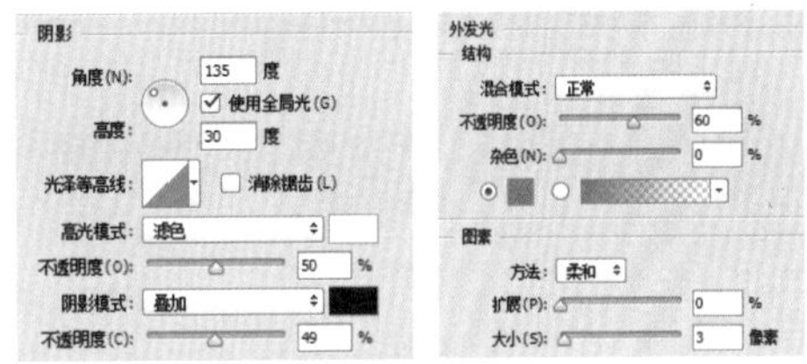

步骤13 继续设置图层样式

继续在“图层样式”对话框中设置选项，分别单击“渐变叠加”“描边”和“内发光”样式，并在对话框中调整样式选项。

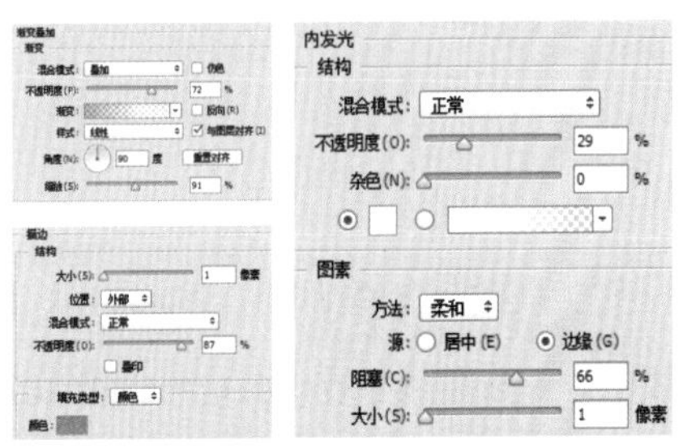

步骤14 应用图层样式

最后单击“斜面和浮雕”样式，在右侧设置样式选项，单击“确定”按钮，应用多种样式，得到更有质感的按钮图标。为了迎合广告主题，将木纹图像“04.jpg”置入到按钮上方，由于此处只需要显示按钮上的木纹，因此执行“图层>创建剪贴蒙版”菜单命令，创建剪贴蒙版，隐藏多余图像。

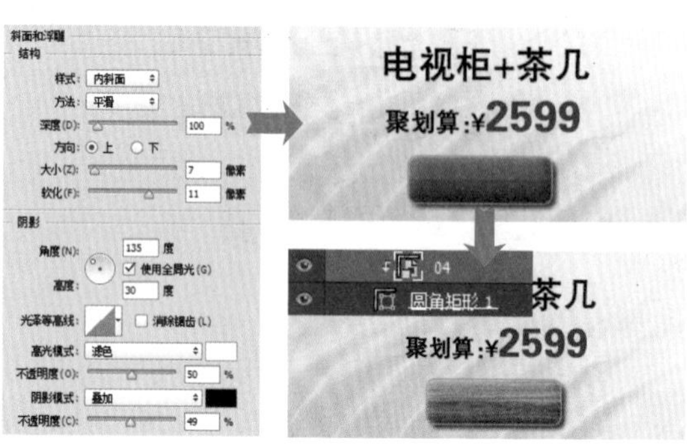

步骤15 调整按钮颜色

观察按钮颜色，发现比较暗淡。按住Ctrl键不放，单击“圆角矩形1”图层的缩览图，载入选区，创建“色彩平衡3”调整图层，调整颜色。继续使用同样的方法，完成其他几个按钮式广告的制作。

案例 56 可爱风格的按钮式广告

本案例是可爱风格的按钮式广告。设计时为了迎合广告主题，使用卡通图像作为背景，营造出更加可爱、活泼的氛围，同时在画面的中间位置，使用与背景对比反差较强的黄色作为按钮的底色，使其从背景中突显出来。

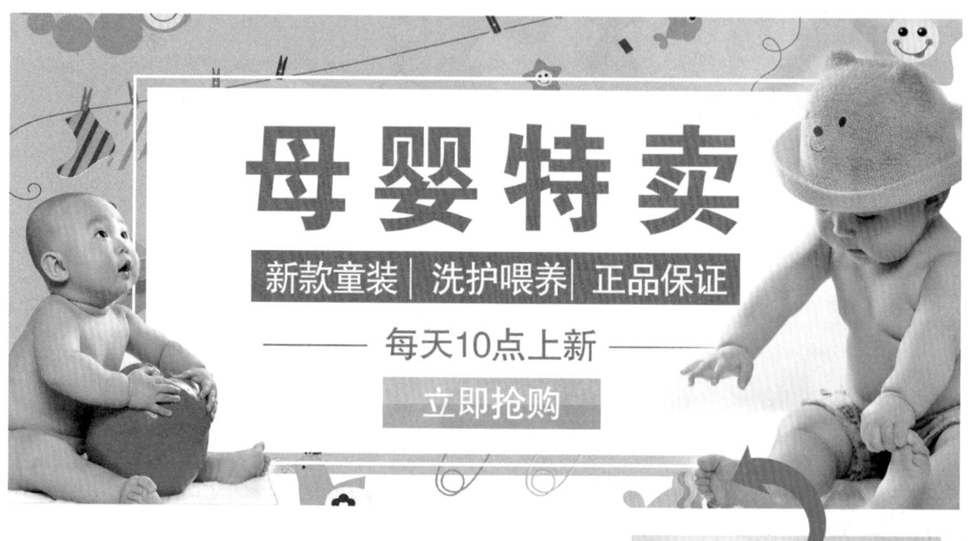

素　材	随书资源\素材\06\07~09.jpg
源文件	随书资源\源文件\06\可爱风格的按钮式广告.psd

步骤01　新建文件填充颜色

创建新文件，单击工具箱中的“设置前景色”按钮，打开“拾色器（前景色）”对话框，在对话框中设置颜色值为R168、G237、B242。单击“图层”面板中的“创建新图层”按钮，新建“图层1”图层，按下快捷键Alt+Delete，将背景填充为设置好的颜色。

步骤02　置入图像

将卡通图像“07.jpg”置入到新建文件中。按下快捷键Ctrl+T，打开自由变换编辑框，拖曳编辑框，将图像调整至合适的大小。

步骤03　设置颜色范围

置入图像后，要将多余的白色背景去除。单击“图层”面板中的“添加图层蒙版”按钮，为“07”图层添加图层蒙版。打开“属性”面板，单击面板中的“颜色范围”按钮，打开“色彩范围”对话框，在对话框中先用“吸管工具”在白色背景处单击，设置选择范围。此时在图像窗口中可以看到除白色背景外的其他卡通图像都被隐藏了，而此处要隐藏的是白色背景，所以勾选“反相”复选框，隐藏白色背景。

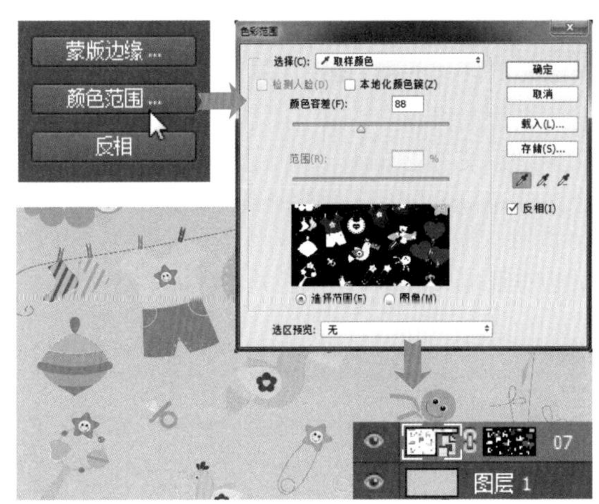

步骤04　创建图层蒙版

将小宝宝图像“08.jpg”置入到新建文件中。按下快捷键Ctrl+T，打开自由变换编辑框，拖曳编辑框，将图像调整至合适的大小。这里同样要将多余的白色背景隐藏起来。单击“添加图层蒙版”按钮，添加蒙版，选择“画笔工具”，将前景色设置为黑色，在多余的图像上涂抹。

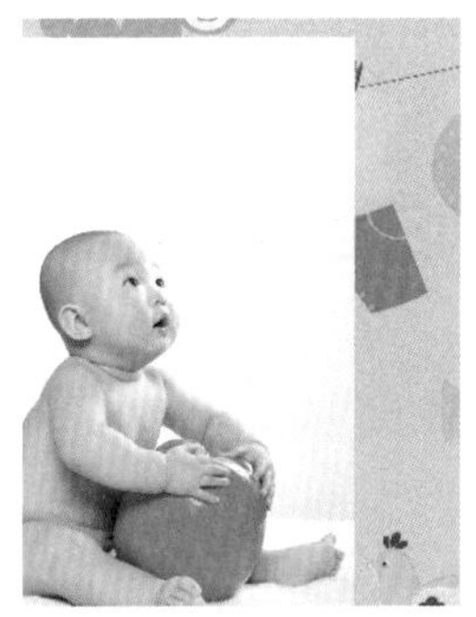

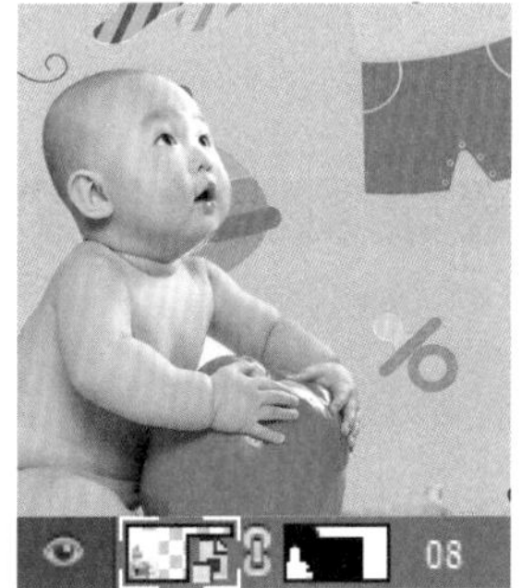

步骤05　置入图像添加图层蒙版

继续使用相同的方法，将素材文件“09.jpg”中的小宝宝图像置入到新建文件中，并通过添加图层蒙版，运用“画笔工具”在小朋友旁边的背景上涂抹，将多余的图像隐藏起来。

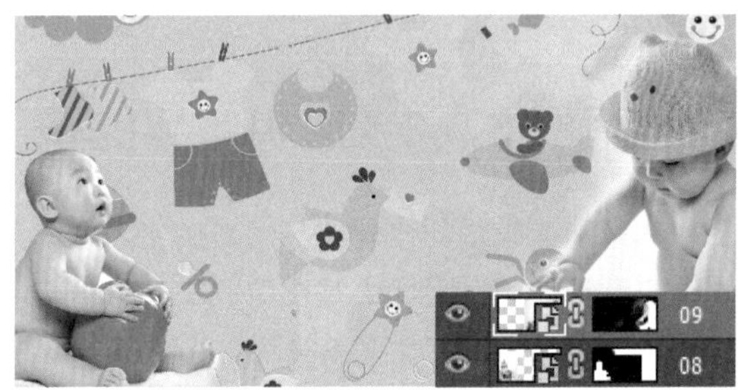

步骤06 **使用“矩形工具”绘制白色矩形**

经过前面的操作，完成了广告图像的制作，接下来要进行文字的设计。在添加文字前，为了让输入的文字更加醒目，创建“文案”图层组，选中“矩形工具”，在需要输入文字的中间部分单击并拖曳鼠标，绘制一个白色矩形。

步骤07 **复制矩形更改选项**

按下快捷键Ctrl+J，复制矩形，创建“矩形1拷贝”图层。使用“直接选择工具”选中复制的矩形，在选项栏中将填充颜色设置为“无颜色”，描边颜色设置为白色，并调整描边线条的粗细，为绘制的矩形设置边框，得到更有层次的图形。

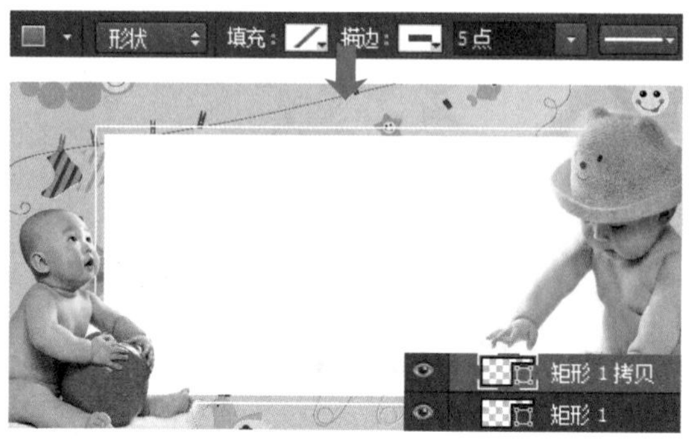

步骤08 **设置并输入文字**

使用“横排文字工具”在矩形中输入文字“母婴特卖”。输入后打开“字符”面板，在面板中将字体设置为较粗的“方正大黑_GBK”，增强文字的表现力，再将文字颜色设置为与主题更协调的粉色。

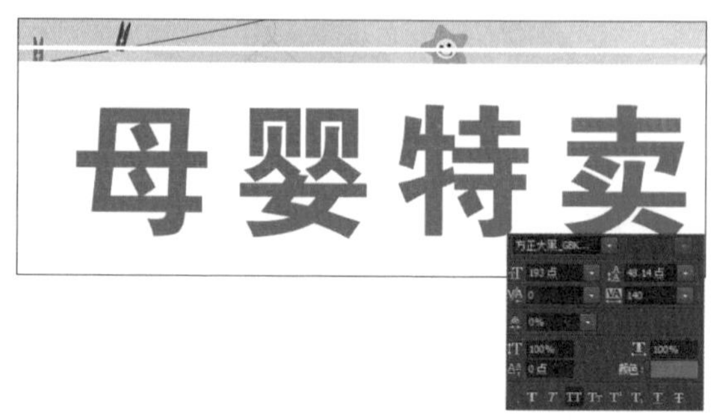

步骤09 **使用“矩形工具”绘制粉色图形**

使用“矩形工具”在输入的文字下方绘制一个相同颜色的粉色矩形，打开“字符”面板，调整文字属性，输入文字“新款童装 洗护喂养 正品保证”。最后使用相同的方法，运用图形绘制工具和文字工具添加更多的文字和图形。

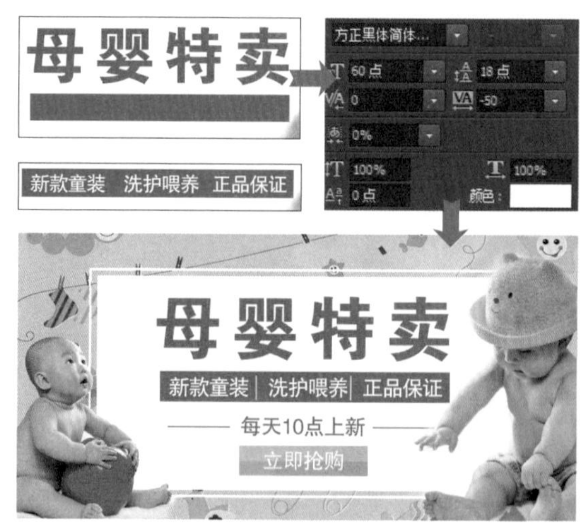

案例 57 半透明效果的按钮式广告

本案例是半透明效果的按钮式广告。设计中通过将不同的鞋子图像添加到画面中，并在其中间绘制半透明的圆形和添加简单的文字说明，制作成整洁的按钮式广告，然后将这些不同的按钮式广告组合在一起，为观者提供更多的选择。

素　材	随书资源\素材\06\10~13.jpg
源文件	随书资源\源文件\06\半透明效果的按钮式广告.psd

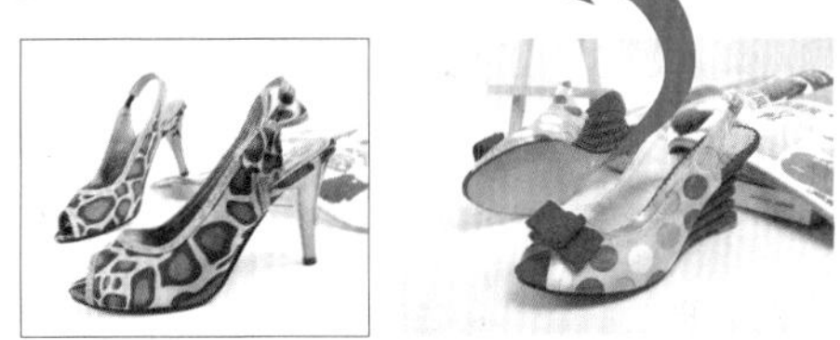

步骤01　绘制图形设置样式

创建新文件，设置前景色为R167、G213、B238，使用“矩形工具”沿文件边缘绘制同等大小的矩形。为了让绘制的矩形更有质感，双击矩形图层，打开“图层样式”对话框，在对话框中单击“图案叠加”样式，选择“网点1”图案，再将图案的混合模式改为“柔光”，让色调更统一。

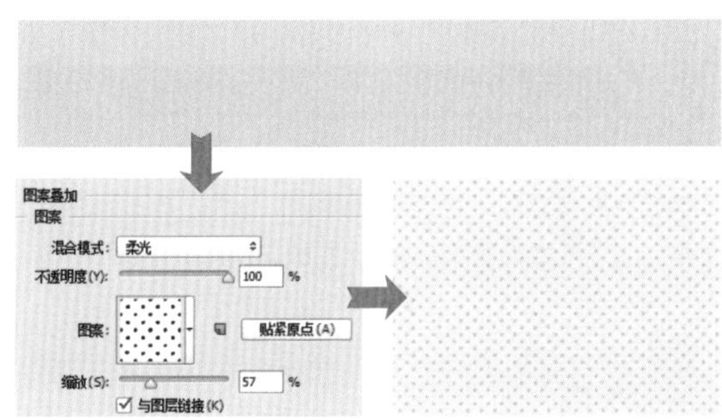

步骤02　绘制图形并置入图像

为了便于调整和编辑商品图像，创建“分类商品”图层组，并使用“矩形工具”在组内绘制一个黑色矩形。将鞋子图像“10.jpg”置入到新建文件中。

步骤03　创建剪贴蒙版

将置入的图像放置到绘制的黑色矩形内部。执行“图层>创建剪贴蒙版”菜单命令，创建剪贴蒙版，拼合图像。

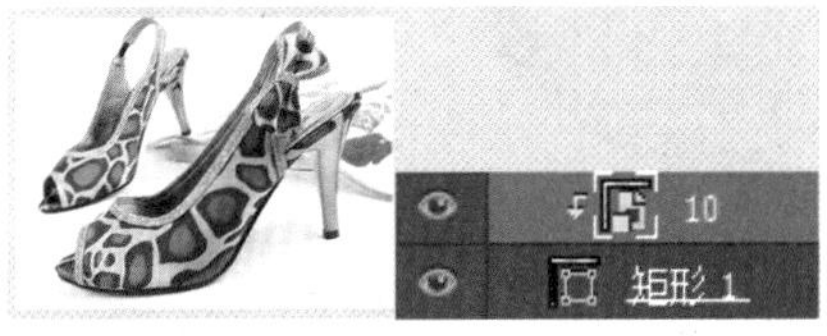

步骤04　置入鞋子图像创建剪贴蒙版

此处需要设置组合的按钮式广告，所以按下快捷键Ctrl+J，复制多个同等大小的矩形，单击“移动工具”按钮，将这些复制的矩形依次向右移动，创建并排的图形效果，再将鞋子图像“11~13.jpg”分别置入到矩形中。使用与步骤3相同的方法，创建剪贴蒙版。

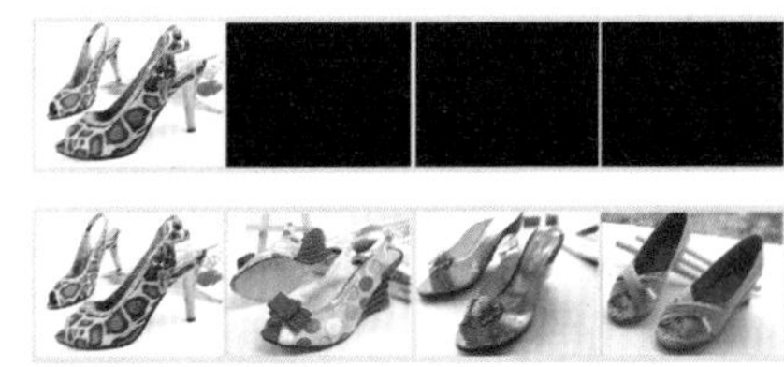

步骤05　载入选区调整“色相/饱和度”

查看添加的鞋子图像，发现第二个按钮式广告中的鞋子颜色略显暗淡。按住Ctrl键不放，单击“矩形1拷贝”图层缩览图，载入图层选区。选中矩形内的鞋子对象，新建“色相/饱和度1”调整图层，打开“属性”面板。这里想让图像颜色饱和度变得更高，因此将“饱和度”滑块向右拖曳。

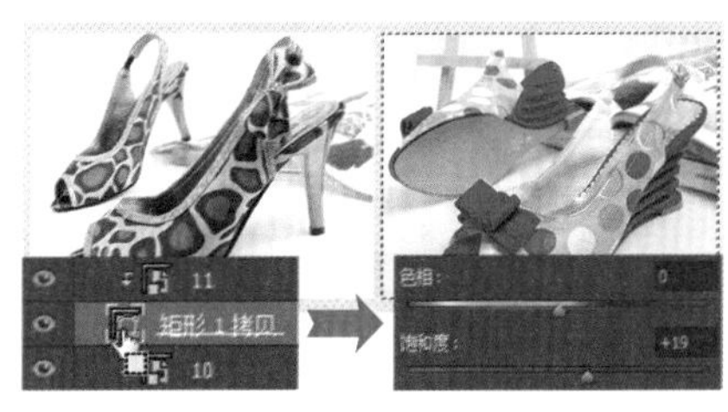

步骤06 载入选区调整“色相/饱和度”

接下来再看紫色的高跟鞋图像，其颜色也不是很理想。按住Ctrl键不放，单击“矩形1拷贝2”图层蒙版缩览图，载入选区。选中矩形内的鞋子对象，新建“色相/饱和度2”调整图层，打开“属性”面板，同样将“饱和度”滑块向右拖曳，增强图像的颜色鲜艳度。

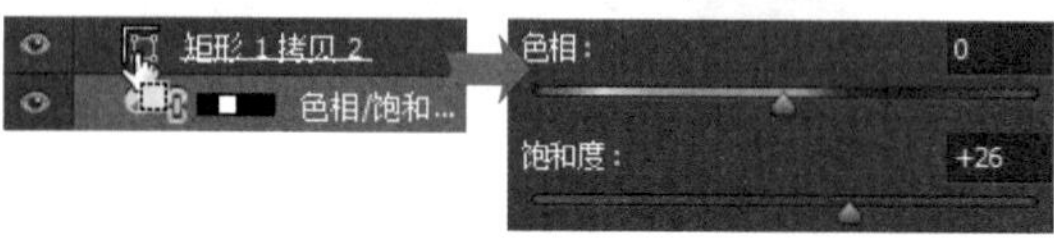

步骤07 设置“色阶”和“色相/饱和度”

按住Ctrl键不放，单击“矩形1拷贝3”图层蒙版缩览图，载入选区。选中矩形内的鞋子对象，由于原图像因曝光不足而偏暗，因此创建“色阶1”调整图层，在“属性”面板中将灰色滑块向左拖曳，快速提亮图像；再新建“色相/饱和度3”调整图层，并在“属性”面板中将“饱和度”滑块向右拖曳，提高颜色鲜艳度。

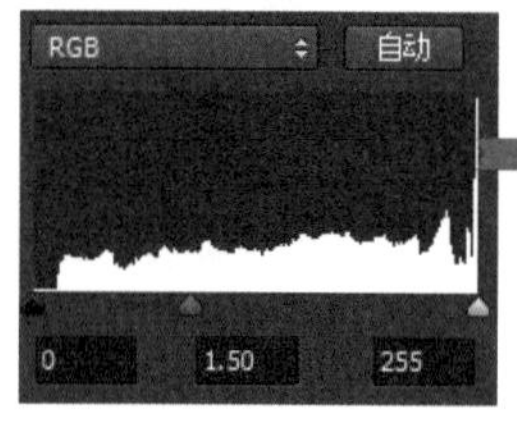

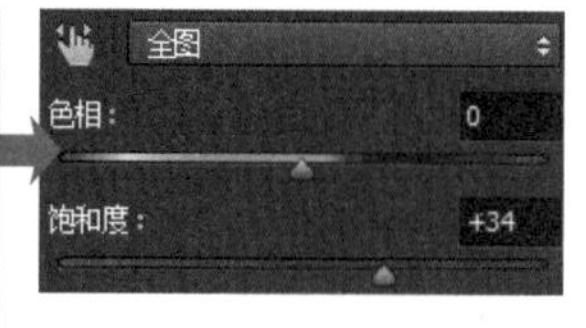

步骤08 使用“椭圆工具”绘制图形

创建“图标按钮”图层组，用于按钮的制作。单击“椭圆工具”按钮，在选项栏中调整工具选项，确保绘制模式为“形状”，按住Shift键不放，在第一张鞋子图像上单击并拖曳鼠标，绘制一个带蓝色描边效果的白色圆形。

步骤09 设置图层的不透明度

这里需要制作半透明的按钮效果，所以选中“椭圆1”图层，将此图层的“不透明度”降为60%，得到半透明的图形效果。

技巧提示：绘制圆形

使用“椭圆工具”绘制图形时，按住**Shift**键不放，单击并拖曳鼠标，可以绘制圆形。另外，单击选项栏中的“几何体选项”按钮，在展开的面板中选中“圆（绘制直径或半径）”单选按钮，同样可以绘制圆形。

步骤10 在图形中输入文字

单击“横排文字工具”按钮，在图形中间输入文字“新款凉鞋”，打开“字符”面板。为了迎合女性顾客的色彩倾向，将颜色设置为粉红色，字体设置为“方正粗倩简体”。

步骤11 输入文字更改属性

确保“横排文字工具”为选中状态，在文字“新款凉鞋”下方输入凉鞋的英文“Sandals”，打开“字符”面板。为了突出文字的主次关系，将英文颜色设置为灰色，字体设置为较粗的英文字体。

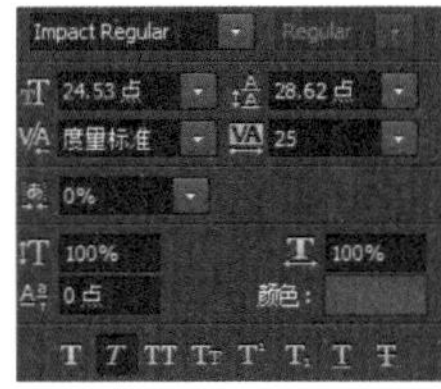

步骤12 绘制箭头图形

为了增强按钮式广告的指示性，可以在图像中制作箭头图形。单击“钢笔工具”按钮，在选项栏中将绘制模式设置为“形状”，设置填充颜色为“无颜色”，描边颜色为R7、G57、B106，设置后在输入的文字右侧连续单击，绘制纤细的箭头图案，完成单个按钮式广告的制作。

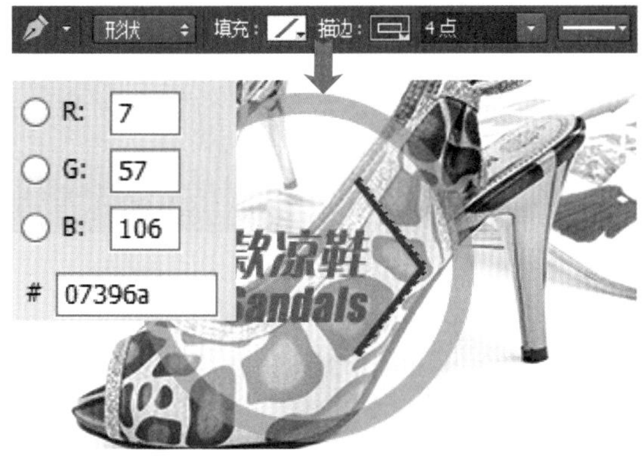

步骤13 复制图层组

这里要制作多个按钮的组合效果，让观者有更多的选择。选中“图标按钮”图层组，连续按下快捷键Ctrl+J，复制图层组，创建“图标按钮 拷贝”“图标按钮 拷贝2”和“图标按钮 拷贝3”图层组，然后分别将图层中的图像依次向右拖曳，创建并排的按钮式广告。为了让所有的图层变得更整齐，同时选中创建的图层组，执行“图层>对齐>顶边”菜单命令，对齐图层中的图像。

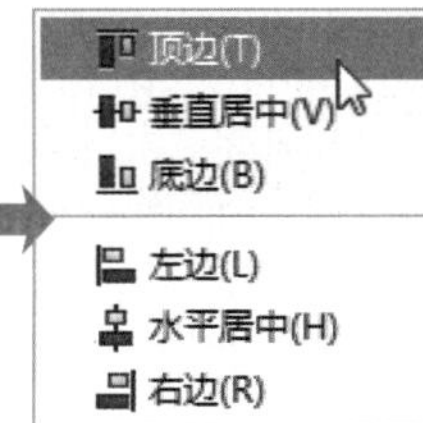

步骤14 更改文字信息

由于每个按钮式广告中所要表现的商品是不同的，因此要对图层组中的文字进行相应的修改。确保“横排文字工具”为选中状态，选中“图标按钮 拷贝”图层组，在文字“新款凉鞋”位置单击，然后将文字改为“新款单鞋”。

步骤15 继续更改文字信息

将鼠标移至英文“Sandals”位置，单击鼠标，显示光标插入点，然后将英文更改为“SPRING”。

步骤16 继续更改文字

选中其他图层组中的文字信息，根据下方所对应的鞋子图像，依次改为“性感高跟”“优雅低跟”，同时对下方的英文进行适当调整，完成本案例的制作。

技巧提示：图层组的复制

在**Photoshop**中，图层组的复制方法与图层的复制方法相同，只需选中图层组，将其拖曳至“创建新图层”按钮上，再释放鼠标，即可复制图层组；或者直接按下快捷键**Ctrl+J**，快速复制选中的图层组。

案例 58　扁平组合式按钮广告

本案例是扁平组合式按钮广告。画面中通过绘制规则的几何图形，然后将拍摄好的商品照片置入到不同的矩形内，形成不同风格的按钮式广告。不同色彩的扁平化的图形组合能达到吸引眼球的效果，同时，结合文字字体、大小的编排，增强了单个按钮式广告的设计感。

素　材	随书资源\素材\06\14~16.jpg
源文件	随书资源\源文件\06\扁平组合式按钮广告.psd

步骤01　创建图层组绘制图形

创建新文件，新建“项链”图层组，用于第一个广告按钮的制作。选择“矩形工具”，在画面左侧单击并拖曳鼠标，绘制一个矩形。

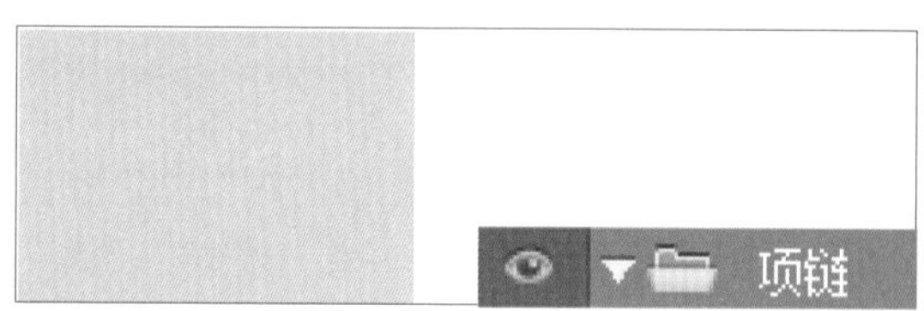

步骤02　置入图像到图形中

将项链图像“14.jpg”置入到绘制的矩形上方。此处要让添加的商品被放置于矩形内部，所以执行“图层>创建剪贴蒙版”菜单命令，创建剪贴蒙版，拼合图像。

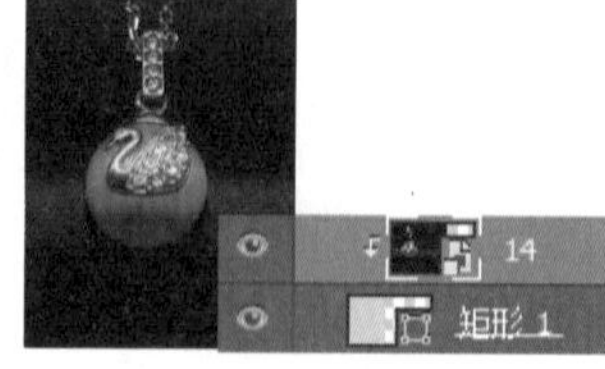

步骤03　绘制三角形

单击“钢笔工具”按钮，设置前景色为黑色，在项链图像上连续单击，绘制不规则的三角形，创建“形状1”图层，并将图层“不透明度”降为50%。

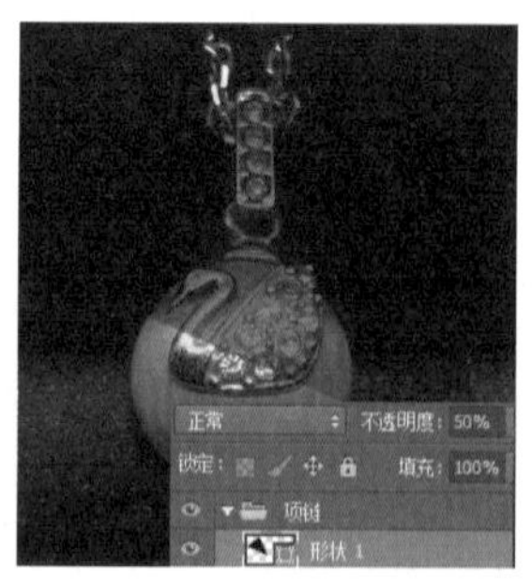

步骤04　设置并输入文字

选择工具箱中的“横排文字工具”，在黑色三角形的上方输入文字“热卖TOP榜单”，打开“字符”面板。此处为了便于查看，将字体设置为工整的“方正大标宋_GBK”，并将间距设置为-100，让文字显得更紧凑。

技巧提示：更改文字的颜色

当需要对输入的文字的颜色进行调整时，确保文字工具为选中状态，然后在要更改的文字上单击并拖曳鼠标，将其选中，再单击选项栏或“字符”面板中的颜色块，即可重新设置文字颜色。

步骤05　选择并更改文字

确保“横排文字工具”为选中状态，在英文“TOP”上单击并拖曳鼠标，选中文字；打开“字符”面板，在面板中对字体进行调整，并将文字间距设为50，突出文字。

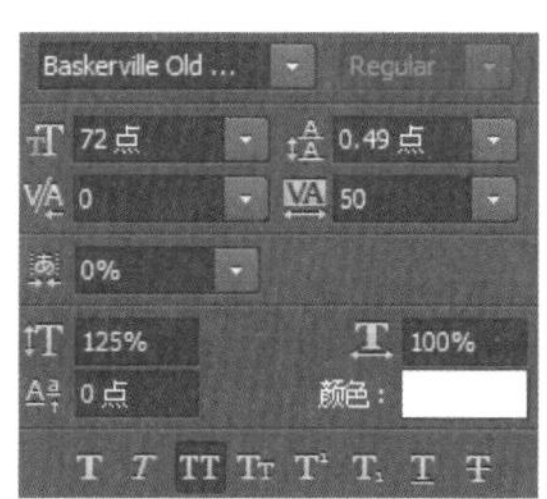

技巧提示：删除特殊字符样式

在“字符”面板下方显示了多种不同的特殊字符样式，如仿粗体、仿斜体、上标、下标等，可以通过单击这些特殊样式按钮，将文字转换为相应的效果。如果文字已应用特殊的字符效果，则再次单击按钮，即可删除应用的样式。

步骤06　使用“矩形工具”绘制图形

接下来还要进行其他按钮文字的制作。为了让输入的文字更加醒目，单击“矩形工具”按钮，在选项栏中调整图形的填充颜色，在要输入文字的位置绘制一个红色矩形。

步骤07　设置并输入文字

选择工具箱中的“横排文字工具”，在红色矩形上方输入文字“立即抢购”，打开“字符”面板。这里为了让文字的层次关系更明显，将字体设置为“方正黑色_GBK”，文字大小更改为26点，间距设置为200。

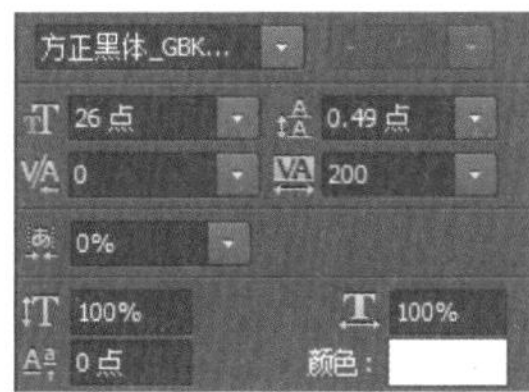

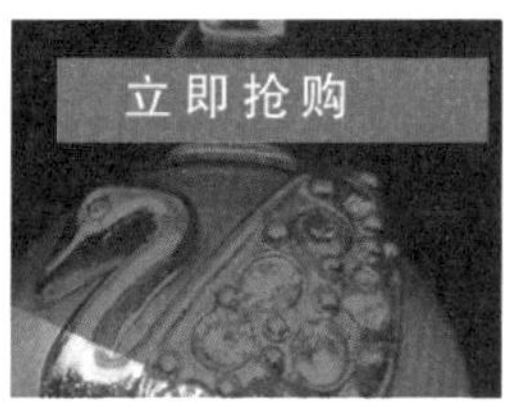

步骤08　使用“自定形状工具”绘制图形

为了让制作的按钮具有更强的指示性，单击“自定形状工具”按钮，再单击“形状”右侧的下三角按钮，在展开的面板中单击“箭头2”形状，将鼠标指针移至文字“立即抢购”右侧，单击并拖曳鼠标，绘制箭头图形。按下快捷键Ctrl+J，复制箭头图形，创建“形状2拷贝”图层，并用“移动工具”将复制的箭头向右拖曳，得到并排的箭头图形。

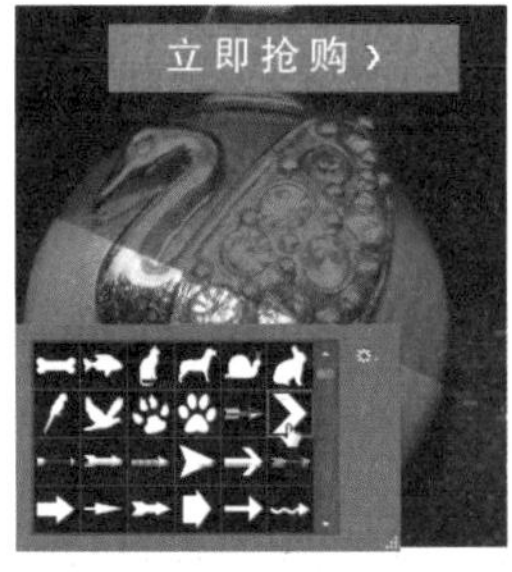

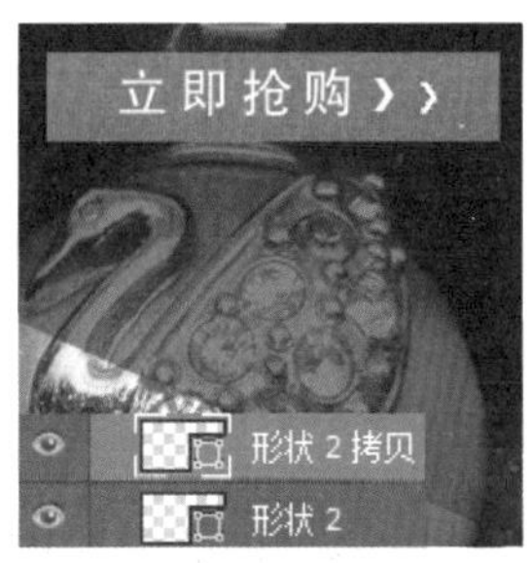

步骤09　运用“矩形工具”创建更多矩形

选择“矩形工具”，按住Shift键不放，单击并拖曳鼠标，绘制正方形图形，然后将图形复制并调整为不同的颜色。创建“臻品手链”“清仓”“包邮单品”和“新品来袭”图层组，并将绘制的矩形分别放入不同的图层组中。

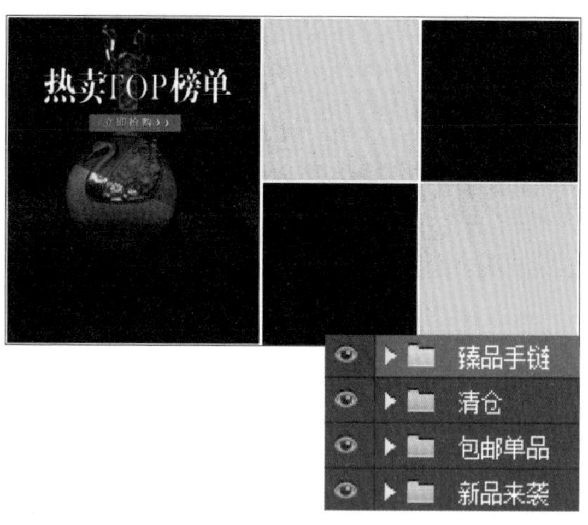

步骤10 置入图像添加文案

使用与步骤2同样的方法，将商品图像置入到对应的图层组中，并在图像上方添加相应的广告文字，完成本案例的制作。

案例59 手机广告

本案例是按钮式手机广告。设计中利用卡通人物形象更好地亲近客户，营造出一种自由、闲适的氛围，让广告更具创意性。同时，简单的图形搭配上不同粗细的文字，让画面中的文字信息更加突出，而将手机商品置于文字的右侧，使观者对要表现的商品一目了然。

素　材	随书资源\素材\06\17~18.psd、19jpg
源文件	随书资源\源文件\06\手机广告.psd

步骤01 设置并填充背景颜色

创建新文件，设置前景色为R56、G56、B56，单击“图层”面板中的“创建新图层”按钮，新建“图层1”图层。按下快捷键Alt+Delete，将图层填充为灰色。

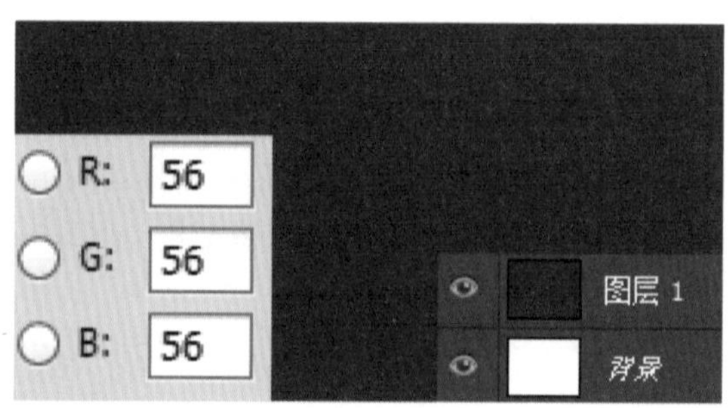

技巧提示：填充前景色与背景色

在 **Photoshop** 中，按下快捷键 **Alt+Delete**，可以用设置的前景色填充图像；按下快捷键 **Ctrl+Delete**，可以用设置的背景色填充图像。

步骤02 置入卡通形象

将卡通人物“17.psd”置入到画面底部，使图像更有趣味性。

步骤03 使用“钢笔工具”绘制图形

下面要绘制背景图案。为了便于管理图形，单击“创建新组”按钮，新建“矢量背景”图层组。设置前景色为R255、G214、B0，单击“钢笔工具”按钮，在选项栏中设置绘制模式为“形状”，在添加的卡通图像上方绘制不规则的图形。

步骤04 使用“钢笔工具”绘制图形

将前景色设置为白色，确认“钢笔工具”为选中状态，在黄色的图形边缘再绘制不规则的白色图形，创建更丰富的图形效果。

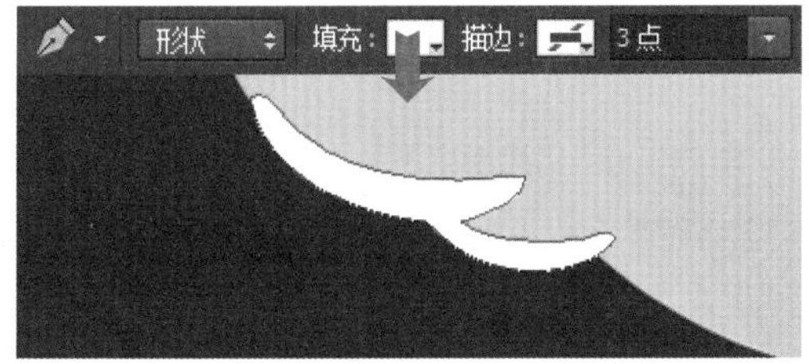

步骤05 设置“投影”样式

双击“形状2”图层，打开“图层样式”对话框。这里要为图形添加投影效果，单击样式列表中的“投影”样式，为了让投影与画面颜色更一致，单击右侧的色标，将投影颜色设置为深一些的黄色，再调整“不透明度”“距离”“大小”等，设置完成后单击“确定”按钮，为图像添加投影。

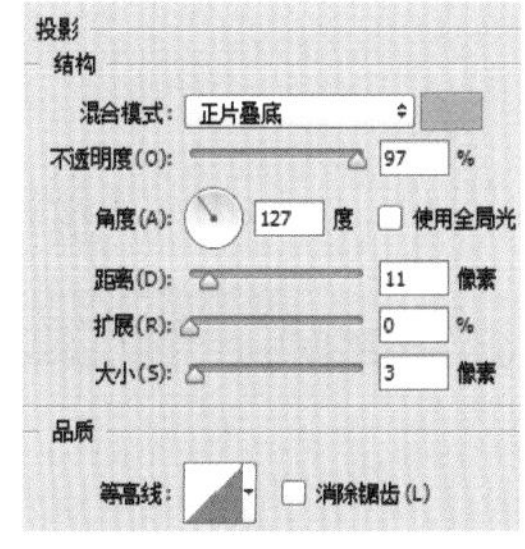

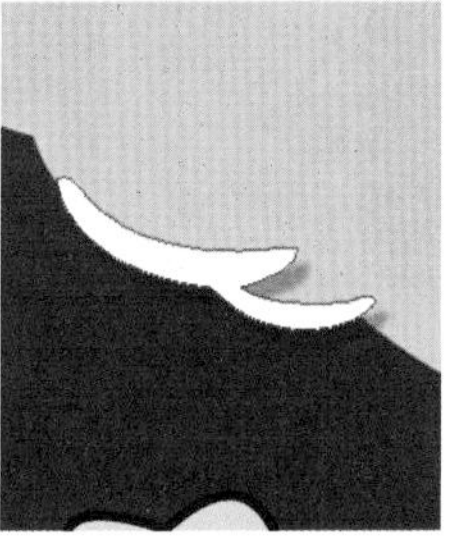

步骤06 执行“拷贝图层样式”命令

继续使用“钢笔工具”在绘制的白色图形上方绘制一个白色图形，此时需要为图像添加相同的样式，右击“形状2”图层下添加的图层样式，在弹出的快捷菜单中执行“拷贝图层样式”命令，复制形状下的投影样式。

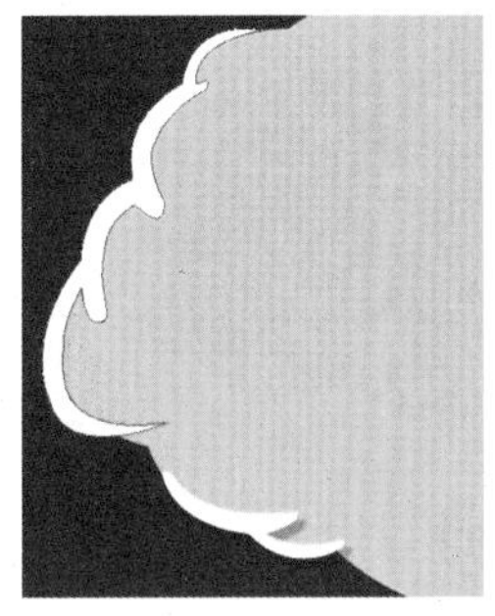

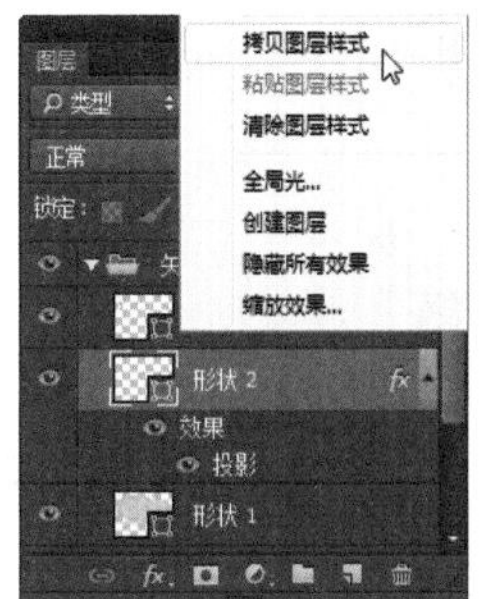

步骤07 粘贴图层样式

选中“形状3”图层，右击该图层，在弹出的快捷菜单中执行“粘贴图层样式”命令，将上一步中复制的图层样式粘贴至“形状3”图层，完成相同样式的添加。

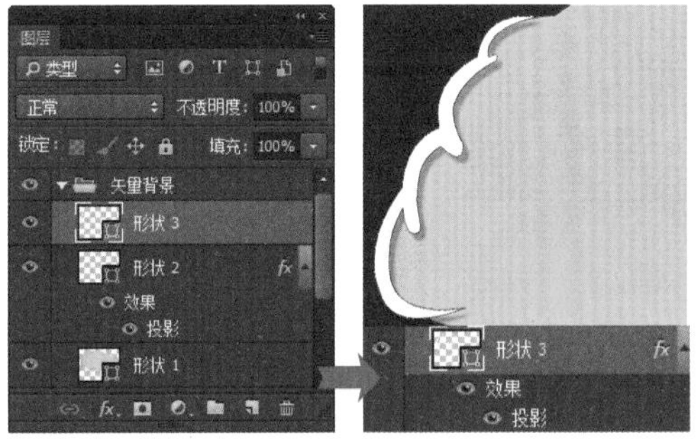

步骤08 设置“投影”样式

使用“钢笔工具”在黄色图形右侧绘制白色图形，双击形状图层，打开“图层样式”对话框。为了让图形样式更统一，在对话框中设置相同的投影颜色，然后根据投影的角度，调整“角度”选项值，设置完成后单击“确定”按钮，应用样式。

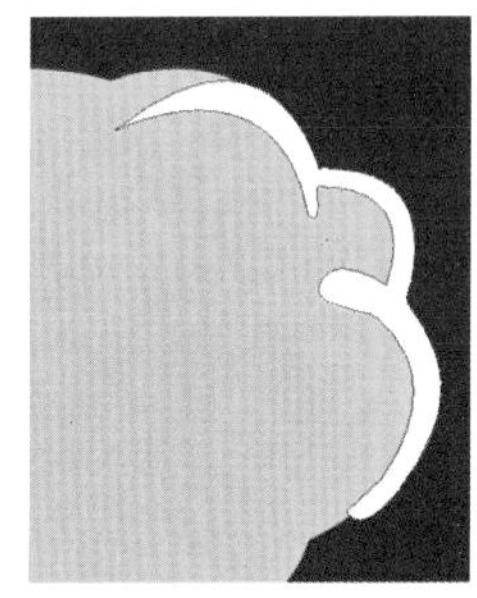

步骤09 完成更多图形的绘制

继续结合“钢笔工具”和图层样式功能，在画面中绘制出更多不同的矢量图形，制作出更有创意的背景图像。

步骤10 使用“自定形状工具”绘制图形

选择“自定形状工具”，在选项栏中单击“音量”形状，将鼠标移至黄色图形上方，单击并拖曳鼠标，绘制一个形状。此时感觉图像的角度不是很好，按下快捷键Ctrl+T，打开自由变换编辑框，通过拖曳编辑框中的图像对图形进行旋转，然后按Enter键，应用旋转效果。

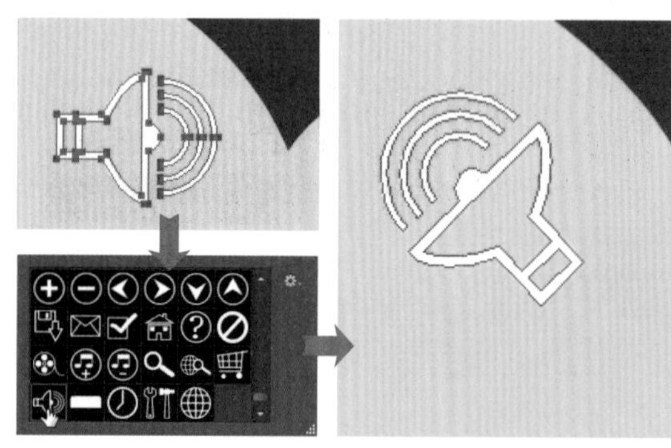

步骤11 设置“投影”样式

绘制音量图形后，同样需要为图形添加类似的投影效果。双击图层，打开“图层样式”对话框，单击“投影”样式，为了让投影颜色更一致，在“混合模式”右侧的颜色块中将颜色设置为相同的颜色，然后适当调整“角度”“距离”等，单击“确定”按钮，应用样式。

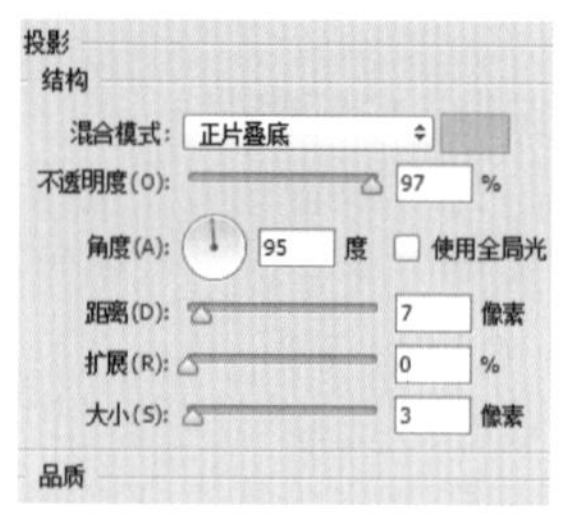

步骤12 绘制更多图形

继续使用“自定形状工具”绘制更多个性化的图形，并为其添加类似的投影效果。选择“多边形工具”，这里要绘制四角星形，在选项栏中设置“边”为4，并单击“几何体选项”按钮，展开“几何体选项”面板，勾选“星形”和“平滑拐角”复选框，调整缩进量，在画面中单击并拖曳，绘制四角星，绘制后为其添加相同的投影。

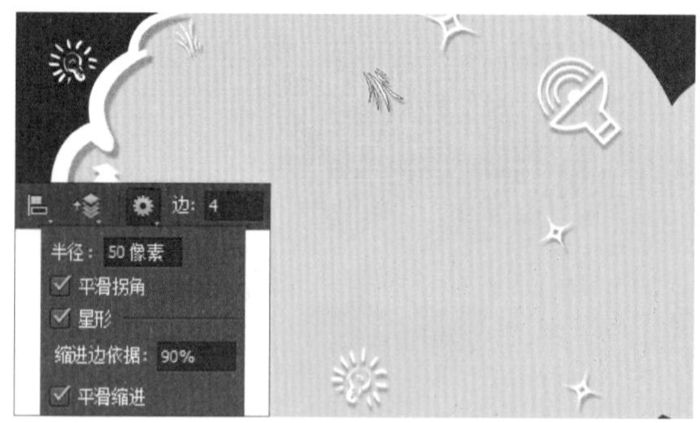

步骤13 复制手机图像

新建“商品1”图层组，将素材文件“18.psd”中的手机素材复制到该图层组中。此时手机屏幕显示为关闭状态，为了让屏幕呈现开启时的效果，使用“圆角矩形工具”沿黑色的屏幕边缘单击并拖曳鼠标，绘制图形。

步骤14　创建剪贴蒙版

将手机屏幕素材“19.jpg”置入到手机图像上方。这里只需显示屏幕内的图像，因此执行“图层>创建剪贴蒙版”菜单命令，创建剪贴蒙版，隐藏多余的图像。

步骤15　复制图层组

复制“商品1”图层组，创建“商品1拷贝”图层组，并调整图层中图像的大小和排列顺序。为了让观者看到不同的屏幕显示效果，使用“移动工具”拖曳下方手机图像内的屏幕图片，创建叠加的手机图像。

步骤16　添加文字效果

选择“横排文字工具”，在手机旁边的黄色图形上方输入文字信息。为了突出手机价格，选中部分文字，更改为粗体字，并适当调整其颜色，完成本案例的制作。

案例60　鼠标广告

本案例是按钮式鼠标广告。在设计过程中，为了表现出炫彩效果，在画面中添加了绚丽的光晕图像，通过合成的方式来制作广告背景图像，以表现鼠标高品质的特点，给观者带来了视觉上的享受，也更容易得到观者的青睐。

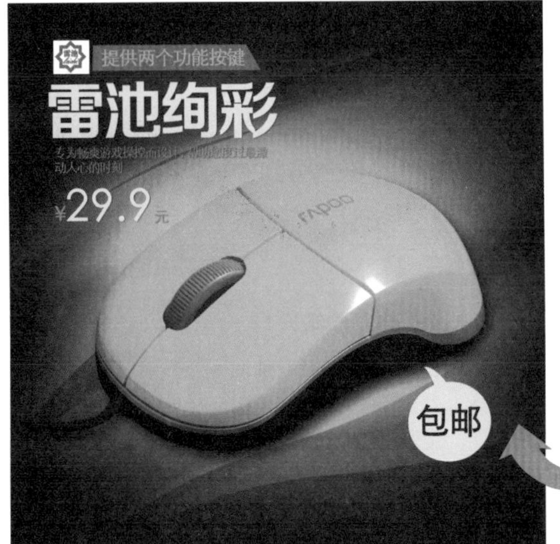

素　材	随书资源\素材\06\20~21.jpg
源文件	随书资源\源文件\06\鼠标广告.psd

步骤01 使用“钢笔工具”抠取图像

创建新文件，打开素材文件“20.jpg”，将打开的图像复制到新建文件中，创建“图层1”图层。这里只需要保留鼠标部分，因此使用“钢笔工具”沿鼠标图像边缘绘制路径，按下快捷键Ctrl+Enter，将路径转换为选区。单击“添加图层蒙版”按钮，添加图层蒙版。

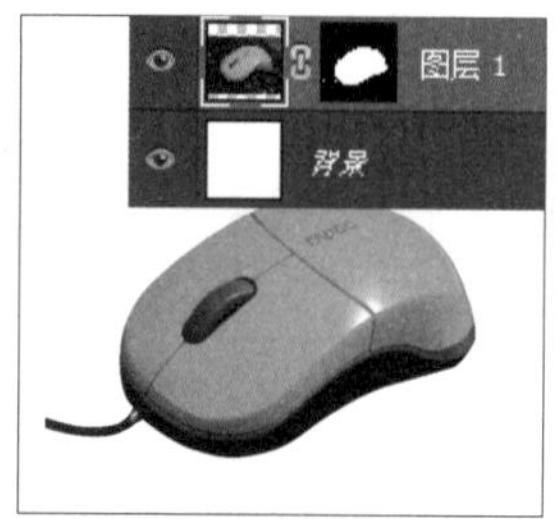

步骤02 复制选区图像

按住Ctrl键不放，单击“图层1”图层缩览图，载入选区，选中鼠标图像。按下快捷键Ctrl+J，复制选区中的图像，得到“图层2”图层。

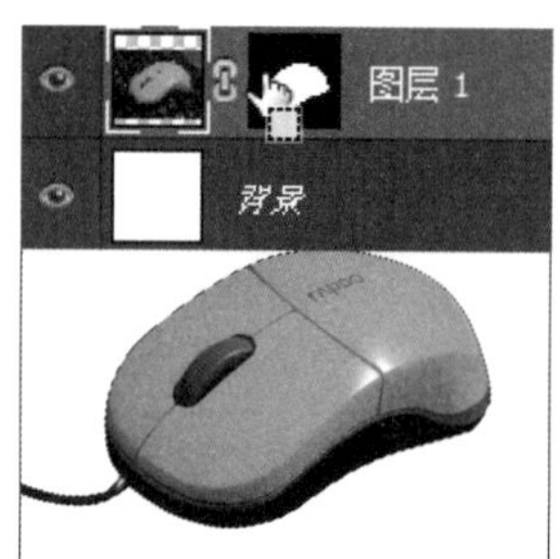

步骤03 设置“表面模糊”滤镜模糊图像

按下快捷键Ctrl++，放大图像，可以看到鼠标上面有灰尘。为了让鼠标变得更干净，执行“滤镜>模糊>表面模糊”菜单命令，打开“表面模糊”对话框，在对话框中设置参数，模糊图像。

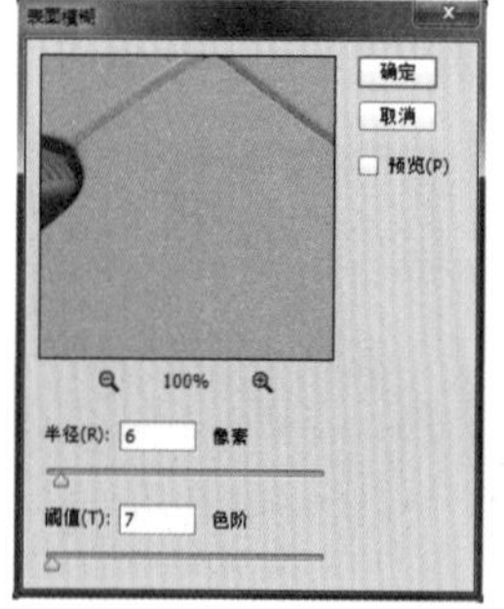

步骤04 使用“污点修复画笔工具”修复瑕疵

按住Ctrl键不放，选择“图层1”和“图层2”图层，按下快捷键Ctrl+Alt+E，盖印选中图层，创建“图层2（合并）”图层。按下快捷键Ctrl++，放大图像，可以看到在鼠标上还有一些瑕疵。选择“污点修复画笔工具”，在鼠标上的瑕疵位置单击或涂抹，去掉鼠标表面的瑕疵，得到更干净的商品图像。

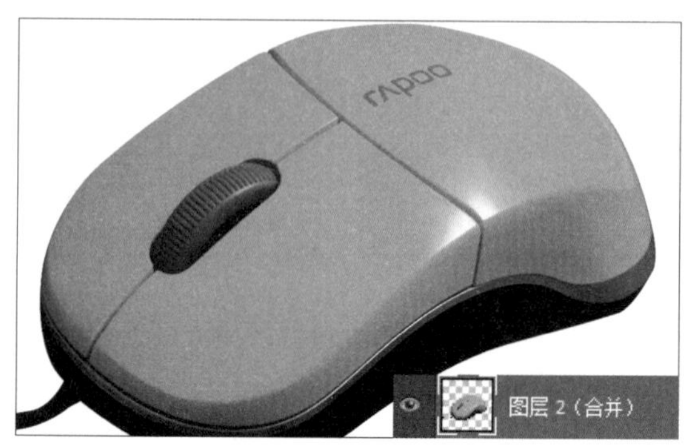

步骤05 设置图层样式

抠出图像后，鼠标下方的投影也没有了，图像显得不自然。双击“图层2（合并）”图层，打开“图层样式”对话框，在对话框中单击“内阴影”样式，然后调整样式选项，为图像添加内阴影，使其变得更暗；再单击“投影”样式，设置样式选项，为图像添加较厚重的阴影效果。

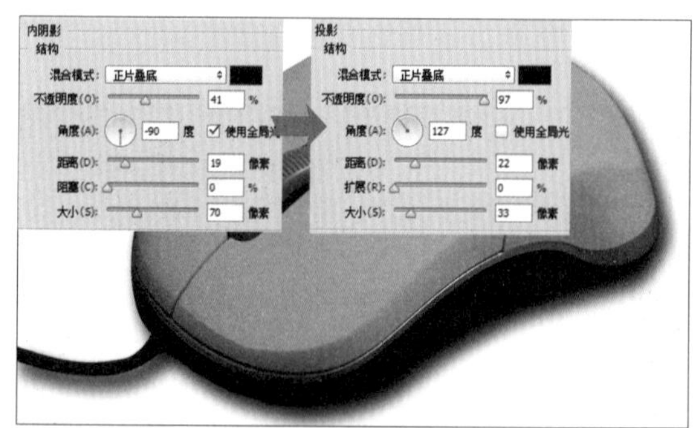

步骤06 载入选区设置“色阶”

观察鼠标图像，发现其对比度偏弱，鼠标看起来缺少质感，可以适当调整其对比度。按住Ctrl键不放，单击“图层2（合并）”图层缩览图，载入选区。新建“色阶1”调整图层，打开“属性”面板，在“预设”下拉列表框中选择“增强对比度1”选项，增强图像对比效果。

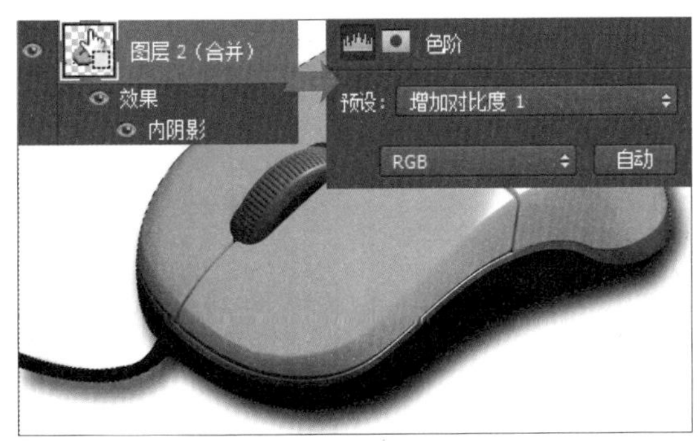

步骤07 调整颜色

按住Ctrl键不放，单击“图层2（合并）”图层缩览图，载入鼠标选区。新建“色彩平衡1”调整图层，在打开的“属性”面板中设置参数，加深黄色和绿色。新建“色相/饱和度1”调整图层，为了让图像颜色更鲜艳，将“饱和度”设置为+13。

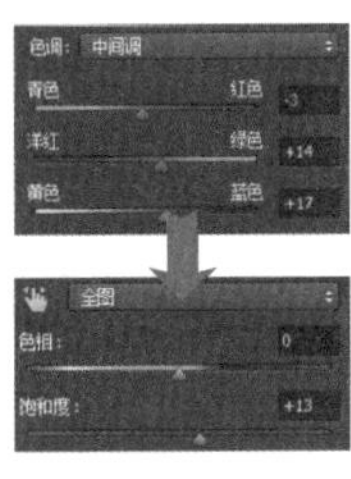

步骤08 设置“可选颜色”

按住Ctrl键不放，单击“图层2（合并）”图层缩览图，载入选区。新建“选取颜色1”调整图层，经过前面的调整操作，感觉鼠标的高光部分偏黄，因此在“颜色”下拉列表框中选择“黄色”选项，拖曳下方的颜色滑块，调整油墨比例，使鼠标变得更绿一些。

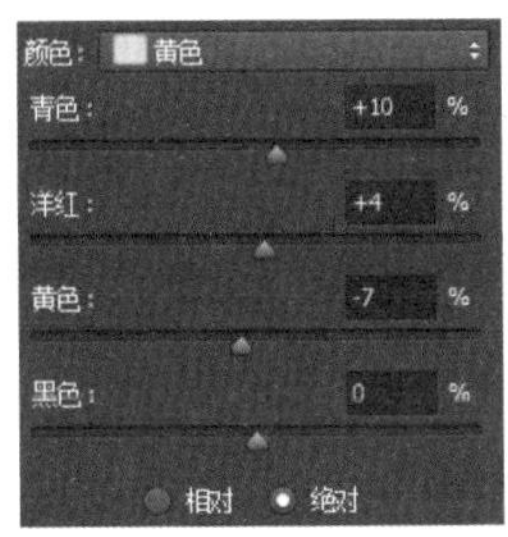

步骤09 复制图像设置“色相/饱和度”

打开素材文件“21.jpg”，将打开的图像复制到鼠标图像下方。新添加的背景图像色彩与鼠标颜色反差太大。为了让整个画面颜色更和谐自然，新建“色相/饱和度2”调整图层，打开“属性”面板，在面板中将“色相”滑块向左拖曳至绿色位置，更改背景颜色为绿色，再将“饱和度”滑块拖曳至55位置，提高颜色饱和度。

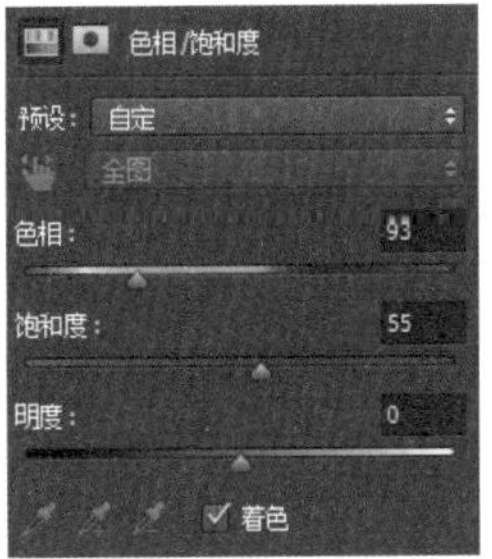

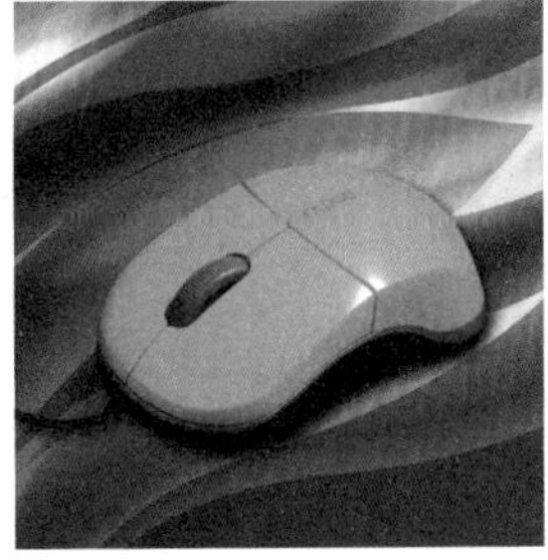

步骤10 设置“色彩平衡”

设置后在图像窗口中可看到背景颜色发生了明显变化，但是绿色区域还是不够绿。新建“色彩平衡2”调整图层，打开“属性”面板，在面板中将“洋红-绿色”滑块向绿色方向拖曳，增强绿色；再将“黄色-蓝色”滑块向黄色方向拖曳，使背景变为清新的黄绿色调。

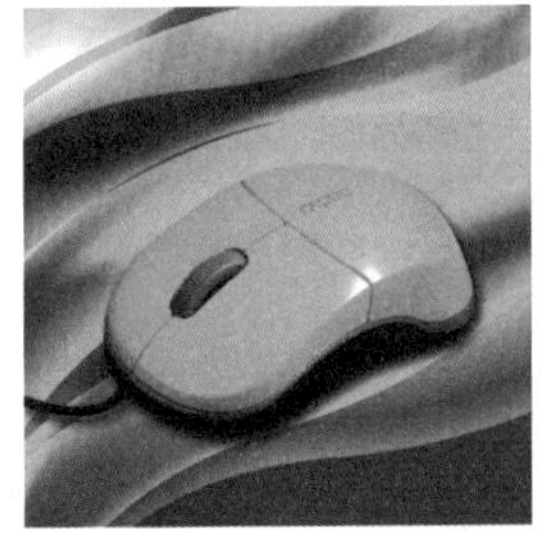

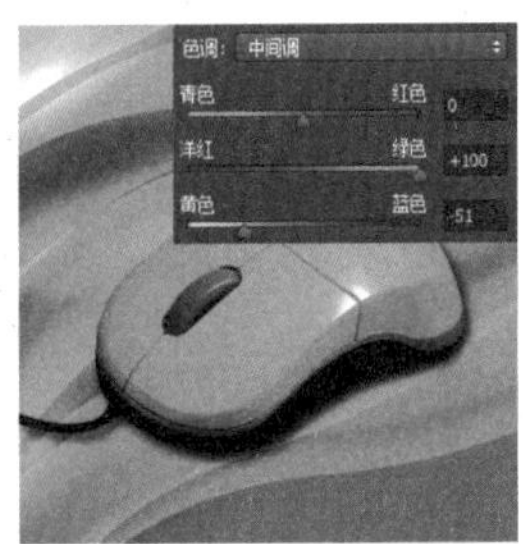

步骤11 绘制矩形选区

为了突出中间的鼠标图像，可以在图像边缘添加晕影。单击“矩形选框工具”按钮，这里要让添加的晕影形成更自然的影调过渡，需将“羽化”设置为较大的参数值，建议为200像素，设置后沿鼠标边缘单击并拖曳，绘制选区。由于需要对边缘进行处理，因此执行“选择>反选”菜单命令，反选选区。

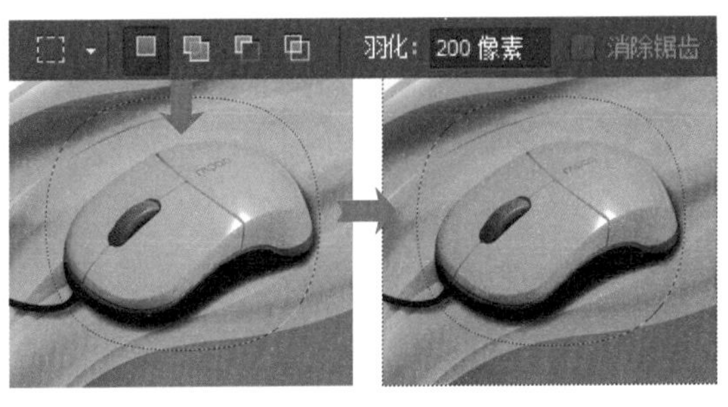

步骤12 为选区填充颜色

新建“颜色填充1”调整图层，在打开的“拾色器（纯色）”对话框中将填充颜色设置为黑色，填充后图像边缘变得更暗。

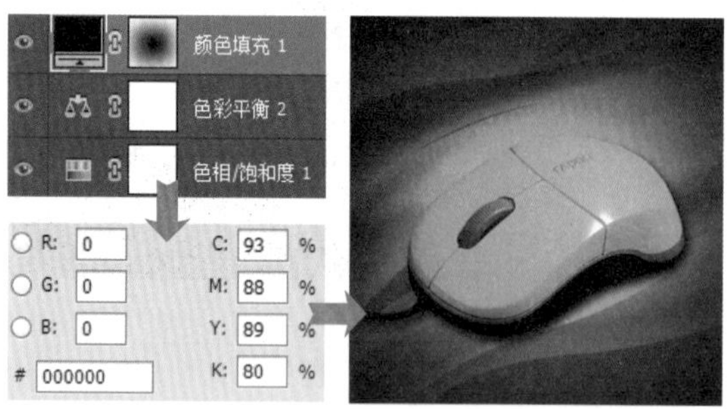

步骤13 设置“曲线”降低图像亮度

为了让边缘部分变得更暗，按住Ctrl键不放，单击“颜色填充1”图层蒙版缩览图，载入选区。新建“曲线1”调整图层，这里需要让选区内的图像变暗，所以在“属性”面板中单击并向下拖曳曲线。

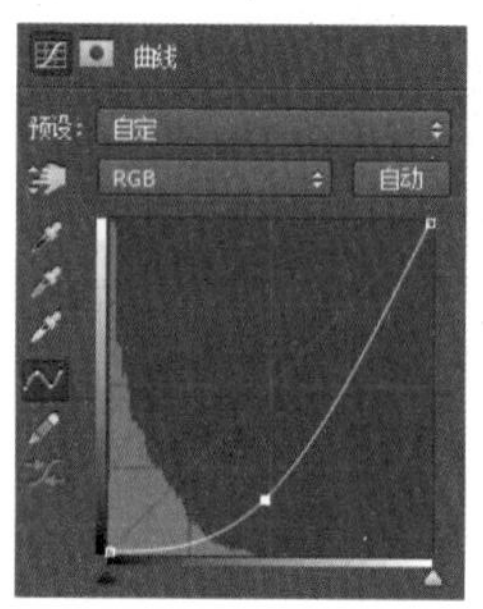

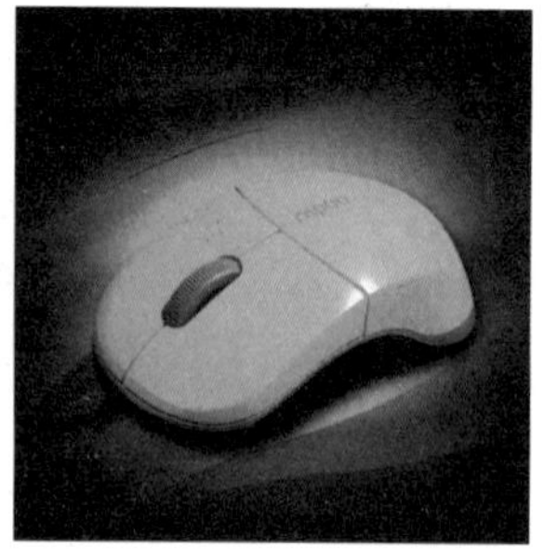

步骤14 载入并反选选区

按住Ctrl键不放，单击“曲线1”图层蒙版缩览图，载入选区。执行“选择>反选”菜单命令，反选选区。

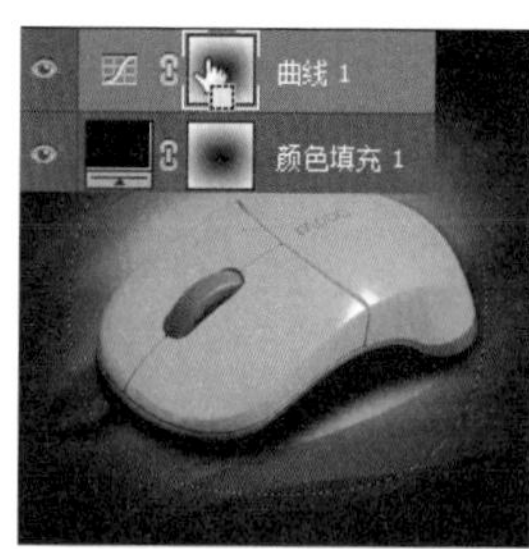

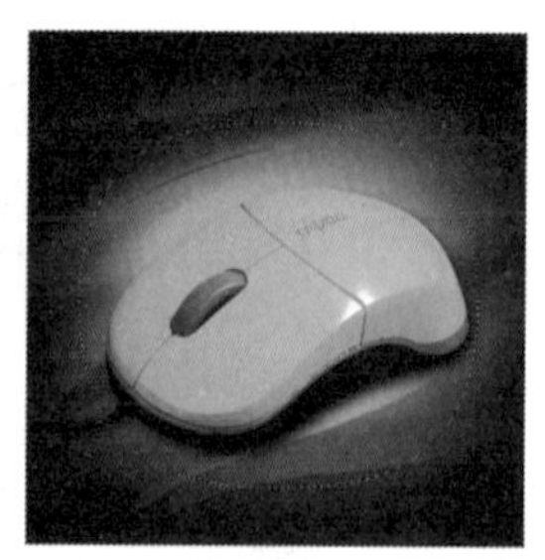

步骤15 设置“曲线”提亮图像

此时为了提高中间鼠标与边缘背景的明暗反差，新建“曲线2”调整图层，打开“属性”面板。想要中间的鼠标图像变得更亮，可在“属性”面板中单击并向上拖曳曲线。

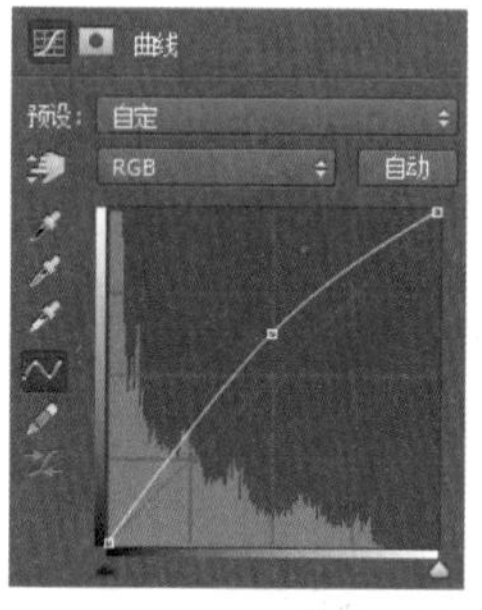

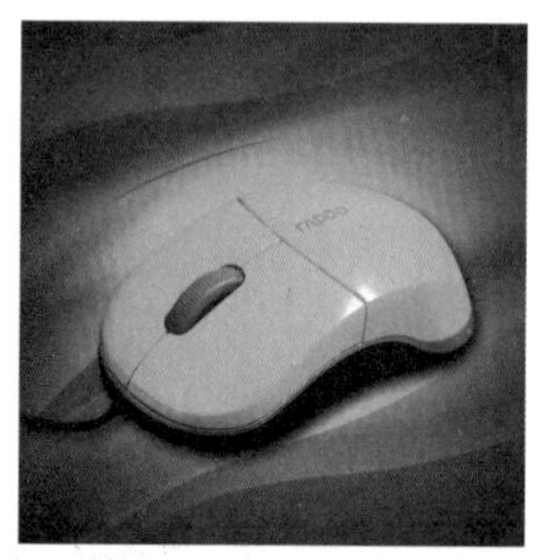

步骤16 添加商品说明信息

使用“横排文字工具”在画面中输入商品说明信息，输入后使用“钢笔工具”在画面中绘制图形，突出部分文字信息。最后为了提高观者的信任度，在画面的左上角制作鼠标的品牌徽标，完成本案例的制作。

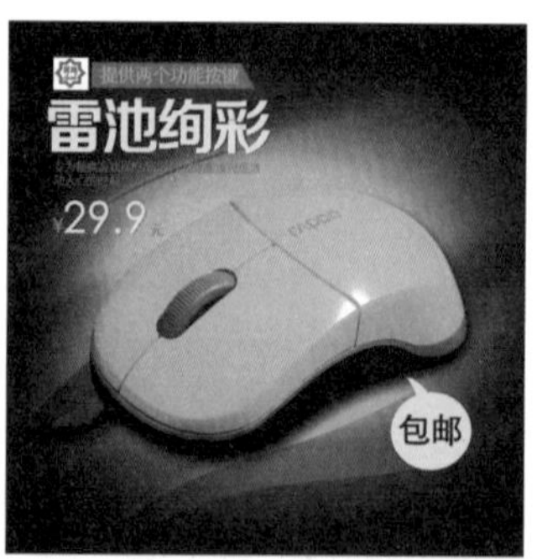

案例61 糖果色毛衣广告

本案例是为某品牌毛衣所设计的按钮式广告。设计过程中考虑到毛衣的颜色风格，在背景的处理上，通过多种色彩的图形组合搭配来突显毛衣的色彩特征，同时利用有效的文字说明来表现衣服的价格优势，使其更容易引起观者的注意。

素 材	随书资源\素材\06\22.jpg
源文件	随书资源\源文件\06\糖果色毛衣广告.psd

步骤01 设置并填充颜色

创建新文件，为了迎合设计主题，将前景色设置为R255、G95、B151，创建“图层1”图层，按下快捷键Alt+Delete，将背景填充为粉红色。

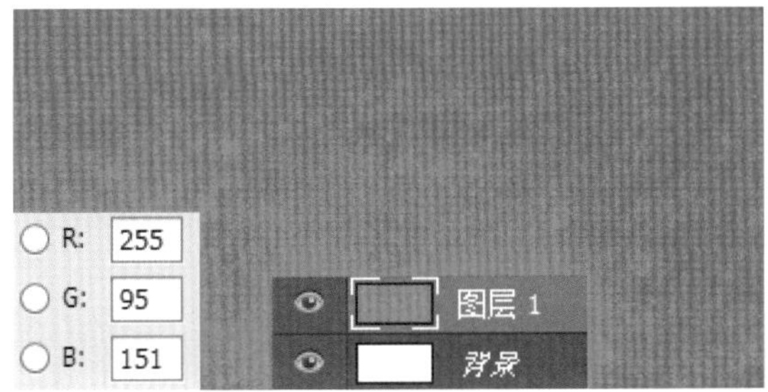

步骤02 使用“多边形工具”绘制三角形

选择“多边形工具”，在选项栏中确定绘制模式为“形状”，填充颜色设置为R225、G195、B98，由于要绘制三角形，所以将“边”设置为3，然后在背景中间位置绘制三角形。执行“编辑>变换>路径>垂直翻转”菜单命令，将绘制的图形翻转，并调整其大小和位置。

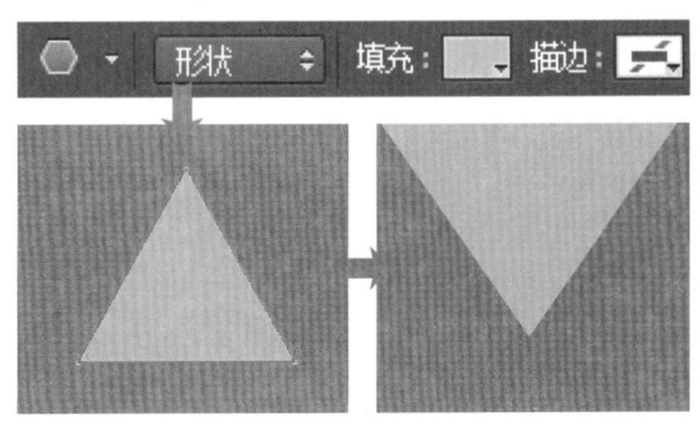

步骤03 复制图形更改颜色

按下快捷键Ctrl+J，复制“多边形1”图层，创建“多边形1拷贝”图层。为了让绘制的图形形成对称的效果，执行“编辑>变换>垂直翻转”菜单命令，垂直翻转图形，并将其移至原三角形的下方。双击“多边形1拷贝”图层缩览图，在打开的对话框中将填充颜色设置为R172、G255、B115。

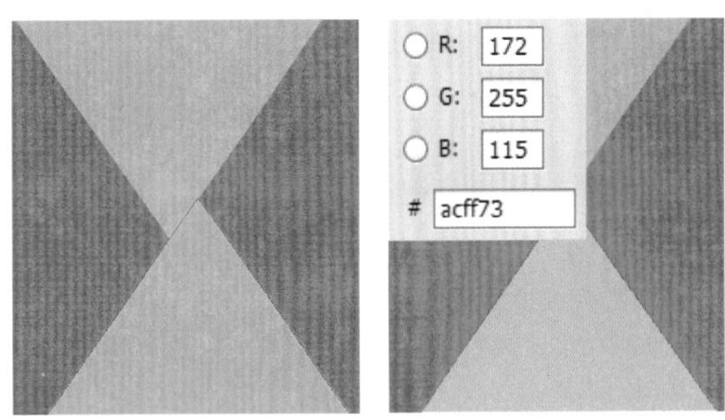

步骤04 复制三角形更改颜色

为了使背景显得更饱满，连续按下快捷键Ctrl+J，再次复制两个多边形图形，并将其移至背景的另一侧位置。双击对应的图层缩览图，将图形颜色分别设置为R172、G255、B115和R105、G249、B255。

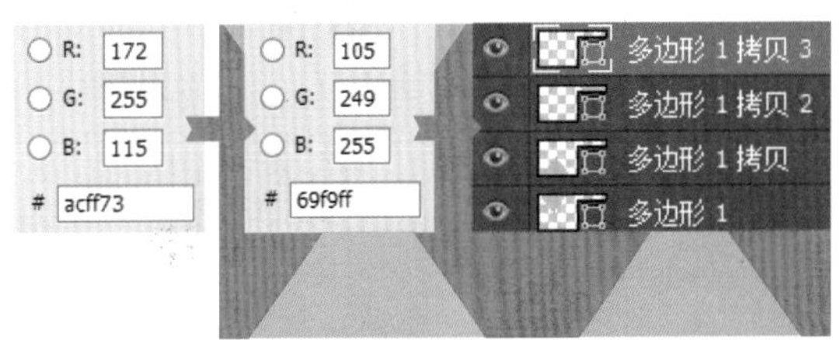

步骤05 使用“椭圆工具”绘制圆形

制作好背景后，需要确定广告文字的编排位置。选择“椭圆工具”，在选项栏中设置填充颜色为R255、G249、B123，按住Shift键不放，在画面的中间位置单击并拖曳鼠标，绘制圆形。

步骤06 复制人物图像

经过前面的操作，完成了图像的布局，下面需要添加商品图像。打开素材文件“22.jpg”，将其中的人物图像复制到图像左侧，创建“图层2”图层。

步骤07 使用“钢笔工具”抠出图像

对于添加到画面中的人物图像，需要将多余的背景隐藏起来。为了让选择的图像更加准确，选择“钢笔工具”，在选项栏中设置绘制模式为“路径”，沿人物图像边缘绘制路径，按下快捷键Ctrl+Enter，将绘制的路径转换为选区。单击“图层”面板底部的“添加图层蒙版”按钮，添加图层蒙版，隐藏选区外的图像。

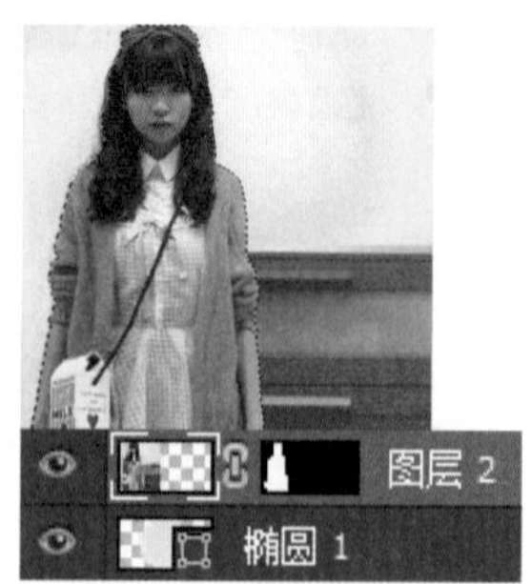

步骤08 设置并收缩选区

将图像放大显示，发现人物边缘部分还有一些未处理干净的图像。按住Ctrl键不放，单击“图层2”图层蒙版缩览图，载入人物选区。执行“选择>修改>收缩”菜单命令，打开“收缩选区”对话框。这里既要保留完整的人物图像，又要保证图像边缘是干净的，所以将“收缩量”设置为最小的1像素，单击“确定”按钮，收缩选区。

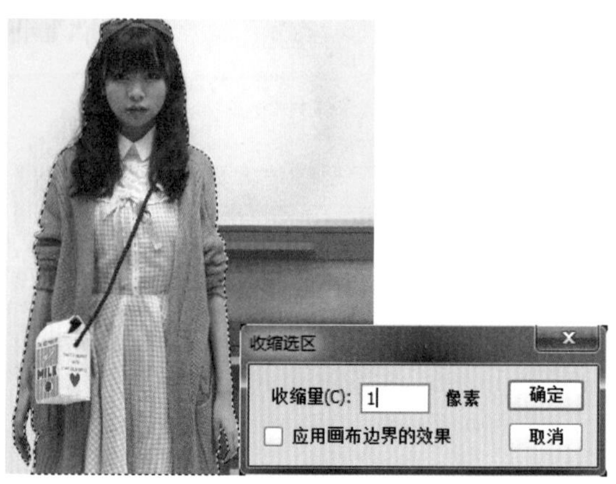

步骤09 编辑图层蒙版

单击“图层2”图层蒙版缩览图，执行“选择>反选”菜单命令，反选选区。设置前景色为黑色，按下快捷键Alt+Delete，将蒙版填充为黑色，得到更干净的边缘部分。观察图像，发现人物头发线条不够流畅。选择“画笔工具”，设置前景色为黑色，由于头发边缘较为整齐，因此在“画笔预设”选取器中单击“硬边圆”画笔。

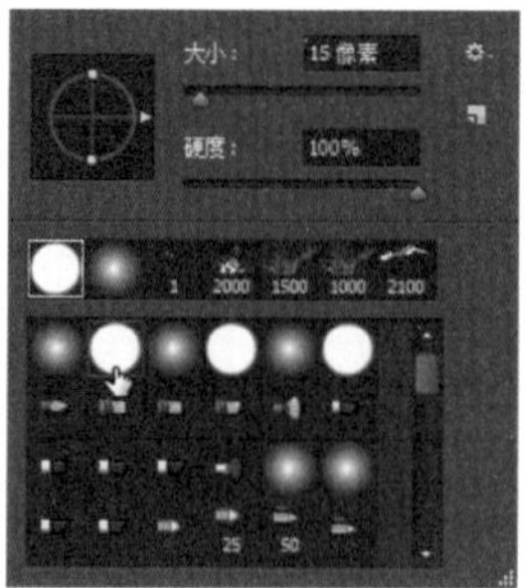

步骤10 修饰人物发型

将鼠标指针移至人物脸部左侧的头发位置，单击鼠标，将多余的头发图像隐藏起来。经过反复的单击操作，修饰头发曲线，使人物发型更精美。

步骤11 设置“描边”样式

双击“图层2”图层，打开“图层样式”对话框。为了突出人物图像，单击“描边”样式，为图像添加描边效果。默认情况下，描边颜色为黑色，根据此案例中的颜色搭配，在对话框中将描边颜色更改为白色；由于需要在外部进行描边，所以选择“位置”为“外部”，再调整描边大小，单击“确定”按钮，应用描边效果。

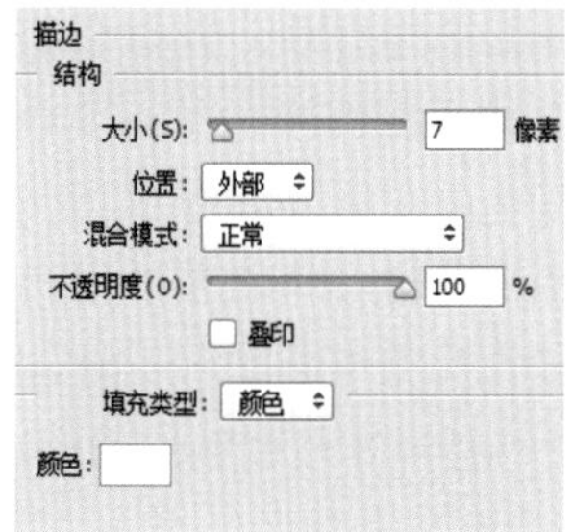

步骤12 设置“色阶”提亮图像

观察添加到画面中的人物图像，感觉图像有点偏暗。按住Ctrl键不放，单击“图层2”图层蒙版缩览图，载入人像选区。新建“色阶1”调整图层，由于需要提亮图像，所以将灰色和白色滑块向左拖曳，使中间调和高光部分变得更亮。设置后人物面部皮肤显得太亮，所以再用黑色画笔在面部位置涂抹，降低图像亮度。

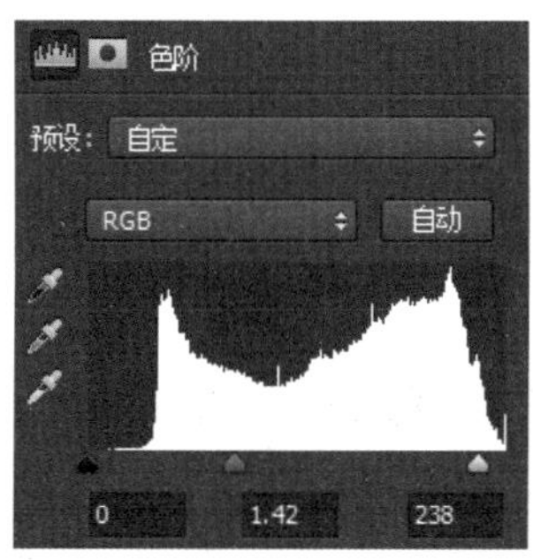

步骤13 盖印人物图像

按住Ctrl键不放，单击“图层2”和“色阶1”图层，按下快捷键Ctrl+Alt+E，盖印选中图层，创建“色阶1（合并）”图层。执行“编辑>变换>水平翻转”菜单命令，翻转图像，并使用“移动工具”将翻转的人物图像移至画面的另一侧。

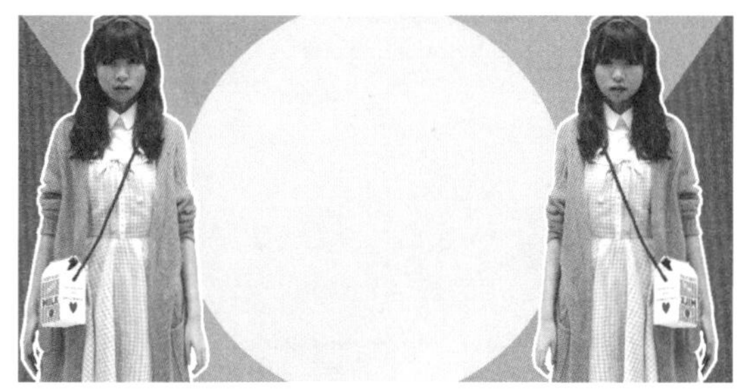

色阶 1（合并）
色阶 1
图层 2

步骤14 设置“色相/饱和度”

要想让观者有更多的选择，可以将不同颜色的衣服表现出来。按住Ctrl键不放，单击“色阶1（合并）”图层缩览图，载入选区。新建“色相/饱和度1”调整图层，更改毛衣的颜色，由于衣服颜色原为青蓝色，所以在“属性”面板中选择“青色”选项，将“色相”滑块向右拖曳至粉红色位置，将青色转换为粉红色，再调整“饱和度”，提高颜色鲜艳度。

步骤15 设置选项更改颜色

调整好青色后，下面还要对蓝色进行调整。选择“蓝色”选项，使用同样的方法，将“色相”滑块向右拖曳至+101位置，将颜色更改为粉红色，观察发现颜色太深了，再将“饱和度”滑块向左拖曳，设置参数值为-16，降低颜色鲜艳度。

步骤16 输入文字

最后使用文字工具在画面中间位置输入文字。为了让文字更醒目，选择较粗的黑体字，然后在文字下方添加合适的图形，使版面变得更加完整。

案例62 墨镜广告

本案例是为某品牌墨镜设计的按钮式广告。在设计过程中，以佩戴该品牌墨镜的少女形象作为背景，使观者能够更清楚地了解此品牌墨镜所针对的消费群体。同时，将单独的墨镜形象置于画面的视觉中心位置，通过简化商品形象和利用外形生动的剪影，让商品得到了更形象的展示。

素材	随书资源\素材\06\23~24.jpg
源文件	随书资源\源文件\06\墨镜广告.psd

步骤01 使用“矩形工具”绘制图形

创建新文件，使用“矩形工具”在新建文件顶部单击并拖曳鼠标，绘制黑色矩形，然后使用“横排文字工具”在矩形中间输入墨镜的品牌信息。

步骤02 复制人物图像调整不透明度

打开素材文件“23.jpg”，将打开的图像复制到新建文件中，在“图层”面板中生成“图层1”图层。由于这张图像是被用作背景，画面不透明度太高反而容易淡化主题，所以将图层的“不透明度”降为76%。

步骤03 创建剪贴蒙版

将人物图像添加到画面中后，前面绘制的矩形和输入的文字被遮挡住了。选择“矩形选框工具”，在原黑色矩形下方单击并拖曳鼠标，创建矩形选区。单击“添加图层蒙版”按钮，添加图层蒙版，将选区外的图像隐藏，重新显示下方被遮挡的黑色矩形及文字。

步骤04 使用“矩形工具”绘制矩形

设置前景色为R185、G6、B24，单击“矩形工具”按钮，沿画面下方的人物图像单击并拖曳鼠标，绘制一个红色矩形。

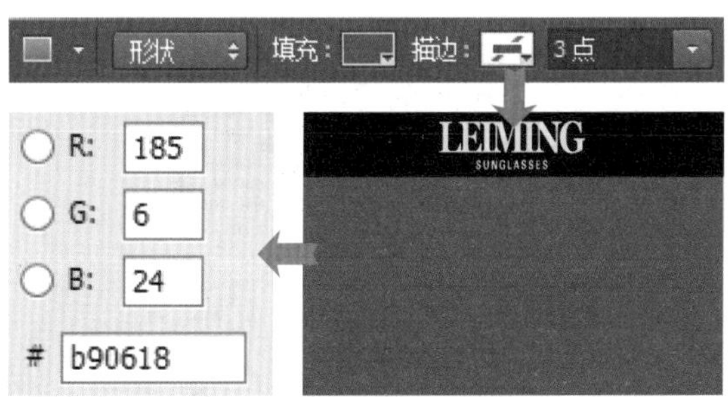

步骤05 更改图层混合模式

确保“图层”面板中的“矩形2”图层为选中状态，这里需要使矩形的色彩与下方的人物图像混合，因此将图层混合模式更改为“正片叠底”。此时可以看到混合后背景变为了红色效果。

步骤06 复制并旋转眼镜图像

本案例既然是制作墨镜广告，那么画面中肯定不能缺少墨镜商品。打开素材文件“24.jpg”，将打开的图像复制到背景图像上，创建“图层2”图层。此时所显示的眼镜为倾斜效果，按下快捷键Ctrl+T，打开自由变换编辑框，拖曳编辑框，旋转图像。选择“钢笔工具”，沿图像中的眼镜边缘单击并拖曳鼠标，绘制工作路径。

步骤07 转换并调整选区

按下快捷键Ctrl+Enter，将路径转换为选区。为了防止图像边缘不够干净，执行“选择>修改>收缩”菜单命令，打开“收缩选区”对话框，在对话框中将“收缩量”设置为2，单击“确定”按钮，收缩选区。

步骤08 创建图层蒙版

由于只需要保留选区中的图像，所以单击“图层”面板底部的“添加图层蒙版”按钮，添加图层蒙版。这时蒙版上选区中的图像显示为白色，即为显示的区域，而蒙版中选区外的图像显示为黑色，即为隐藏的区域。

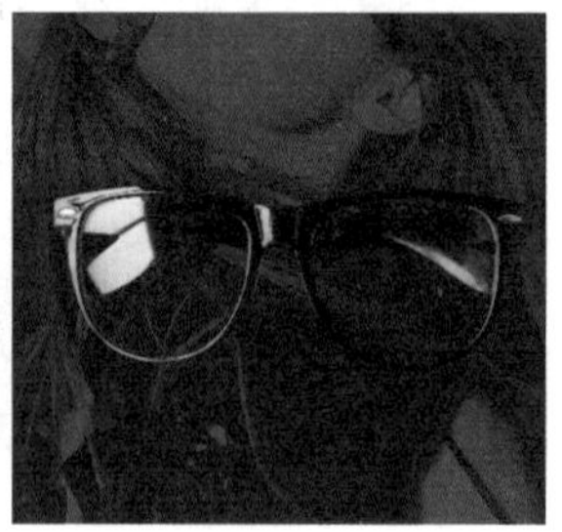

步骤09 载入选区

按住Ctrl键不放，单击“图层2”图层蒙版缩览图，载入选区，选中眼镜图像。

步骤10 使用“阈值”命令调整图像

按下快捷键Ctrl+J，复制选区内的图像，创建“图层3”图层。执行“图像>调整>阈值”菜单命令，打开“阈值”对话框。这里需要将图像转换为白色的剪影效果，所以将“阈值色阶”滑块向左拖曳至最小值1，单击“确定”按钮，应用调整效果。

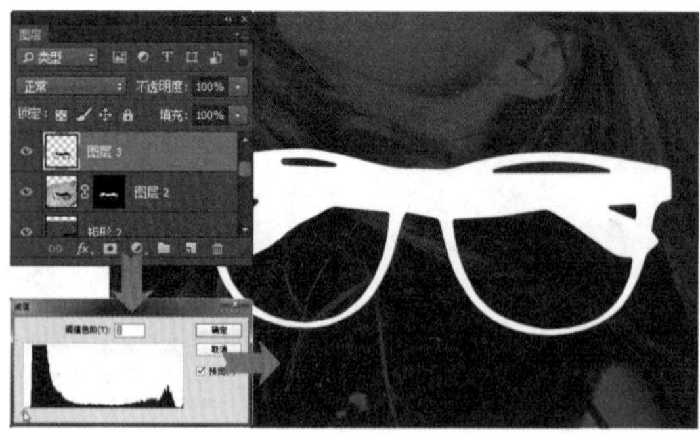

步骤11 使用“钢笔工具”绘制直线

单击“钢笔工具”按钮，在选项栏中设置绘制模式为“形状”，描边颜色为白色，粗细为“6点”，类型为圆点描边类型。设置后创建“组1”图层组，按住Shift键不放，在红色背景上连续单击，绘制一条白色的描边线条。

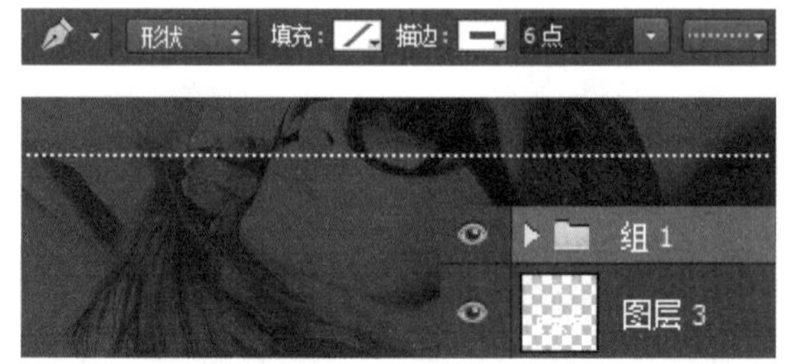

步骤12 设置并输入文字

选择“横排文字工具”，在白色线条的中间位置单击，输入文字“女神必备”，打开“字符”面板。为了增加文字的辨识度，将字体设置为较粗的“方正兰亭粗黑简体”，文字大小设置为“72点”，间距设置为75，颜色设置为醒目的白色。

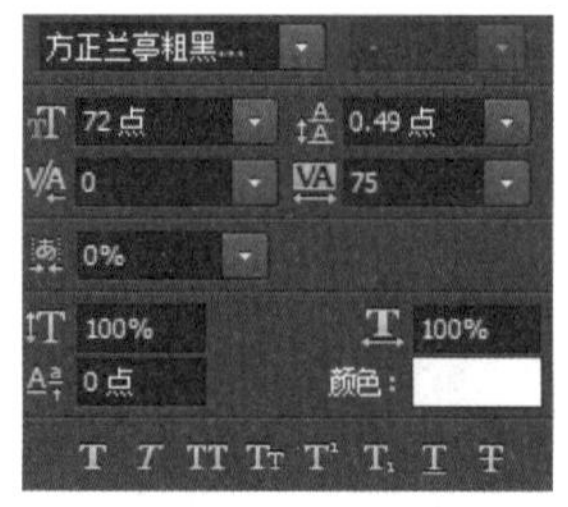
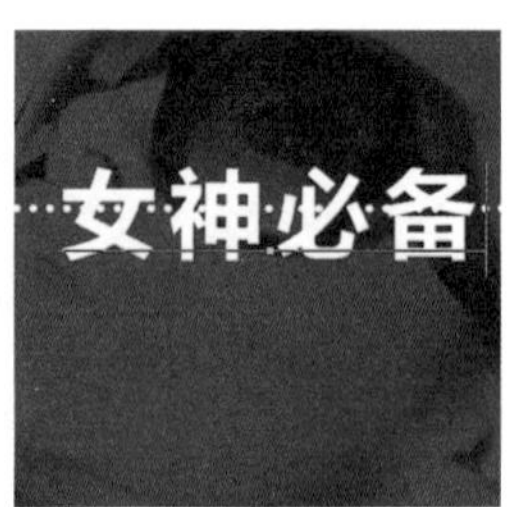

步骤13 设置“描边”样式

双击文字图层，打开“图层样式”对话框。在对话框中单击“描边”样式，这里为了让文字融入到背景中，设置描边颜色为R255、G32、B54、“位置”为“居中”、“大小”为2像素。完成设置后单击“确定”按钮，应用图层样式。

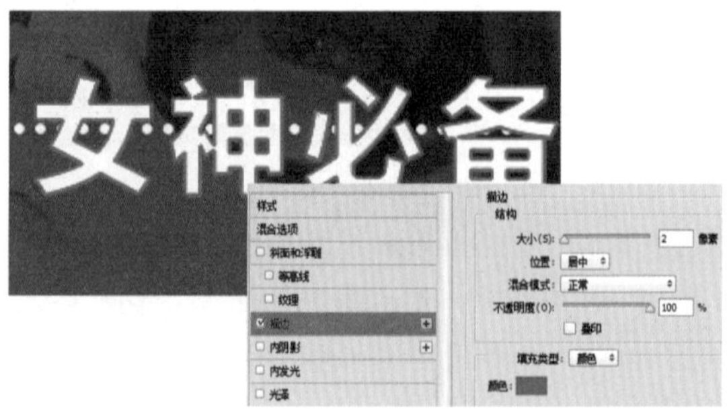

步骤 14　使用“矩形选框工具”绘制选区

为了让文字与下方的线条组合成新的版面效果，选择“矩形选框工具”，单击选项栏中的“添加到选区”按钮，分别在文字旁边的白色虚线位置单击并拖曳鼠标，创建矩形选区。单击“图层”面板底部的“添加图层蒙版”按钮，添加图层蒙版，将选区外的线条隐藏，即隐藏文字下方多余的虚线。

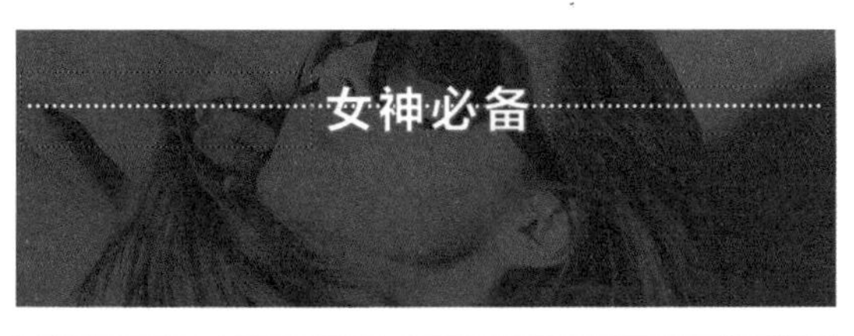

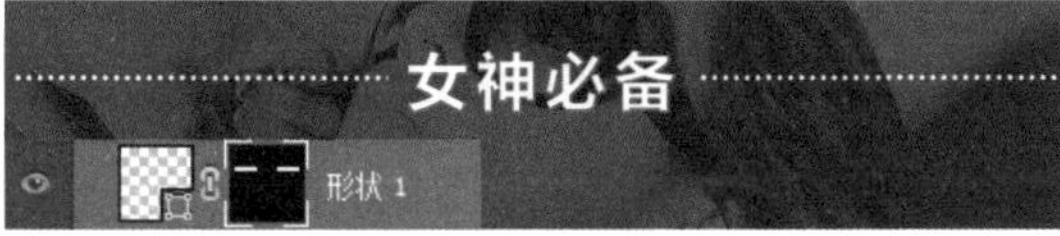

技巧提示：显示与隐藏图层样式

为图像添加投影、描边等图层样式后，可以单击“图层”面板中样式名称前的“切换所有图层效果可见性”按钮或“切换单一图层效果可见性”按钮，隐藏所有样式效果或单个样式效果。

步骤 15　输入更多文字

结合“横排文字工具”和“字符”面板，继续在图像中输入更多文字，并根据文字的主次关系调整文字的大小等属性，以及为部分文字添加相同的“描边”样式。最后使用“钢笔工具”在画面中绘制白色线条，修饰版面效果。

案例应用展示

按钮式广告是横幅式广告的特殊表现形式，但与横幅式广告相比，由于它占据的版面较小，其广告内容也较为简洁，因此经常被灵活地穿插在各个栏目之间，用于向观者传达简单明确的信息。右图和下图所示的两幅图像为本章所设计的按钮式广告的应用效果展示。

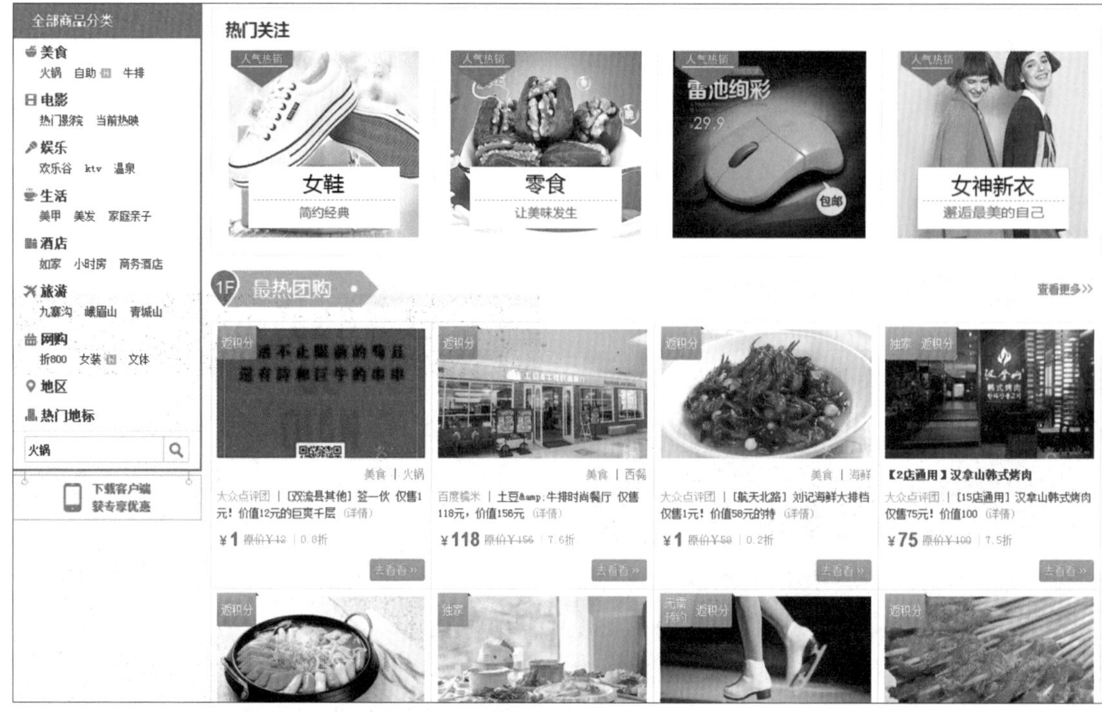

按钮式广告除了以单个的方式呈现于观者眼前之外，很多时候会将多个按钮式广告组合起来使用，更完整地表现一系列商品信息。在制作这种形式的按钮式广告时，可通过广告的版面大小及不同的组合排列方式，使商品分类信息等得到更直观的展示。右图所示为淘宝店铺中的组合式按钮广告的应用效果展示。

第 7 章 弹出式广告设计

弹出式广告是指当人们浏览网页时，网页中自动弹出的广告。弹出式广告种类繁多，信息面广，尺寸较为灵活，而且由于在浏览网页的过程中随时都可以弹出广告，所以在制作弹出式广告时，可以将商品灵活地安排在画面中的合适位置，而不必担心会被遮挡。除此之外，弹出式广告的设计与传统广告有很多相似之处。例如，在设计的过程中要将商品的卖点、价值、功能等信息利用图片或文字表现出来，让观者知道广告中的商品是否值得购买。

本章案例

案例 63　发散效果的弹出式广告

本案例是发散效果的弹出式广告设计。在设计过程中，针对蓝色包包的色彩特征，选择海面、沙滩等图像拼合出新的背景图像，然后在图像中绘制发散的光线图案，使观者的视线被光线照耀的包包所吸引。

素　材	随书资源\素材\07\01~03.jpg、04.psd
源文件	随书资源\源文件\07\发散效果的弹出式广告.psd

步骤01　创建新文件复制图像

创建新文件，打开素材文件“01.jpg”，将打开的图像复制到新建文件中，创建“图层1”图层。按下快捷键Ctrl+T，利用自由变换编辑框将图像调整至合适大小。

步骤02　使用图层蒙版拼合图像

打开素材文件“02.jpg”，单击工具箱中的“移动工具”按钮，把打开的图像拖曳到新建文件中。这里要将两张图像拼合，单击“渐变工具”按钮，在选项栏中选择“黑，白渐变”，由于需要保留图像中的沙滩部分，因此添加图层蒙版，从图像中间向右下方拖曳。

步骤03　设置“曲线”提亮图像

单击“矩形选框工具”按钮，在图像中间较暗的海平面位置单击并拖曳鼠标，绘制矩形选区，然后对这部分区域进行明亮度的调整。为了让调整后的图像明暗呈现自然的过渡效果，执行“选择>修改>羽化”菜单命令，在打开的对话框中将“羽化半径”设置为较大的参数值，建议为100，设置后羽化选区。创建“曲线1”调整图层，从图像上看中间部分图像的颜色偏深，所以在曲线上单击并向上拖曳，提亮选区图像。

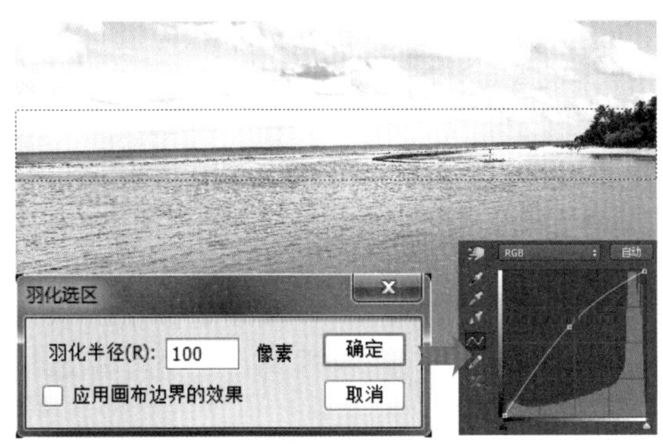

步骤04　填充颜色更改沙滩颜色

调整图像亮度后，对图像颜色进行美化。按住Ctrl键不放，单击“图层2”图层蒙版缩览图，载入蒙版选区，新建“颜色填充1”调整图层，更改填充颜色和混合模式，让沙滩部分的颜色更加鲜艳。

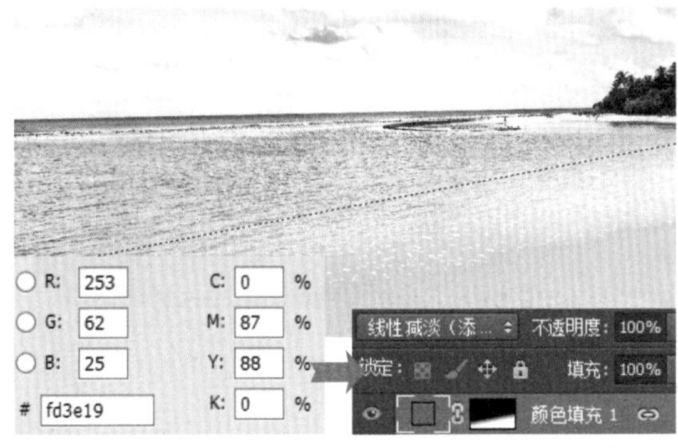

步骤05　填充颜色更改天空及海面颜色

按住Ctrl键不放，单击“颜色填充1”图层蒙版缩览图，载入沙滩选区，由于这里要对选区外的海面与天空进行调色，因此执行“选择>反选”菜单命令，反选选区。新建“颜色填充2”调整图层，把填充颜色设置为蓝色。此时要让设置的颜色与下方图像融合，将图层混合模式由“正常”更改为“叠加”，进行颜色叠加，变换选区颜色。

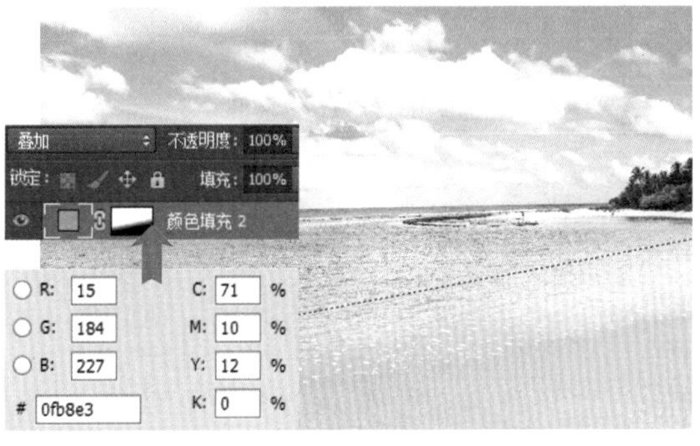

步骤06　设置“曲线”调整天空亮度

观察调整后的图像，发现天空部分稍微亮了些。新建“曲线2”调整图层，打开“属性”面板，在面板中单击并向下拖曳曲线，恢复高光细节。由于这里只需要调整上半部分的天空的亮度，因此用黑色画笔在不需要处理的海面及沙滩位置涂抹，控制“曲线”的调整范围。

步骤07　使用“钢笔工具”绘制放射状图形

为了迎合作品主题，单击“钢笔工具”按钮，在选项栏中将绘制模式设置为“形状”，在图像上绘制放射状的白色图形。

步骤08　使用“渐变工具”编辑图层蒙版

选中“形状1”图层，单击“图层”面板中的“添加图层蒙版”按钮，添加蒙版。单击“渐变工具”按钮，在选项栏中选择“黑，白渐变”，此处想制作图形从中间到边缘逐渐隐藏的效果，所以单击“径向渐变”按钮，并勾选“反向”复选框，然后从图形中间位置向下拖曳渐变，创建渐隐的图形效果。设置后感觉图形显得生硬不自然，为了解决这一问题，对图层混合模式进行调整，将其设置为“柔光”，创建更自然的混合效果。

步骤09 执行“镜头光晕”滤镜

选中“图层1”至“形状1”图层中间的所有图层，按下快捷键Ctrl+Alt+E，将这些图层盖印起来，创建“形状1（合并）”图层。为了让绘制的图形呈现更为聚焦的视觉效果，执行“滤镜>渲染>镜头光晕”菜单命令，运用鼠标把光晕的中心点移至发散光线的中间位置，再选中“35毫米聚焦”镜头类型，设置好后单击“确定”按钮，创建自然的镜头光晕效果。

技巧提示：重复应用滤镜效果

使用“滤镜”菜单下的滤镜编辑图像后，如果需要重复应用滤镜效果，按下快捷键 **Ctrl+F** 即可。

步骤10 复制包包校正透视角度

打开素材文件“03.jpg”，将其中的包包素材拖入到新建文件中，并运用“橡皮擦工具”把原素材中多余的背景擦掉。由于受拍摄角度的影响，透视角度出现了偏差，使包包产生了轻微变形，执行“编辑>变换>斜切”菜单命令，打开变换编辑框，单击并向内侧拖曳编辑框右上角的控制点，修正变形的图形。

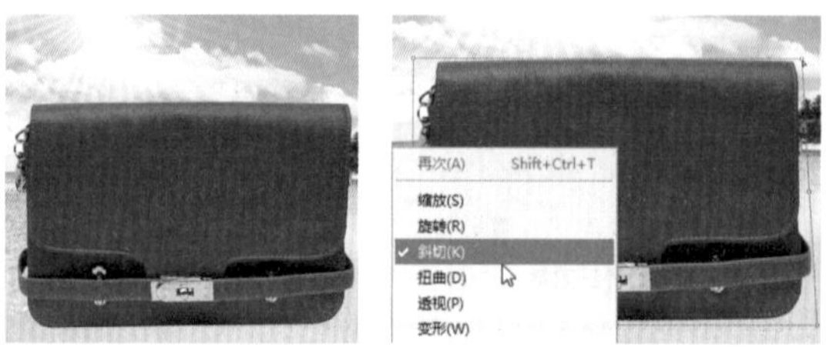

步骤11 使用“色阶”提亮局部

选择“套索工具”，在选项栏中对“羽化”选项进行调整，然后在包包扣子下方颜色较深的位置单击并拖曳鼠标，创建选区。新建“色阶1”调整图层，这里需要提亮选区内的图像，使其变得更亮，因此在“属性”面板的“预设”下拉列表框中选择“加亮阴影”选项，快速提亮较暗的阴影部分。

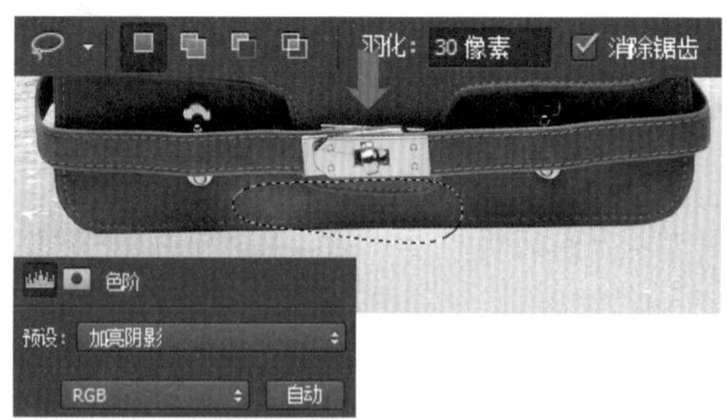

步骤12 设置“色相/饱和度”增强包包颜色

为了让包包的颜色与整个背景颜色更协调，载入包包选区，新建“色相/饱和度1”调整图层，将“色相”滑块向左拖曳，将“饱和度”滑块向右拖曳，变换颜色，提高图像颜色饱和度；再创建“色彩平衡1”调整图层，在“属性”面板中将“青色-红色”滑块向青色拖曳，削弱红色，加强青色，将“黄色-蓝色”滑块向蓝色拖曳，使蓝色变得更深。

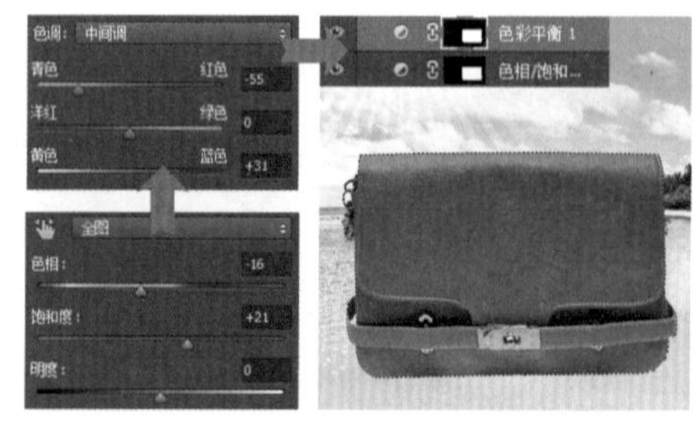

步骤13　设置"曲线"提亮包包

在上一步中对包包颜色进行了调整，但是调整后的包包还是显得偏暗。载入包包选区，新建"曲线3"调整图层，打开"属性"面板，在面板中单击并向上拖曳曲线，让选区中的包包变得更加明亮。

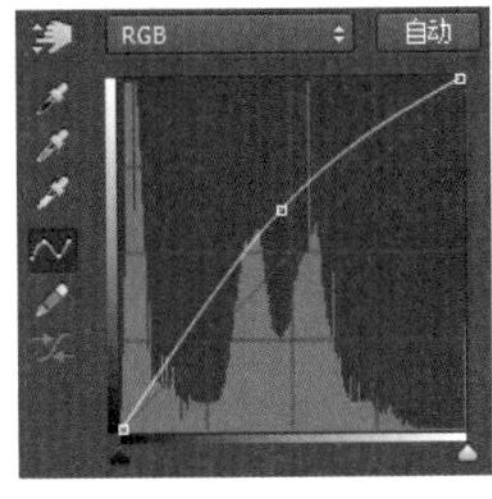

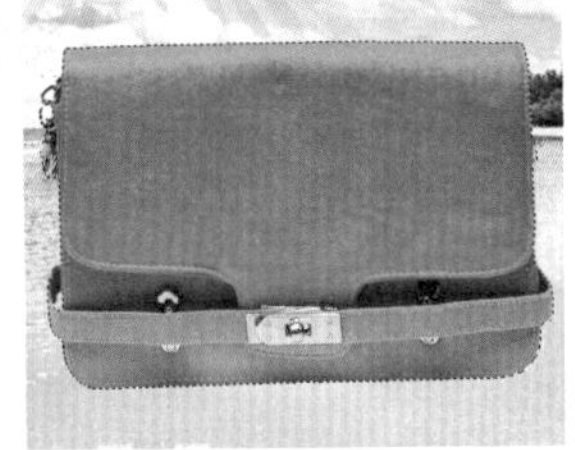

步骤14　创建选区填充渐变颜色

为了让包包呈现更逼真的视觉效果，使用"钢笔工具"在包包下方绘制路径，按下快捷键Ctrl+Enter，将路径转换为选区。单击"渐变工具"按钮，创建新图层，设置前景色为黑色，从选区左侧向右拖曳"前景色到透明渐变"，制作投影。

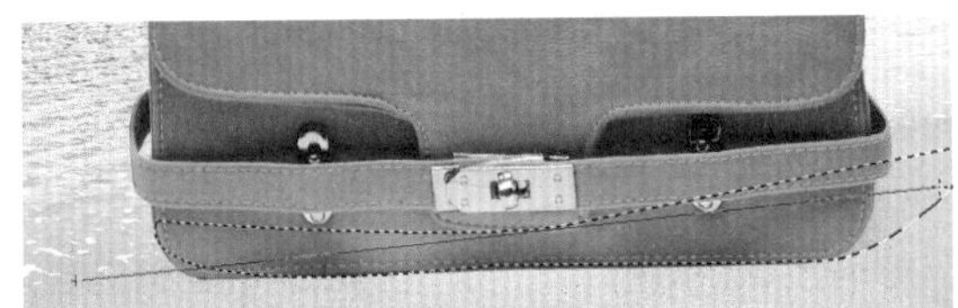

步骤15　模糊图像添加文字

为了让制作的投影更自然，执行"滤镜>模糊>高斯模糊"菜单命令，在打开的对话框中将"半径"设置为2像素，单击"确定"按钮，模糊投影图像。选择"横排文字工具"，在图像左侧输入文字，并结合"字符"面板调整文字的大小和位置，让文字更有层次。最后打开素材文件"04.psd"，将其中的海星素材复制到文字旁边，绘制简单的图形作为修饰，完成本案例的制作。

案例 64　暖色调风格的弹出式广告

本案例是暖色调风格的弹出式广告设计。要展示的商品为女式碎花连衣裙，在色彩的搭配上采用了暖色搭配，并通过把人物图像安排在画面右侧，在左侧添加文字说明，使画面变得稳定而和谐。

素　材	随书资源\素材\07\05~08.jpg
源文件	随书资源\源文件\07\暖色调风格的弹出式广告.psd

步骤01 打开并复制图像

创建新文件，打开素材文件“05.jpg”，单击工具箱中的“移动工具”按钮，把打开的素材图像拖曳到新建文件中，得到“图层1”图层。这里只需使用画面中间的灯具部分，所以为“图层1”添加图层蒙版，单击“渐变工具”按钮，在选项栏中选择“黑，白渐变”，从图像左侧向右下方拖曳渐变，隐藏部分图像。

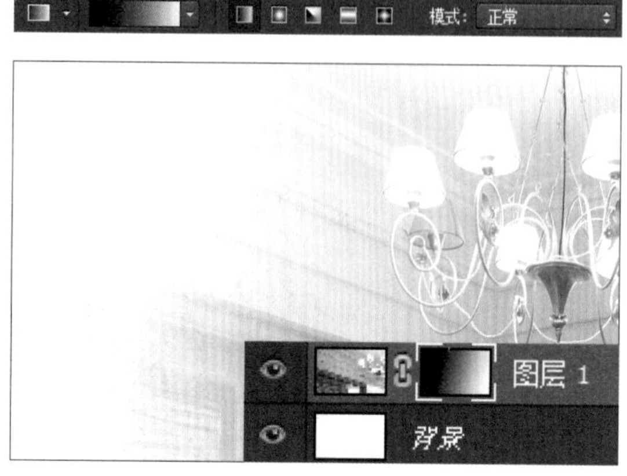

步骤02 使用“渐变工具”编辑蒙版

打开素材文件“06.jpg”，使用与步骤1相同的方法，将图像复制到新建文件中，并添加图层蒙版，拼合图像。

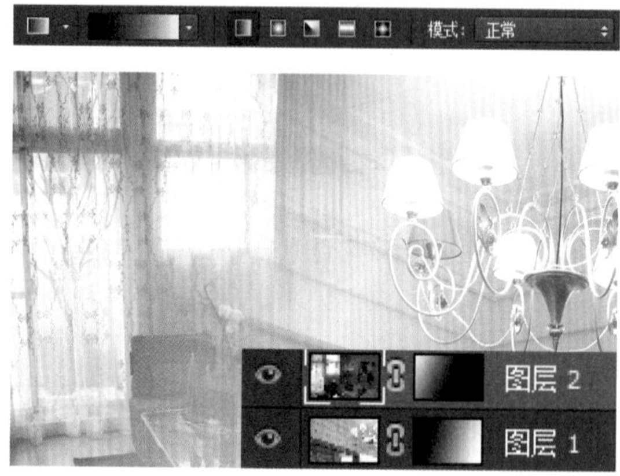

步骤03 复制图像更改图层混合模式

打开素材文件“07.jpg”，执行“图像>调整>去色”菜单命令，去掉图像中的颜色，将其转换为黑白效果，再将图像复制到新建文件中，得到“图层3”图层，并对图层混合模式进行设置。这里只需要显示光斑中的亮部区域，所以将图层混合模式更改为“滤色”。

步骤04 使用“色彩平衡”调整图像颜色

新建“色彩平衡1”调整图层，打开“属性”面板。由于要创建暖色调图像，因此在面板中先选择“阴影”选项，将“青色-红色”滑块向红色拖曳，将“黄色-蓝色”滑块向黄色拖曳，加深阴影部分的红色和黄色，再选择“中间调”选项，采用相同方法拖曳滑块，使暖色变得更加明显。

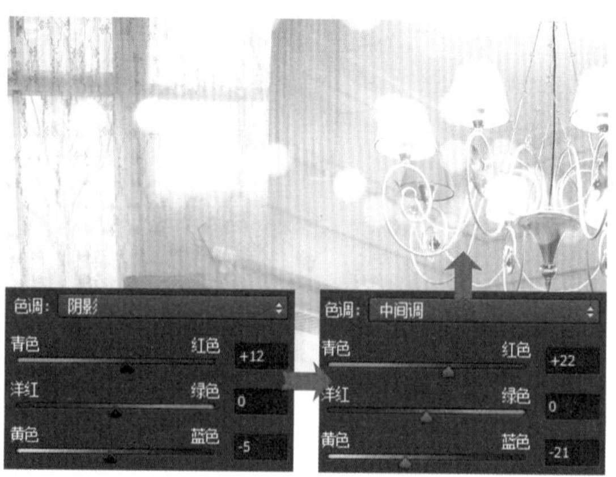

步骤05 设置“可选颜色”调整图像颜色

创建“选取颜色1”调整图层，打开“属性”面板。为了突出暖色调氛围，在面板中选择“红色”和“黄色”选项，运用鼠标拖曳下方的选项滑块，调整油墨比，加深红色和黄色。

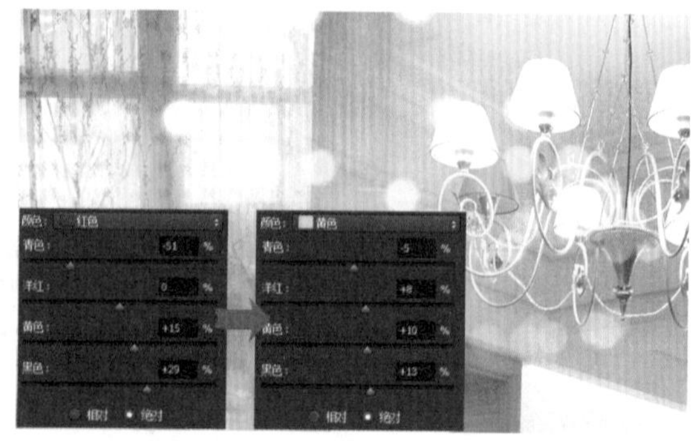

步骤06　复制图像添加图层蒙版

打开素材文件“08.jpg”，运用“移动工具”将其中的人物图像拖入到新建文件中，得到“图层4”图层。为“图层4”创建图层蒙版，选择“画笔工具”，设置前景色为黑色，然后用黑色的“硬边圆”画笔在人物旁边多余的背景位置涂抹，隐藏图像。

步骤07　设置图层样式

观察拼合后的人物图像，发现背景偏亮，而人物相对偏暗。为了让人物与背景明暗过渡更协调，双击“图层4”图层缩览图，打开“图层样式”对话框。单击“外发光”样式，设置外发光选项，让人物图像外侧边缘呈现由亮变暗的效果；再单击“内发光”样式，设置内发光选项，沿人物图像边缘内侧向中间呈现白色发光效果。

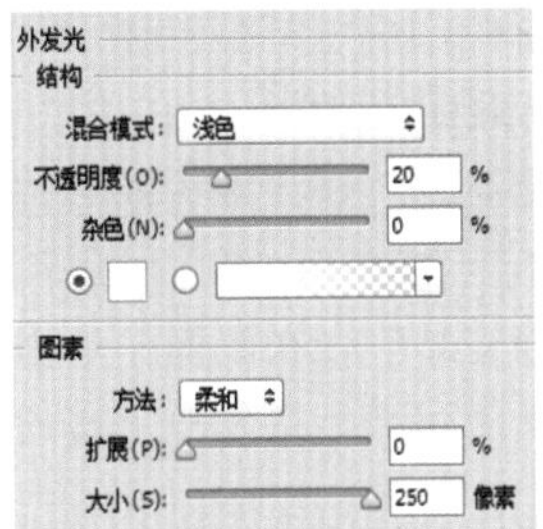

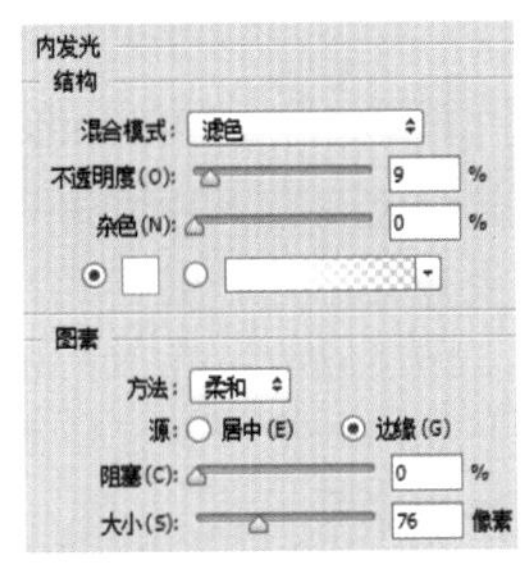

步骤08　设置“曲线”提亮人像

在上一步中设置图层样式后，画面中的人物还是不够亮。按住Ctrl键不放，单击“图层4”图层蒙版，创建“曲线2”调整图层，打开“属性”面板，在面板中单击并向上拖曳曲线，让人物变得更亮。

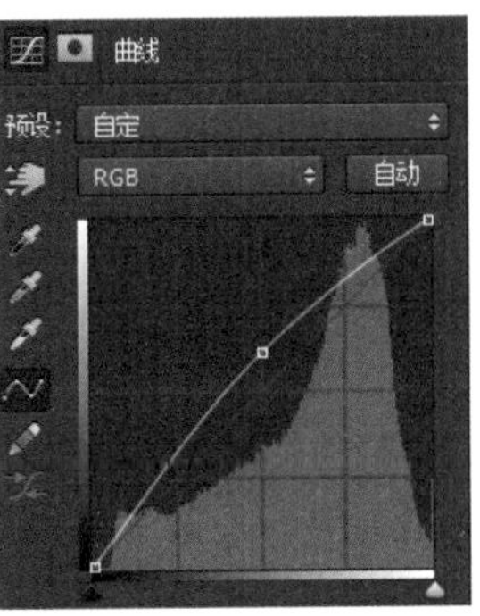

步骤09　设置“色阶”调整对比度

运用“曲线”调整后图像变亮，但是对比度被削弱了。创建“色阶1”调整图层，打开“属性”面板，在面板中选择预设的“增强对比度1”选项，适当提高图像对比度。

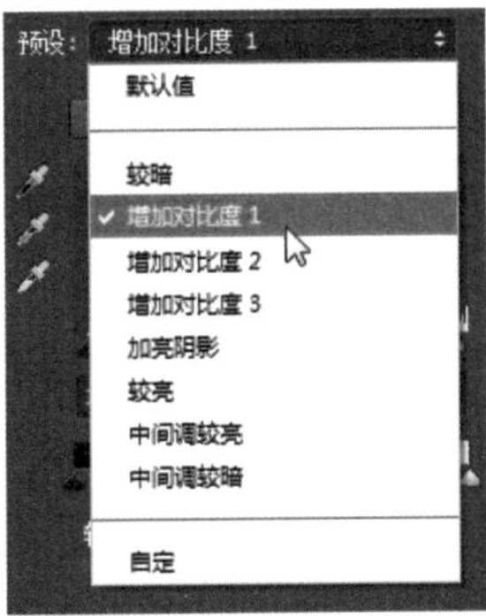

步骤10　输入文字绘制图形

选择工具箱中的“横排文字工具”，在图像左侧输入文字信息，并根据文字的主次关系，使用“字符”面板对文字的大小、颜色等属性进行调整；然后根据需要适当添加“外发光”样式；最后为突出商品的“包邮”卖点，单击“矩形工具”按钮，在文字下方绘制红色矩形，得到更醒目的文字效果。

案例 65　弹出式广告中的剪影表现

本案例介绍弹出式广告中的剪影设计。在设计过程中通过绘制剪影少女形象，将要表现的活动内容以生动的形式表现出来，在色彩的搭配上，采用了清爽的黄色、绿色、橙色，营造出清新、自然的春季上新效果，更能引起观者情感上的共鸣。

素　材	随书资源\素材\07\09~10.psd
源文件	随书资源\源文件\07\弹出式广告中的剪影表现.psd

步骤01　使用“矩形工具”绘制渐变矩形

创建新文件，单击工具箱中的“矩形工具”按钮■，在选项栏中设置绘制模式为“形状”，再单击“填充”右侧的下三角按钮，展开“填充”面板。这里要绘制渐变矩形效果，因此单击“渐变”按钮，然后分别单击下方的渐变色标，设置从R251、G232、B191到R255、G252、B237的颜色渐变，沿图像的边缘绘制同等大小的渐变矩形。

步骤02　复制矩形更改图形颜色

按下快捷键Ctrl+J，复制“矩形1”图层，创建“矩形1拷贝”图层，然后在选项栏中对矩形的填充颜色进行调整，设置为从R247、G189、B165到R255、G252、B237的颜色渐变。

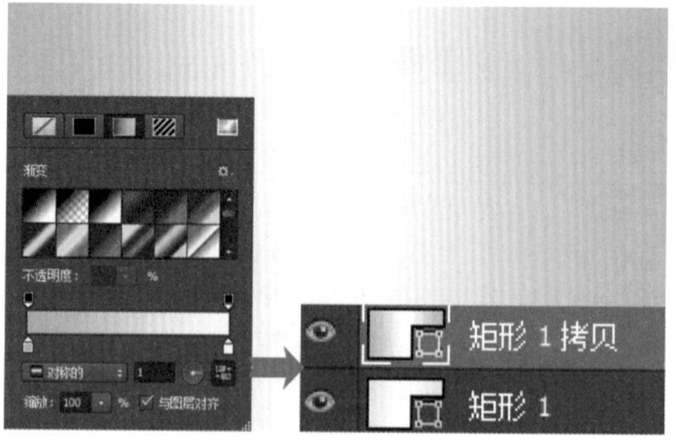

步骤03　复制矩形添加图层蒙版

复制渐变矩形并更改其填充颜色后，下方的矩形会被完全遮挡住。因此为“矩形1拷贝”图层添加图层蒙版，选择“画笔工具”，在画面中单击并涂抹，将一部分矩形隐藏起来，得到更丰富的渐变效果。

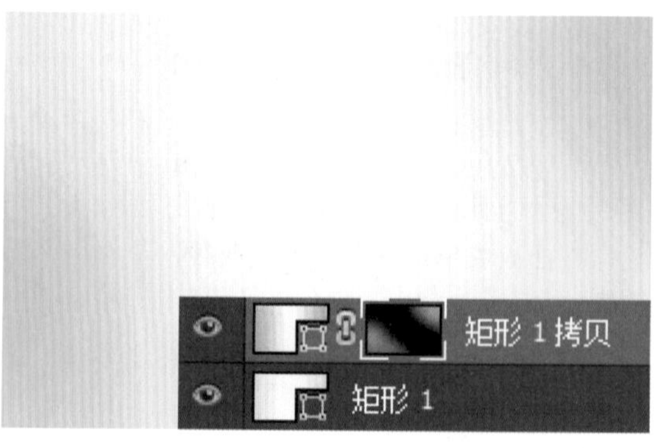

步骤04　使用“钢笔工具”绘制图形

单击“钢笔工具”按钮，在选项栏中设置绘制模式为“形状”。由于此处要绘制绿色的树叶图案，因此单击“填充”右侧的下三角按钮，在展开的面板中单击“纯色”按钮，将填充色设置为R109、G178、B48，然后在图像中单击并拖曳鼠标，绘制叶子。绘制好后将形状图层的“不透明度”设置为32%，降低不透明度效果。

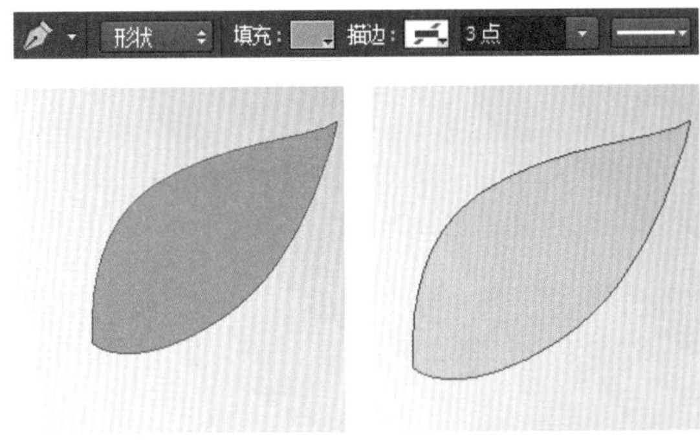

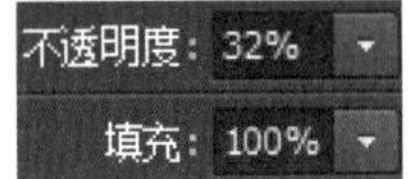

步骤05　复制图形更改大小和不透明度

连续按下快捷键Ctrl+J，复制多个绿色的树叶图案，并使用“自由变换”命令分别调整各图层中叶子的大小、位置，然后适当调整叶子的不透明度，得到更自然的飘落效果。

步骤06　使用“钢笔工具”绘制人物剪影

在前面的操作中完成了背景和绿叶的制作，接下来是剪影人像的绘制。单击“钢笔工具”按钮，在选项栏中设置绘制模式为“形状”，再单击“填充”右侧的下三角按钮，展开“填充”面板。这里要绘制渐变矩形效果，因此单击“渐变”按钮，然后分别单击下方的渐变色标，设置从R91、G172、B52到R201、G212、B32的颜色渐变，在画面左侧绘制渐变剪影人物。

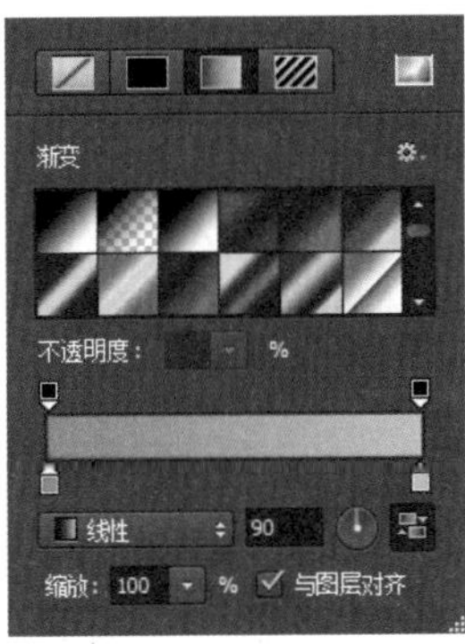

步骤07　设置图层样式

双击形状图层缩览图，打开“图层样式”对话框。为了让图像更有光泽、质感，需要在对话框中单击“光泽”样式，然后在对话框右侧设置光泽选项，调整光泽角度和大小等；再单击“样式”列表框中的“外发光”样式，在对话框右侧设置“不透明度”“扩展”及“大小”等，设置完成后单击“确定”按钮。

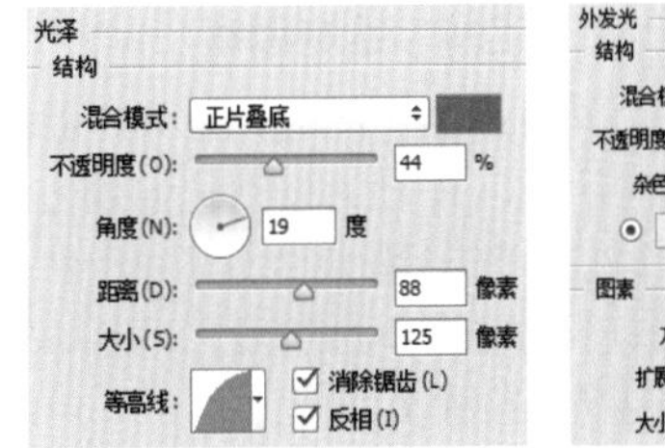

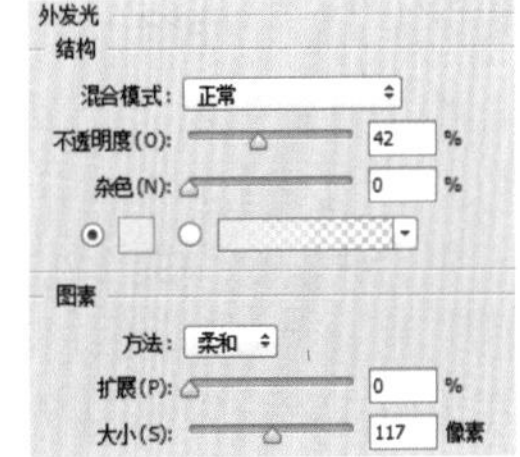

步骤08　复制剪影图像调整不透明度

返回图像窗口，查看设置样式后的人物图像。按下快捷键Ctrl+J，复制人物图像，创建“形状2拷贝”图层，将此图层移至“形状2”图层下方。选择“移动工具”，将复制的剪影人物向右上角拖曳，然后调整位置并适当降低人物的不透明度，创建渐隐的图像效果。

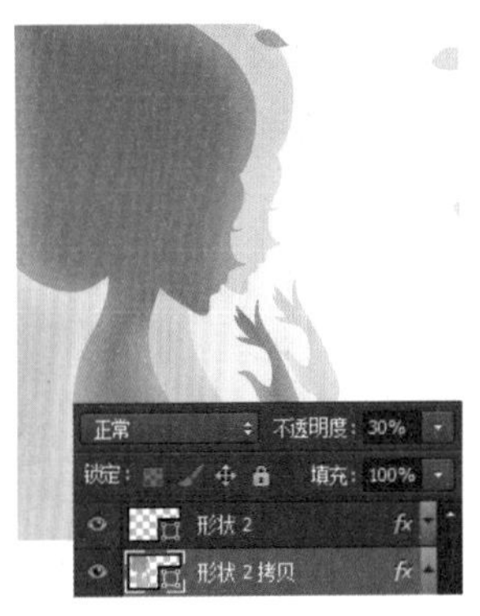

步骤09 复制花纹图像

打开素材文件“09.psd”，将其中的矢量花纹图像复制到人物头部位置。单击“图层”面板底部的“添加图层蒙版”按钮，添加蒙版。选择“渐变工具”，在选项栏中选择“黑，白渐变”，从图像下方往上拖曳黑白渐变，将花纹、人物进行自然的拼合。

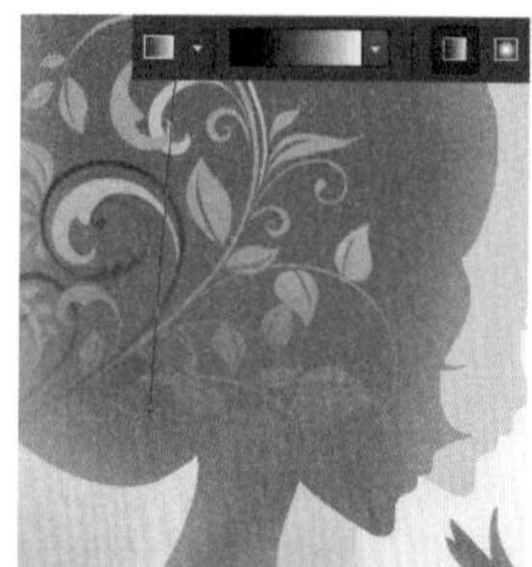

步骤10 使用“画笔工具”绘制图案

单击工具箱中的“设置前景色”图标，打开“拾色器（前景色）”对话框，在对话框中把前景色设置为R236、G232、B58。新建“图层2”图层，选择“画笔工具”，将“不透明度”降低，在人物头部上方绘制黄色的图案。

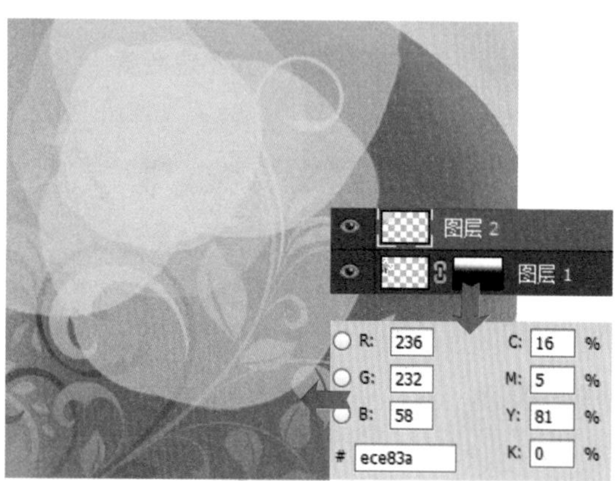

步骤11 复制图形更改颜色

选择“形状1”图层中的叶子图案，连续按下快捷键Ctrl+J，复制3个叶子图案。双击图层缩览图，将图形的颜色更改为R216、G80、B143，再分别选中各图层中的图形，利用“自由变换”命令调整各图层中图形的大小和位置等。

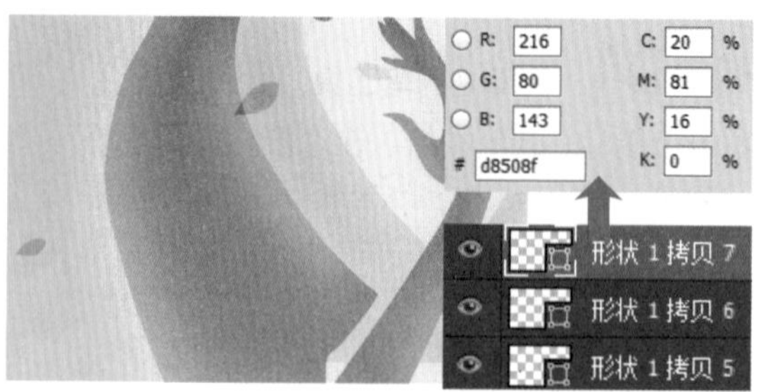

步骤12 复制更多花纹图像

打开素材文件“10.psd”，使用“移动工具”将其中的花纹图像复制到新建文件中。此时看到花纹图像的颜色显得太亮，与背景没有自然地融合在一起，所以选中花纹所在的“图层3”图层，将图层混合模式更改为“正片叠底”。

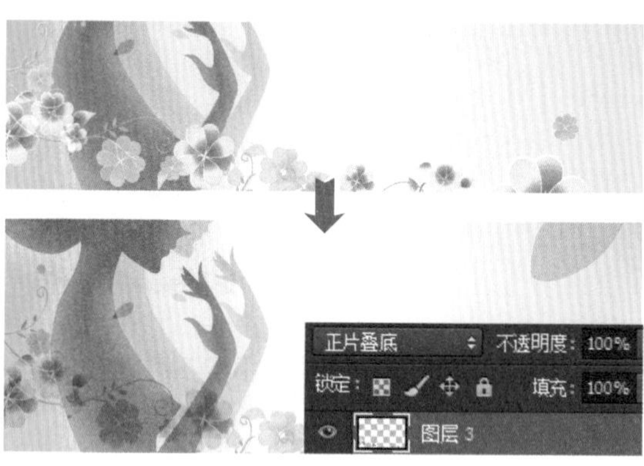

步骤13 使用“套索工具”选择图像

单击“套索工具”按钮，在上一步添加的花纹上单击并拖曳鼠标，创建选区，选择单独的一朵花儿图像。按下快捷键Ctrl+J，复制图像，得到“图层4”图层。单击“移动工具”按钮，将复制的花儿图像移至人像头部位置，得到更精致的图像。

步骤14 输入文字

选择“横排文字工具”，在图像中输入文字“春暖花开”，打开“字符”面板，在面板中设置文字属性。为迎合女性消费者的审美，设置字体为较纤细的“方正姚体”、“颜色”为绿色。

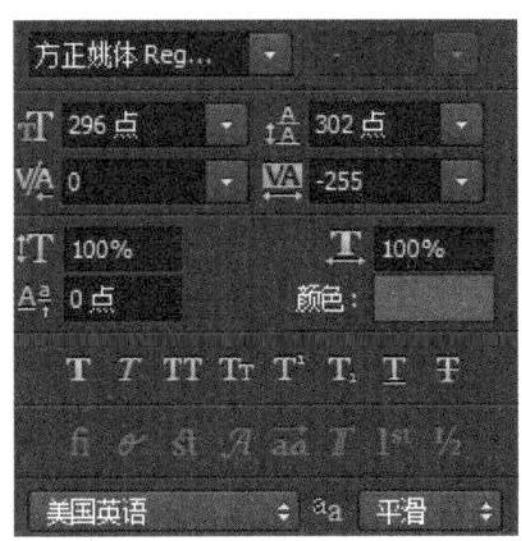

春暖花开

步骤15 将文字转换为形状

为了增强文字的设计感，复制文字图层，执行“文字>转换为形状”菜单命令，将文字转换为图形。转换后利用图形编辑工具对文字进行变形，再为变形后的文字图层添加图层蒙版，将文字“暖”隐藏起来。

步骤16 更改文字形状添加更多文字信息

复制变形后的文字图形，将文字填充颜色更改为R233、G122、B21，并隐藏文字“春花开”。为了让文字呈现更好的光泽感，创建新图层，设置图层混合模式为“变亮”，使用“柔边圆”画笔在文字上添加高光部分。最后结合图形绘制工具和文字工具，完成更多图案和文字的制作，完善整体效果。

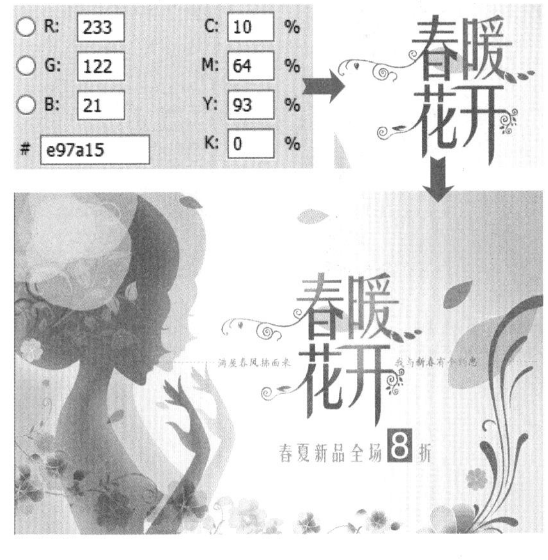

案例66 简洁卡通样式的弹出式广告

本案例是为某品牌的儿童玩具所设计的弹出式广告。为了迎合玩具的特征和作用，这里选择了卡通图像作为商品的背景，并通过对玩具的色彩加以修复，让画面的色调更加和谐，同时采用较统一的黑体字表现，也让玩具的卖点更加突出。

素　材	随书资源\素材\07\11~12.jpg
源文件	随书资源\源文件\07\简洁卡通样式的弹出式广告.psd

步骤01 绘制路径

创建新文件，打开素材文件“11.jpg”，单击“移动工具”按钮，把打开的玩具图像拖曳到新建文件中。为了准确地把玩具图像抠取出来，使用“钢笔工具”沿玩具边缘绘制路径。

步骤02 创建并调整选区

按下快捷键Ctrl+Enter，将路径转换为选区。为了避免抠取后的图像边缘出现多余的背景图像，执行“选择>修改>收缩”菜单命令，打开“收缩选区”对话框，在对话框中设置“收缩量”为1，单击“确定”按钮，向选区内部收缩1像素。

步骤03 复制选区图像添加新的背景

按下快捷键Ctrl+J，复制并抠出选区中的玩具对象。单击“图层1”图层前的“指示图层可见性”图标，将该图层隐藏，此时可以清楚地看到抠出的玩具图像。打开素材文件“12.jpg”，将其中的卡通背景图像拖曳到新建文件中，得到“图层3”图层。由于要将这张图像作为背景，因此选中该图层，将“图层3”拖曳至“图层2”的下方。

步骤04 设置“曲线”提亮玩具

观察拼合后的图像，发现其中的玩具对象因为拍摄时光线不足，显得太暗了。按住Ctrl键不放，单击“图层2”图层缩览图，载入选区。新建“曲线1”调整图层，打开“属性”面板，向上拖曳曲线，提亮图像。

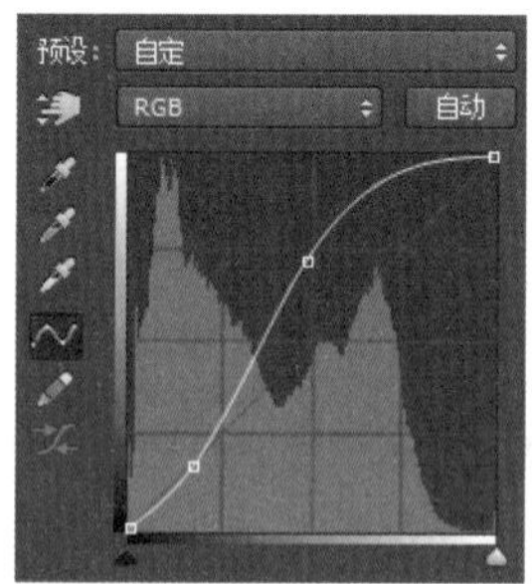

步骤05 设置“自然饱和度”

按住Ctrl键不放，单击“曲线1”图层蒙版缩览图，载入玩具选区。新建“自然饱和度1”调整图层，由于要让图像颜色变得更鲜艳，需要提高颜色饱和度，因此在“属性”面板中将“自然饱和度”滑块向右拖曳。

技巧提示：使用“自然饱和度”调整图像

在“自然饱和度”的“属性”面板中，包括“自然饱和度”和“饱和度”两个选项，向左侧拖曳这两个滑块，可以降低图像的颜色饱和度；向右拖曳这两个滑块，可以提高图像的颜色饱和度，使色彩变得更鲜艳。

步骤06　绘制图形输入文字

单击“矩形工具”按钮，在图像左上方绘制一个蓝色矩形，再选择“横排文字工具”，在矩形上方单击并输入文字“金奖玩具电子琴”。为了让文字更醒目，将字体设置为较粗的“方正大黑_GBK”，此时部分文字显示在矩形外，所以设置文字间距为-75，缩小间距。

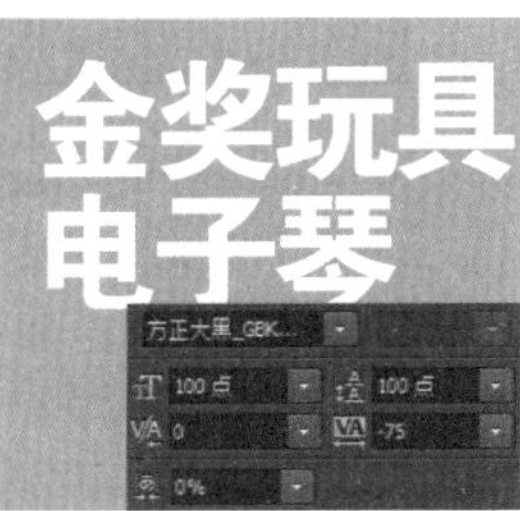

步骤07　更改文字对齐方式

为了让输入的文字视觉效果更集中，打开“段落”面板，单击面板中的“居中对齐文本”按钮，将文字设置为居中对齐效果；再运用“横排文字工具”在矩形上输入更多的文字。

步骤08　使用“圆角矩形工具”绘制图形

单击“圆角矩形工具”按钮，在选项栏中将填充颜色设置为较深的颜色，使其与步骤6中绘制的矩形颜色区分开来，再设置“半径”为40像素，在文字“儿童金奖玩具”下方绘制圆角矩形，突出玩具的卖点。

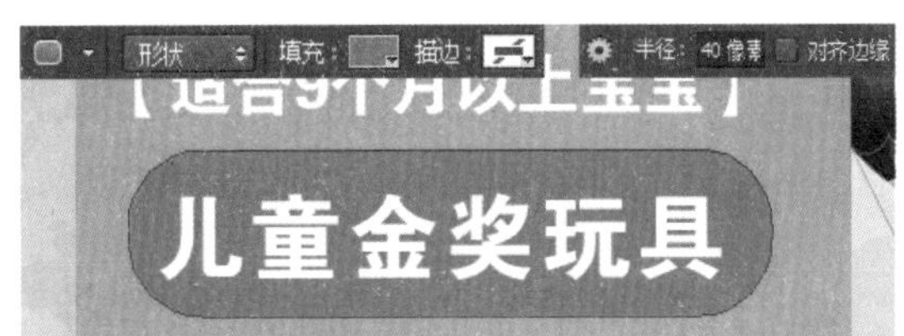

步骤09　使用“矩形工具”绘制矩形

设置前景色为R246、G44、B58，选择“矩形工具”，在文字“动物卡通电子琴”下方绘制一个红色矩形，创建“矩形2”图层。经过绘制后，玩具的名称变得更加醒目。

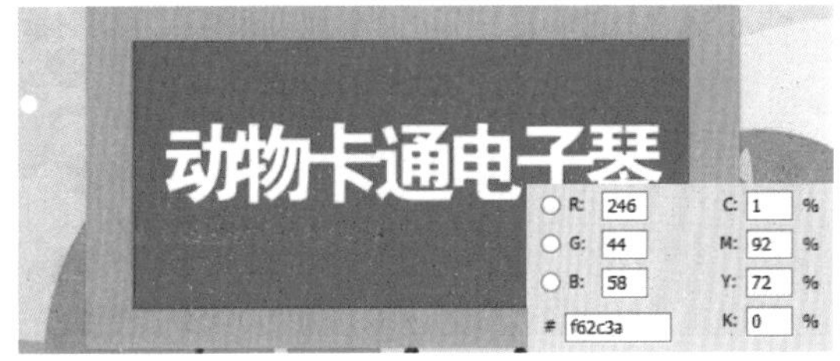

步骤10　创建自定形状处理图形边缘

选中上一步中创建的“矩形2”图层，单击“图层”面板中的“添加图层蒙版”按钮，添加图层蒙版。选择“自定形状工具”，单击选项栏中“形状”选项右侧的下三角按钮，在展开的“形状”面板中单击“邮票1”形状，再单击“矩形2”图层蒙版缩览图，设置前景色为白色，在矩形的两侧单击并拖曳鼠标，绘制图形，制作锯齿状边缘，完成本案例的制作。

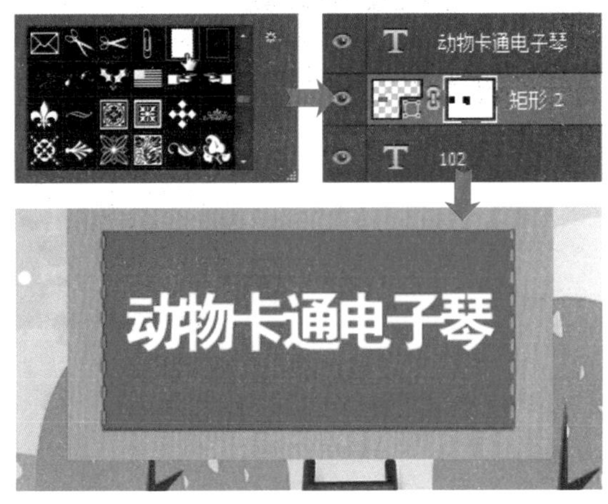

 案例 67　精美手表广告

本案例是为某品牌手表制作的弹出式广告。画面中以黑色作为背景，暗色影调将手表的金属材质表现得更加硬朗和高贵，突显手表的高品质。在广告文字的处理上，将文字以居中对齐的方式安排于手表右侧，使观者视线随着手表转移到文字上，能够掌握更多商品特点。

素　材	随书资源\素材\07\13~15.jpg
源文件	随书资源\源文件\07\精美手表广告.psd

步骤01　创建新文件

执行“文件>新建”菜单命令，打开“新建”对话框，在对话框中按照弹出式广告的比例尺寸，输入较大一些的“宽度”和“高度”值，以便之后进行图像的编辑，然后将“背景内容”设置为黑色，单击“确定”按钮，创建新文件。

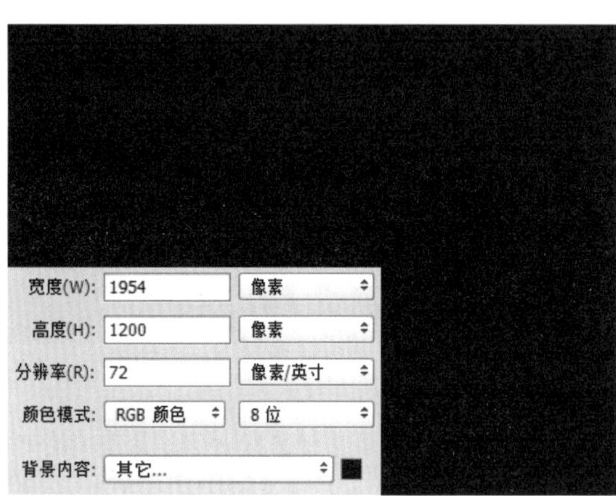

步骤02　复制图像添加图层蒙版

打开素材文件“13.jpg”，选择“移动工具”，将打开的夜景图像复制到新建文件中。为了让添加的夜景图片与黑色背景自然衔接在一起，选中“图层1”图层，添加图层蒙版，用黑色画笔涂抹图像边缘，隐藏部分图像。

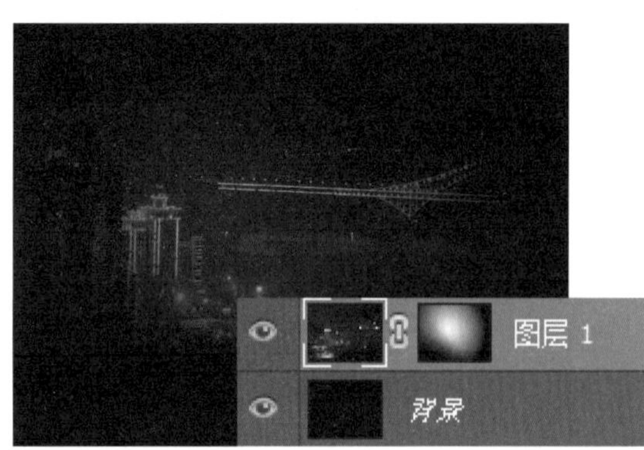

步骤03　复制图像更改图层混合模式

打开素材文件“14.jpg”，单击“移动工具”按钮，将其中的城市建筑图像拖曳到新建文件中。执行“编辑>自由变换”菜单命令，对图像进行旋转和缩放操作，将图层混合模式更改为“变亮”。

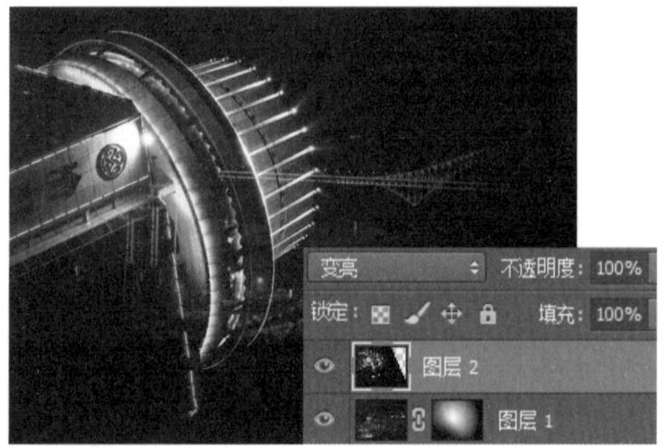

步骤04　添加图层蒙版隐藏图像

此处要将城市建筑图像下方的多余图像隐藏起来，因此单击“添加图层蒙版”按钮，添加蒙版，选择“柔边圆”画笔，在图像上涂抹，隐藏图像。

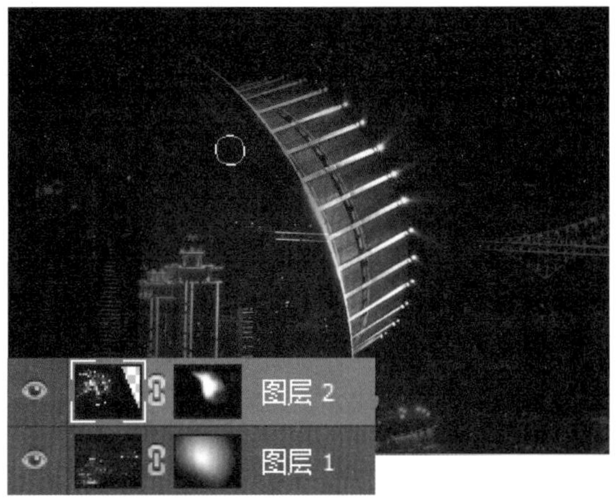

步骤05　复制图像更改图层混合模式

隐藏图像后，感觉发散的光线不够明亮。按下快捷键Ctrl+J，复制图层，创建“图层2拷贝”图层，将混合模式设置为“滤色”，使当前图层中较暗的像素被底层较暗的像素替换，而亮度值比下层像素高的像素保留下来，使图像产生更明亮的视觉效果。

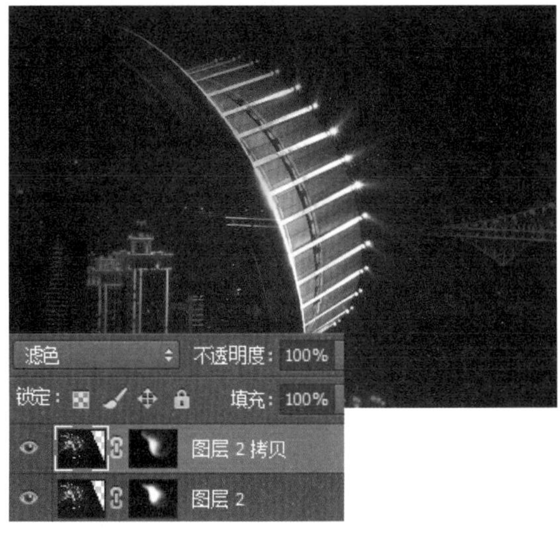

步骤06　转换为黑白图像

单击“调整”面板中的“黑白”按钮，新建“黑白1”调整图层，将图像转换为黑白效果。

步骤07　设置“色相/饱和度”转换单色调

新建“色相/饱和度1”调整图层，打开“属性”面板。为了渲染出更复古的氛围，勾选面板中的“着色”复选框，将“色相”滑块向黄色位置拖曳，将图像转换为淡黄色调效果，再适当向右拖曳“饱和度”滑块，提高图像的颜色饱和度。

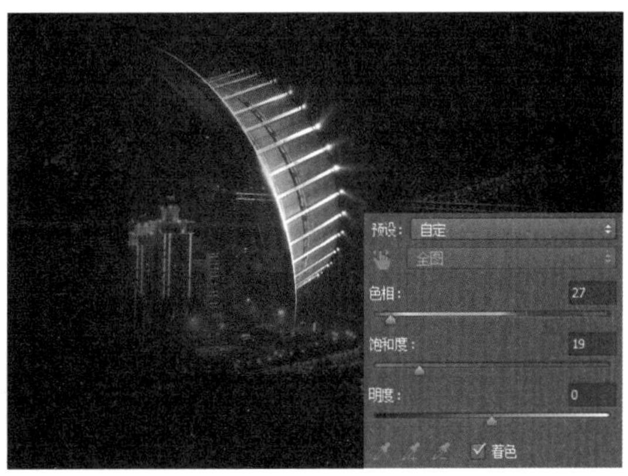

步骤08　使用“污点修复画笔工具”去除瑕疵

打开素材文件“15.jpg”，按下快捷键Ctrl++，将图像放大，可以看到手表表面上有一些较明显的灰尘、杂质等瑕疵。由于这些瑕疵相对较小，所以选择“污点修复画笔工具”，在手表表面的瑕疵位置单击，修复瑕疵，得到更干净的手表图像。

步骤09 使用"钢笔工具"抠取图像

使用"钢笔工具"沿画面中的手表边缘绘制工作路径，右击绘制的路径，在弹出的快捷菜单中执行"建立选区"命令，打开"建立选区"对话框。这里需要羽化边缘，为了保证羽化后的手表轮廓更完整，将"羽化半径"设置为2，单击"确定"按钮，创建选区。

步骤10 复制选区中的图像

按下快捷键Ctrl+J，复制选区内的图像，抠出手表对象。选择"移动工具"，把抠出的手表图像拖曳到前面制作好的背景图像中，得到"图层3"图层。

步骤11 添加图层蒙版拼合图像

下面要让手表图像与新的背景拼合在一起。为"图层3"图层添加图层蒙版，设置前景色为黑色，选择"画笔工具"，在选项栏中将画笔"不透明度"设置为12%，运用黑色的"柔边圆"画笔在手表上方和下方的表带位置涂抹，隐藏部分图像，让手表融入背景中。

步骤12 设置"USM锐化"滤镜

执行"滤镜>锐化>USM锐化"菜单命令，打开"USM锐化"对话框，在对话框中进行选项的设置。为了让手表变得更加清晰，将"数量"滑块向右拖曳至50%的位置，提高清晰度，再将"半径"滑块向右拖曳至3.0像素，扩大锐化范围，增强锐化效果。

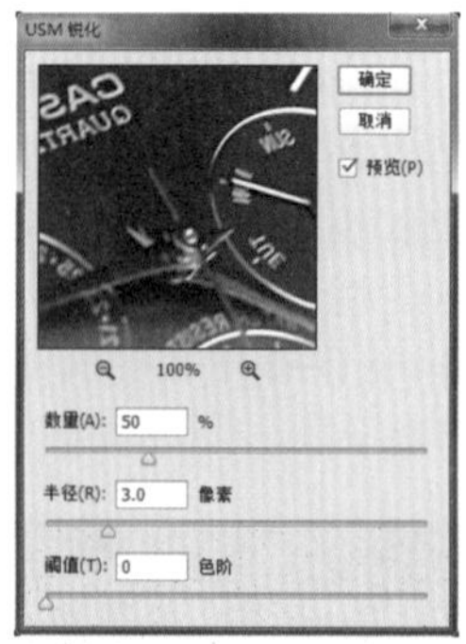

步骤13 设置"色阶"增强对比度

按住Ctrl键不放，单击"图层3"图层缩览图，载入手表选区。单击"调整"面板中的"黑白"按钮，新建"黑白2"调整图层，将手表转换为黑白效果。为了突出手表表面的闪亮质感，新建"色阶1"调整图层，在打开的"属性"面板中选择"增强对比度3"选项，设置高反差效果。

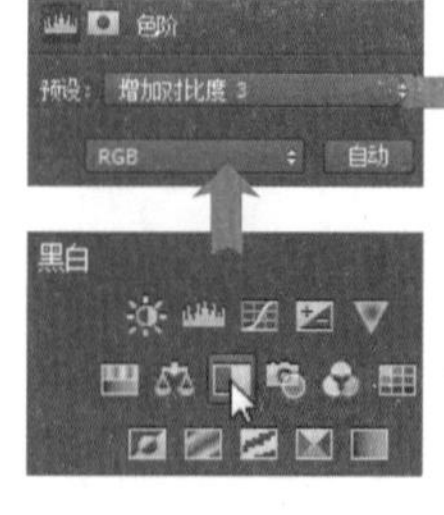

步骤14　输入文字

在前面的操作中，已经将背景设置为暗黄色调，这里要让图像的色调更协调。按住Ctrl键不放，单击“图层3”图层缩览图，再次载入手表选区。新建“色相/饱和度2”调整图层，使用与步骤7相同的方法，对手表图像进行着色。

步骤15　输入文字设置文字样式

选择“横排文字工具”，在手表右侧输入英文，输入后白色文字显得太突兀。双击文字图层，打开“图层样式”对话框，单击“斜面和浮雕”样式，为文字添加浮雕质感，再单击“描边”样式，为文字添加渐变描边样式。

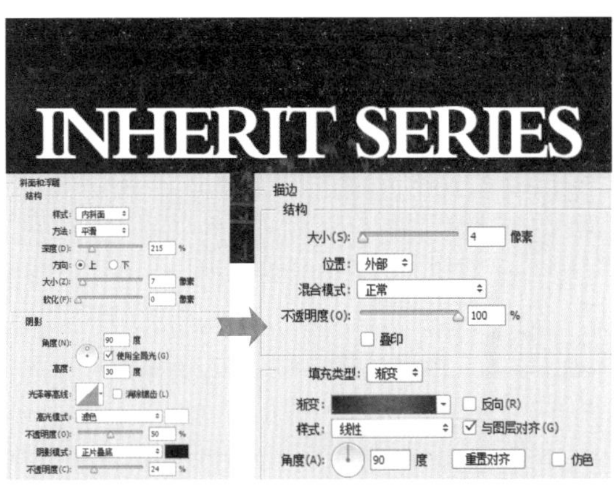

步骤16　设置并叠加渐变颜色

单击“渐变叠加”样式，根据画面整体色调对渐变颜色加以调整，设置完成后单击“确定”按钮，应用样式。继续使用同样的方法添加更多文字，完善手表广告。

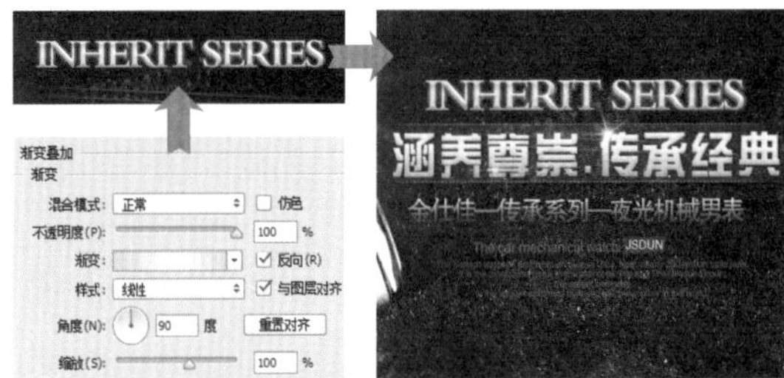

案例68　女式高跟单鞋广告

本案例是为女式高跟单鞋设计的弹出式广告。画面中以粉色花朵图像作为背景，清爽、柔美的背景图像与要表现的商品搭配起来非常和谐。同时为了加深观者对广告商品的信任感，在图像右上角添加了商品品牌徽标，从而提升了商品的点击率。

素　材	随书资源\素材\07\16~17.jpg
源文件	随书资源\源文件\07\女式高跟单鞋广告.psd

步骤01 复制图像编辑图层蒙版

创建新文件，打开素材文件“16.jpg”，将图像复制到新建文件上方，此时可以看到花朵上黄色的花蕊部分显得太亮了。单击“添加图层蒙版”按钮，添加蒙版，用黑色画笔在部分花蕊位置涂抹，降低其亮度。

步骤02 使用“曲线”提亮左侧图像

为了营造出更加唯美的画面效果，创建“曲线1”调整图层，在打开的“属性”面板中单击并向上拖曳曲线，提亮图像。经过提亮后，感觉右下角的图像有点曝光过度，所以使用“渐变工具”编辑图层蒙版，还原该区域的图像亮度。

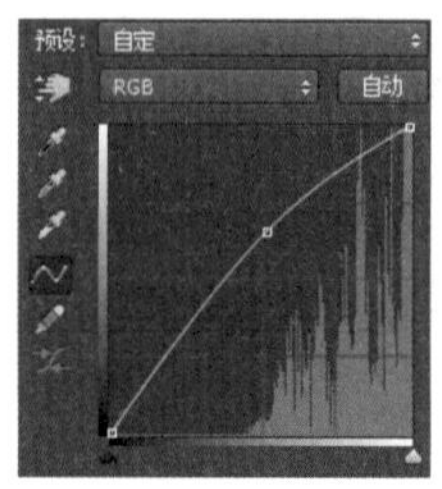

步骤03 载入蒙版选区

按住Ctrl键不放，单击“曲线1”图层蒙版缩览图，载入蒙版选区。

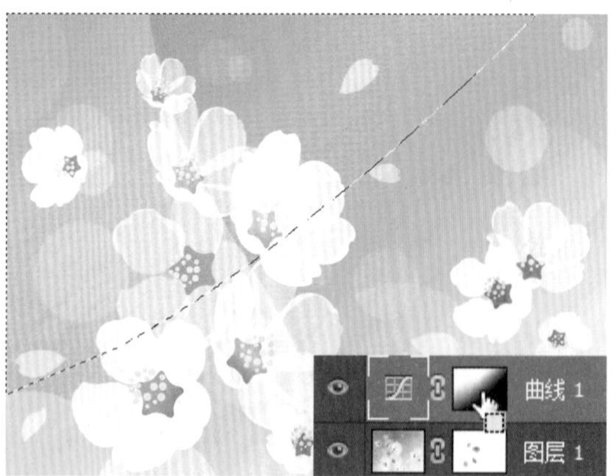

步骤04 设置“色彩平衡”修饰选区图像颜色

单击“调整”面板中的“色彩平衡”按钮，新建“色彩平衡1”调整图层，打开“属性”面板。这里想让左上角的粉红色变得更淡一些，所以将“青色-红色”滑块向青色拖曳，增加青色，减少红色；再将“黄色-蓝色”滑块向黄色拖曳，增加黄色，减少蓝色。

步骤05 设置“曲线”进一步提亮图像

新建“曲线2”调整图层，在打开的“属性”面板中单击曲线，添加一个曲线控制点。向下拖曳该点可降低图像亮度，向上拖曳可提高图像亮度，这里为了让图像变得更亮，将曲线向上拖曳。

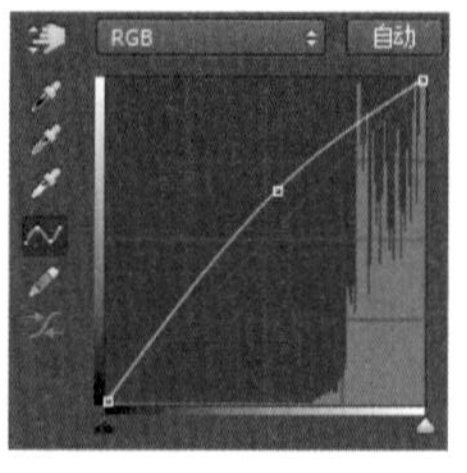

步骤06 复制鞋子图像添加图层蒙版

打开素材文件“17.jpg”，将其中的鞋子图像复制到新建文件中。单击“图层”面板中的“添加图层蒙版”按钮，添加图层蒙版，设置前景色为黑色。此处需要去掉原素材的背景，选择“画笔工具”，先用“硬边圆”画笔沿鞋子边缘涂抹，勾选出鞋子轮廓，再使用“柔边圆”画笔在旁边继续涂抹，隐藏并拼合图像。

步骤07　载入选区设置“色阶”

拼合图像后，感觉鞋子因亮度不够而显得有点脏。按住Ctrl键不放，单击“图层2”图层蒙版缩览图，载入选区，新建“色阶1”调整图层，并在“属性”面板中设置色阶选项，提亮图像，加强对比。

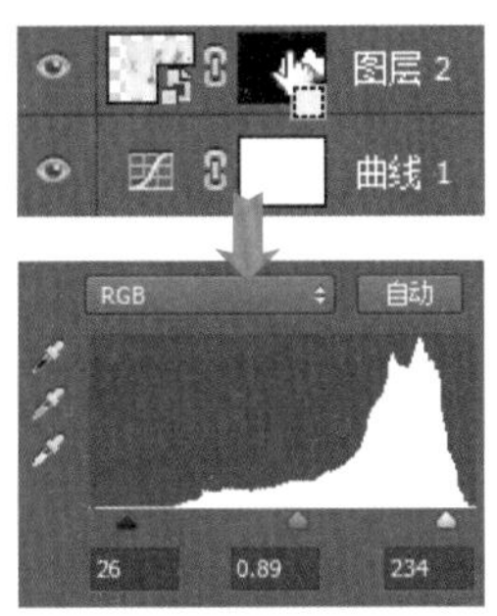

步骤08　设置“曲线”提亮背景

为了突出画面中的鞋子部分，选择“套索工具”，设置“羽化”值为30像素，在鞋子旁边的图书位置创建柔和的选区。新建“曲线3”调整图层，在打开的“属性”面板中单击并向上拖曳曲线，使选区内的图像变得更亮。

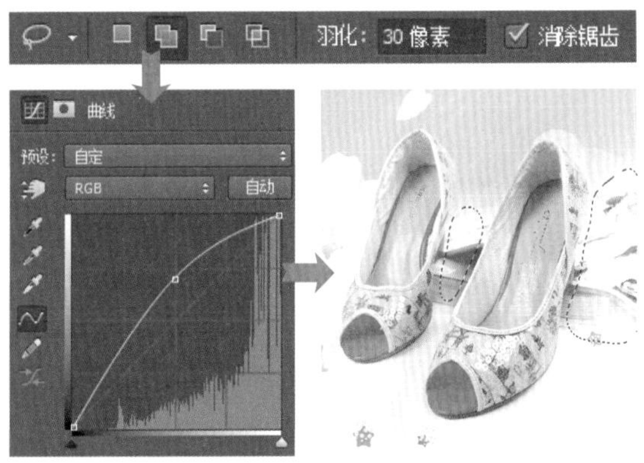

步骤09　设置并输入文字

单击工具箱中的“横排文字工具”按钮T，在鞋子左侧单击，输入英文“spring”，输入后打开“字符”面板，对文字属性进行调整。这里为了突出鞋子适合穿着的季节特征，将字号设置为270点，文字颜色设置为与鞋子颜色相似的粉红色，最后单击“全部大写”按钮TT，将英文更改为大写效果。

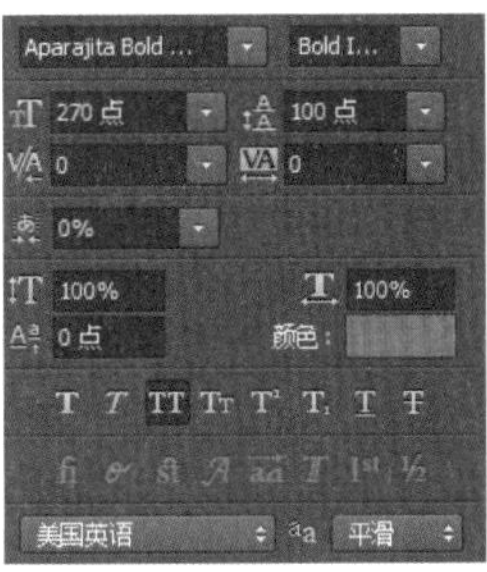

步骤10　更改文字的不透明度

由于这个英文并不是主标题文字，因此为了突出主体文字，在“图层”面板中选中文字图层，将图层的不透明度降为15%。

步骤11　设置并输入文字

选择“横排文字工具”，在已输入的英文下方输入中文“春季”，输入后打开“字符”面板，设置文字属性。这里为了让文字更便于阅读，将字体更改为“方正大标宋_GBK”，再将间距设置为-50，使文字更加紧凑，文字颜色设为相同的粉红色，单击“斜体”按钮，将文字更改为倾斜效果。

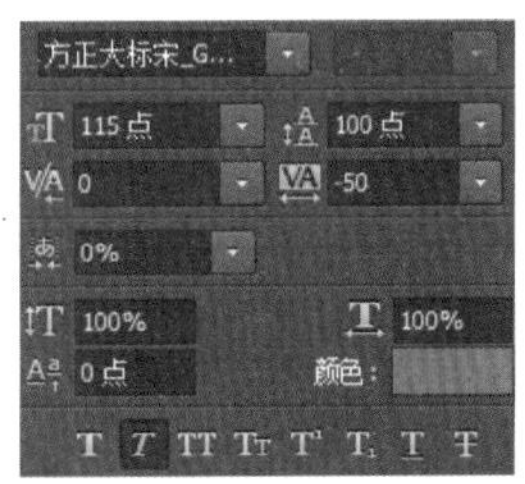

步骤12 继续输入文字

继续使用“横排文字工具”在文字“春季”旁边输入“惠中”。

技巧提示：快速缩放文字

使用文字工具在图像中输入文字后，如果要对文字大小进行调整，除了可以使用“字符”面板或文字工具选项栏中的“设置大小”选项外，还可以按下快捷键 **Ctrl+T**，打开自由变换编辑框，然后拖曳编辑框调整其大小。

步骤13 更改属性输入文字

选择“横排文字工具”，在文字“惠”的前面输入“聚”。打开“字符”面板，在不更改字体的情况下，为了让文字更加醒目，将字号设置为235点，文字颜色设置为较深的红色。

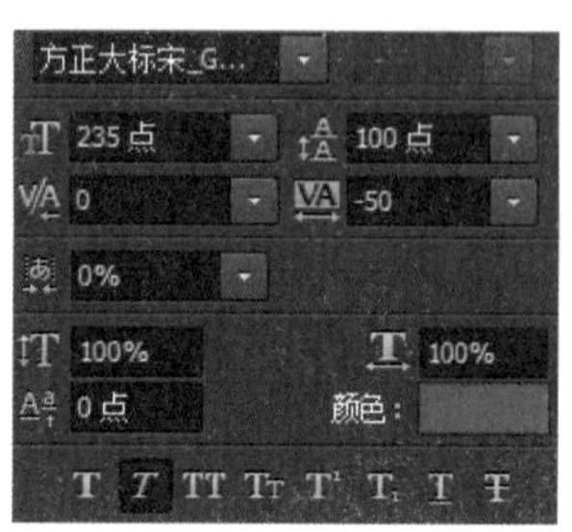

步骤14 添加更多的文字和图形

继续使用“横排文字工具”在画面中输入文字，完善广告信息，并结合“字符”面板对文字的大小、字体、颜色等进行调整，增强文字的层次感。添加完文字后，单击“矩形工具”按钮，在选项栏中对矩形的颜色进行调整，为了让图案与整个作品的色调更统一，同样将颜色设置为粉红色，然后在文字“个性清新图案”下方绘制粉色矩形。

步骤15 使用“渐变工具”编辑图层蒙版

单击“渐变工具”按钮，在选项栏中选择“黑，白渐变”，再单击“对称渐变”按钮，勾选“反向”复选框，从矩形中间向右侧拖曳，创建对称渐隐的图形。

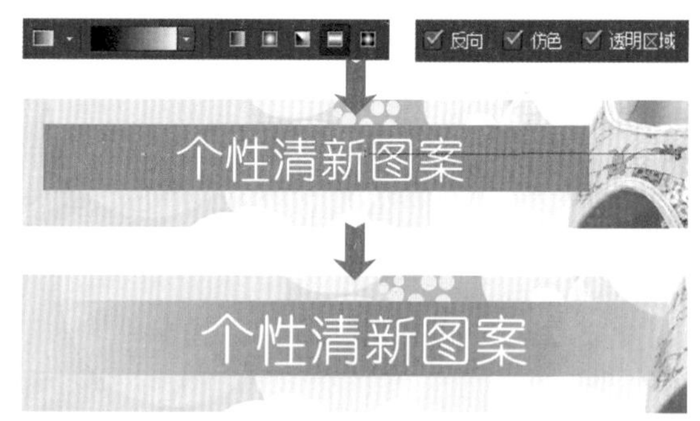

步骤16 绘制图形输入文字

为了提高消费者对广告商品的信任感，选择“矩形工具”，在图像右上方绘制一个白色矩形，使用“横排文字工具”在矩形中间输入鞋子的品牌信息，完成女式高跟单鞋广告的设计。

案例 69 男式运动鞋广告

本案例是为某品牌运动鞋设计的弹出式广告。在设计过程中将云层、建筑、飞鸟等图像拼合成背景图像，并将不同颜色的运动鞋以旋转的方式摆放，使画面显得更有动感。此外，不同颜色的鞋子给人更为直观的感觉，使观者了解更多不同色彩的鞋子效果。

素　材	随书资源\素材\07\18~20.jpg、21.psd、22~23.jpg
源文件	随书资源\源文件\07\男式运动鞋广告.psd

步骤01 使用“渐变工具”填充渐变背景

创建新文件，设置前景色为R152、G209、B223，单击“渐变工具”按钮，在选项栏中选择“前景色到透明渐变”，单击“图层”面板中的“创建新图层”按钮，新建“图层1”图层，从图像下方往上拖曳渐变。

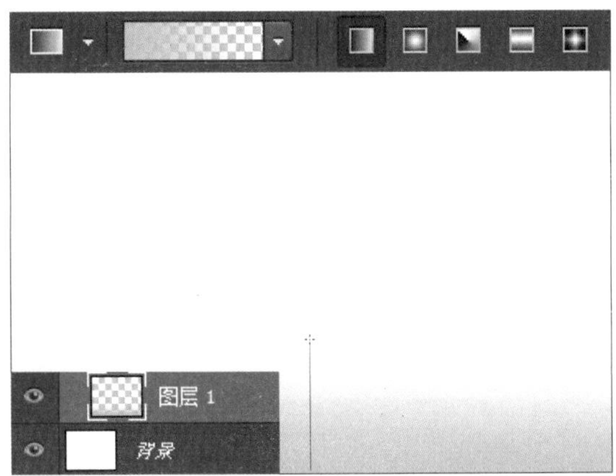

步骤02 使用“钢笔工具”绘制图形

单击“钢笔工具”按钮，在选项栏中设置绘制模式为“形状”，单击“填充”选项右侧的下三角按钮，在展开的“填充”面板中将填充颜色设置为R125、G198、B216，将鼠标指针移至渐变背景位置，绘制曲线图案。

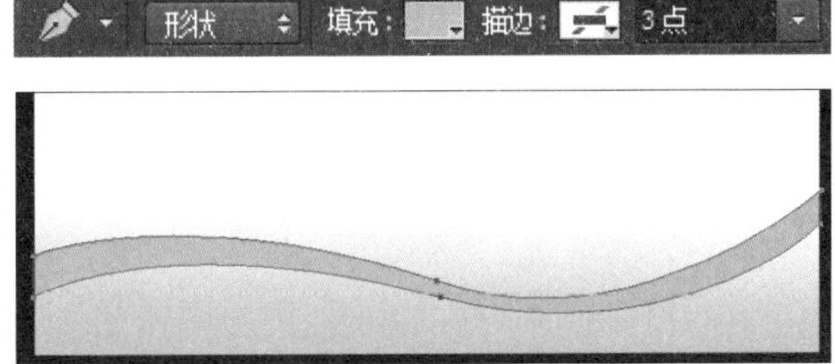

步骤03 复制图形更改填充颜色

按下快捷键Ctrl+J，复制“形状1”图层，创建“形状1拷贝”图层。这里需要更改复制的图形的颜色，双击图层缩览图，打开“拾色器（纯色）”对话框，在对话框中将填充颜色设置为白色，单击“确定”按钮，更改图形颜色。

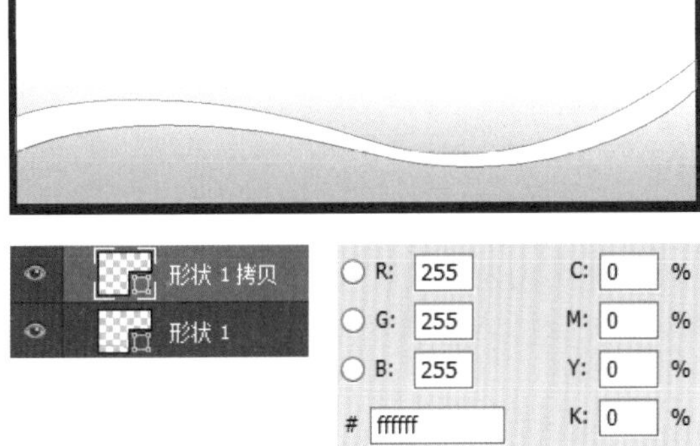

步骤04 使用“画笔工具”编辑图层蒙版

为了让绘制的线条呈现出渐变的光泽感，单击“图层”面板中的“添加图层蒙版”按钮，为“形状1拷贝”图层添加图层蒙版。设置前景色为黑色，选择“画笔工具”，在选项栏中将“不透明度”设置为15%，在白色图形上涂抹，隐藏部分图像。

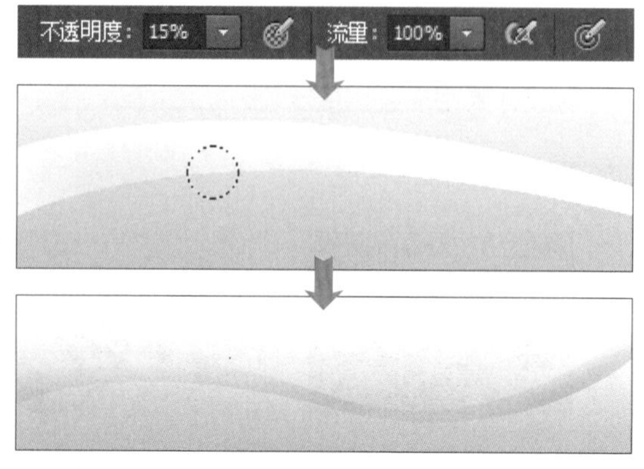

步骤05 复制图形更改位置和填充颜色

再次复制“形状1”图层，创建“形状1拷贝2”图层，并将复制得到的图层移至“形状1”图层下方。设置填充颜色为R159、G212、B225，并添加图层蒙版，用“渐变工具”编辑图层蒙版，将部分图像隐藏起来。

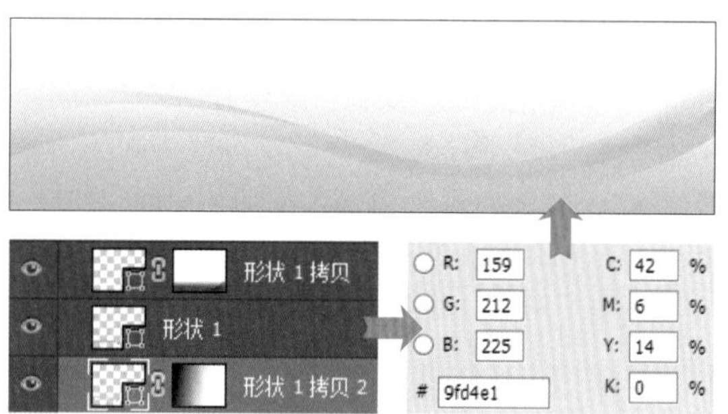

步骤06 创建选区并填充颜色

设置前景色为R145、G206、B220，选择“椭圆选框工具”，在选项栏中调整“羽化”值，在图像右上方创建椭圆形选区，新建“图层2”图层，按下快捷键Alt+Delete，将选区填充为设置的前景色。

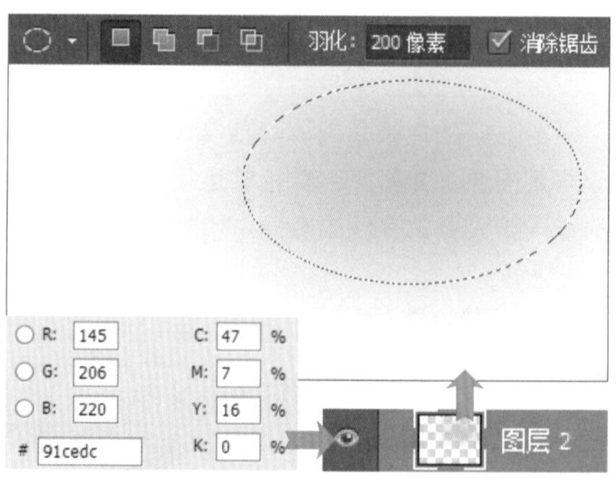

步骤07 吸取并选择图像

打开素材文件“18.jpg”，这里要将天空中的云朵抠取出来，由于图像中云朵与蓝色天空的颜色反差较大，因此先用“吸管工具”在白色云朵上单击，吸取颜色，再执行“选择>色彩范围”菜单命令，打开“色彩范围”对话框。根据取样颜色，在该对话框中可以看到被选中的图像范围，单击“确定”按钮。

步骤08 复制选区中的图像

返回图像窗口，根据设置的选择范围，选中天空中的云朵。单击“移动工具”按钮，将选区中的云朵拖曳到步骤6中绘制的蓝色椭圆上方，得到“图层3”图层。

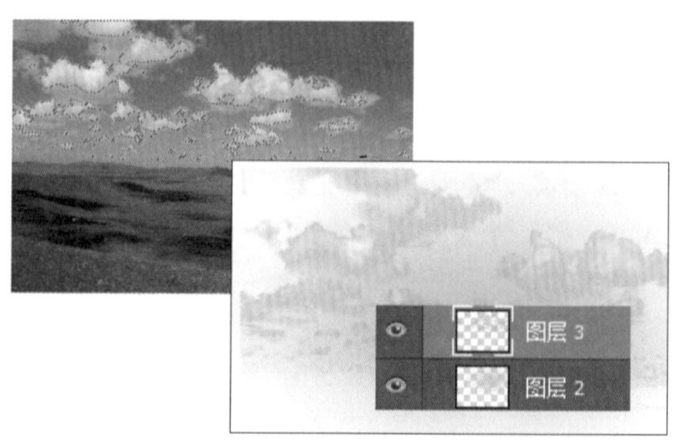

步骤09 创建剪贴蒙版隐藏图像

这里只需要显示椭圆内部的云朵，因此执行“图层>创建剪贴蒙版”菜单命令，创建剪贴蒙版，隐藏椭圆外的云朵图像。单击“添加图层蒙版”按钮，添加图层蒙版，用黑色画笔在上方的云朵图像上涂抹，隐藏多余云层。

步骤10 填充颜色展示纯白云朵

观察添加到画面中的云朵图像，感觉云朵不够洁白，给人较脏的感觉。按住Ctrl键不放，单击“图层3”图层，载入云朵选区。新建“颜色填充1”调整图层，设置填充色为白色，得到更加洁白的云朵。

步骤11 使用“磁性套索工具”抠取图像

打开素材文件“19.jpg”，由于素材图像中鸟儿与天空的颜色反差较明显，为快速抠出图像，单击“磁性套索工具”按钮，在选项栏中将“宽度”设置为5像素，“对比度”设置为5%，“频率”设置为最大值100，沿鸟儿边缘拖曳，创建选区，选择图像。将选中的图像复制到新建文件中，并翻转图像，调整其大小和位置，得到“图层4”图层。

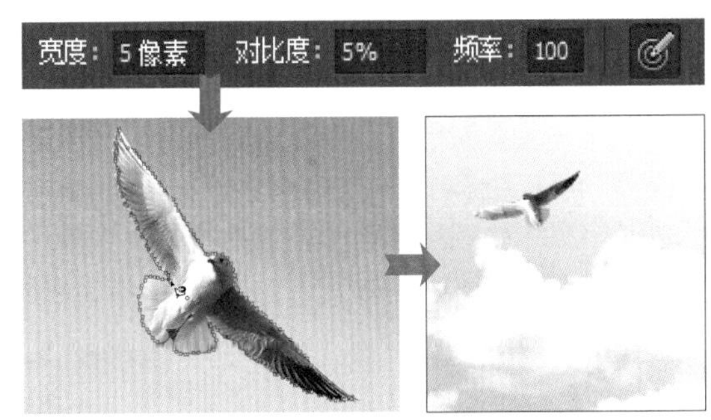

步骤12 设置“照片滤镜”变换颜色

按住Ctrl键不放，单击“图层4”图层缩览图，载入鸟儿选区。新建“照片滤镜1”调整图层，打开“属性”面板。由于原图像中鸟儿的颜色偏黄，因此选择“冷却滤镜（82）”选项，利用互补色原理修饰图像颜色，使鸟儿与天空的颜色更加协调。

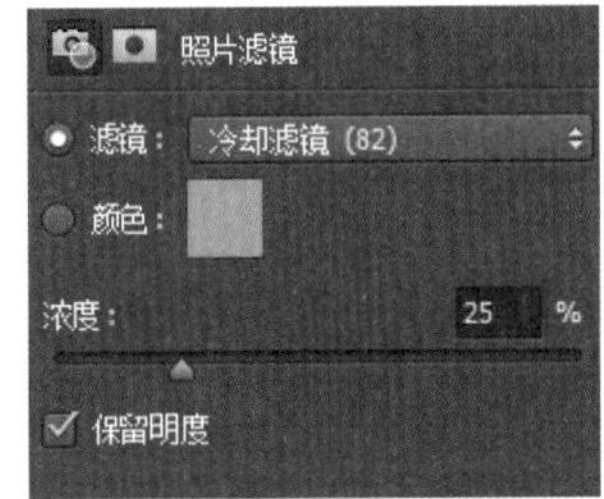

步骤13 盖印图像

同时选中“图层4”和“照片滤镜1”调整图层，按下快捷键Ctrl+Alt+E，盖印选中图层，创建“照片滤镜1（合并）”图层。按下快捷键Ctrl+J，复制图层，创建“照片滤镜1（合并）拷贝”图层。分别选中这两个图层中的鸟儿图像，按下快捷键Ctrl+T，打开自由变换编辑框，调整各图层中鸟儿的大小和位置。

步骤14 通过“色彩范围”选择图像

打开素材文件“20.jpg”，执行“选择>色彩范围”菜单命令，打开“色彩范围”对话框。这里要选择天空下的建筑图像，勾选“反相”复选框，然后单击“添加到取样”图标，运用鼠标在蓝色天空位置连续单击。此时可以看到天空部分显示为黑色，即为未选中区域。设置完成后单击“确定”按钮，创建选区，选中天空下的建筑及部分海面图像。

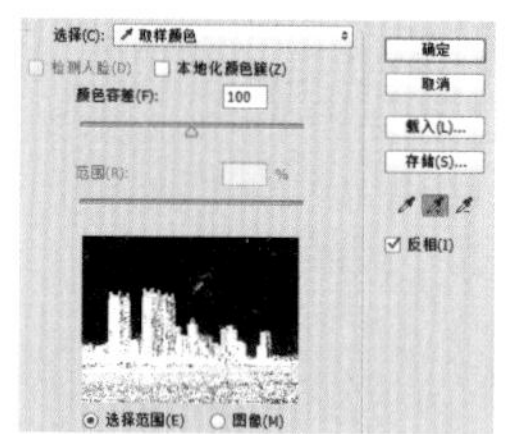

步骤15 复制图形创建图层蒙版

使用“移动工具”将选区中的图像复制到新建文件中，得到“图层5”图层。由于这里只需要使用建筑部分，因此单击“添加图层蒙版”按钮，添加图层蒙版，用黑色画笔在下方的海面位置涂抹，隐藏图像。

步骤16 更改图层混合模式

观察添加的建筑图像，发现图像太暗，与画面影调不协调。按下快捷键Ctrl+J，复制图层，创建“图层5拷贝”图层。这里需要将图像提亮，因此将该图层的混合模式设置为“滤色”，快速提亮图像；再按下快捷键Ctrl+J，复制图层，得到更加明亮的建筑图像。

步骤17 使用“钢笔工具”绘制图形

单击“钢笔工具”按钮，在选项栏中设置绘制模式为“形状”，然后调整填充颜色，将鼠标指针移至图像上，绘制图形。

步骤18 应用“渐变工具”编辑图层蒙版

为了让文字呈现出渐变的效果，按下快捷键Ctrl+J，复制图层，创建“形状2拷贝”图层，将此图层中的图形颜色更改为R87、G180、B67。为“形状2拷贝”图层添加图层蒙版，使用“渐变工具”编辑图层蒙版，从图形右上角往左下角拖曳黑白渐变。

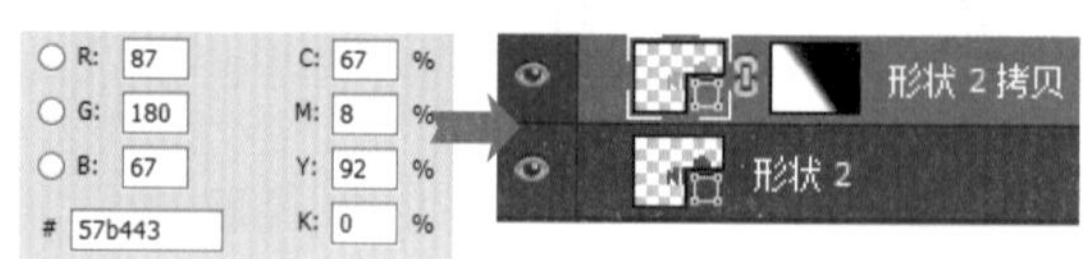

步骤19 添加更多素材图像

使用“钢笔工具”在绘制好的图形中间再绘制出渐变的图形效果，然后打开素材文件“21.psd”和“22.jpg”，将其中的图像复制到图形上，得到更丰富的画面效果。

步骤20　复制并抠出鞋子图像

打开素材文件“23.jpg”，将其中的鞋子图像复制到新制作的背景中，创建“图层8”图层。使用“橡皮擦工具”将鞋子旁边的多余图像擦掉，按下快捷键Ctrl+J复制图像，并把复制的图像移到原鞋子图像的下方。

步骤21　设置“色相/饱和度”变换鞋子颜色

这里需要向观者展示不同颜色的鞋子效果，因此按住Ctrl键不放，单击“图层8拷贝”图层缩览图，载入鞋子选区。新建“色相/饱和度1”调整图层，在打开的“属性”面板中更改“色相”，将鞋子调整为绿色。最后利用“自由变换”命令调整鞋子的大小和角度。

步骤22　复制更多的鞋子并添加广告文案

使用与步骤21相同的方法，复制出更多的鞋子图像，然后分别调整各图层中鞋子的大小、颜色等，得到旋转摆放的运动鞋效果。最后在图像左侧的空白处添加广告文案，完成本案例的制作。

案例应用展示

与其他电商广告相比，由于弹出式广告的出现没有任何征兆，因此大多数情况下都会被观者看到。鉴于这一特点，弹出式广告在内容和表现方式上更加灵活。右图所示为本章中所设计的春夏新品女装弹出式广告作品《弹出式广告中的剪影表现》的效果展示。从图中可以看出，虽然广告画面比较简洁，但是因为弹出的表现方式，观者能够一眼就被广告内容所吸引。

弹出式广告可以是静态的，也可以是动态的。当人们观看视频时，有时也会在开始播放或播放过程中弹出广告图片，使观者不得不中断观看。下图所示为观看视频时弹出式广告的应用效果展示。

第 8 章

悬浮广告设计

悬浮广告，顾名思义，就是在网页页面上悬浮的广告。它分为悬浮侧栏广告、悬浮按钮广告和悬浮视窗广告三大类。不同类型的悬浮广告有不同的尺寸要求，所以在制作时需要根据悬浮广告所属的类别定义广告的尺寸，并根据其大小决定画面中广告图片、文字与图形的位置。例如，悬浮侧栏广告与悬浮视窗广告相比，前者较高，所以悬浮侧栏广告在文字的处理上可以从上、下两侧考虑，而悬浮视窗广告可以在图像四周灵活安排文字。

本章案例

- 70 古典风格的悬浮侧栏广告
- 71 制作背景简洁的悬浮按钮广告
- 72 突出商品色泽的悬浮视窗广告
- 73 男式毛衣广告
- 74 耳机绕线器广告
- 75 项链广告

案例 70　古典风格的悬浮侧栏广告

本案例是为茶壶设计的古典风格的悬浮侧栏广告。在设计过程中利用水墨图案组成背景图像，利用完整的商品图片引起观者的注意，在画面右上角运用圆润类字体搭配行书字体，使文字富有力度。

素　材	随书资源\素材\08\01~02.psd、03~04.jpg
源文件	随书资源\源文件\08\古典风格的悬浮侧栏广告.psd

步骤01　创建新文件

执行“文件>新建”菜单命令，打开“新建”对话框，在对话框中设置背景颜色为R250、G249、B239，“宽度”为650，“高度”为1463，“分辨率”为72，新建文件。

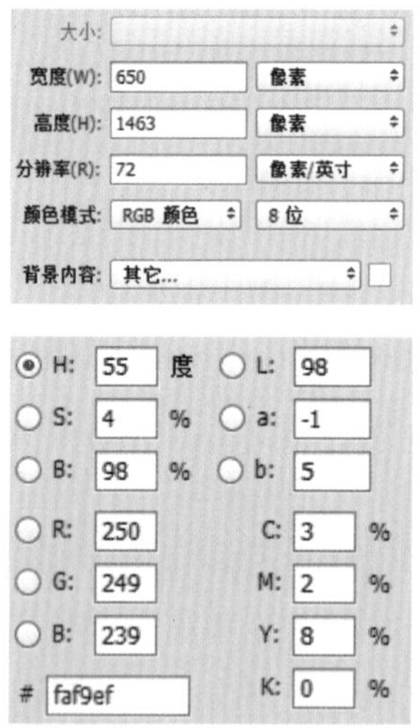

步骤02　载入画笔调整画笔大小

根据案例要表现的主题风格，进行水墨背景的制作。载入素材文件中的画笔“水墨01.abr”，在“画笔预设”选取器中选择载入的水墨画笔，此时画笔显得太大，在“大小”数值框中输入800，缩小画笔。

步骤03　设置“画笔”面板绘制图案

为了让绘制的图案更符合要求，执行“窗口>画笔”菜单命令，打开“画笔”面板，在面板中勾选“翻转X”和“翻转Y”复选框，并将画笔“角度”设置为-11°，完成画笔选项的调整。将前景色设置为R75、G70、B65，新建“图层1”图层，将鼠标指针移至新建文件底部，单击鼠标绘制水墨图案。

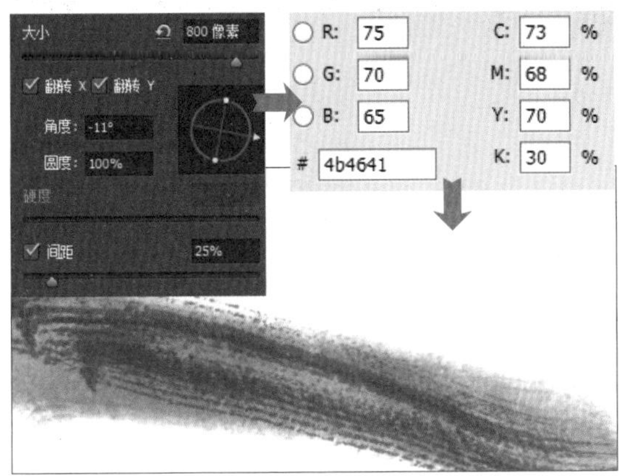

步骤04 继续绘制图案

由于要绘制的图案大小并不一致，因此再绘制稍小一些的图案。按键盘中的[键，缩小画笔笔触，继续在画面中绘制水墨图案。

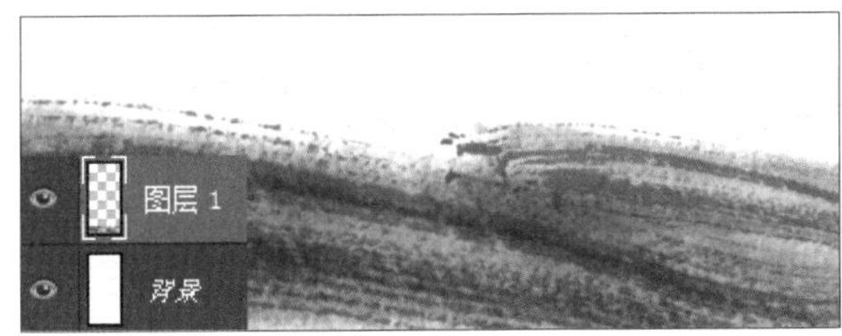

步骤05 绘制水墨背景

继续使用同样的方法，载入素材文件中的画笔“水墨02.abr”，调整画笔大小及属性，然后在画面中绘制更多的图案。为了展示更有意境的画面效果，打开素材文件“01.psd”，将打开的图像复制到“图层1”图层的上方，创建“图层5”图层，并将图像调整至合适大小。

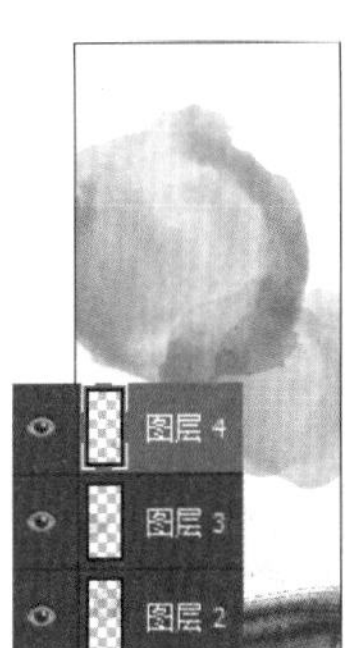

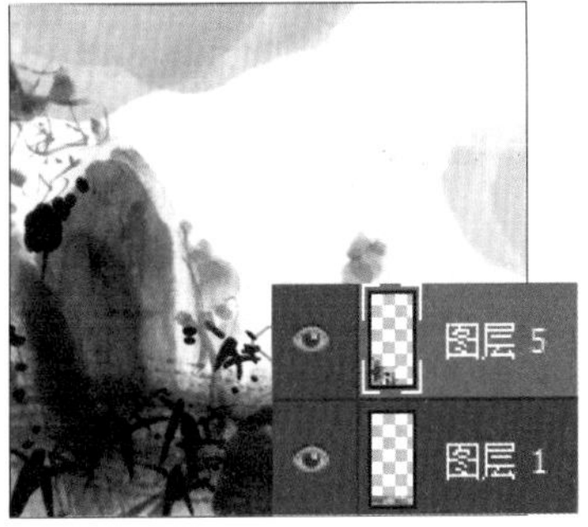

步骤06 复制图像调整图像大小

打开素材文件“02.psd”，将其中的鱼儿图像复制到新建文件中，创建“图层6”图层。此时画面中鱼儿部分的颜色太深，使画面缺乏层次感，因此可将图层“不透明度”降为50%。连续按下快捷键Ctrl+J，复制两个“图层6”，这时所复制的图像大小、位置没有任何变化。为了让鱼儿图像呈现自然的游动效果，分别选择各图层中的鱼儿图像，调整其大小、位置及不透明度等。

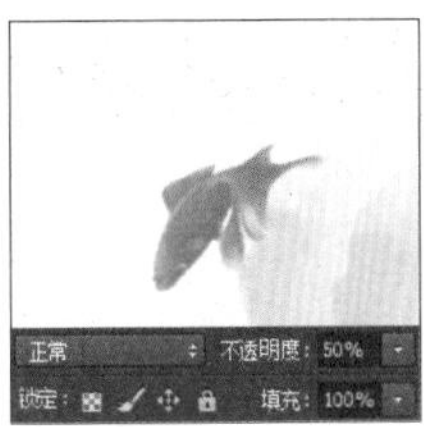

步骤07 应用“矩形选框工具”创建选区

打开素材文件“03.jpg”，将其中的古建筑物图像复制到新建文件顶部，创建“图层7”图层。由于只需要使用古建筑物最上方的屋檐部分，因此选择“矩形选框工具”，在图像上方单击并拖曳鼠标，创建矩形选区。为了让选区中的图像与背景自然拼合在一起，执行“选择>修改>羽化”菜单命令，在打开的对话框中将“羽化半径”设置为30像素，羽化选区。

步骤08 创建图层蒙版

单击“图层”面板底部的“添加图层蒙版”按钮，添加图层蒙版。添加图层蒙版后，选区外的图像将会隐藏，而选区内的图像将显示出来。

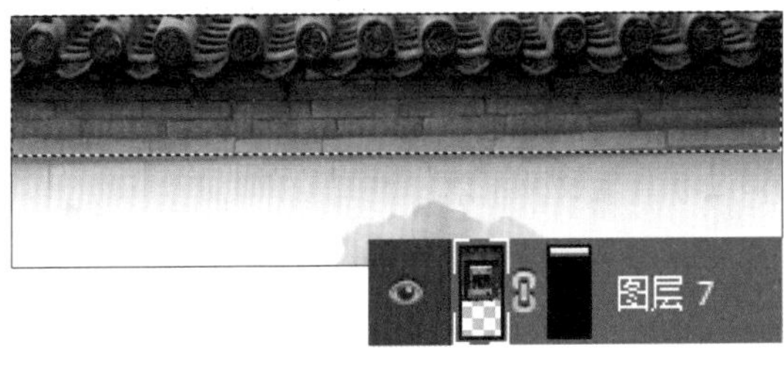

步骤09 设置“色相/饱和度”降低颜色鲜艳度

拼合图像后，为了让画面色调更协调，需要对屋檐部分的颜色进行调整。在调整之前，按住Ctrl键不放，单击“图层7”图层蒙版缩览图，载入选区，确定要调整的图像范围。新建“色相/饱和度1”调整图层，观察图像，发现背景主要表现无彩色效果，所以这里需要降低屋檐部分的颜色鲜艳度，即将“饱和度”滑块向左拖曳。

技巧提示：快速载入选区

运用调整图层调整图像时，如果需要对相同的区域应用不同的调整操作，则可以按住 **Ctrl** 键不放，单击图层旁边的蒙版缩览图，载入蒙版选区，再进行图像的调整。

步骤10 使用“矩形选框工具”创建选区

在上一步中虽然降低了颜色饱和度，但是墙砖部分的颜色还是太强了。选择“矩形选框工具”，在淡红色墙砖部分创建选区，执行“选择>修改>羽化”菜单命令，打开“羽化选区”对话框，将“羽化半径”设置为30像素，羽化选区。

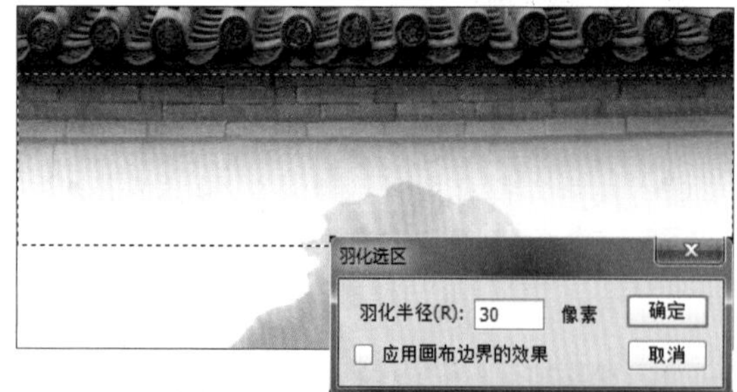

步骤11 设置“色相/饱和度”调整选区颜色

新建“色相/饱和度2”调整图层，打开“属性”面板。在该面板中若向右拖曳“饱和度”滑块，则会增强颜色饱和度；若向左拖曳该滑块，则会降低颜色饱和度。根据本案例需要表现的效果，将“饱和度”滑块向左拖曳至最小值-100，降低选区中墙砖部分的颜色鲜艳度，将图像转换为黑白效果。

步骤12 复制图像添加图层蒙版

打开素材文件“04.jpg”，将其中的茶壶图像复制到新建文件中，创建“图层8”图层。此处需要把茶壶后面的灰色背景去掉，为了使选择的图像更加准确，选择“钢笔工具”，沿茶壶图像边缘绘制路径，按下快捷键Ctrl+Enter，将路径转换为选区。单击“添加图层蒙版”按钮，添加图层蒙版，隐藏选区外的灰色背景。

步骤13 复制图像应用“USM锐化”滤镜

按住Ctrl键不放，单击“图层8”图层蒙版缩览图，载入茶壶选区。按下快捷键Ctrl+J，复制选区中的图像，创建“图层9”图层。执行“滤镜>锐化>USM锐化”菜单命令，打开“USM锐化”对话框。由于需要突出表现茶壶的纹理质感，因此在该对话框中向右拖曳“数量”和“半径”滑块，通过结合使用这两个选项，控制图像锐化程度，得到更为清晰的商品图像。

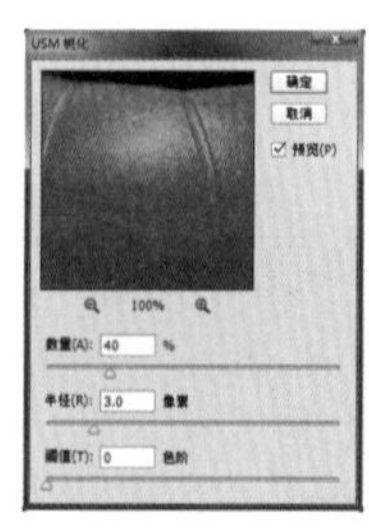

步骤14 设置"色相/饱和度"调整茶壶颜色

查看添加的茶壶图像，发现其色彩过于艳丽，使画面整体的色调搭配不够和谐自然。按住Ctrl键不放，单击"图层9"图层缩览图，载入茶壶选区。新建"色相/饱和度3"调整图层，先把"色相"滑块向右拖曳，变换颜色；再将"饱和度"滑块向左拖曳，降低选区中商品的颜色鲜艳度。

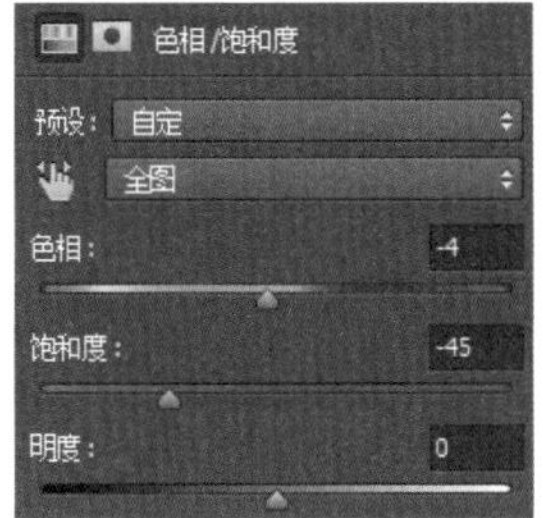

步骤15 设置"照片滤镜"转换为深褐色调

再次载入选区，新建"照片滤镜1"调整图层，打开"属性"面板。为了让茶壶表现出古典韵味，在面板中选择"深褐"滤镜，此时滤镜颜色应用并不明显，因此向右拖曳"浓度"滑块，增强滤镜颜色浓度。

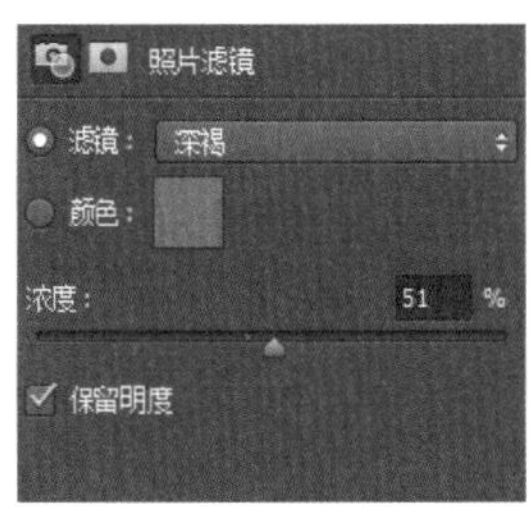

步骤16 绘制路径转换为选区

调整茶壶颜色后，感觉茶壶"浮"于背景之上。为了让茶壶与背景融合，呈现立体的视觉效果，需要为其制作投影。选择"钢笔工具"，在茶壶图像下方绘制路径，按下快捷键Ctrl+Enter，将路径转换为选区。

步骤17 为选区填充颜色

设置前景色为R27、G17、B7，选择"渐变工具"，在选项栏中选择"前景色到透明渐变"，从选区右侧往左侧拖曳渐变颜色，完成投影的基本设置。为了让制作的投影更加逼真，执行"滤镜>模糊>高斯模糊"菜单命令，打开"高斯模糊"对话框，在对话框中将"半径"设置得较大一些，建议为12。设置完成后单击"确定"按钮，模糊投影图像。

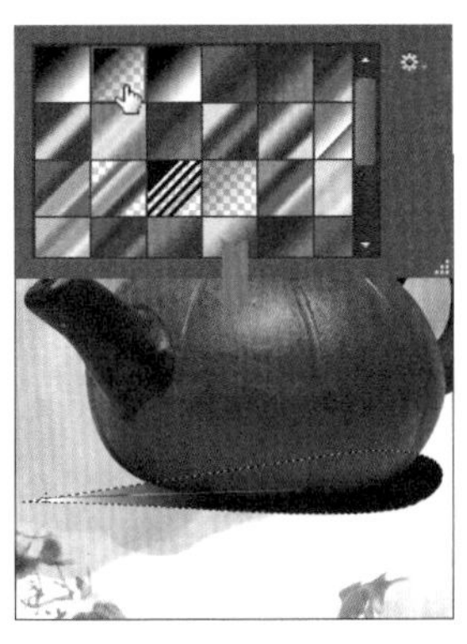

步骤18 复制图像制作投影

为了让投影颜色更加深沉，按下快捷键Ctrl+J，复制图层，创建"图层9拷贝"图层，更改图层混合模式，并结合图层蒙版调整投影效果。

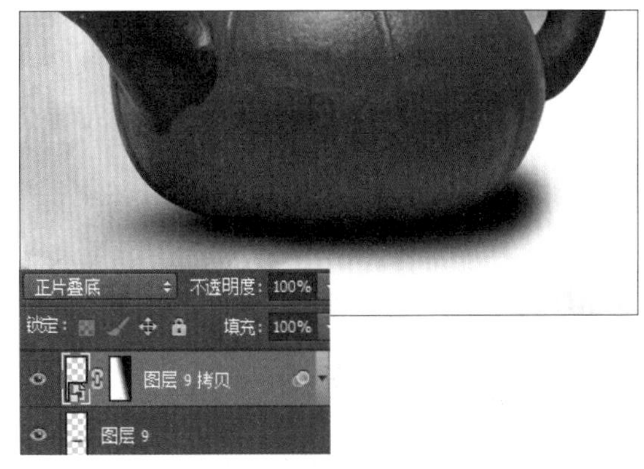

步骤19 绘制选区填充颜色

为了让茶壶的投影更有层次感，使用"钢笔工具"在图像旁边再绘制一个工作路径，按下快捷键Ctrl+Enter，将路径转换为选区。应用与步骤5相同的方法，在选区中填充颜色，并对图像进行模糊处理，制作颜色更淡的阴影。

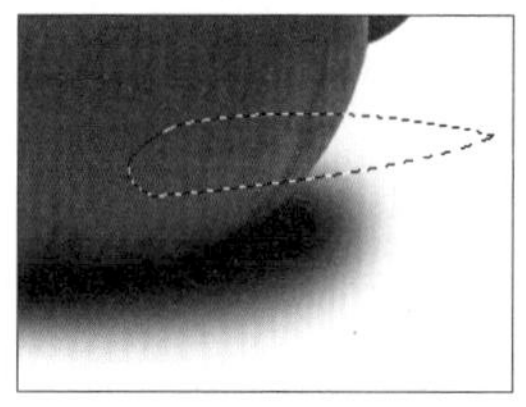

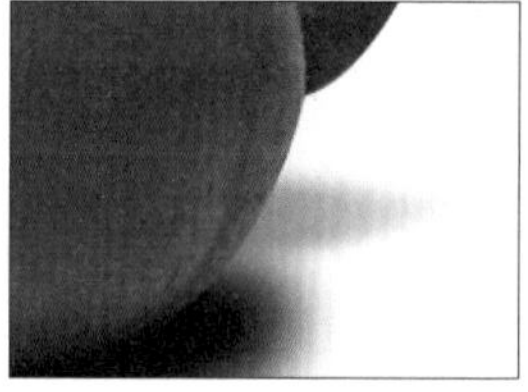

步骤20 载入画笔绘制烟雾图像

载入素材文件中的画笔“烟01.abr”，在“画笔预设”选取器中选中刚载入的烟雾画笔。将前景色设置为白色，创建新图层，在茶壶的上方单击，绘制烟雾图像。为了让绘制的烟雾图像与下方的茶壶衔接起来，单击“添加图层蒙版”按钮，添加图层蒙版，选择“渐变工具”，在选项栏中选择“黑，白渐变”，这里需要创建从下往上渐隐的烟雾效果，所以从烟雾图像下方往上拖曳黑白渐变。

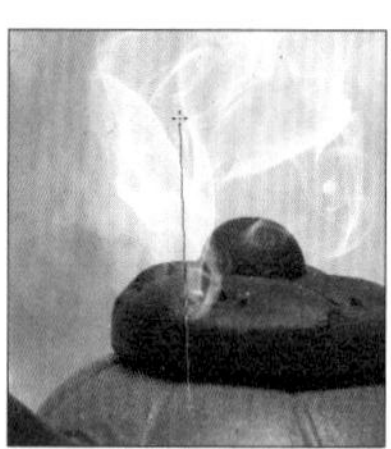

步骤21 添加文案效果

选择“直排文字工具”，在画面上方输入文字“一味”，打开“字符”面板，根据图像及古典风格主题，将字体设置为“叶根友毛笔行书”。为了使画面更完整，在图像上输入更多的文字，完成本案例的制作。

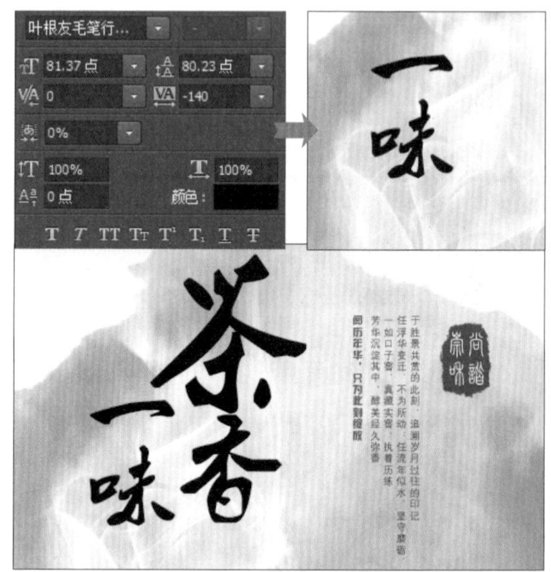

案例 71 制作背景简洁的悬浮按钮广告

本案例是为指甲油设计的背景简洁的悬浮按钮广告。在设计过程中，使用图形绘制工具绘制不规则的几何图形作为背景，并且把要突出表现的商品放置在画面中间，突出商品特征，同时搭配丰富的文字说明，营造出更有层次感的画面效果。

素　材	随书资源\素材\08\05.jpg
源文件	随书资源\源文件\08\制作背景简洁的悬浮按钮广告.psd

步骤01 创建新文件填充纯色背景

执行“文件>新建”菜单命令，打开“新建”对话框，在对话框中根据悬浮按钮广告的比例、尺寸，设置新建文件的宽度和高度，然后在“背景内容”选项下将背景颜色设置为R189、G8、B27，单击“确定”按钮，新建文件。

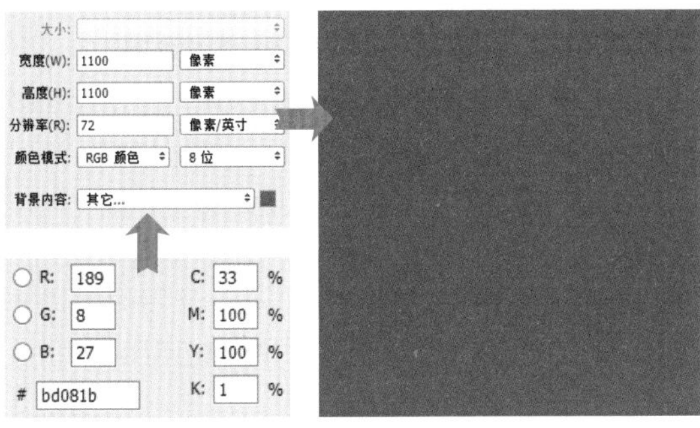

步骤02 使用“钢笔工具”在背景中绘制图形

确定背景颜色后，接下来要在背景中绘制简单的图形。将前景色设置为R228、G26、B43，选择“钢笔工具”，选择“形状”绘制模式，在图像上连续单击鼠标，绘制图形。

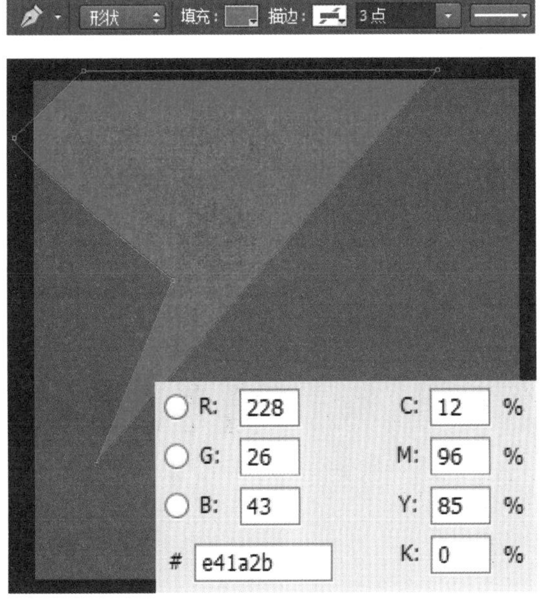

步骤03 更改颜色绘制图形

分别将前景色设置为R154、G8、B27和R13、G26、B61，继续使用“钢笔工具”在背景中绘制图形，完成简洁背景图案的设计。

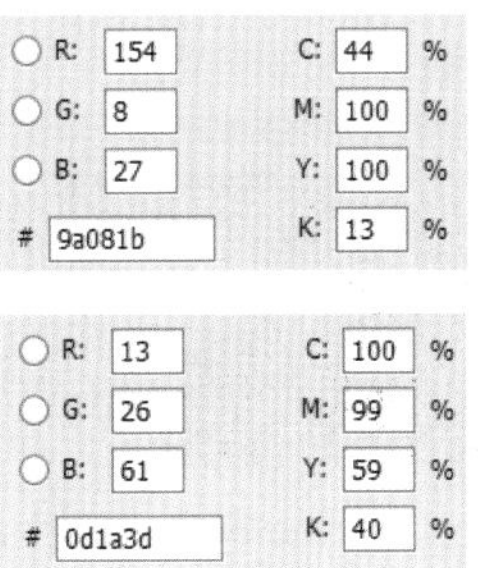

步骤04 复制图像调整图像大小

打开素材文件“05.jpg”，单击“移动工具”按钮，将其中的指甲油瓶图像拖曳到新建文件中。复制图像，但所复制的图像尺寸太大，不能显示完整的商品。按下快捷键Ctrl+T，打开自由变换编辑框，调整编辑框中的图像大小。单击“钢笔工具”按钮，此处需要利用工具抠图，因此将绘制模式更改为“路径”，然后沿指甲油瓶边缘绘制路径。

步骤05 创建选区选择图像

按下快捷键Ctrl+Enter，将路径转换为选区，选择素材图像中的指甲油瓶。为了让选择的商品边缘更干净，执行“选择>修改>收缩”菜单命令，打开“收缩选区”对话框，将“收缩量”设置为2，单击“确定”按钮，收缩选区。

步骤06 创建图层蒙版

单击“图层”面板中的“添加图层蒙版”按钮，添加图层蒙版，隐藏指甲油瓶以外的图像。

步骤07 设置“表面模糊”滤镜模糊图像

由于指甲油瓶没有保存好，所以在瓶子上有一些灰尘、杂质，处理时需要将其去掉。按住Ctrl键不放，单击“图层1”图层蒙版缩览图，载入选区。按下快捷键Ctrl+J，将选区中的指甲油瓶图像抠出，执行“滤镜>模糊>表面模糊”菜单命令，打开“表面模糊”对话框，在对话框中将“半径”和“阈值”滑块向右拖曳，模糊图像，从而去除瓶子上的灰尘等瑕疵。

步骤08 设置“内阴影”样式变暗图像

模糊图像后，瓶子变得更为干净，但是图像边缘太亮，使图像浮于背景上，需要削弱瓶子边缘的亮度，让抠出的指甲油瓶融入背景之中。双击“图层2”图层缩览图，打开“图层样式”对话框，单击“内阴影”样式，在右侧调整阴影的“不透明度”为40%，再将“大小”设置为182，使阴影范围更广，与指甲油瓶形成更柔和的过渡。

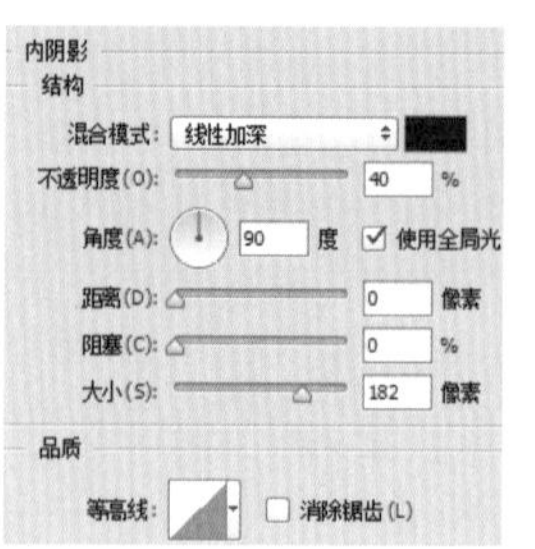

步骤09 设置“色阶”加强对比效果

添加内阴影后，指甲油瓶图像变暗，需要对其进行提亮。按住Ctrl键不放，单击“图层2”图层缩览图，载入指甲油瓶选区。新建“色阶1”调整图层，打开“属性”面板，将灰色滑块向左拖曳，提高画面中间调部分的亮度，让图像快速变亮。此时图像会偏灰，所以再把白色滑块向左拖曳，提高高光部分的亮度。

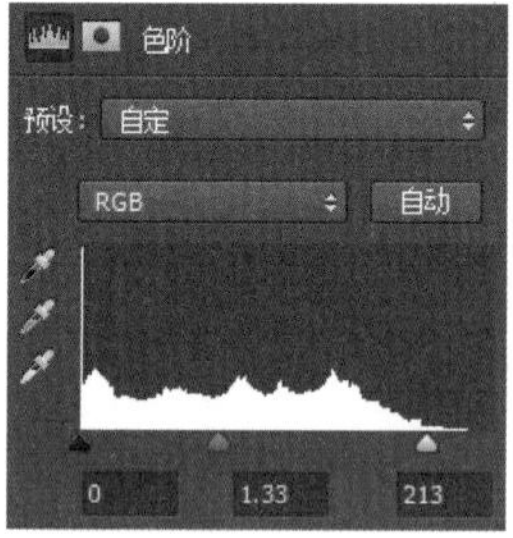

步骤10 设置“曲线”提亮图像

再次载入选区，新建“曲线1”调整图层，在打开的“属性”面板中单击并向上拖曳曲线，进一步提亮图像。提亮后发现瓶盖部分太亮了，反而不适合，所以单击“曲线1”蒙版缩览图，使用“渐变工具”编辑蒙版，还原瓶盖部分的亮度。

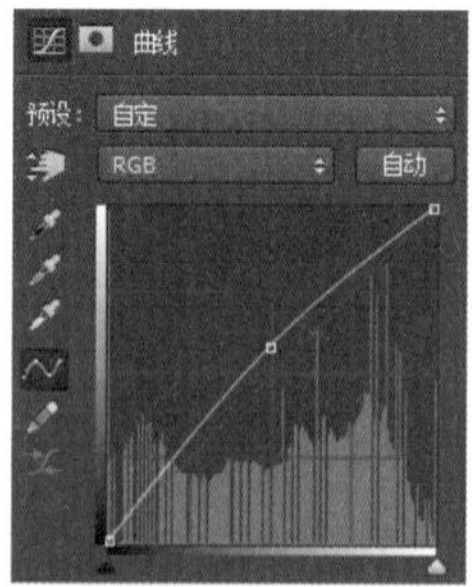

步骤11　设置“色相/饱和度”增强颜色

经过前两步的操作，调整了指甲油瓶的亮度，接下来要对其颜色进行调整。按住Ctrl键不放，单击“图层2”图层缩览图，载入指甲油瓶选区。新建“色相/饱和度1”调整图层，这里需要提高图像的颜色饱和度，所以在“属性”面板中将“饱和度”滑块向右拖曳，当设置为+34时，可看到选区中的指甲油瓶颜色变得更为艳丽。

步骤12　盖印并翻转图像

对于调整后的指甲油瓶图像，为了让它表现出立体的视觉效果，可以为其添加倒影。按住Ctrl键不放，单击“图层1”及其上方的所有图层，同时选中多个图层，按下快捷键Ctrl+Alt+E，盖印选中图层，创建“色相/饱和度1（合并）”图层。要让图像形成倒影效果，再执行“编辑>变换>垂直翻转”菜单命令，翻转图像，并使用“移动工具”把翻转的图像移至原指甲油瓶图像的下方。

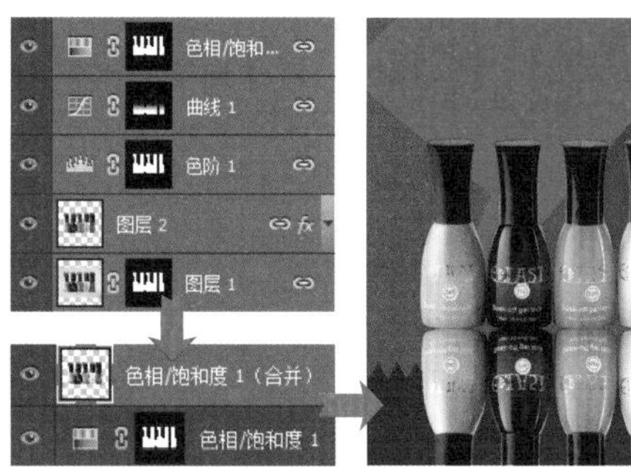

步骤13　使用“渐变工具”编辑图层蒙版

为了让倒影效果更逼真，选择“渐变工具”，在选项栏中选择“黑，白渐变”，单击“色相/饱和度1（合并）”蒙版缩览图，从图像下方往上拖曳黑白渐变，创建渐隐的图像效果。

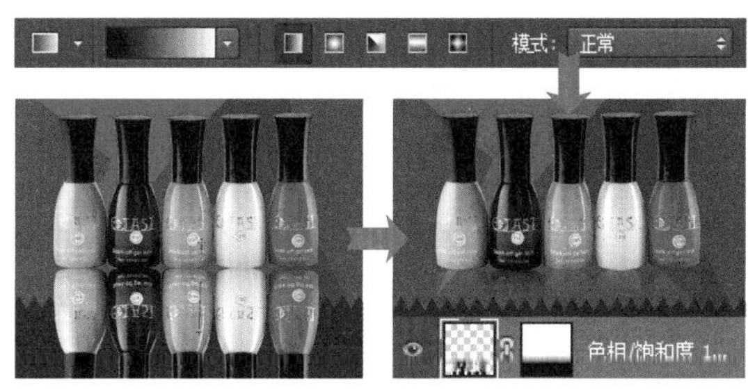

步骤14　设置并输入文字

单击“横排文字工具”按钮T，将鼠标指针移至指甲油瓶图像上方，单击并输入文字“累积售出10万套 自选颜色”，然后打开“字符”面板。由于指甲油的消费群体为女性，为了迎合其审美观，将字体设置为较圆润的“汉仪中圆简”。默认情况下文字间距为0，这里需要让文字显得更紧凑，所以将字符间距设置为-50，垂直缩放设置为105%。

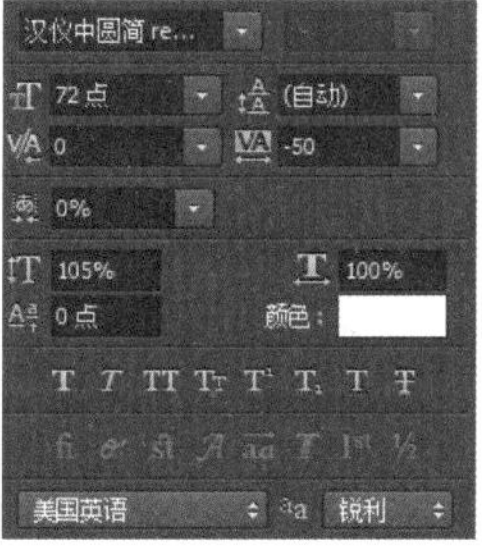

步骤15　设置“描边”和“渐变叠加”样式

白色的文字难以突出文字信息，所以双击文字图层，打开“图层样式”对话框，为文字进行样式的设置。单击“描边”样式，在对话框右侧对文字描边选项进行设置。“大小”设置为4像素，描边颜色设置为白色。这时所设置的描边效果与文字颜色相同，不能突显文字，再单击“渐变叠加”样式，在右侧重新设置渐变颜色，为文字设置与画面整体色调相似的渐变颜色，设置后单击“确定”按钮，应用样式。

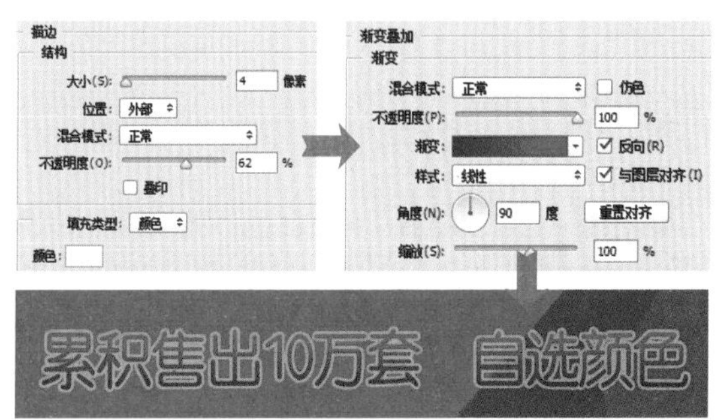

步骤16 输入文字绘制图形

继续使用“横排文字工具”在图像上输入更多的商品信息，并结合图形绘制工具在文字旁绘制图形，修饰画面效果。

案例 72 突出商品色泽的悬浮视窗广告

本案例是为某品牌坚果设计的悬浮视窗广告。为了突出商品的色泽，在设计过程中利用木纹图像与图形结合制作出背景图像，并把拍摄的商品图像添加到画面右侧，通过对其色彩的修饰还原商品颜色，让人通过图像感受到坚果的美味。

素　材	随书资源\素材\08\06~07.jpg、08.psd
源文件	随书资源\源文件\08\突出商品色泽的悬浮视窗广告.psd

步骤01 创建新文件填充颜色

创建新文件，设置前景色为R251、G226、B178，单击“创建新图层”按钮，新建“图层1”图层，按下快捷键Alt+Delete，将图层填充为设置的前景色。

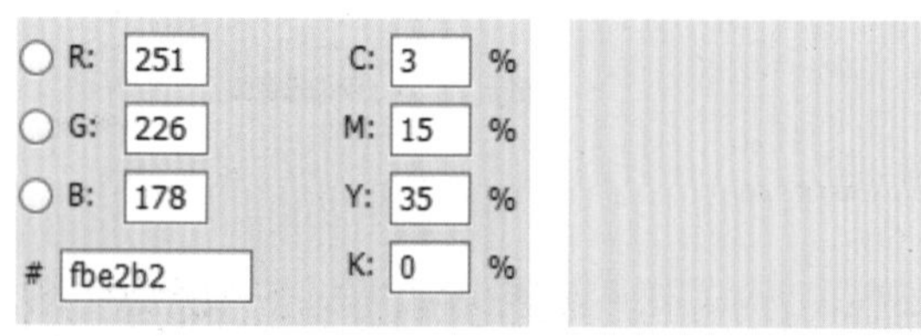

步骤02 设置“曲线”加深边缘

新建“曲线1”调整图层，打开“属性”面板。此处想让背景边缘部分变得更暗，在“属性”面板中单击并向下拖曳曲线。

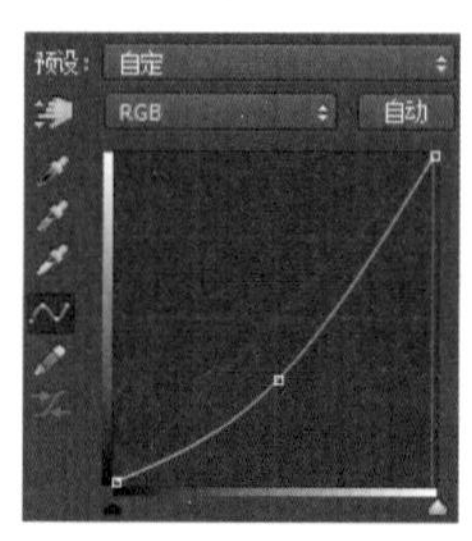

步骤03 复制图像调整“不透明度”

打开素材文件“06.jpg”，选择“移动工具”，将打开的图像复制到新建文件中。为了让添加的木纹图像融入背景中，选中“图层2”图层，将此图层的“不透明度”设置为28%。

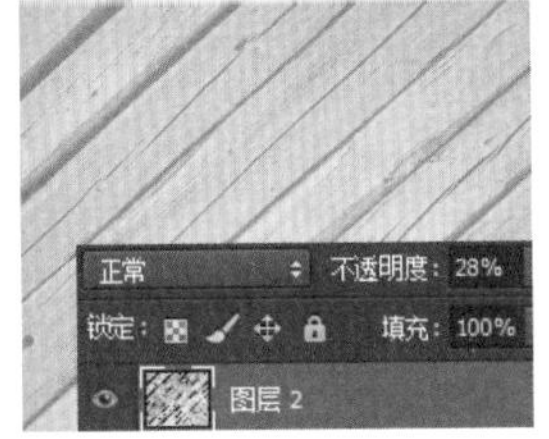

步骤04 复制图像添加图层蒙版

将坚果图像“07.jpg”置入到新建文件中，得到“图层3”图层。单击“添加图层蒙版”按钮，为该图层添加图层蒙版，选择“画笔工具”，将前景色设置为黑色，在多余背景及商品位置涂抹，隐藏图像。

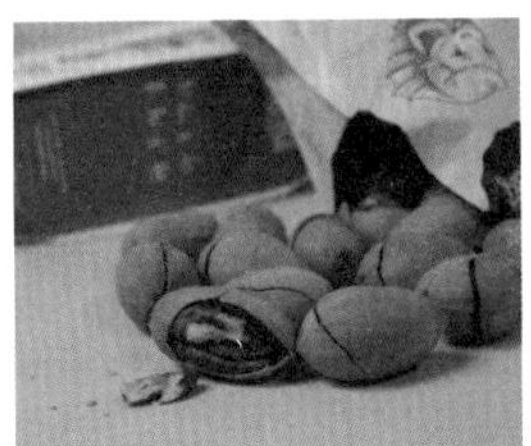

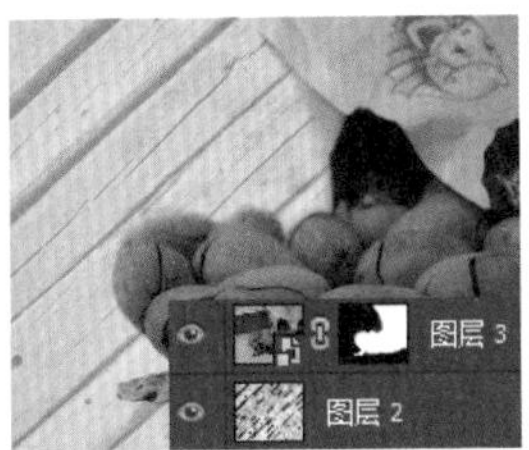

步骤05 复制图像设置“USM锐化”滤镜

素材图像中坚果的清晰度不够，画面有点模糊。按住Ctrl键不放，单击“图层3”图层缩览图，载入选区。按下快捷键Ctrl+J，复制选区中的图像，创建“图层4”图层。此处想让坚果变得更清晰，执行“滤镜>锐化>USM锐化”菜单命令，打开“USM锐化”对话框，在对话框中对“数量”和“半径”进行设置，单击“确定”按钮，应用滤镜锐化图像。

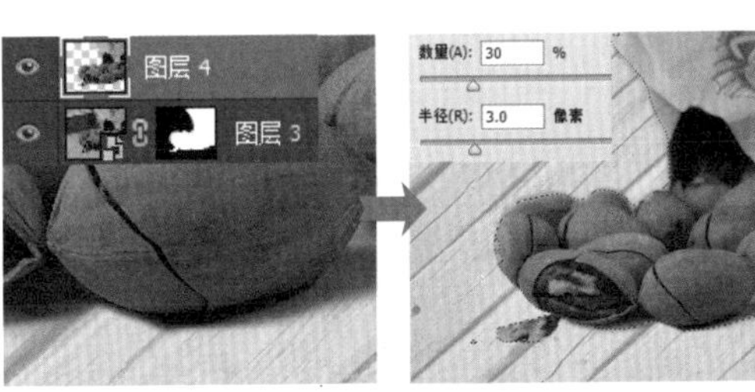

步骤06 设置“曲线”提亮坚果

锐化图像后要对图像的亮度和色彩进行调整。新建“曲线1”调整图层，打开“属性”面板，在面板中单击并向上拖曳曲线，让坚果图像变得亮起来。

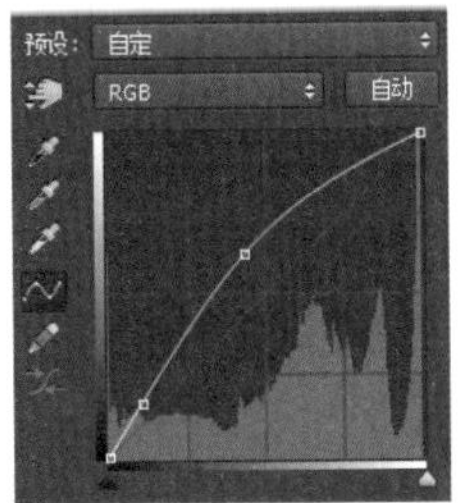

步骤07 调整“色阶”加强对比

用“曲线”调整图像后，可以看出图像的对比度太弱。按住Ctrl键不放，单击“曲线1”蒙版缩览图，载入选区。新建“色阶1”调整图层，打开“属性”面板，在面板中先将灰色和白色滑块向左拖曳，让中间调和高光部分先亮起来，再将黑色滑块向右拖曳，使阴影变暗，增强图像的对比。

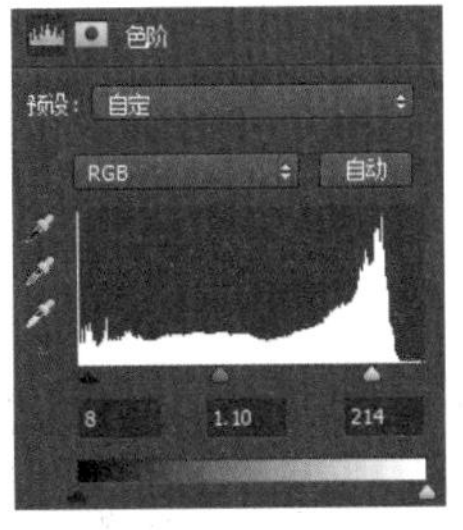

步骤08 设置“可选颜色”修饰色彩

如果只调整图像亮度，不对色彩进行修饰，则偏黄的坚果颜色不能引起观者的购买欲，因此还要对它的颜色进行美化。载入坚果选区，新建“选取颜色1”调整图层，打开“属性”面板。由于商品颜色主要由红色和黄色构成，因此在面板中分别选择要调整的颜色为“红色”和“黄色”，拖曳下方的选项滑块，控制颜色比值。

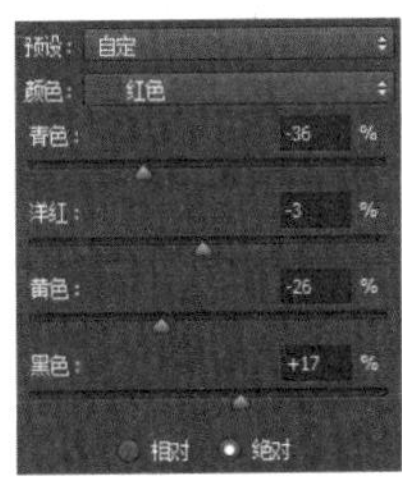

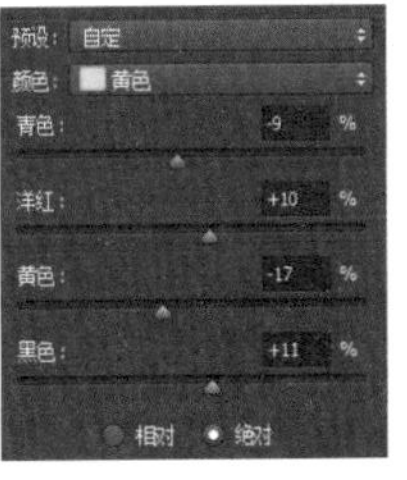

步骤09 使用“矩形选框工具”制作边框

为了让广告图像的视觉效果更集中，选择“矩形选框工具”，在图像边缘绘制选区，创建“图层5”图层。设置前景色为白色，按下快捷键Alt+Delete，将选区填充为白色。

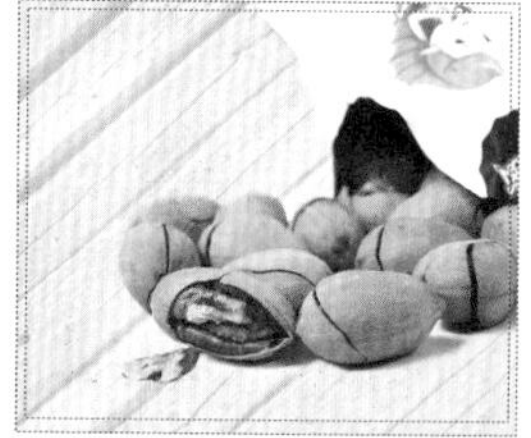

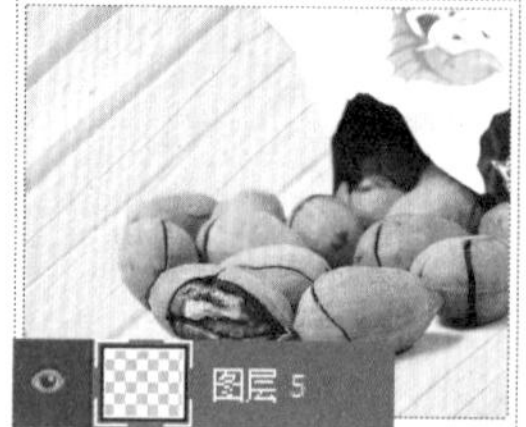

步骤10 复制并添加标签效果

打开素材文件“08.psd”，将打开的图像复制到左下角位置，这时添加的标签图案与下方的图像是分离开来的。单击“添加图层蒙版”按钮，将前景色设置为黑色，选择“硬边圆”画笔并涂抹，将多余的标签图案隐藏起来。最后为画面添加文字和简单的图形，完善广告效果。

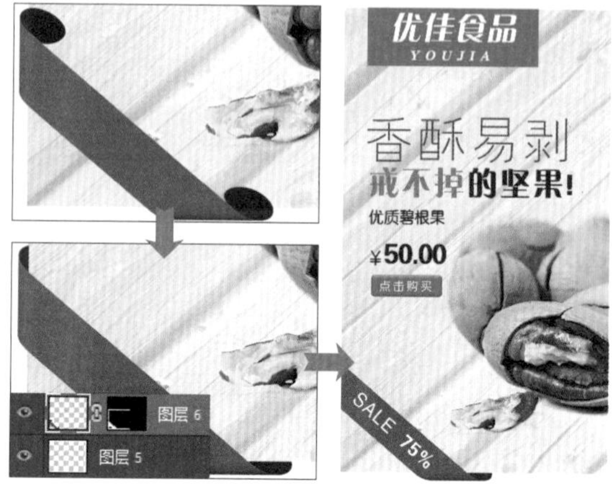

案例 73 男式毛衣广告

本案例是为某品牌男式毛衣设计的悬浮按钮广告。该广告编排设计主次分明，极具个性，具有很强的视觉冲击力，能够使观者快速感知图像所传递的信息。通过放大的方式，将毛衣的细节图像显示在画面中，更能彰显衣服的品质。

素　材	随书资源\素材\08\09~11.jpg
源文件	随书资源\源文件\08\男式毛衣广告.psd

步骤01 复制并查看图像

打开素材文件“09.jpg”。从打开的图像中可以看出背景上出现了很多杂物，影响了画面的整体效果，需要将衣服从原背景中抠取出来。由于背景与衣服的颜色反差较大，因此可以使用“魔术橡皮擦工具”抠图。

步骤02 使用“魔术橡皮擦工具”快速抠图

按下快捷键Ctrl+J，复制图层，使用“裁剪工具”裁剪照片，将图像转换为方形，创建新图层，填充为白色后，将底层衣服图像复制，单击“魔术橡皮擦工具”按钮，把“容差”从默认的32调整为15，以防容差过大把需要的衣服部分擦除。将鼠标指针移至衣服后方的背景位置，单击鼠标后，将与单击颜色相近的背景图像擦除。

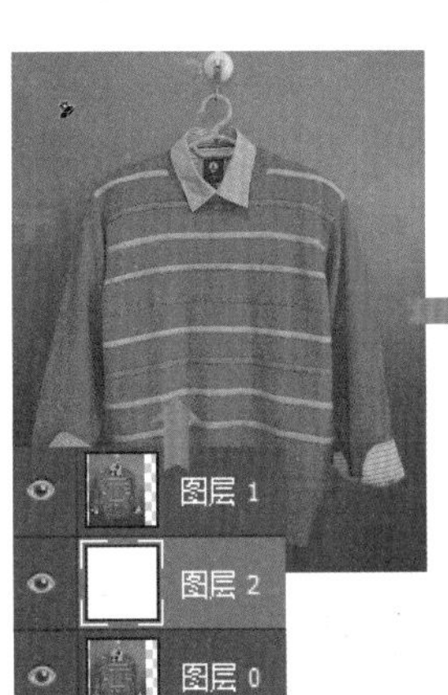

步骤03 反复单击抠取图像

把鼠标指针移至未擦除的背景位置，继续单击进行图像的擦除操作，完成大面积的背景擦除；再选择“橡皮擦工具”，继续对一些小细节进行调整，即运用画笔在衣服边缘等区域涂抹，经过反复的擦除操作，使毛衣后方的玻璃墙面被完全去除。

步骤04 使用“仿制图章工具”去除挂钩

将图像以100%显示，可以看到擦除后的图像中还保留了挂钩部分，因此选择工具箱中的“仿制图章工具”，仿制并修复图像中的挂钩，使处理后的图像变得更为干净。

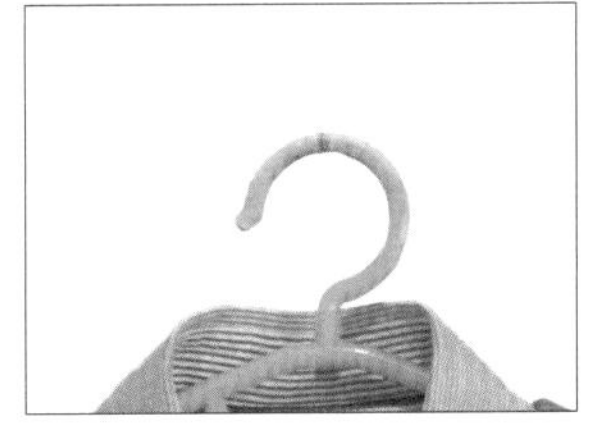

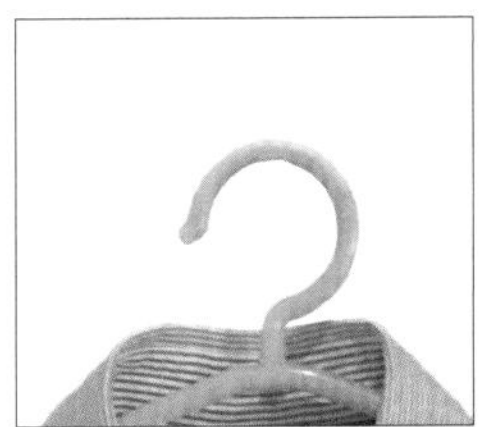

步骤05 应用“高反差保留”锐化图像

为了突出毛衣上的清晰纹理，需要对其进行锐化操作，使用“高反差保留”滤镜进行锐化。在锐化图像前，复制“图层1”图层，把图层混合模式设置为“柔光”，再执行“滤镜>其他>高反差保留”菜单命令，打开“高反差保留”对话框，向右拖曳“半径”滑块，锐化图像。

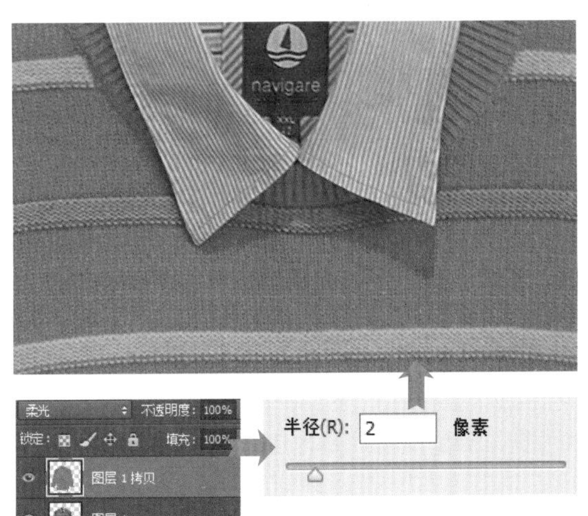

步骤06 使用“套索工具”创建选区

观察图像发现因为拍摄角度的问题，衣服两个肩膀倾斜不对称。选择“套索工具”，在选项栏中将“羽化”设为2像素，以防选择的图像边缘过于生硬。在左侧肩膀旁边单击并拖曳鼠标，创建选区，选取图像，然后把选取的图像复制，用于修复右侧的肩膀部分。

步骤07 调整透视角度

选择上一步所复制的“图层2”图层，执行“编辑>变换>水平翻转”菜单命令，水平翻转图像。把翻转的图像移到右侧肩膀上，此时会发现图像的透视角度与右侧肩膀的透视角度不一致，可以利用“透视”命令进行调整，调整后添加蒙版，将多余的图像隐藏。

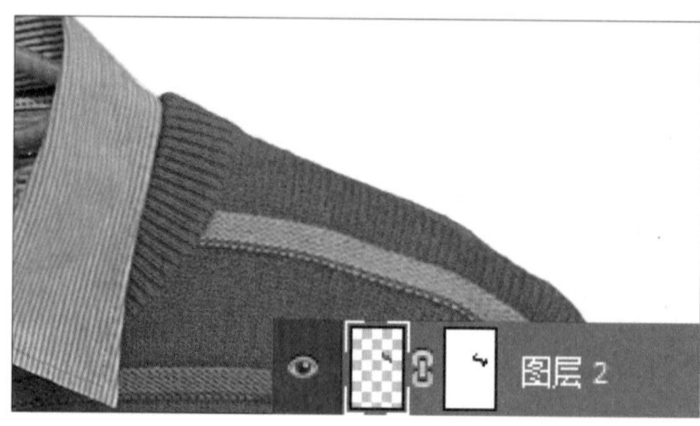

步骤08 添加图层蒙版隐藏部分图像

经过处理后，虽然两侧肩膀达到了一定的平衡效果，但是可以看到下方的部分毛衣图像被显示了出来。选中“图层1”和“图层1拷贝”图层，按下快捷键Ctrl+Alt+E，盖印选中图层，创建“图层1拷贝（合并）”图层。将“图层1”和“图层1拷贝”图层隐藏，并为盖印的图层添加图层蒙版，运用黑色画笔在超出的衣服图像上涂抹，隐藏图像，使处理后的图像衔接更加自然。

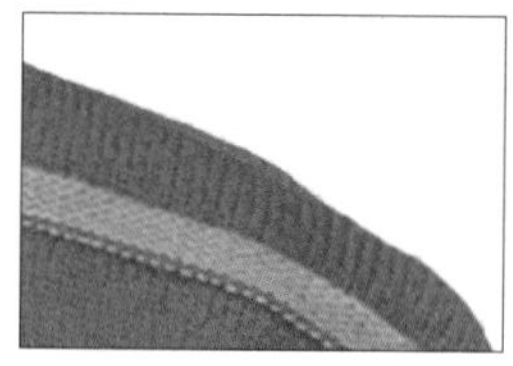

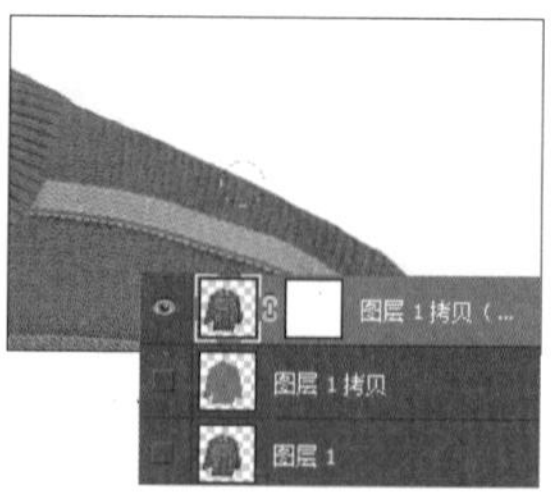

步骤09 设置“液化”滤镜修饰衣服轮廓

选中“图层1拷贝（合并）”和“图层3”图层，按下快捷键Ctrl+Alt+E，把图像盖印为“图层3（合并）”图层。执行“滤镜>液化”菜单命令，打开“液化”对话框。为了让毛衣外形轮廓更精致，在对话框中使用“向前变形工具”对图像进行变形，修饰图像。

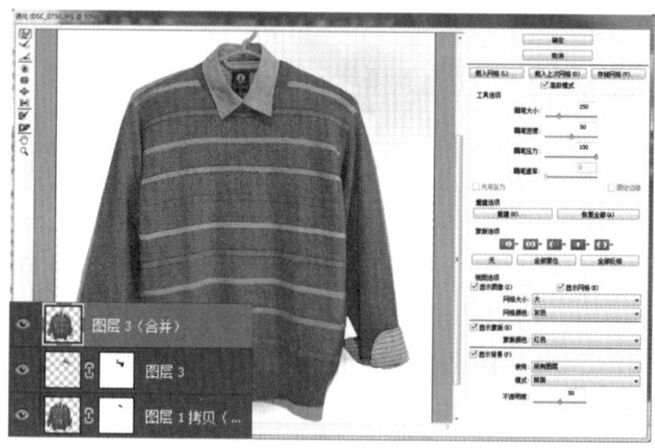

步骤10 复制新背景到衣服下方

按下快捷键Ctrl+T，打开自由变换编辑框，缩小毛衣图像。为了表现毛衣复古的风格，将素材文件“10.jpg”中的木纹图像复制到毛衣图像下方，得到“图层4”图层。执行“图层>智能对象>转换为智能对象”菜单命令，将图层转换为智能对象图层。

步骤11 设置“裁剪后晕影”

执行“滤镜>Camera Raw滤镜”菜单命令，打开Camera Raw对话框。此处需要为图像加强晕影效果，单击“效果”按钮fx，切换至“效果”选项卡，在“裁剪后晕影”选项组下向左拖曳“数量”滑块，使图像角落变得更暗，再向左拖曳“中点”滑块，缩小晕影的应用范围。经过设置后，可以发现图像的边缘部分变得更暗了。

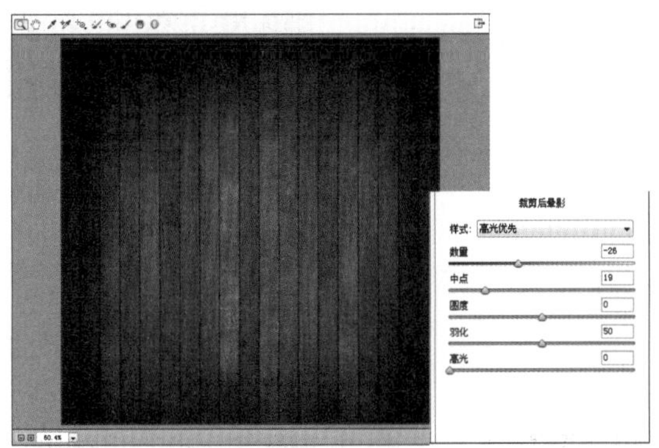

步骤12　设置“镜头晕影”

单击“镜头校正”按钮，切换到“镜头校正”选项卡，单击选项卡中的“手动”标签，切换至“手动”选项卡。在此选项卡中将“数量”滑块向左拖曳至-100位置，使图像边缘变得更暗；再把“中点”滑块向右拖曳至100位置，扩大晕影的应用范围，得到更有层次的背景图像。

技巧提示：设置“镜头晕影”选项

在“镜头晕影”选项组下包括“数量”和“中点”两个选项，向左拖曳“数量”滑块，图像四周将变暗，向右拖曳该滑块，图像四周会变亮；向左拖曳“中点”滑块，所产生的晕影边缘过渡更柔和，向右拖曳该滑块，所产生的晕影边缘过渡更硬朗。

步骤13　设置“色彩平衡”修饰衣服颜色

按住Ctrl键不放，单击“图层2（合并）”图层缩览图，载入毛衣选区。因为毛衣颜色略微偏黄，所以创建“色彩平衡1”调整图层，对毛衣进行校色，分别选择“阴影”和“中间调”，对这两部分加深青色和蓝色，让毛衣的颜色更接近于实物效果。

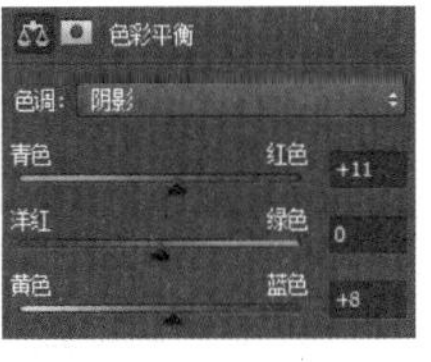

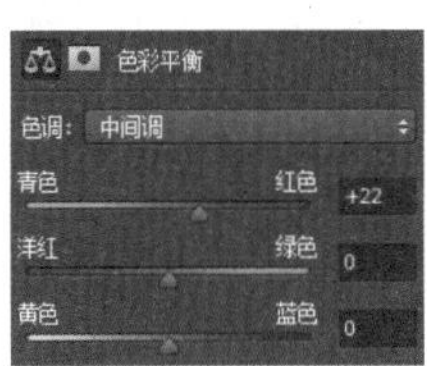

步骤14　设置“亮度/对比度”调整明暗对比

按住Ctrl键不放，单击“色彩平衡1”图层蒙版缩览图，载入选区。新建“亮度/对比度1”调整图层，将“亮度”滑块向左拖曳，降低选区中毛衣的亮度；再向右拖曳“对比度”滑块，提高对比效果，让毛衣的层次感更强。

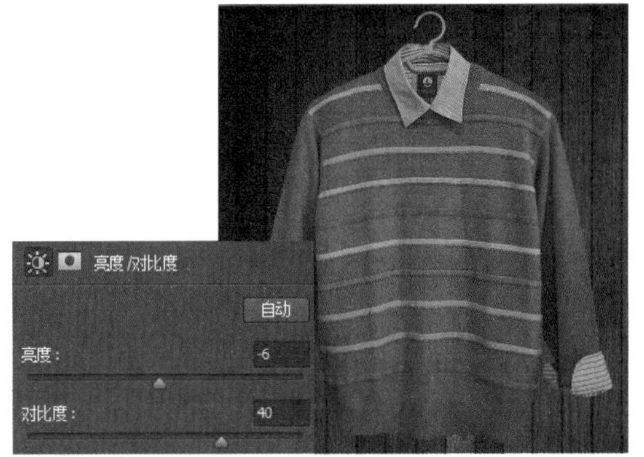

步骤15　设置“色彩平衡”调整背景颜色

在“图层4”图层上方新建“色彩平衡2”调整图层，打开“属性”面板。在面板中选择“阴影”选项，对阴影的颜色进行调整，将“青色-红色”滑块向右拖曳，“黄色-蓝色”滑块向右拖曳；再选择“中间调”选项，对中间调颜色进行调整，将“青色-红色”滑块向右拖曳，加深红色。经过设置后，可以看到背景颜色变得更红，与画面中的衣服颜色更协调。

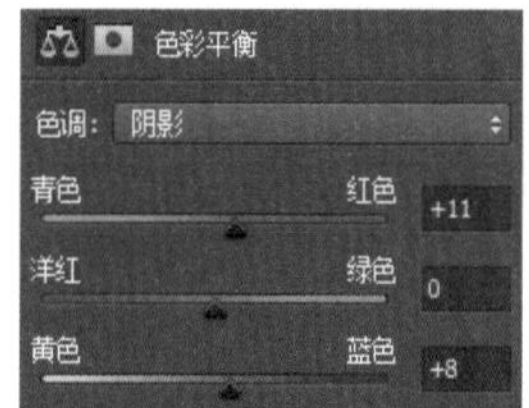

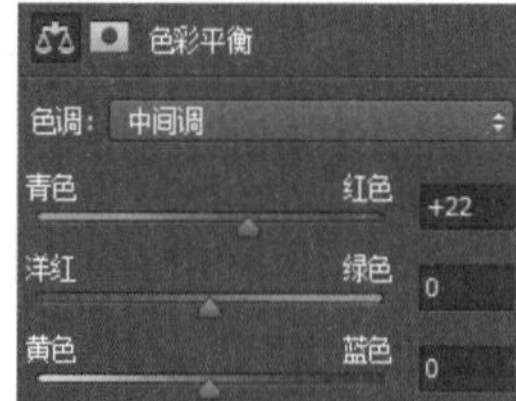

步骤16 复制图像创建圆形选区

打开素材文件“11.jpg”，将图像复制到背景图像右侧。按下快捷键Ctrl+T，打开自由变换编辑框，对图像进行等比例缩放，让右侧的毛衣图像更符合画面中商品的展示。选择工具箱中的“椭圆选框工具”，按住Shift键不放，单击并拖曳鼠标，在毛衣中间位置绘制一个正圆形选区。

步骤17 添加图层蒙版设置“描边”样式

选中“图层5”图层，单击“图层”面板中的“添加蒙版”按钮，添加蒙版，把正圆选区外的所有图像隐藏起来，只显示选区中间的毛衣效果。为了突出毛衣的细节，双击图层缩览图，打开“图层样式”对话框，在对话框中设置“描边”样式，为图像添加描边效果。

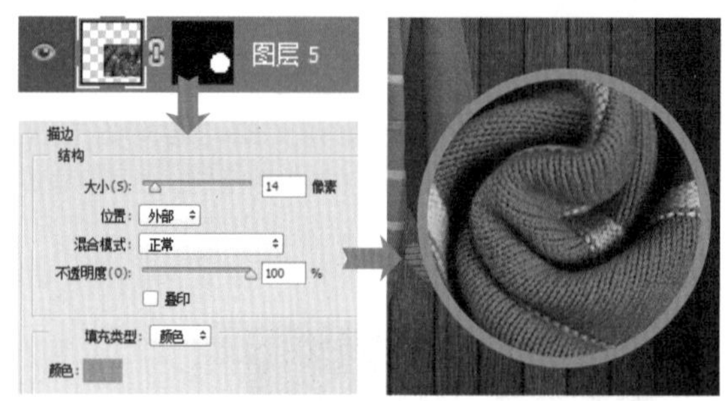

步骤18 绘制图形制作渐隐效果

设置前景色为R228、G132、B59，使用“钢笔工具”在衣服旁边绘制橙色图形，添加图层蒙版，并结合“渐变工具”为绘制的图形添加渐变效果，得到从橙色到透明的渐隐图形效果。

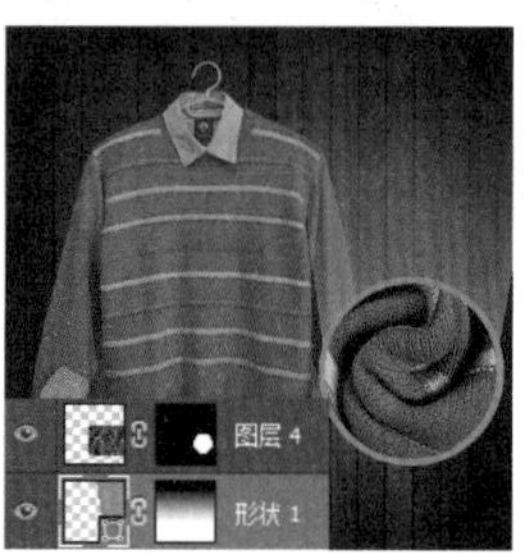

步骤19 设置“图层样式”

观察合成的图像，发现画面中间的毛衣边缘与背景的颜色过渡不是很自然。双击“图层2（合并）”图层缩览图，打开“图层样式”对话框。这里先要让衣服内侧边缘暗下来，在对话框中单击“内阴影”样式，将阴影“大小”设置得稍微大些，使明暗过渡更自然；接下来需要降低外侧边缘的亮度，单击“投影”样式，根据背景图像的明暗情况，调整投影的“不透明度”“大小”等。设置完成后单击“确定”按钮，应用样式。

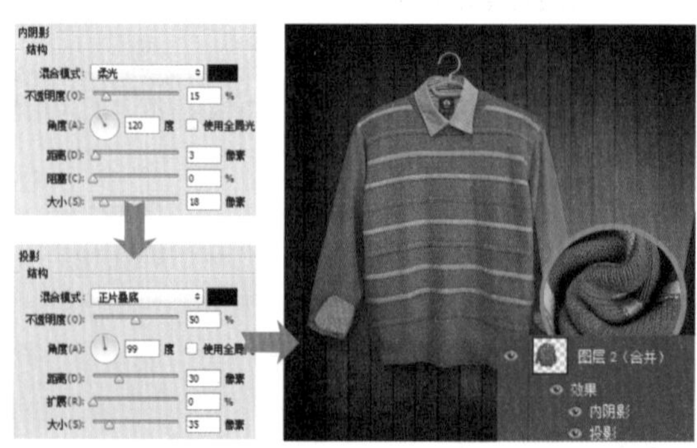

步骤20　制作悬挂效果

为了让衣服呈现出悬挂效果，需要在画面中绘制一个钉子效果。用“椭圆选框工具”在衣服挂钩中间位置绘制一个正圆形选区，打开“图层样式”对话框，在对话框中分别对“斜面和浮雕”及“投影”样式进行设置，设置后为抠出的图像添加逼真的悬挂效果。最后添加文字和图形，完成本案例的制作。

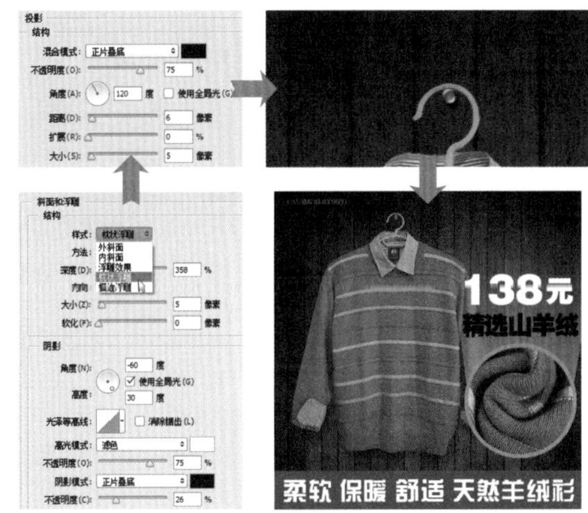

案例 74　耳机绕线器广告

本案例是为耳机绕线器设计的悬浮广告。在设计过程中，选择将不同的花朵图像添加到画面左上角和右下角位置，既增强了画面的稳定性，也确定了此款耳机绕线器所针对的消费群体。此外，在左侧的留白处展示了绕线器局部，让观者感受到商品过硬的质量。

素　材	随书资源\素材\08\12~17.jpg
源文件	随书资源\源文件\08\耳机绕线器广告.psd

步骤01　复制并旋转花朵图像

创建新文件，设置前景色为R241、G237、B223，创建新图层，按下快捷键Alt+Delete，填充前景色。打开素材文件“12.jpg”，将其中的花朵图像复制到新建文件中，并利用“自由变换”命令调整花朵的大小和位置。

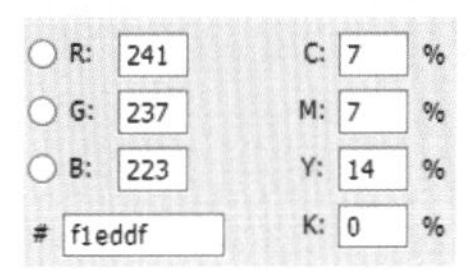

步骤02 创建图层蒙版隐藏多余图像

单击“添加图层蒙版”按钮，为“图层2”图层添加图层蒙版。为了让图像混合后的效果更加自然，先单击“渐变工具”按钮，选择“黑，白渐变”，单击“径向渐变”按钮，从图像左上角向右下角拖曳渐变；再选择“画笔工具”，把前景色设置为黑色，在多余的花朵和背景处涂抹。

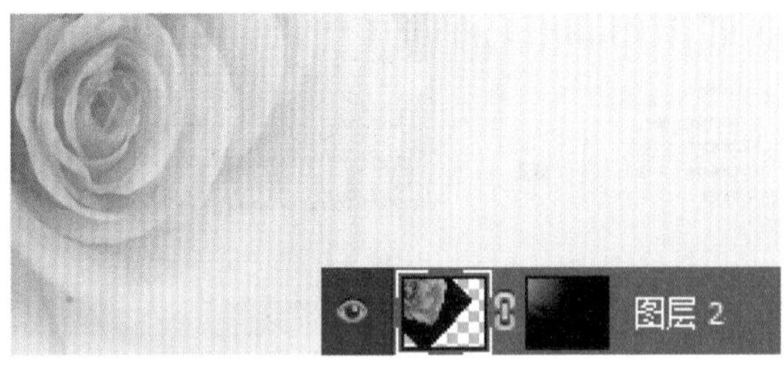

步骤03 复制图像创建叠加效果

只有一朵花的图像未免显得有些单调，因此按下快捷键Ctrl+J，复制图层，创建“图层2拷贝”图层。将此图层移至原花朵图像下方，调整花朵的大小和显示范围，得到叠加的花朵效果。

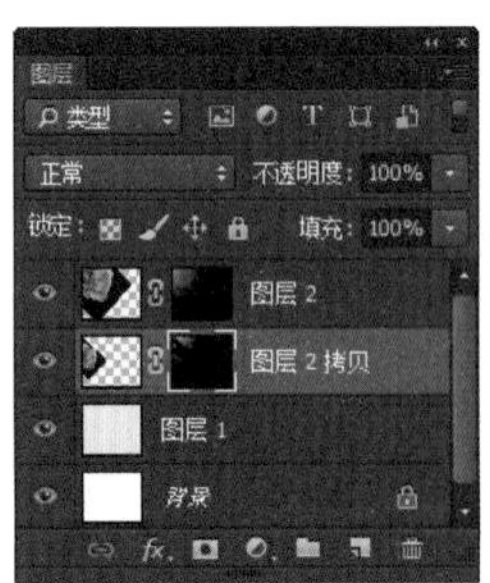

步骤04 设置颜色填充图像

按住Ctrl键不放，单击“图层2”蒙版缩览图，载入选区。新建“颜色填充1”调整图层，在打开的对话框中设置填充色为R254、G33、B80，填充选区。此时填充颜色会遮挡下方的花朵图像，而这里是要通过填充颜色更改花朵颜色，因此将图层混合模式设置为“颜色”。

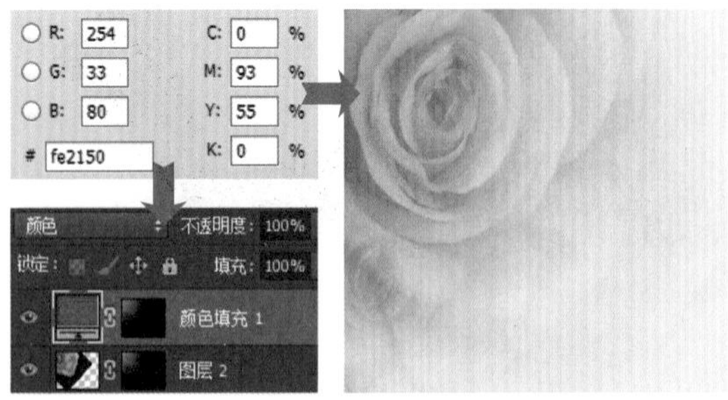

步骤05 设置“色阶”提亮中间调

按住Ctrl键不放，单击“颜色填充1”蒙版缩览图，载入选区。新建“色阶1”调整图层，为了让图像变得更加唯美，在面板中将灰色滑块稍微向左拖曳，提高中间调部分的亮度。

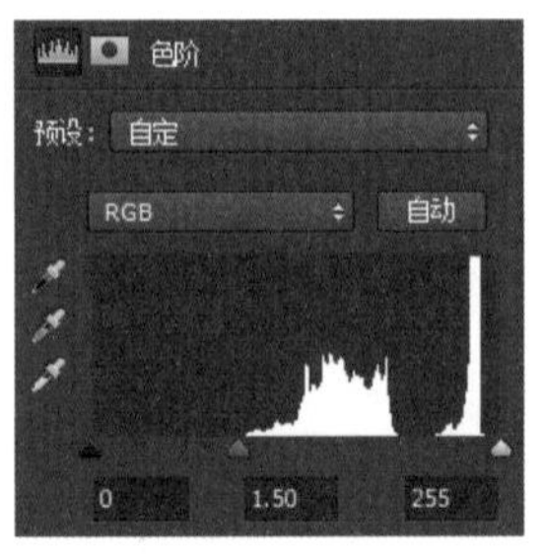

步骤06 复制新的花朵图像

打开素材文件“13.jpg”，将其复制到新建文件中，得到“图层3”图层。此时新添加的花朵图像显得过亮，确保“图层3”图层为选中状态，将图层混合模式改为“深色”，“不透明度”设为46%，设置后可以看到混合到背景中的花朵图像。

步骤07 添加图层蒙版

单击“添加图层蒙版”按钮，为“图层3”图层添加图层蒙版。对于新添加的花朵图像，想要将其融合到下方图像中，可使用“渐变工具”编辑图层蒙版。单击工具箱中的“渐变工具”按钮，选择“黑，白渐变”，单击选项栏中的“径向渐变”按钮，勾选“反向”复选框，从花朵中间位置向外拖曳径向渐变，释放鼠标后会看到渐隐的图像效果。如果混合的图像边缘不够干净，则可以用黑色画笔再稍微涂抹一下。

步骤08　添加并编辑图层蒙版

打开素材文件“14.jpg”，将其中的绕线器图像复制到右下方的花朵图像上方。下面要将商品抠取出来，观察图像，其外形轮廓为多边形，因此单击“多边形套索工具”按钮，沿商品边缘连续单击，创建选区，选择图像，单击“添加图层蒙版”按钮，隐藏选区外的多余图像。

步骤09　设置“投影”样式添加投影

为了让添加的绕线器图像表现出立体的视觉感，双击图层缩览图，打开“图层样式”对话框，在对话框中单击“投影”样式，为图像进行投影的设置。为了让投影看起来真实自然，建议设置“不透明度”为21%，然后将“距离”设置为7，“大小”设置为10，单击“确定”按钮，应用样式。

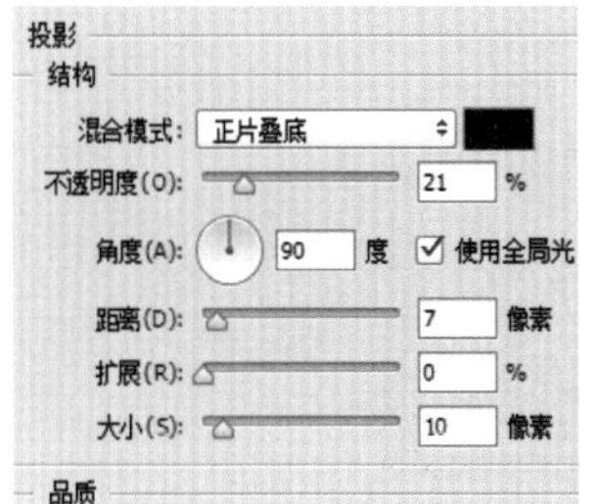

步骤10　应用“USM锐化”滤镜锐化图像

执行“滤镜>锐化>USM锐化”菜单命令，打开“USM锐化”对话框。其中，“数量”和“半径”决定了应用于图像的锐化强度。这里将“数量”设置为50，“半径”设置为3.2，单击“确定”按钮，锐化图像。

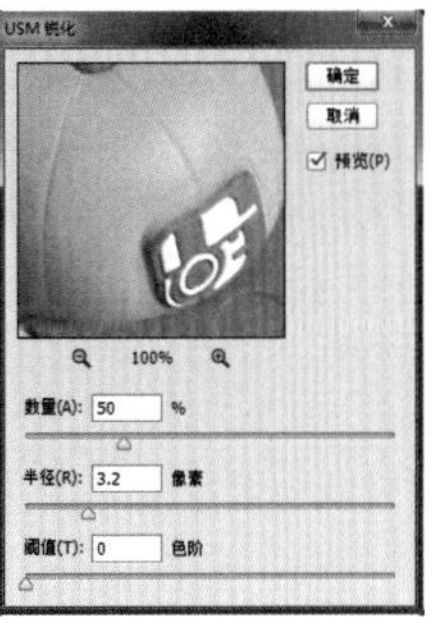

步骤11　使用“污点修复画笔工具”修复瑕疵

按下快捷键Ctrl++，将图像放大，发现图像上有白色粉尘等瑕疵。对于这些瑕疵，可以使用“污点修复画笔工具”进行去除。按住Ctrl键不放，单击“图层4”蒙版缩览图，载入选区。按下快捷键 Ctrl+J，复制选区中的图像，创建“图层5”图层。选择“污点修复画笔工具”，在瑕疵位置单击，即可快速去除。

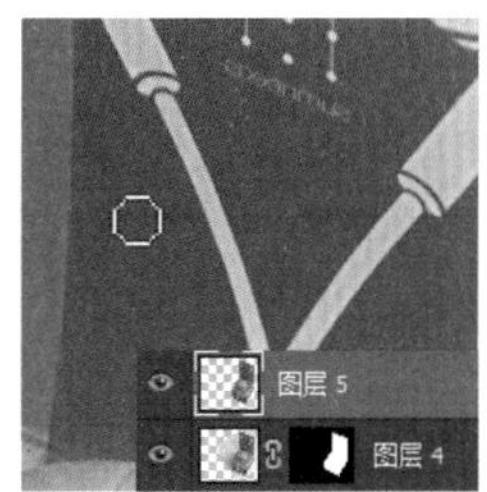

步骤12　调整“自然饱和度”

按住Ctrl键不放，单击“图层5”图层缩览图，载入选区。新建“自然饱和度1”调整图层，打开“属性”面板。为了让商品颜色更为鲜艳，将“自然饱和度”设置为+50，提高颜色饱和度。

步骤13 设置“曲线”提亮商品

对于提高饱和度后的图像，为了呈现更自然的色调效果，再次载入相同的选区。新建“曲线1”调整图层，打开“属性”面板，先在曲线图中间位置单击，添加一个曲线控制点，并将该点向上拖曳，让图像变得更亮；然后在曲线左下方位置单击，添加一个曲线控制点，并向下拖曳该点，降低暗部区域的图像亮度，使对比变得更强。

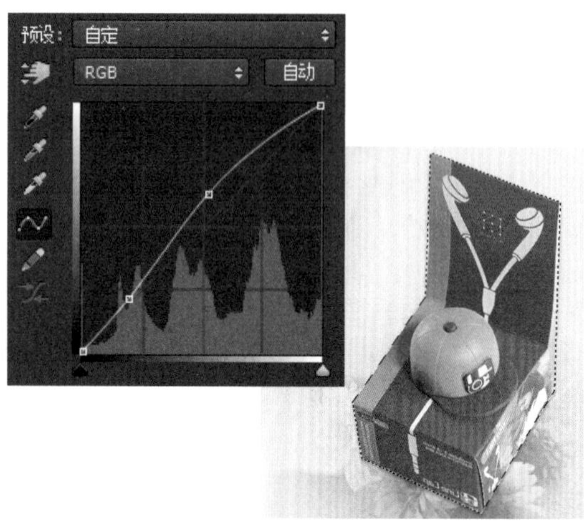

步骤14 使用“钢笔工具”绘制图形

选择“钢笔工具”，在选项栏中将绘制模式设置为“形状”，然后在画面左侧的留白处绘制一个圆角菱形图案。为了让绘制的图形更加突出，双击图层缩览图，打开“图层样式”对话框，在对话框中单击“描边”样式，将描边颜色设置为黄色。

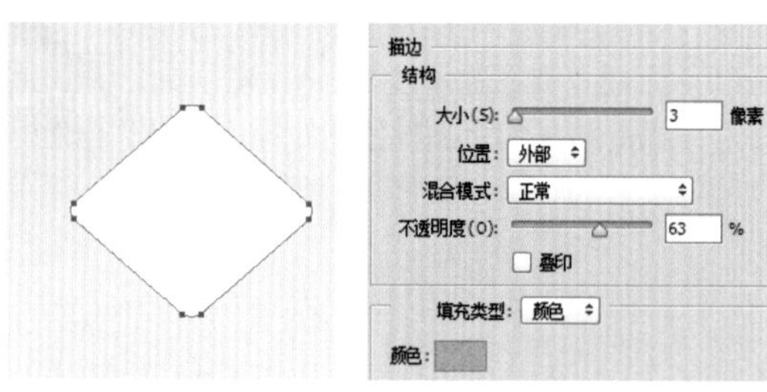

步骤15 设置样式增强图形立体感

为了让图形呈现立体效果，单击“投影”样式，设置投影选项，为图形添加投影效果；单击“内发光”样式，在下方设置内发光选项。设置完成后单击“确定”按钮，应用样式效果。

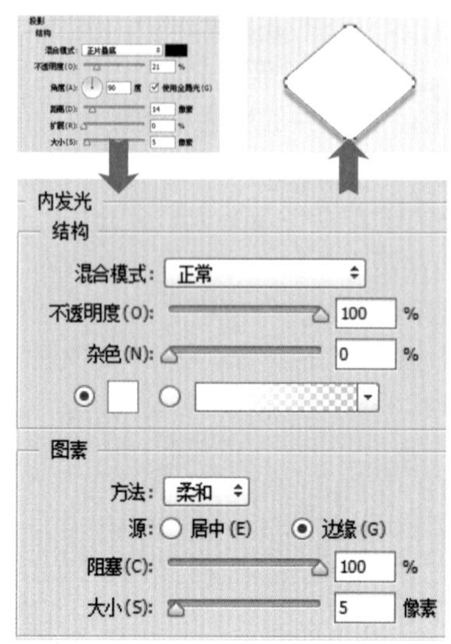

步骤16 创建剪贴蒙版拼合图像

此处绘制图案是为了展示商品各部分的细节，因此将素材文件“15.jpg”置入到绘制的图形上方，再通过执行“图层>创建剪贴蒙版”菜单命令，创建剪贴蒙版，将多余部分隐藏起来。最后使用相同的方法添加更多图像，并在画面中创建广告文字，完成本案例的制作。

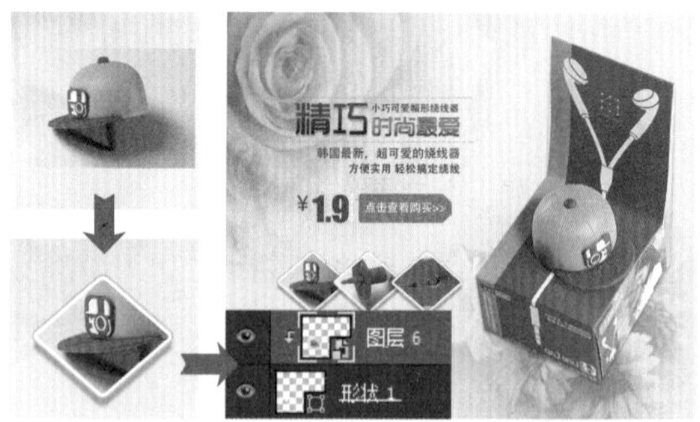

案例75 项链广告

本案例是为某品牌项链设计的悬浮广告。在设计过程中，为了展示该款项链的高端品质，突显女性知性、优雅的特点，在背景图像的处理上用灰色作为主色调，利用红色的文字与图形，把项链所属品牌、商品优惠信息突显出来，更能给人一种别样的高贵、时尚气息。

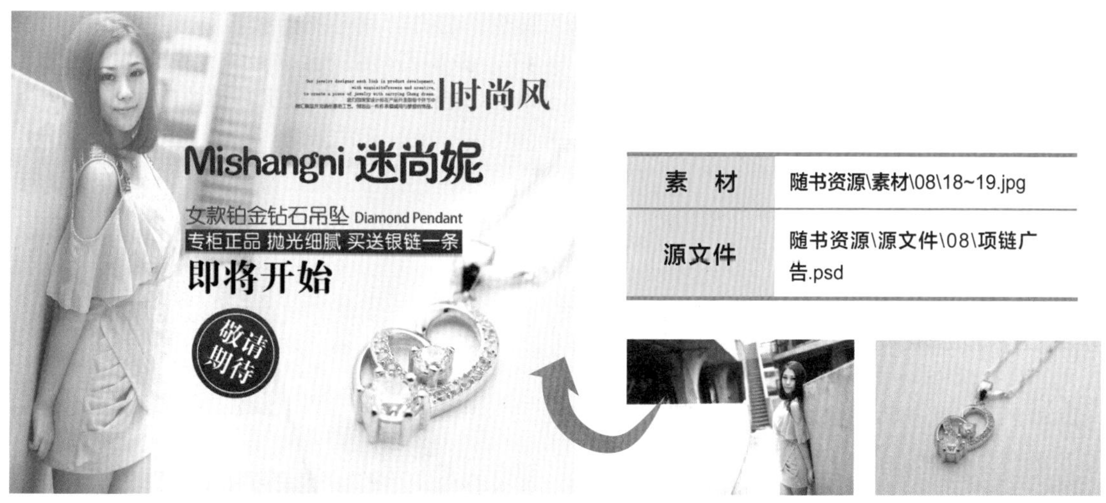

素　材	随书资源\素材\08\18~19.jpg
源文件	随书资源\源文件\08\项链广告.psd

步骤01　创建新图层填充颜色

创建新文件，设置前景色为R233、G228、B225，单击“创建新图层”按钮，新建“图层1”图层，按下快捷键Alt+Delete，将背景填充为设置的前景色。

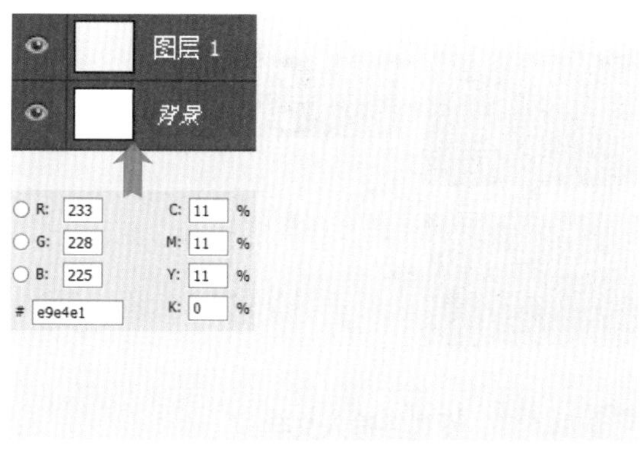

步骤02　使用“渐变工具”编辑图层蒙版

将素材文件“18.jpg”置入到新建文件中。此处只需保留左侧的人物部分，所以单击“添加图层蒙版”按钮，添加图层蒙版，选择“渐变工具”，在选项栏中选择“黑，白渐变”，然后从图像右侧向左侧拖曳鼠标。

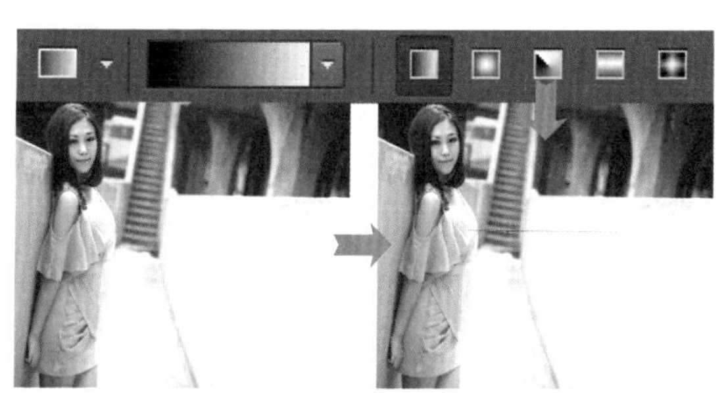

步骤03　查看图像效果

释放鼠标后，利用“渐变工具”完成蒙版的编辑，此时人物右侧的大部分背景图像都被隐藏起来。

步骤04　使用“画笔工具”编辑图层蒙版

观察合成的图像，发现人物左上角位置的背景颜色太深。为了让画面色调更统一，单击“图层2”图层蒙版缩览图，设置前景色为黑色，选择“画笔工具”，在“画笔预设”选取器中单击“柔边圆”画笔，并将画笔“不透明度”设置为18%，然后在左上角位置涂抹。当不透明度较小时，运用画笔在深色的背景位置涂抹，可以让图像表现出更自然的渐隐效果。

步骤05 复制项链图像

将项链图像“19.jpg”置入到新建文件的右侧，得到“图层3”图层。为了将项链图像拼合到新建文件中，单击“图层”面板底部的“添加图层蒙版”按钮，添加图层蒙版。

步骤06 使用“画笔工具”编辑图层蒙版

添加蒙版后，接下来就要编辑蒙版中的图像，控制图像的显示区域。单击“图层3”图层蒙版缩览图，选择“画笔工具”，确认前景色为黑色，运用画笔在项链旁边的灰色背景位置涂抹，涂抹时可以通过按键盘中的[或]键调整画笔大小，反复涂抹图像，直到将添加的项链融合到背景中。

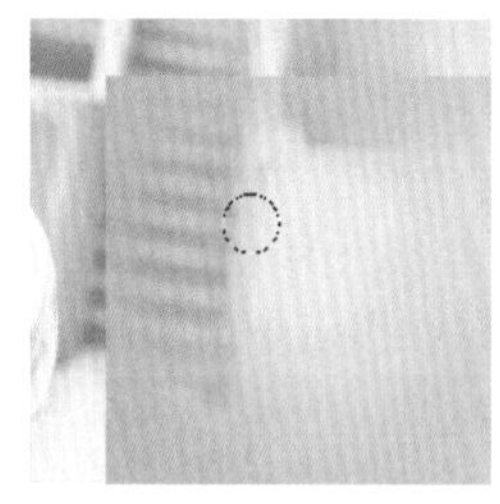

步骤07 调整项链的“亮度/对比度”

观察拼合的项链，不难看出图像亮度不够。按住Ctrl键不放，单击“图层3”图层蒙版缩览图，载入选区。新建“亮度/对比度1”调整图层，打开“属性”面板，将“亮度”设置为47，提高图像亮度；再将“对比度”设置为27，增强对比效果，突显项链的质感。

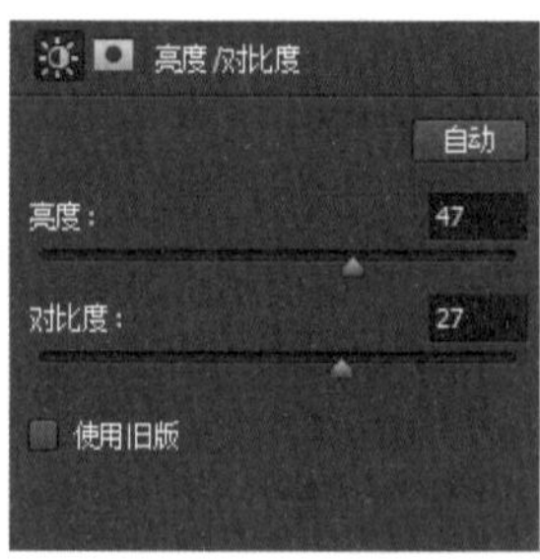

步骤08 设置“色彩平衡”调整项链颜色

调整亮度后，还需要对项链的颜色进行处理。按住Ctrl键不放，单击“亮度/对比度1”蒙版缩览图，载入选区。新建“色彩平衡1”调整图层，在打开的“属性”面板中利用颜色互补原理，分别选择“阴影”和“中间调”色调，然后拖曳下方的颜色滑块，平衡色彩，使项链颜色更加自然。

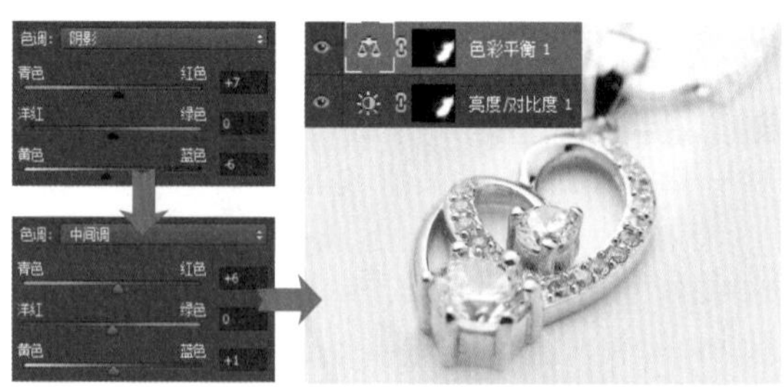

步骤09 设置并输入文字

选择“横排文字工具”，在人物和项链的中间位置单击并输入文字“迷尚妮”，输入后打开“字符”面板，对文字属性进行调整。为了使文字更有创意，将其字体设为“汉仪秀英体简”，然后将文字间距设为-75，让文字变得更为紧凑。

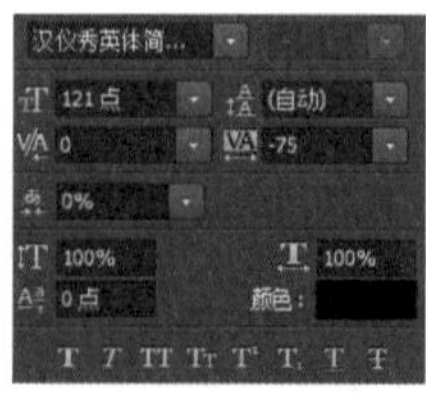

步骤10　设置“渐变叠加”样式

输入文字后，文字的颜色显得太单调。双击文字图层，打开“图层样式”对话框，单击“渐变叠加”样式，然后调整渐变颜色，为文字添加渐变颜色效果。继续使用“横排文字工具”在画面中输入更多的文字，并使用图形绘制工具绘制图形，完善广告效果。

案例应用展示

悬浮广告是悬浮于页面的广告，它可以位于页面的左、右两侧或左下角、右下角等。由于悬浮广告是浮于页面之上的，所以不管如何拖曳页面右侧的滚动条、调整页面的显示信息，位于页面之上的悬浮广告都不会发生变化。下面的两幅图像即为本章所设计的悬浮广告应用效果。

第 9 章 翻卷广告设计

翻卷广告是将广告图像以卷回的方式进行作品的展示，它不随屏幕滚动，通过翻卷的方式在不同的广告图片之间进行切换。设计翻卷广告时，需要注意广告收起时观者的视觉感受，好的翻卷效果可以促使观者再次打开广告进行浏览。所以在制作过程中，要将表现的商品放置在画面较为醒目的位置，同时应在卷回广告时使广告中要突出表现的商品依然得到较好的效果展示，这样，卷回广告后观者也能知道图片需要传递的重要信息。

本章案例

- 76 白色简易效果的翻卷广告
- 77 撕裂样式的翻卷广告
- 78 镜像对称的翻卷广告
- 79 闪电效果的翻卷广告
- 80 平板电脑广告
- 81 眼影广告
- 82 儿童雪地靴广告

案例 76 白色简易效果的翻卷广告

本案例是白色简易风格的翻卷广告。在设计过程中，为了使作品与主题更统一，采用合成的方式将人物图像合成到白色背景中，并将相应的文字信息安排到画面中间位置，使图像视觉更为集中。

素　材	随书资源\素材\09\01~02.jpg
源文件	随书资源\源文件\09\白色简易效果的翻卷广告.psd

步骤01 置入人物图像

创建新文件，将人物图像“01.jpg”置入到新建文件中，得到“图层1”图层。添加图像后，需要将人物旁边的多余背景隐藏，单击“图层”面板中的“添加图层蒙版”按钮，添加图层蒙版。

步骤02 使用“画笔工具”编辑图层蒙版

由于这里要将人物旁边的背景隐藏，因此将前景色设置为黑色，并选择“画笔工具”。为了让抠出的人物更加完整，选择“硬边圆”画笔，沿人物图像边缘单击。

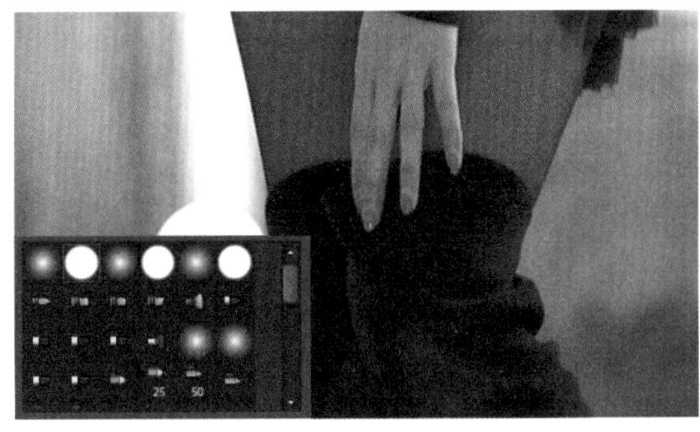

步骤03 使用“套索工具”创建选区

经过连续的单击，将多余的背景隐藏起来，此时观察图像，发现画面中的人物稍微偏暗，可以适当提亮。在提亮图像前，选择“套索工具”，沿人物边缘拖曳鼠标，创建选区。

步骤04 设置“色阶”提亮选区

创建“色阶1”调整图层，打开“属性”面板。此时需要提高图像的亮度，因为原图像中间调和高光部分的亮度都已经足够，所以只需要提亮阴影。选择“加亮阴影”选项，快速提亮阴影部分。

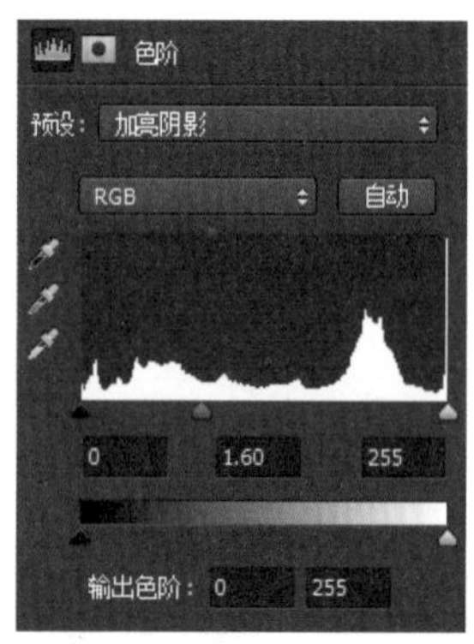

步骤05 置入并翻转图像

将人物图像“02.jpg”置入到画面中，得到“图层2”图层。为了让两侧的图像形成相互呼应的效果，执行“编辑>变换>水平翻转”菜单命令，翻转图像。

步骤06 添加图层蒙版调整“色阶”

接下来要将添加的图像与左侧的图像拼合起来。使用与步骤1~4相同的方法，为“图层2”图层添加图层蒙版，并使用“色阶”调整图像的亮度，使画面色调更为统一。

步骤07 使用“圆角矩形工具”绘制图形

设置前景色为R233、G229、B229，选择“圆角矩形工具”。为了让绘制的矩形变得圆滑，在选项栏中将“半径”设置为8像素，然后在两个人物图像中间单击并拖曳鼠标，绘制接近于灰色的圆角矩形。

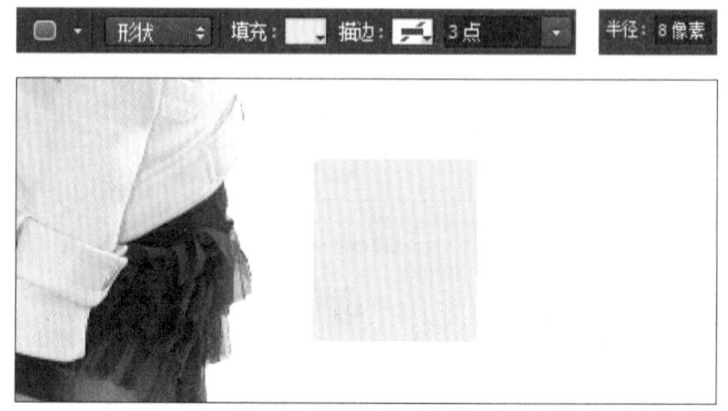

步骤08 编辑蒙版

按下快捷键Ctrl+J，复制“图层2”图层，创建“图层2拷贝”图层。这里需要抠出衣服区域，所以可以运用“画笔工具”重新编辑图层蒙版，控制显示的范围。由于只需要显示位于矩形内部的衣服部分，因此执行“图层>创建剪贴蒙版”菜单命令，创建剪贴蒙版，把人物图像置入到圆角矩形内部。

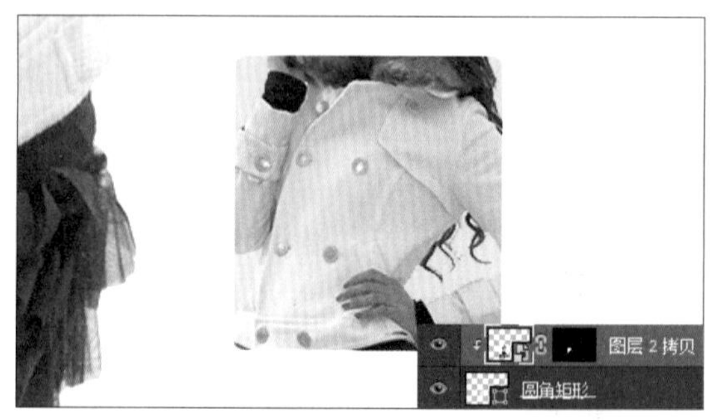

步骤09 复制并编辑蒙版

同时选中“圆角矩形1”和“图层2拷贝”图层，按下快捷键Ctrl+J，复制这两个图层，然后将复制的图层中的图像向右拖曳，呈现并排的版面效果。在右侧的圆角矩形中，需要显示与衣服相搭配的裙子，因此使用“移动工具”移动“图层2拷贝2”图层中的图像位置，显示裙子部分，并使用“画笔工具”编辑“图层2拷贝2”图层蒙版，将多余背景隐藏。

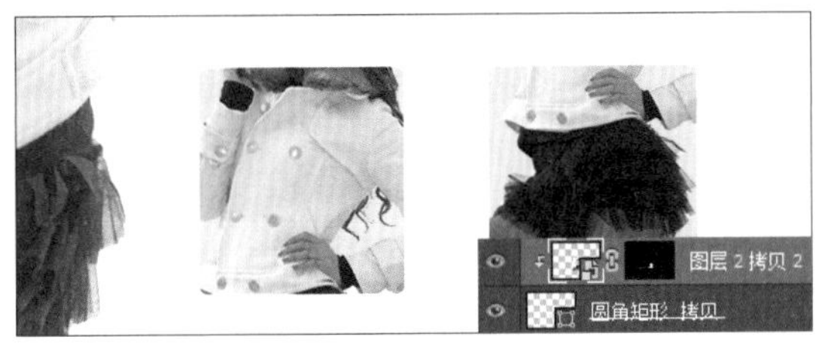

步骤10　调整图像添加文字

创建"色阶3"和"色阶4"调整图层，分别调整圆角矩形中衣服和裙子的亮度。为了让广告内容更加完整，最后添加图形和文字。

案例 77　撕裂样式的翻卷广告

本案例是撕裂样式的翻卷广告。在设计过程中，将背景填充为清爽的天蓝色，并将撕裂的纸张素材拼合到背景右侧，制作成新的背景图像，然后将人物图像放置到撕裂的纸张中间，使画面更有创意，再搭配编排工整的文字，使图像简单而富有视觉冲击力。

素　材	随书资源\素材\09\03~04.jpg、05~08.psd
源文件	随书资源\源文件\09\撕裂样式的翻卷广告.psd

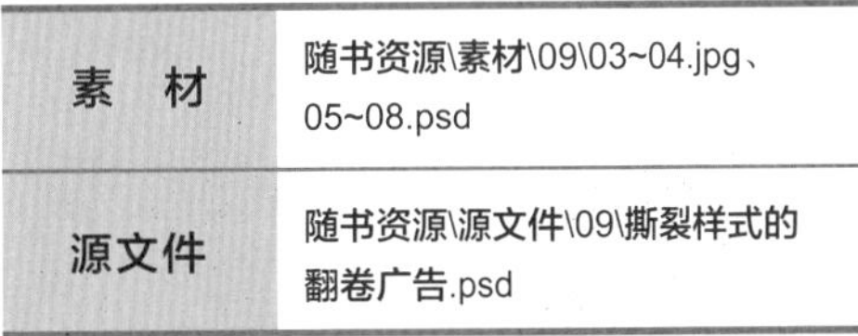

步骤01　设置并填充颜色

创建新文件，单击工具箱中的"设置前景色"图标，打开"拾色器（前景色）"对话框，在对话框中设置颜色为R43、G128、B152。单击"图层"面板中的"创建新图层"按钮，新建"图层1"图层，按下快捷键Alt+Delete，将背景填充为设置好的前景色。

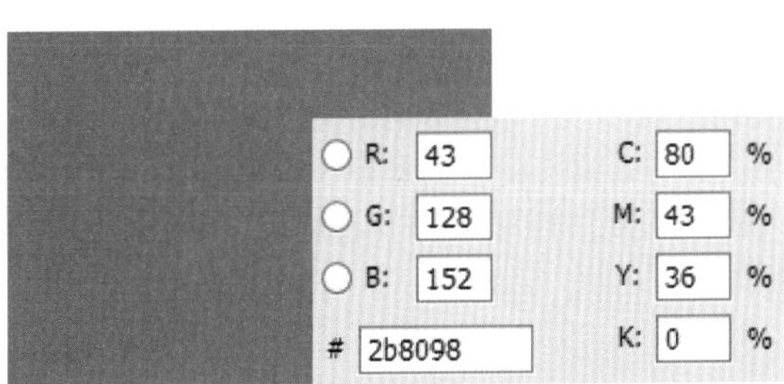

步骤02　使用"渐变工具"编辑图层蒙版

将前景色更改为R73、G208、B238，新建"图层2"图层，按下快捷键Alt+Delete，填充颜色。下面将填充颜色与下方图层的颜色混合，单击"添加图层蒙版"按钮，添加蒙版，使用"渐变工具"编辑图层蒙版，拼合图像。

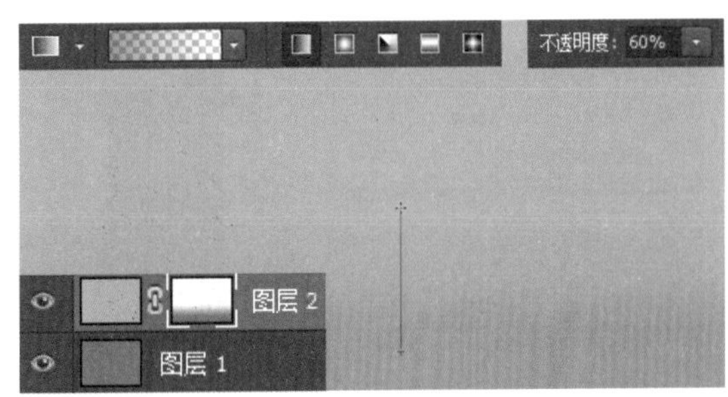

步骤03 复制并旋转图像

打开素材文件“03.jpg”，单击“移动工具”按钮，将其中的撕裂纸张图像拖曳到新建文件中。此时添加的素材图像为横向显示，要将图像转换为纵向显示，执行“编辑>变换>顺时针旋转90度”菜单命令，将图像按顺时针方向旋转90°。

步骤04 使用“魔棒工具”选择黑色图像

添加纸张图像后，要将纸张中间部分的黑色背景去掉。单击“魔棒工具”按钮，将鼠标指针移至黑色的图像位置，单击鼠标即可快速创建选区，选中黑色图像。

步骤05 修改创建的选区

为了让抠取的图像更干净，接下来对选区进行调整。执行“选择>修改>羽化”菜单命令，在打开的对话框中将参数设置为1，对选区边缘进行细小的羽化。再执行“选择>修改>扩展”菜单命令，打开“扩展选区”对话框，这里需要扩展的范围较小，所以将“扩展量”设置为4。

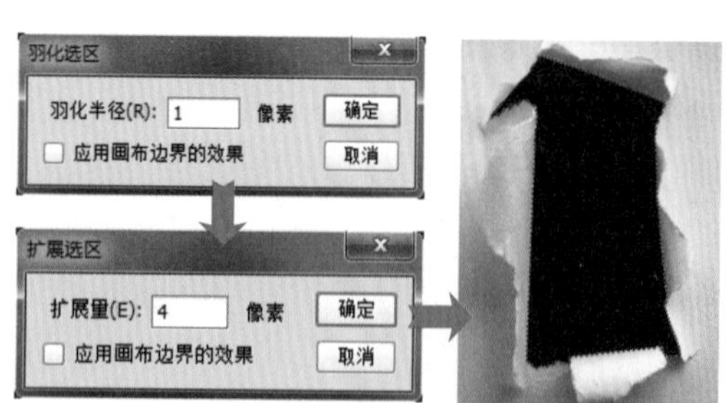

步骤06 删除选区内的图像更改混合模式

确保“图层3”图层为选中状态，按下键盘中的Delete键，将选区中的图像删除。删除图像后要将撕裂的纸张图像与下方的背景拼合在一起，将该图层的混合模式更改为“明度”，在不更改亮度、色相的情况下混合图像。

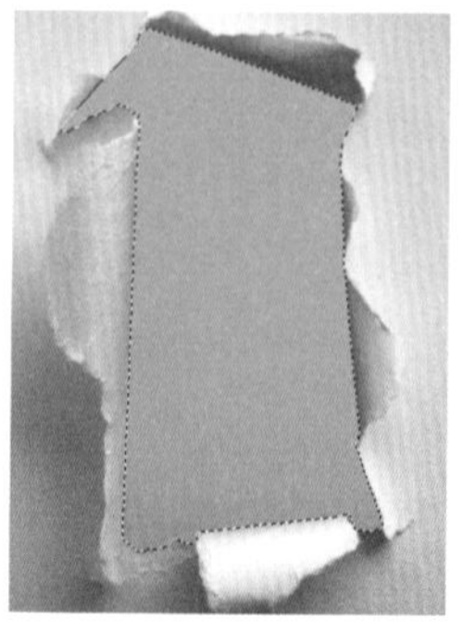
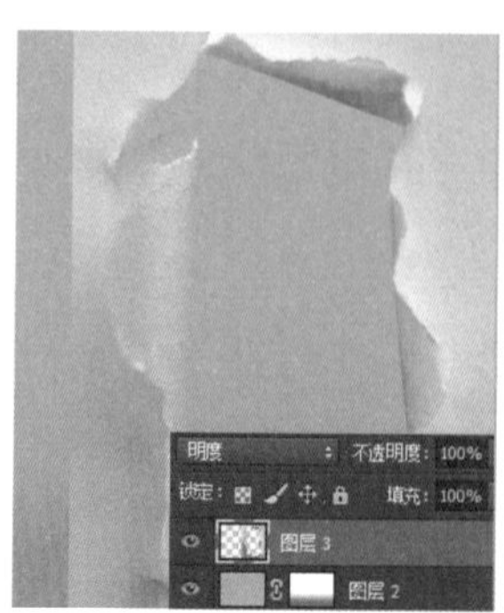

步骤07 创建图层蒙版

单击“添加图层蒙版”按钮，为“图层3”图层添加图层蒙版。将前景色设置为黑色，选择“画笔工具”，在撕裂纸张边缘与蓝色背景相交的位置单击并涂抹，将纸张边缘的部分图像隐藏起来，拼合图像。

步骤08 设置“USM锐化”滤镜锐化图像

执行“滤镜>锐化>USM锐化”菜单命令，打开“USM锐化”对话框。为了让纸张纹理变得更清晰，在对话框中将“数量”和“半径”滑块向右拖曳，当分别拖曳至80和3.9时，可以看到更清晰的图像效果。

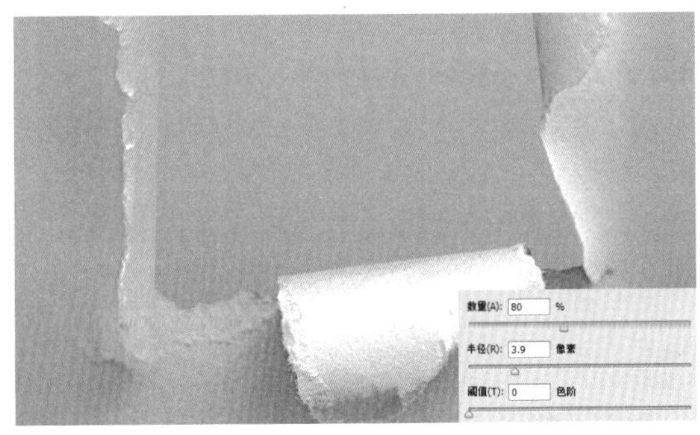

步骤09 置入人物图像

将人物图像“04.jpg”置入到新建文件中，创建“图层4”图层。选择“钢笔工具”，沿人物图像绘制路径，按下快捷键Ctrl+Enter，将路径转换为选区，选中人物图像。为了让人物融入背景中，单击“添加图层蒙版”按钮，添加图层蒙版，隐藏图像。

步骤10 使用“吸管工具”吸取颜色

将图像放大，可以看到未处理干净的发丝部分。为了让抠出的发丝更完整，单击“图层4”图层缩览图，再使用“吸管工具”在发丝旁边的原背景位置单击，吸取颜色。

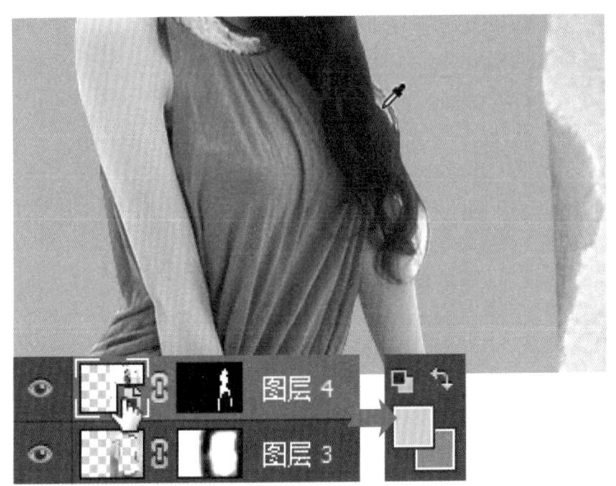

步骤11 调整选区范围

执行“选择>色彩范围”菜单命令，打开“色彩范围”对话框。根据取样颜色选择图像，将“颜色容差”滑块向右拖曳至120位置，扩大选择范围，单击“确定”按钮，创建选区。

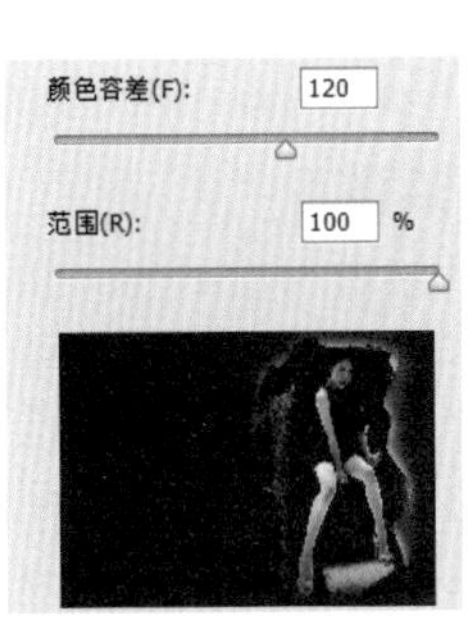

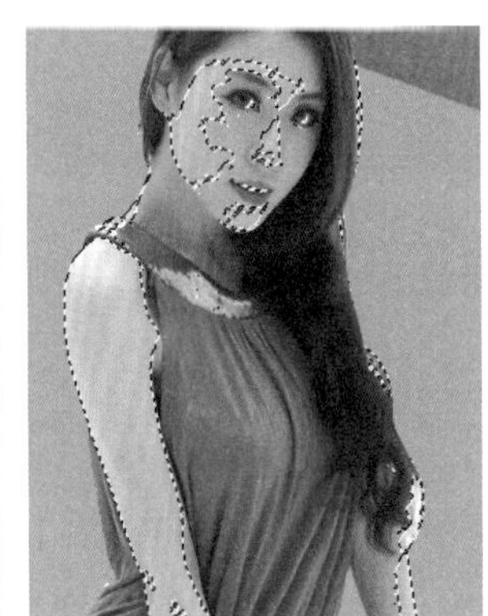

步骤12 编辑图层蒙版

由于下面要将选区中多余的背景隐藏起来，因此将前景色设置为黑色，用“画笔工具”在选区中的背景位置单击并涂抹，隐藏多余背景。

步骤13 复制选区内的图像

观察图像，由于只抠出了主体人物，让人感觉人物是浮于画面上的，显得不自然。按下快捷键Ctrl+J，复制图层，创建“图层4拷贝”图层，删除图层蒙版。运用“椭圆选框工具”选取画面中的圆环，然后执行“选择>反选”菜单命令，反选选区。按Delete键，删除选区中的图像，保留圆环部分。

步骤14 载入选区添加图层蒙版

这里只需要显示位于撕裂纸张内部的圆环。按住Ctrl键不放，单击“图层3”图层缩览图，载入选区。执行“选择>反选”菜单命令，反选选区。选中“图层4拷贝”图层，单击“添加图层蒙版”按钮，添加蒙版。为了让显示的圆环与背景融合得更自然，将图层混合模式改为“正片叠底”。

步骤15 载入选区添加图层蒙版

按住Ctrl键不放，单击“图层4”图层蒙版缩览图，载入人物选区。按下快捷键Ctrl+J，复制选区中的图像，得到“图层5”图层。同样，这里也只需要显示纸张内部的图像，因此采用与步骤14相同的方法，载入选区，添加蒙版。

步骤16 设置“外发光”样式

双击“图层5”图层，打开“图层样式”对话框。为了让人物图像与下方背景颜色呈现自然的过渡效果，单击“外发光”样式，设置样式选项，为图像添加白色的发光效果。

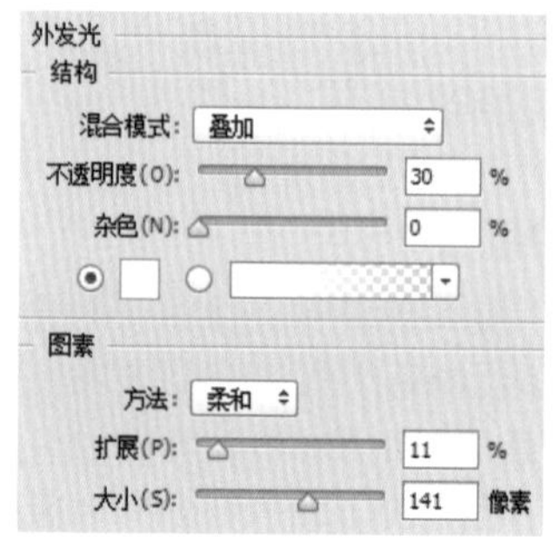

步骤17 设置画笔选项

单击工具箱中的“画笔工具”按钮，执行“窗口>画笔”菜单命令，打开“画笔”面板。在下面的操作中将会进行光点的绘制，为了让绘制的光点呈现自然的大小、距离变化，在“画笔”面板中分别调整“画笔笔尖形状”“形状动态”以及“散布”选项。

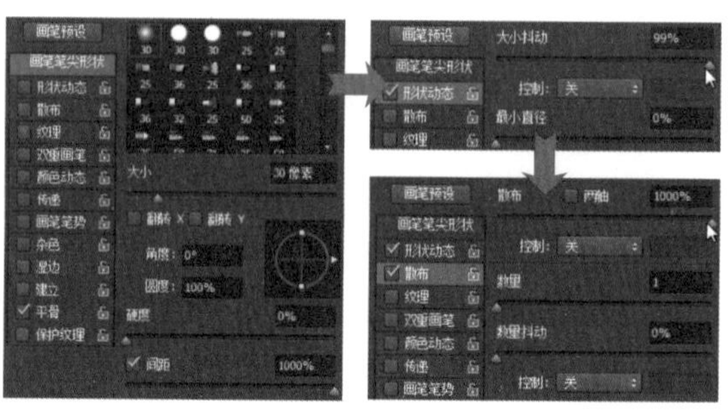

步骤18 应用画笔绘制光点

单击“创建新图层”按钮，创建新图层。将前景色设置为白色，运用鼠标在图像下方单击，绘制出不同大小的白色光点效果。

步骤19　复制素材图像高跟鞋和光线

新建“鞋子”图层组，打开素材文件“05~07.psd”，将打开的高跟鞋图像复制到人物图像左侧。分别选中各图层中的高跟鞋图像，按下快捷键Ctrl+T，打开自由变换编辑框，对编辑框中的图像进行等比例缩放操作，并根据版面效果调整鞋子的位置，从左往右依次排列，得到横向并排的商品效果。再打开素材文件“08.psd”，将光线图像复制到图像左上角。

步骤20　复制鞋子图像

在“图层”面板中选中“图层8”图层中的高跟鞋图像，按下快捷键Ctrl+J，复制选区中的图像，创建“图层8拷贝”图层。单击“移动工具”按钮，将复制的图层中的鞋子向右拖曳至第二个和第三个高跟鞋图像的中间。

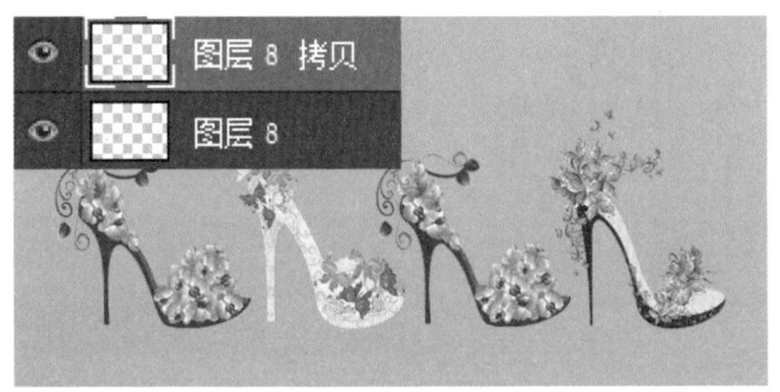

步骤21　设置“色相/饱和度”变换鞋子颜色

为了展现不同颜色的鞋子效果，按住Ctrl键不放，单击“图层8拷贝”图层缩览图，载入图像选区。新建“色相/饱和度1”调整图层，打开“属性”面板。这里需要更改鞋子的颜色，因此将“色相”滑块向右拖曳。更改颜色后，感觉鞋子太艳丽了，因此再将“饱和度”滑块向左拖曳，降低图像的颜色饱和度。

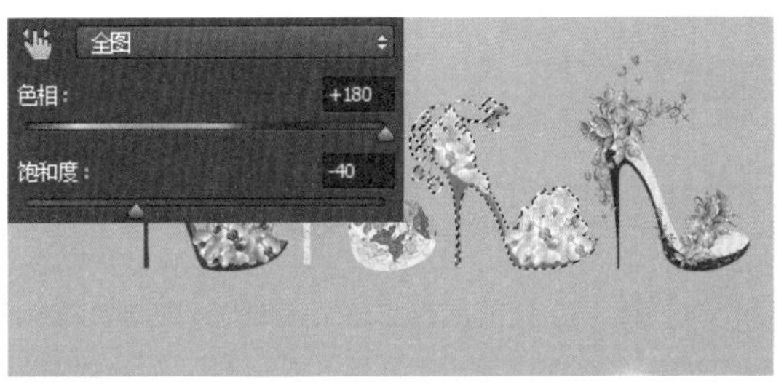

步骤22　绘制图形输入文字

为了使图片更为完整，需要添加广告文案，添加前新建“广告文字”图层组，以便管理文字内容。单击“矩形工具”按钮，在需要输入文字的位置绘制一个白色矩形，并在矩形上添加相应的文字信息，完成本案例的制作。

案例 78　镜像对称的翻卷广告

本案例是镜像对称的翻卷广告。在设计过程中，将人物素材照片通过复制的方式分别安排在画面的两侧，形成镜像对称的布局效果。同时，画面色调统一呈怀旧色，流露出一股复古的时尚韵味，与要表现的衣服特征更加吻合。

素　材	随书资源\素材\09\09.jpg
源文件	随书资源\源文件\09\镜像对称的翻卷广告.psd

步骤01 设置并填充颜色

创建新文件，设置前景色为R247、G235、B223，单击“图层”面板中的“创建新图层”按钮，新建“图层1”图层。按下快捷键Alt+Delete，用设置的前景色填充图层。

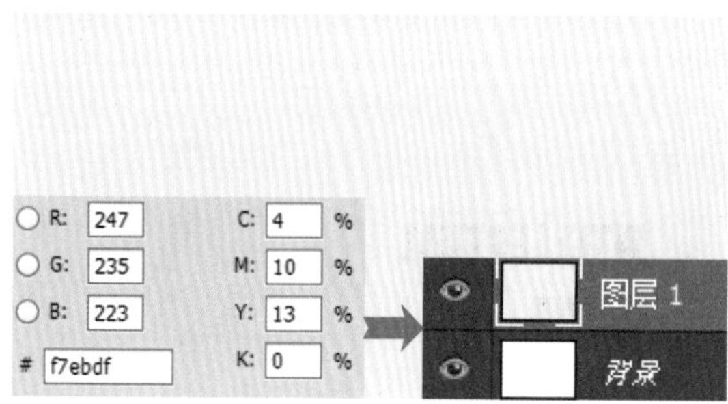

步骤02 置入商品图像

确定背景颜色后，下面需要将拍摄好的商品照片添加到背景中。将人物图像“09.jpg”置入到新建文件中，得到“图层2”图层。按下快捷键Ctrl+T，打开自由变换编辑框，将编辑框中的图像调整为合适的大小。

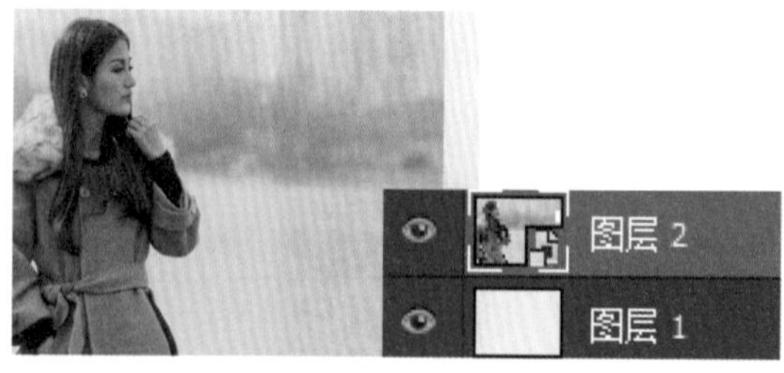

步骤03 使用“渐变工具”编辑图层蒙版

观察添加的人物图像，在右侧相交的位置衔接不自然。单击“图层”面板中的“添加图层蒙版”按钮，添加蒙版。选择“渐变工具”，在选项栏中选择“黑，白渐变”，这里需要将右侧的部分背景图像隐藏起来，因此从右向左拖曳渐变。

步骤04 添加图像创建镜像效果

为了迎合设计主题，再次置入人物图像，并执行“编辑>变换>水平翻转”菜单命令，翻转图像，然后适当放大图像，制作镜像对称的广告效果。最后使用与步骤3相同的方法，添加图层蒙版，拼合图像。

步骤05　设置并输入文字

单击工具箱中的“横排文字工具”按钮T，将鼠标指针移至画面中间位置，输入文字“秋冬新品绝美呢绒”。输入后打开“字符”面板，为增强文字可读性，将字体设置为较工整的“方正大标宋_GBK”，再适当调整文字的大小和颜色。

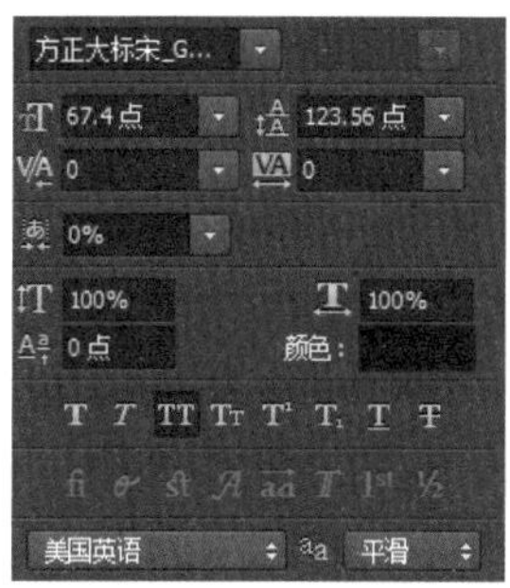

步骤06　更改属性输入文字

确保“横排文字工具”为选中状态，在已输入的文字下方输入“2016秋装新款”。此时所输入的文字会沿用上一步所设置的文字属性，为了让文字表现出主次关系，打开“字符”面板，将字体设置为较纤细的“方正楷体_GBK”。

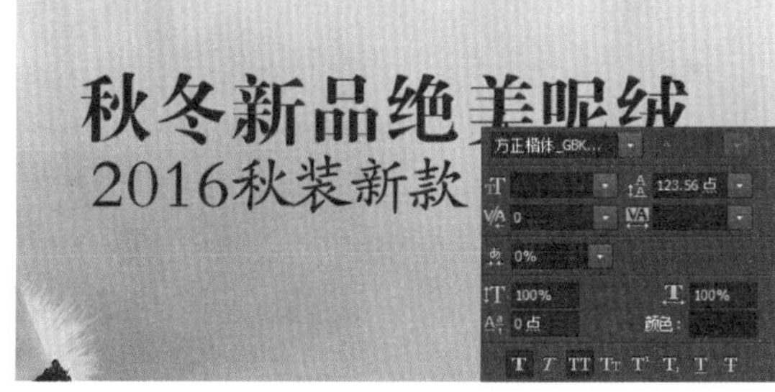

步骤07　添加更多的文字

继续使用“横排文字工具”在画面中间位置输入更多的文字信息。输入后根据画面整体效果，对文字的字体、大小及颜色等进行适当调整，从而获得更完整的画面效果。

步骤08　设置“投影”样式

为了让输入的文字呈现立体视觉效果，选中下方英文所在的文字图层，执行“图层>图层样式>投影”菜单命令，打开“图层样式”对话框。在对话框中将会选中“投影”样式，为了让投影更加清楚，将“不透明度”设置为最大值，再将“角度”调整为120°，此时投影并没有显示出来，将“距离”调整为2，设置投影的偏移量。

步骤09　复制并粘贴图层样式

为其中一段英文添加投影后，可将设置的投影应用到下面字号稍小的英文上。右击已添加的“投影”样式，在弹出的快捷菜单中执行“拷贝图层样式”命令，再右击下方的英文图层，在弹出的快捷菜单中执行“粘贴图层样式”命令，粘贴图层样式，完成样式的复制操作。

步骤10 绘制图形

最后进行按钮的制作。设置前景色为R61、G68、B136，选择“矩形工具”，在文字“点击购买”下方绘制一个矩形。然后将前景色改为白色，选择“自定形状工具”，在“形状”面板中选择“箭头2”形状，绘制指示性的箭头图案，完成本案例的制作。

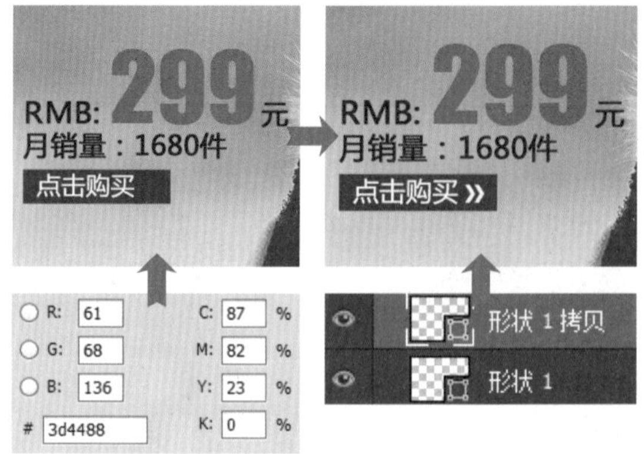

案例 79 闪电效果的翻卷广告

本案例是为某品牌的鞋子所制作的新品推荐活动广告。为了表现运动鞋时尚、动感的特征，图像中使用了闪电图像作为背景，并将拍摄的鞋子图像放置在闪电的中心位置，使观者的视线集中到鞋子上，同时，蓝色的背景设置使画面显得更加炫目，富有感染力。

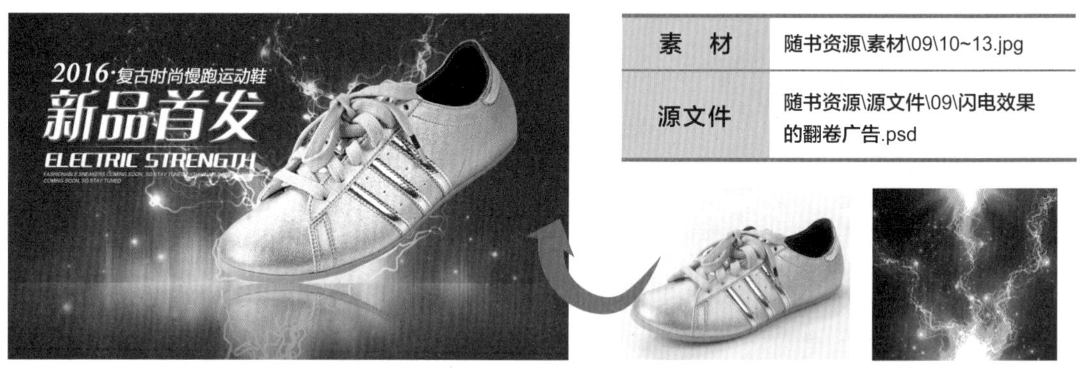

素　材	随书资源\素材\09\10~13.jpg
源文件	随书资源\源文件\09\闪电效果的翻卷广告.psd

步骤01 置入背景图像

创建新文件，将素材文件“10.jpg”置入到新建文件中作为画面背景，得到“图层1”图层。

步骤02 置入闪电图像

将闪电图像“11.jpg”置入到画面上方，创建“图层2”图层。置入图像后，需要让闪电与下方的背景融合，在“图层”面板中确保“图层2”图层为选中状态，调整图层混合模式。这里要保留亮部区域的闪电，因此将混合模式设置为“滤色”。

步骤03 复制闪电图像

将闪电图像“12.jpg”置入到画面上方，执行“编辑>变换>垂直翻转”菜单命令，垂直翻转图像。选择“移动工具”，把图像移到已经添加的闪电图像下方，形成镜像对称效果。这里同样要让闪电与下方的背景融合，在“图层”面板中确保“图层3”图层为选中状态，将图层混合模式设置为“滤色”。

步骤04 设置“色相/饱和度”更改颜色

创建“色相/饱和度1”调整图层，打开“属性”面板。这里需要更改图像的色调，因此将“色相”滑块往右拖曳，当拖曳至+36时，图像转换为蓝紫色调；再调整“饱和度”，控制颜色强度。

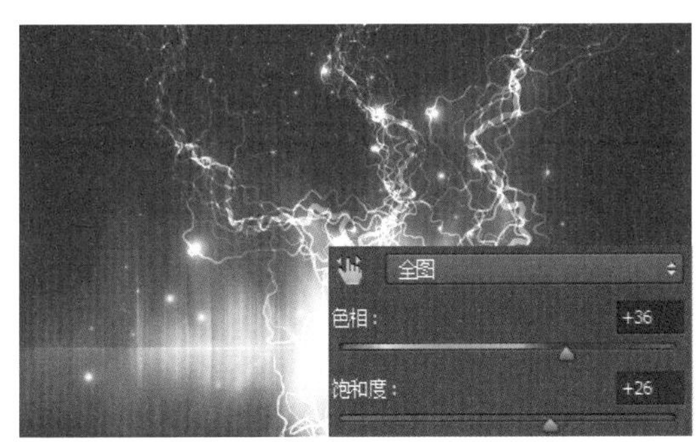

步骤05 使用“钢笔工具”抠取鞋子

将鞋子图像“13.jpg”置入到新合成的背景中。按下快捷键Ctrl+T，将图像调整至合适的大小。由于原素材中鞋子与背景的颜色较为相似，为了让选择的图像更准确，单击“钢笔工具”按钮，沿鞋子边缘轮廓绘制路径，按下快捷键Ctrl+Enter，将路径转换为选区，然后添加图层蒙版，隐藏白色背景。

步骤06 设置“USM锐化”滤镜锐化图像

执行“滤镜>锐化>USM锐化”菜单命令，打开“USM锐化”对话框。这里为了突出鞋子的纹理质感，在对话框中先将“数量”滑块向右拖曳，增强锐化程度，再把“半径”滑块向右拖曳，得到更清晰的画面效果。

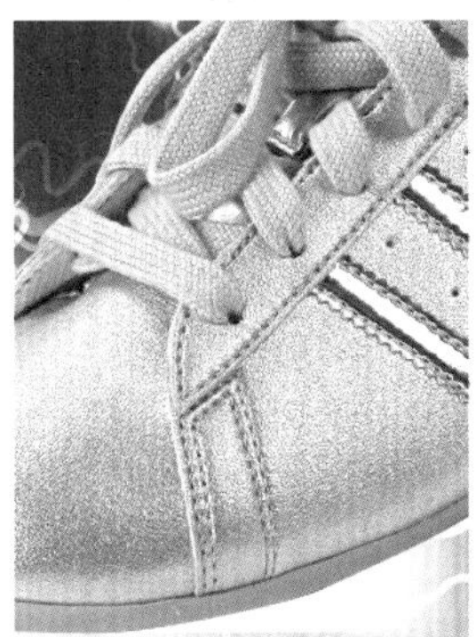

步骤07 调整“色阶”增强对比效果

素材图像中鞋子的对比较弱，按住Ctrl键不放，单击“图层4”图层缩览图，载入鞋子选区。新建“色阶1”调整图层，在打开的“属性”面板中将代表阴影的黑色滑块和代表中间调的灰色滑块向右拖曳，使这两部分的图像变暗；再将代表高光的白色滑块向左拖曳，使高光变得更亮，从而得到对比更强的商品图像。

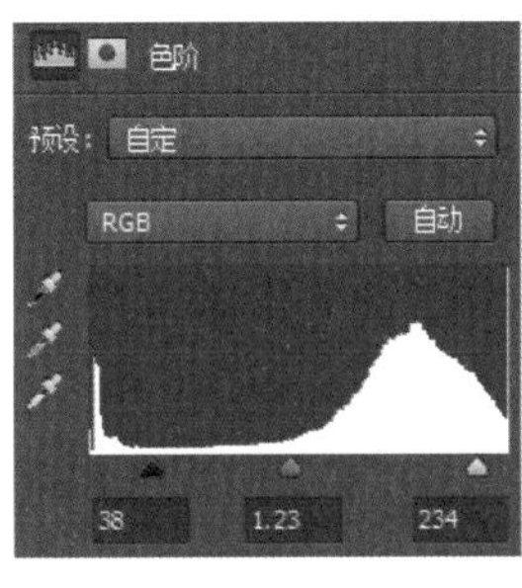

步骤08 盖印图像制作倒影

制作好鞋子图像后，为了让鞋子呈现立体效果，将鞋子及其上方的调整图层同时选中，按下快捷键Ctrl+Alt+E，盖印选中图层，创建“色阶1（合并）”图层。垂直翻转盖印的图像，然后为图层添加图层蒙版，并利用“渐变工具”对蒙版进行编辑，控制显示的范围，得到逼真的倒影效果。

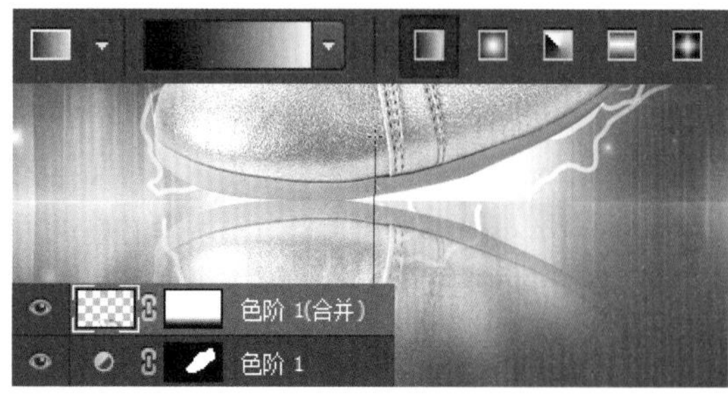

步骤09 填充颜色加深边缘部分

这里需要为图像边缘添加晕影，为了让添加的晕影更自然，单击“矩形选框工具”按钮，在选项栏中将“羽化”设置为150像素，然后沿图像边缘单击并拖曳，创建选区。反选选区后，创建“颜色填充1”调整图层，将边缘填充为黑色，并降低其不透明度。

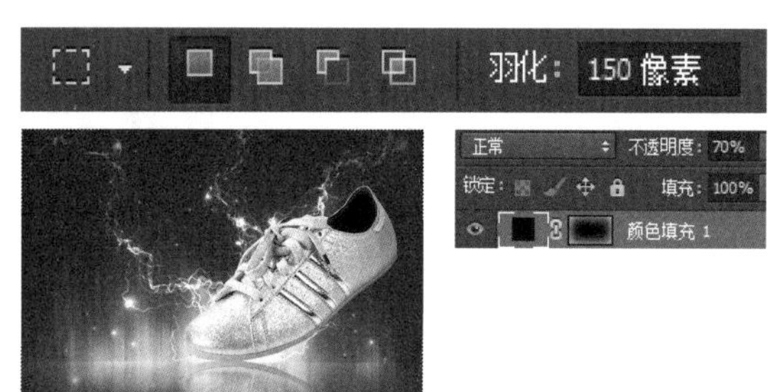

步骤10 输入文字设置文字样式

使用“横排文字工具”在图像左侧输入商品推介文字。为了突出标题“新品首发”，双击该文字图层，打开“图层样式”对话框，在对话框中设置“描边”“斜面和浮雕”及“投影”样式，创建立体的文字效果，完成本案例的制作。

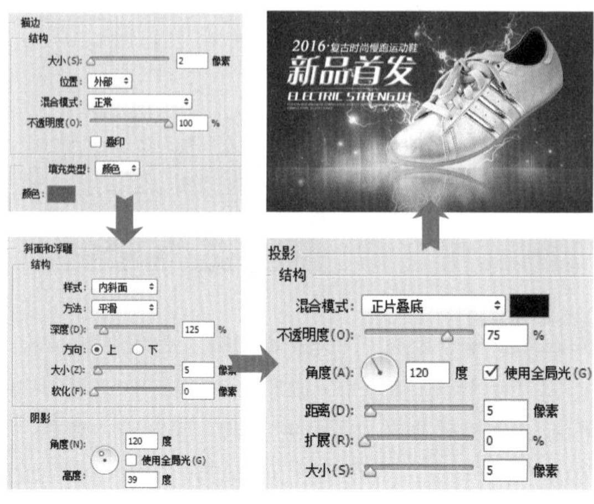

案例 80 平板电脑广告

本案例是为平板电脑所设计的翻卷广告。为了给人以冷静、理性、智慧的感觉，在设计过程中将背景填充为灰色，并利用流畅的线条增强画面的科技感，同时在文字处理上采用较自由的编排方式，让简洁的画面更有韵律。

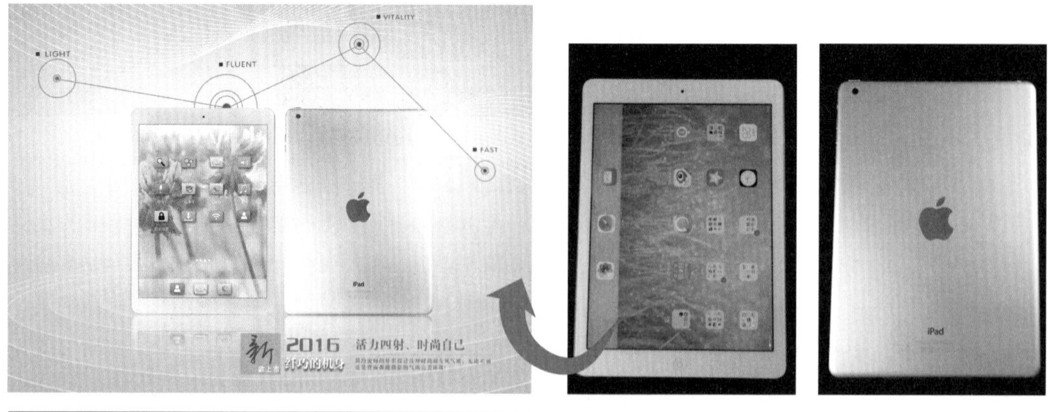

素　材	随书资源\素材\09\14.psd、15~17.jpg
源文件	随书资源\源文件\09\平板电脑广告.psd

步骤01 设置颜色填充背景

创建新文件，新建“图层1”图层，使用“渐变工具”为背景填充渐变色。打开素材文件“14.psd”，将素材图像复制到新建文件中。素材中的黄色线条与背景颜色反差较大，将图层混合模式改为“颜色减淡”，此时线条显示为白色；再创建图层蒙版，使用“渐变工具”把多余的线条隐藏起来。

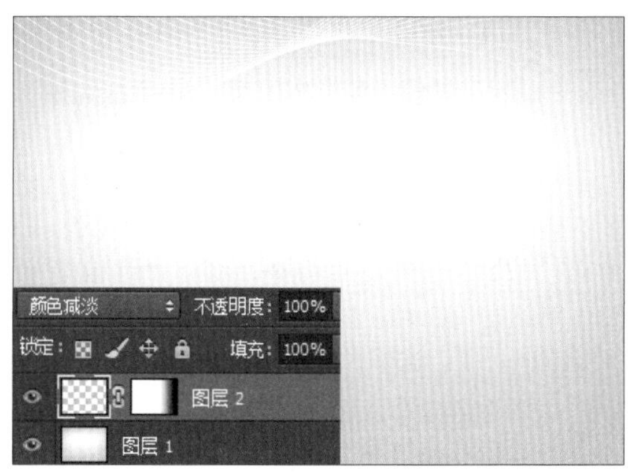

步骤02 使用“钢笔工具”抠出图像

复制更多的线条图案，调整大小和位置，打开素材文件“15.jpg”，将平板电脑图像复制到绘制好的背景中，创建“图层3”图层。选中“图层3”图层，使用“钢笔工具”勾画商品的轮廓，按下快捷键Ctrl+Enter，将路径转换为选区，并复制选区中的图像，得到“图层4”图层。

步骤03 调整并删除选区图像

为了让抠出的平板电脑边缘变得更干净，按住Ctrl键不放，单击“图层4”图层缩览图，载入商品选区。执行“选择>修改>边界”菜单命令，打开“边界选区”对话框。在对话框中设置“宽度”为2，单击“确定”按钮，扩大选区边界范围，再按Delete键，删除选区中的图像。

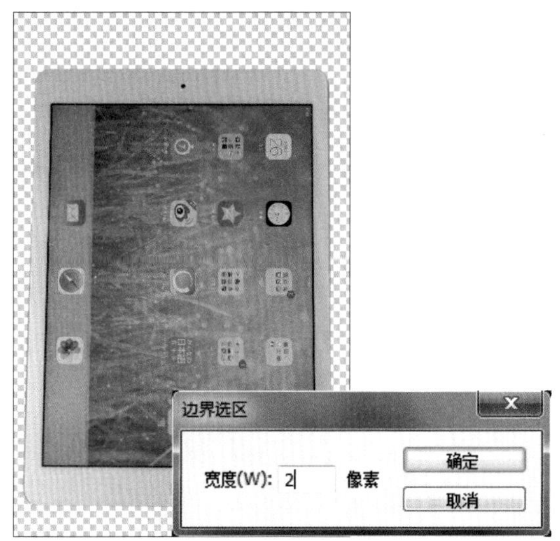

步骤04 更改透视角度

观察抠取的平板电脑图像，可以看到受拍摄角度和技术的影响，平板电脑的透视角度存在一定偏差，需要进行校正。按下快捷键Ctrl+T，显示自由变换编辑框，按住Ctrl键不放，拖曳编辑框的对角，调整商品的透视关系。

步骤05 设置“曲线”提高对比

校正透视角度后，接下来对平板电脑的色彩进行处理。画面中的平板电脑整体偏暗，层次感较弱。在处理时先选中“图层4”图层，执行“图像>调整>曲线”菜单命令，打开“曲线”对话框。要让图像变得明亮起来，先在曲线上方单击，添加一个曲线控制点，并向上拖曳该点，更改曲线形状，提亮图像；为了让商品更有层次感，再在曲线下方单击，添加一个曲线控制点，然后向下拖曳该点，降低暗部区域的图像亮度，从而得到对比更强的画面。

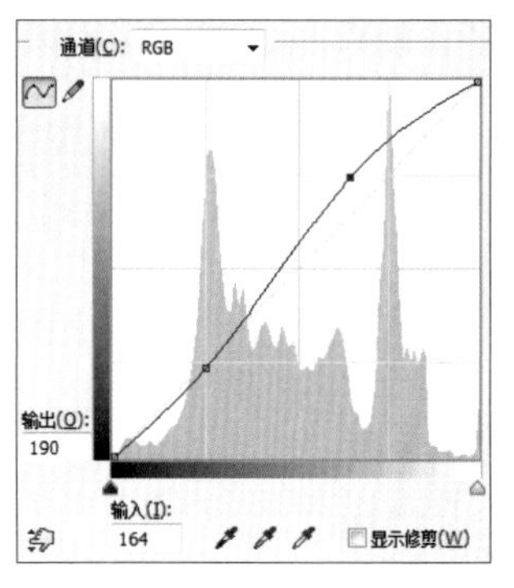
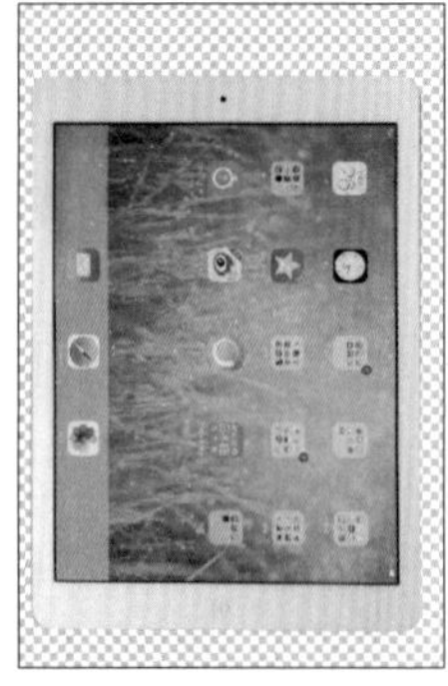

步骤06 绘制图形创建剪贴蒙版

由于原平板电脑屏幕中的图像是倒置的，不是很好看，因此先沿屏幕边缘绘制一个矩形，并将素材文件“16.jpg”置入到矩形中，然后执行“图层>创建剪贴蒙版”菜单命令，用新的屏幕界面进行替换。

步骤07 添加平板电脑背面

打开素材文件“17.jpg”，将其中的图像复制到新建文件中，然后擦除多余的黑色背景，同样可以看到抠出的平板电脑背面图像存在透视角度不正确的问题。利用自由变换编辑框对图像的透视角度加以设置，还原自然的角度效果。

步骤08 设置“曲线”提亮平板电脑背面

观察抠出的平板电脑背面效果，同样可以发现图像亮度不够，整体偏暗。执行“图像>调整>曲线”菜单命令，打开“曲线”对话框，先在曲线上方单击，添加一个曲线控制点，并向上拖曳该点，使亮部区域变得更亮；再在曲线下方单击，添加一个曲线控制点，然后向下拖曳该点，使暗部区域变得更暗，从而得到对比更强的图像效果。

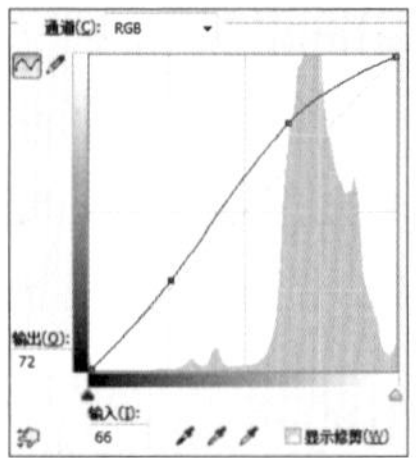

步骤09 设置“色相/饱和度”转换为黑白效果

由于受到环境色的影响，平板电脑背面有不自然的杂色。为了让其色彩更纯净，执行“图像>调整>色相/饱和度”菜单命令，打开“色相/饱和度”对话框，在对话框中将“饱和度”滑块拖曳至最左侧位置，去除图像颜色。

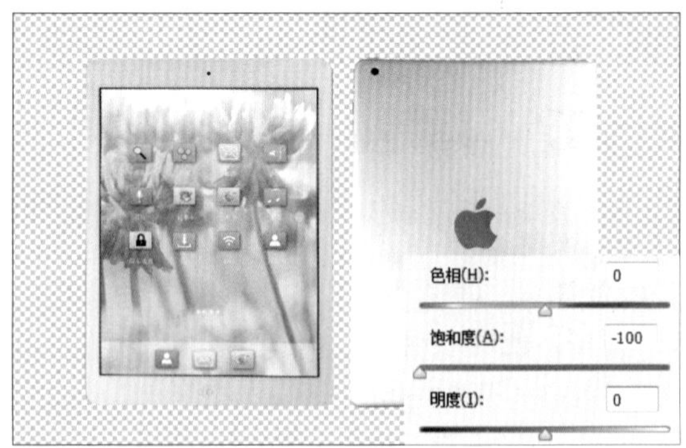

步骤10 添加文字和图形

最后使用图形绘制工具在图像中绘制简单的图形，并结合“横排文字工具”在图像中单击并输入商品信息，完善整体效果，得到更完整的广告图像。

案例 81　眼影广告

本案例是为某品牌眼影所设计的翻卷广告。制作时将眼影商品图像安排在画面的左侧，并使用玫红色背景让商品与背景之间的色彩产生强烈的反差，同时利用人物面部特写来表现使用眼影后的眼妆部分，彰显商品的用途和使用效果，让更多观者认可并选择购买商品。

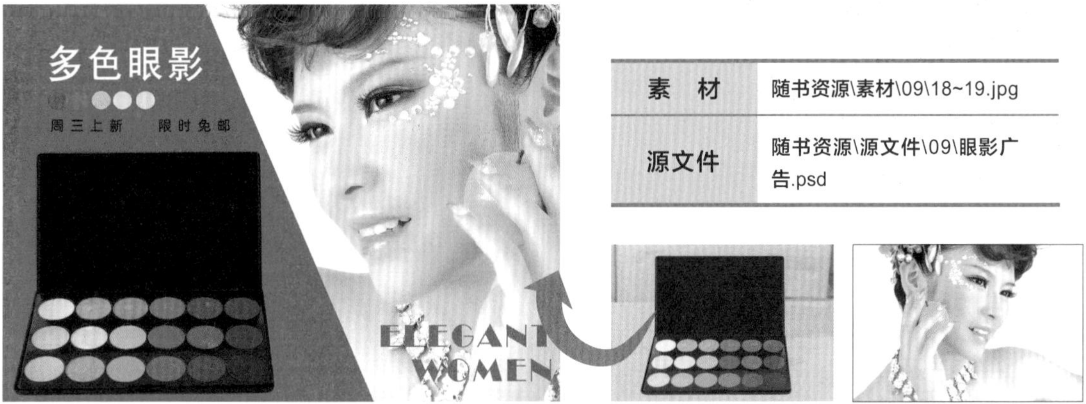

素　材	随书资源\素材\09\18~19.jpg
源文件	随书资源\源文件\09\眼影广告.psd

步骤01　使用“钢笔工具”绘制路径

创建新文件，打开素材文件“18.jpg”，单击“移动工具”按钮，把其中的眼影图像复制到新建文件中，得到“图层1”图层。选择“钢笔工具”，确保绘制模式为“形状”，沿图像中的眼影边缘绘制路径。

步骤02　复制选区图像

绘制路径后，要将绘制的路径转换为选区。按下快捷键Ctrl+Enter，将路径转换为选区。对于转换后的选区，要将选区中的图像抠取出来。按下快捷键Ctrl+J，复制选区中的图像，生成“图层2”图层。此时将“图层1”图层隐藏，即可查看抠出的图像。

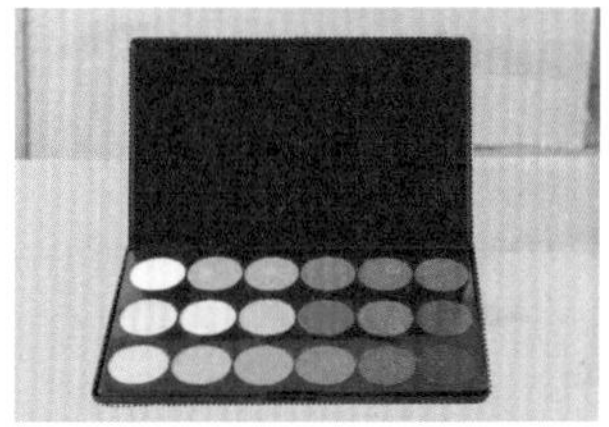

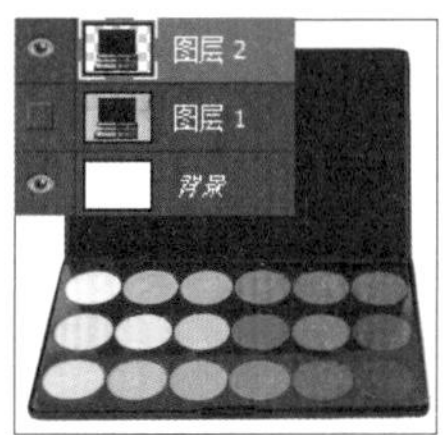

步骤03　使用“污点修复画笔工具”修复瑕疵

按下快捷键Ctrl++，将图像放大显示，可以看到眼影盒上有很多粉尘。单击工具箱中的“污点修复画笔工具”按钮，在粉尘等污点位置单击，通过连续的单击、涂抹操作，去除眼影盒上的粉尘瑕疵。

步骤04　复制图层编辑图层蒙版

观察去除粉尘后的眼影盒，发现图像还是不够干净。为了得到更干净的商品效果，按下快捷键Ctrl+J，复制图层。执行“滤镜>模糊>高斯模糊”菜单命令，在打开的对话框中适当调整选项，模糊图像。由于只需要对黑色盒子应用滤镜效果，因此添加图层蒙版，用黑色画笔在彩色的眼影位置涂抹，还原清晰的图像。

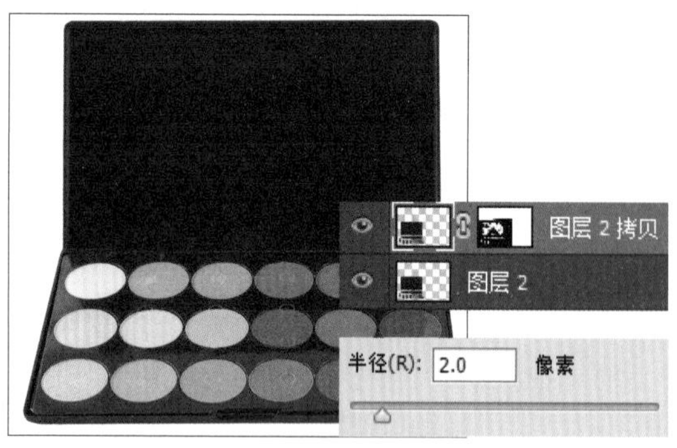

步骤05 设置“内阴影”样式

选中“图层2”和“图层2拷贝”图层，按下快捷键Ctrl+Alt+E，盖印选中图层，创建“图层2拷贝（合并）”图层。由于原素材受到光影影响，边缘部分较亮，为了让眼影盒的中间和边缘呈现相同的影调效果，双击此图层，打开“图层样式”对话框。这里要让眼影盒的边缘变暗，单击“内阴影”样式，将“不透明度”设置为较小的参数值，“大小”设置为较大的参数值，让阴影更自然。

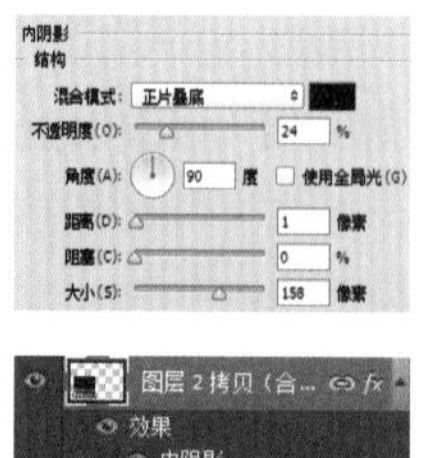
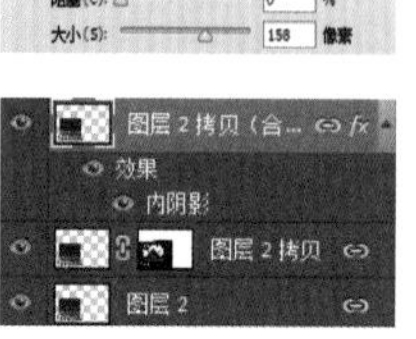

步骤06 使用“套索工具”创建选区

为了让眼影盒的盖子变得更干净，选择“套索工具”，在选项栏中设置“羽化”为12像素，然后在黑色眼影盒的中间位置创建不规则选区，选择杂色较多的部分。

步骤07 设置“高斯模糊”滤镜模糊选区图像

按下快捷键Ctrl+J，复制选区内的图像。执行“滤镜>模糊>高斯模糊”菜单命令，打开“高斯模糊”对话框，在对话框中将“半径”设置为20像素，单击“确定”按钮，应用滤镜效果，使图像变得更模糊。

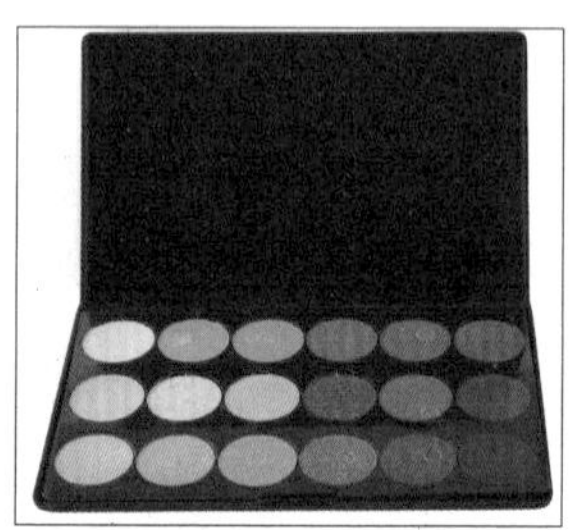

步骤08 调整“色相/饱和度”

为了让眼影色彩更漂亮，按住Ctrl键不放，单击“图层2拷贝（合并）”图层，载入商品选区。新建“色相/饱和度1”调整图层，打开“属性”面板。此处需要提高图像的颜色饱和度，所以将“饱和度”滑块向右拖曳；然后选择“绿色”选项，向左拖曳“饱和度”滑块，降低绿色的饱和度；再选择“洋红”选项，向右拖曳“饱和度”滑块，提高洋红色的饱和度。

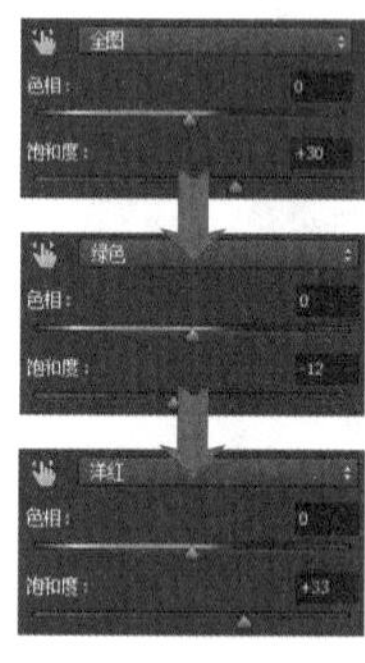

步骤09 设置“色阶”增强对比

经过处理后，眼影颜色变得更为鲜艳，但是感觉图像对比太弱，盒子不但显得有点脏，而且眼影颜色也不够突出。再次载入眼影盒选区，新建“色阶1”调整图层，打开“属性”面板。这里要增强图像的对比效果，先将代表阴影的黑色滑块向右拖曳，使阴影变得更暗；再将代表中间调的灰色滑块向右拖曳，让中间调部分也变暗。

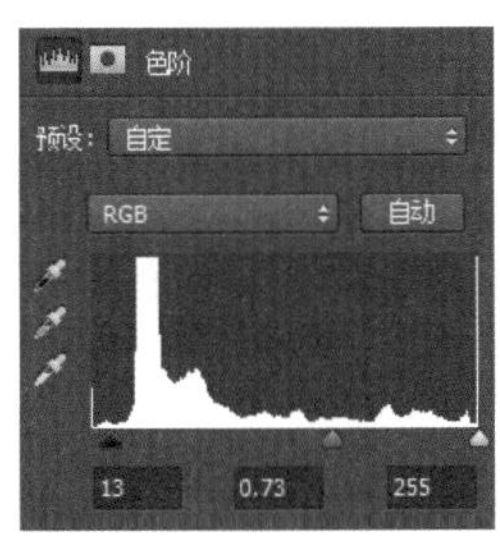
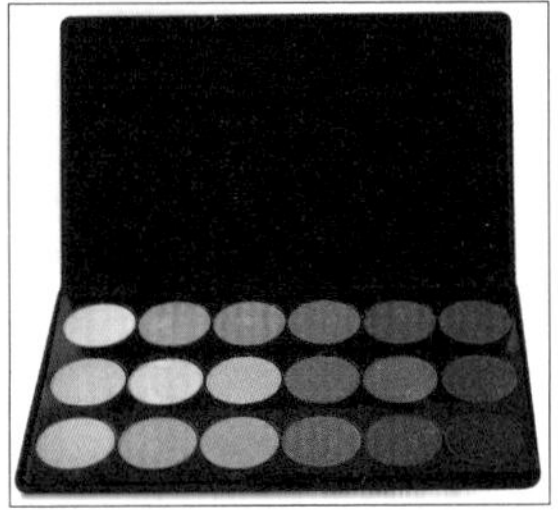

步骤10 使用“钢笔工具”绘制图形

设置前景色为R225、G28、B46，选择“钢笔工具”，在“图层2”图层下方连续单击，绘制多边形图形，为眼影添加新的背景颜色。

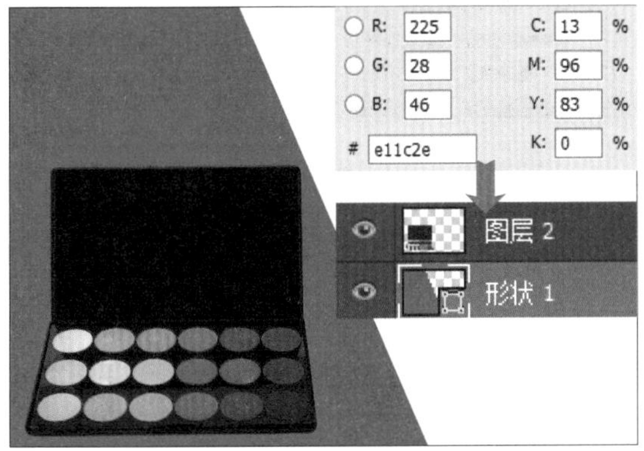

步骤11 置入人物图像

为了展示商品的用途和使用效果，将人物图像“19.jpg”置入到画面右侧，执行“编辑>变换>水平翻转”菜单命令，翻转图像，添加图层蒙版，将与左侧红色背景相重合的部分面部特写隐藏起来。

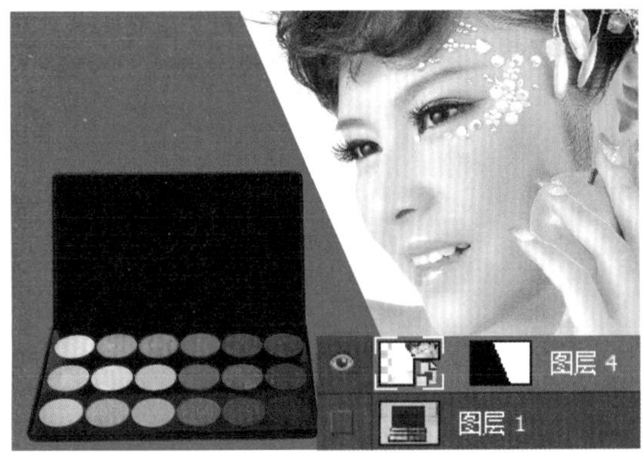

步骤12 使用“套索工具”创建选区

选择“套索工具”，在选项栏中将“羽化”由默认的0像素更改为15像素，然后在人物的眼睛上方单击并拖曳鼠标，创建选区，确定要设置眼影的位置。

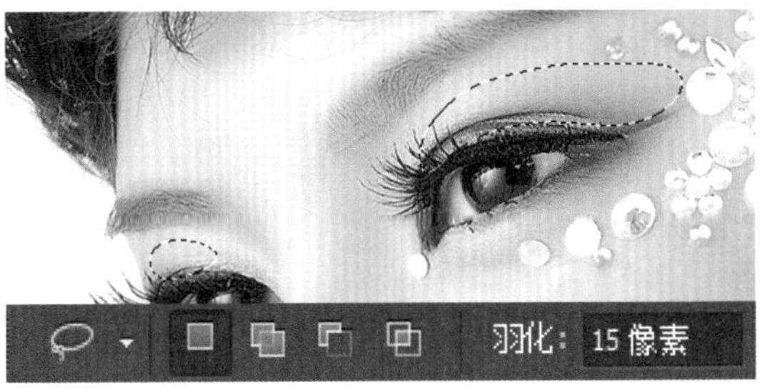

步骤13 设置并填充颜色

新建“颜色填充1”调整图层，设置颜色为R237、G39、B221，为选区填充颜色。此时填充的颜色显得太假，选择“颜色填充1”调整图层，将图层混合模式更改为“柔光”，使填充的颜色融入背景图像中。

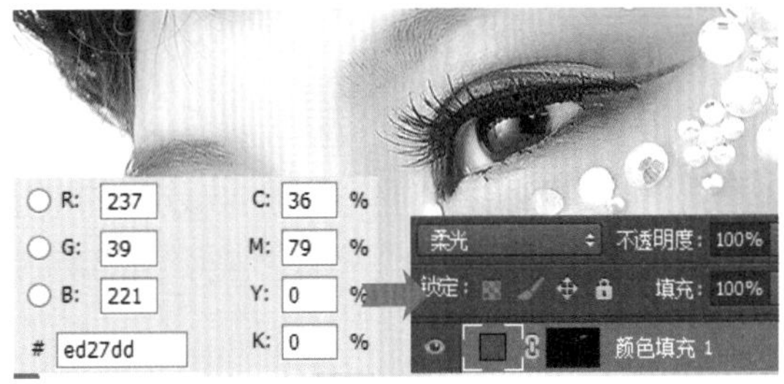

步骤14 设置“色彩平衡”变换眼影色彩

再单击“颜色填充1”图层蒙版，用黑色画笔在眼睛上方的颜色处涂抹，隐藏多余的填充颜色。按住Ctrl键不放，单击“颜色填充1”蒙版缩览图，载入选区。新建“色彩平衡1”调整图层，这里要将增强眼影色彩，选择“阴影”选项，将“青色-红色”滑块向青色拖曳，加深青色，将“黄色-蓝色”滑块向蓝色拖曳，加深蓝色；选择“中间调”选项，采用同样的方法拖曳滑块，增加青色和蓝色。此时在图像窗口中可以看到变换眼影色彩后的效果。

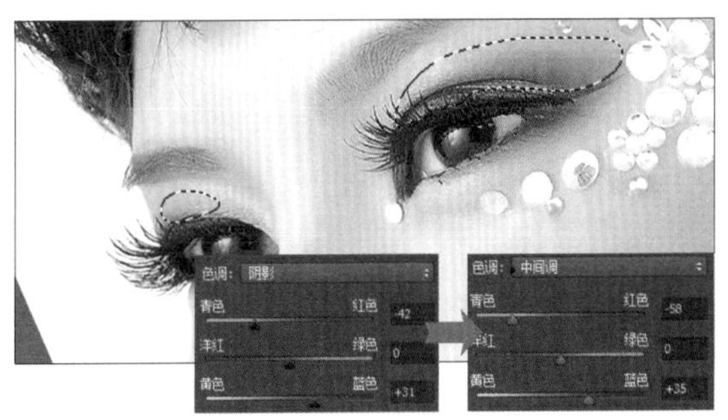

步骤15 **设置“色相/饱和度”美化唇色**

选择“套索工具”，在选项栏中将“羽化”调整为2像素，在嘴唇上绘制选区。下面再对嘴唇颜色进行美化，为了让嘴唇更出彩，新建“色相/饱和度2”调整图层，将“色相”滑块向右拖曳，再将“饱和度”滑块拖曳至100位置，增强颜色鲜艳度。

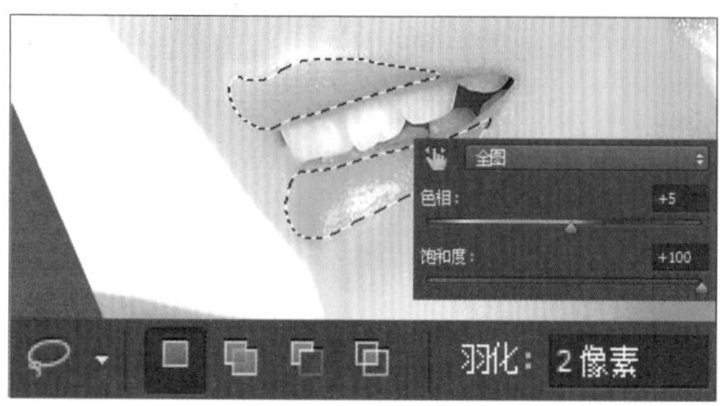

步骤16 **添加文字和图形**

最后为完善效果，使用“横排文字工具”和“椭圆工具”在画面中进行文字的添加和图形的绘制，得到最终的图像效果。

案例 82　儿童雪地靴广告

本案例是为某品牌儿童雪地鞋设计的翻卷广告。制作时用雪景图像作为背景，营造出一个唯美的冰雪世界。画面中的小朋友图像突出了商品所针对的消费群体，并抓住鞋子舒适、保暖等卖点进行扩展设计，吸引观者的注意力，达到更强的促销效果。

素　材	随书资源\素材\09\20~23.jpg
源文件	随书资源\源文件\09\儿童雪地靴广告.psd

步骤01 **复制图像**

创建新文件，打开素材文件“20～21.jpg”，将其中的图像都复制到新建文件中，得到“图层1”和“图层2”图层。

步骤02 **创建并编辑图层蒙版**

下面需要将两张图像拼合，为了让拼合出来的图像呈现自然的过渡效果，单击“渐变工具”按钮，在选项栏中选择“黑，白渐变”。此处需将上面一张雪景图像的左侧部分隐藏起来，因此单击“图层”面板中的“添加图层蒙版”按钮，添加蒙版，再从图像左侧向右拖曳黑白渐变。

步骤03 用“画笔工具”调整蒙版

使用“渐变工具”编辑图层蒙版后，发现下方雪地相交的位置不是很自然。单击“画笔工具”按钮，在选项栏中将“不透明度”设为30%，将鼠标指针移至雪地图像下方单击并涂抹，隐藏图像，形成更柔和的混合效果。

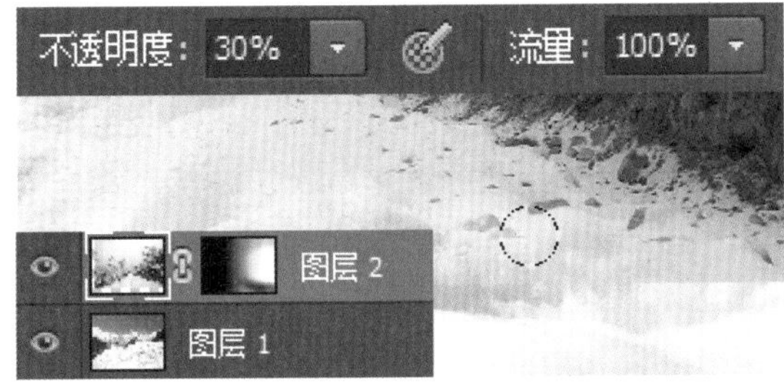

步骤04 设置“曲线”提亮图像

比较左右两侧的雪景图像，发现图像亮度不够统一。新建“曲线1”调整图层，打开“属性”面板。这里要让图像变得更亮，所以在曲线中间位置单击，添加一个曲线控制点，向上拖曳该控制点，更改曲线形状，得到更亮的图像效果。

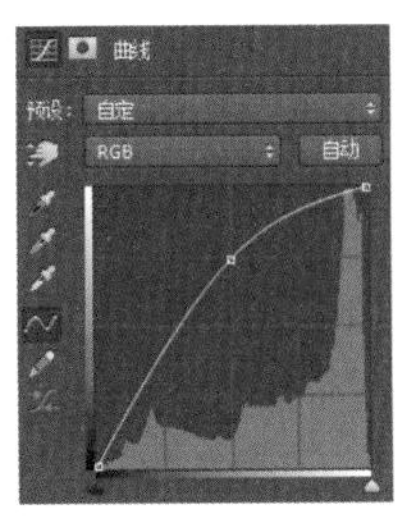

步骤05 载入选区调整“色彩平衡”

调整亮度后，接下来是颜色的调整。按住Ctrl键不放，单击“图层2”图层蒙版缩览图，载入选区。新建“色彩平衡1”调整图层，打开“属性”面板。这里要将图像转换为蓝色，因此将“青色-红色”滑块向青色方向拖曳，增加青色；将“黄色-蓝色”滑块向蓝色方向拖曳，增强蓝色。

步骤06 设置“色相/饱和度”变换颜色

新建“色相/饱和度1”调整图层，打开“属性”面板。由于天空部分略微偏蓝，因此在“属性”面板中选择“青色”选项，将“色相”滑块向左拖曳，加深青色；再将“饱和度”滑块向左拖曳，适当降低左侧图像的颜色饱和度，统一画面颜色。

步骤07 添加小朋友素材

将小朋友图像“22.jpg”置入到合成的新背景中。单击“图层”面板底部的“添加图层蒙版”按钮，添加图层蒙版。此处需要将人物旁边多余的背景隐藏起来，将前景色设置为黑色，在背景处涂抹，隐藏图像。

步骤08 设置“曲线”调整颜色

观察添加到画面中的小朋友图像，感觉图像不如背景明亮。按住Ctrl键不放，单击“图层3”图层蒙版缩览图，载入对象选区。新建“曲线2”调整图层，单击并向上拖曳曲线，让图像变得更亮。

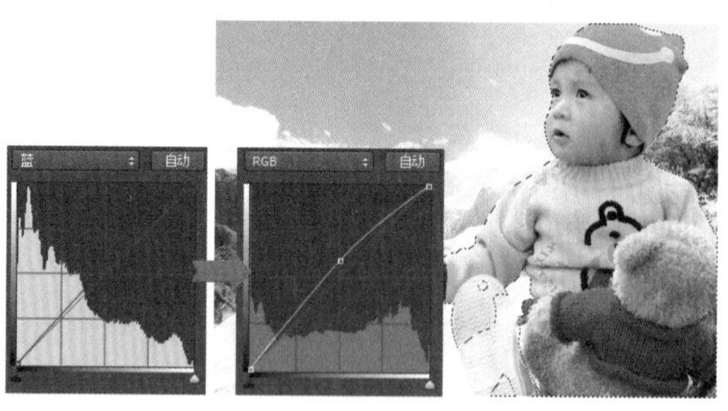

步骤09 设置“可选颜色”

调整图像亮度后，接下来进行肤色的修饰。再次载入小朋友选区，新建“选取颜色1”调整图层，打开“属性”面板。由于要对皮肤进行修饰，所以选择“红色”，然后拖曳下方滑块，调整油墨比，使小朋友的皮肤变得更加红润。

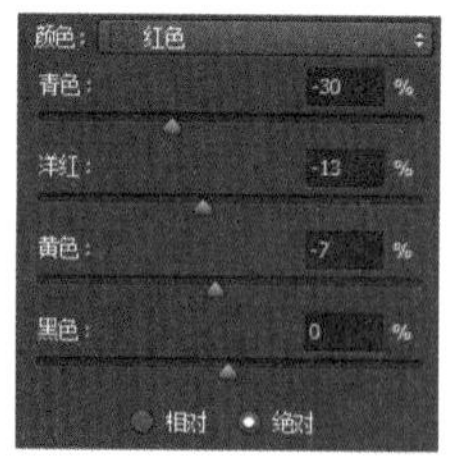

步骤10 添加鞋子图像

打开素材文件“23.jpg”，将其中的鞋子图像复制到新建文件中。使用同样的方法为图层添加图层蒙版，并运用“画笔工具”编辑蒙版。为了让合成图像中鞋子的边缘显得更完整，先用“硬边圆”画笔沿鞋子轮廓涂抹，然后使用“柔边圆”画笔对图像加以修饰，合成更自然的图像。

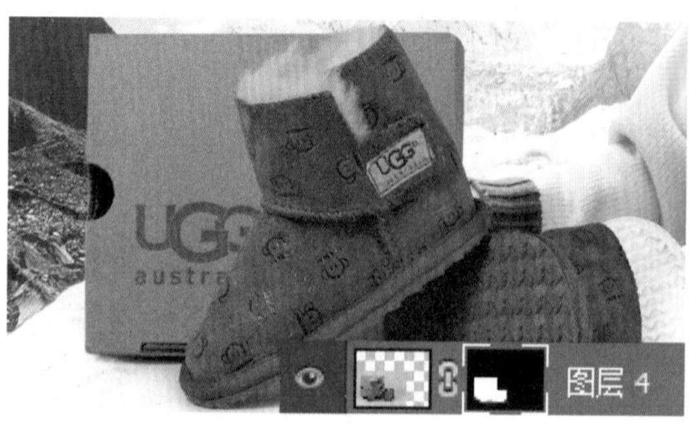

步骤11 设置“可选颜色”还原鞋子颜色

拍摄鞋子时会因为室内光线的影响，使照片中的鞋子颜色比实物颜色更深。为了将其颜色还原为实物色彩，新建“选取颜色2”调整图层，在“颜色”下拉列表框中选择“红色”选项，对画面中红色部分的油墨比进行调整，提升画面中的红色；再选择“黄色”，此图像中鞋子颜色太黄，不太美观，将“黄色”的颜色比例设置为-1%、+2%、-15%、-1%，降低黄色比例，使画面中的鞋子颜色更加柔和。

步骤12 设置“色阶”增强对比效果

新建“色阶1”调整图层，在“属性”面板中向右拖曳黑色滑块，向左拖曳白色滑块，加强暗部区域和亮部区域的对比效果，使鞋子变得更亮。

步骤13 绘制选区填充白色

为了突出中间部分的商品和小朋友图像，选择“矩形选框工具”，在选项栏中将“羽化”设置为较大的数值，以便调整图像时色彩过渡更柔和，沿图像边缘拖曳鼠标，创建选区。反选选区后，新建“颜色填充1”调整图层，将选区填充为白色。

步骤14 应用动作模拟暴风雪效果

按下快捷键Shift+Ctrl+Alt+E，盖印所有图层，创建“图层5”图层。为了突出鞋子非常保暖的卖点，为图像添加暴风雪效果。打开“动作”面板，单击“图像效果”动作组下的“暴风雪”选项，单击面板底部的“播放选定的动作”按钮▶，播放动作，完成暴风雪效果的添加。

步骤15 添加图层蒙版

为了让添加的暴风雪更自然，选中“图层5拷贝”图层，单击“图层”面板底部的“添加图层蒙版”按钮，添加图层蒙版。设置前景色为黑色，选择“画笔工具”，将画笔笔触的不透明度调整为较小的参数值，在背景和小朋友图像上涂抹，隐藏部分暴风雪效果。

步骤16 输入文字并设置投影

使用“横排文字工具”在鞋子图像旁边输入文字，根据画面效果对文字进行组合编排，并为文字“舒适百搭”添加投影，突出文字效果。最后添加简单的图形加以修饰，完成本案例的制作。

案例应用展示

翻卷广告大多被放置在页面的右上角，利用翻卷样式展示广告效果，具有较强的视觉冲击力。翻卷广告往往是多张广告图叠加起来的效果，默认显示最上面一张图片，在翻卷的过程中会在翻卷角的位置自动显示下一张广告图像的部分效果。将本章所设计的“镜像对称的翻卷广告”通过代码方式应用到网页中，可以看到如下图所示的广告效果。

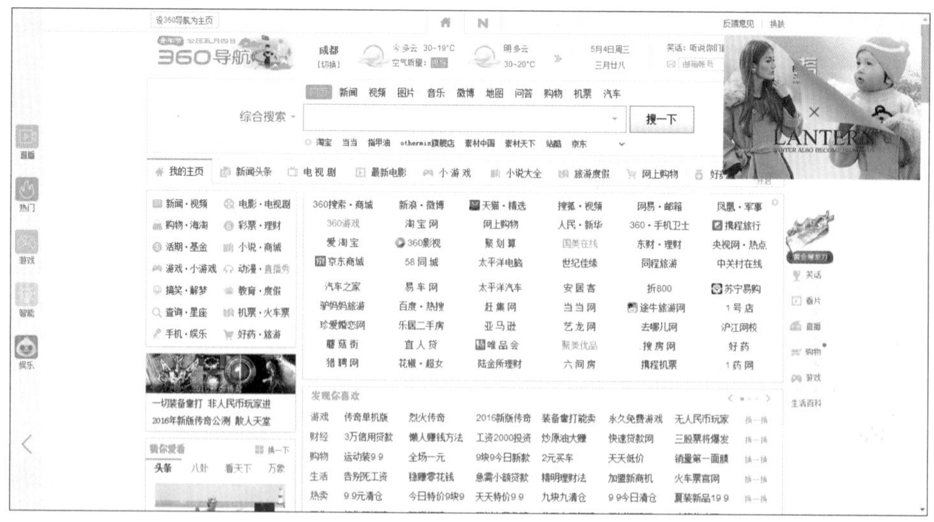

虽然大多数情况下翻卷广告都会被安排在页面的右上角位置，但是也有一些特殊情况。有时为了提高广告的关注度，以便快速抓住观者的眼球，可以采用大翻页的方式进行广告的展示，只要不超过全屏幕广告的规则即可。下图所示的两幅图像是将同一幅广告作品分别应用到页面右上角和页面中间时的效果。从图像效果来看，大翻页广告图像更易于观者快速阅读。

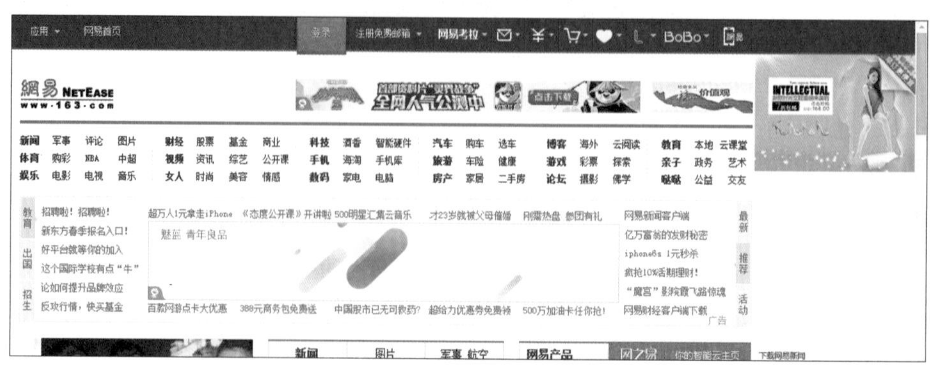

第 10 章

活动推广式广告设计

目前很多商家为了推广自己的商品，经常会与网站联合举办推广活动，从而吸引观者，提高页面的点击率和商品的购买率。活动推广式广告在设计时应围绕活动的主题进行表现，根据不同的活动内容，选择与之相搭配的色调，然后利用醒目的文字将活动主题显示出来，激发观者参与活动的积极性，同时还要使用简短的文字将活动的内容、参与方式、奖项设置等表达清楚，达到推广商品的作用。

本章案例

- 83 动感效果的赛事广告
- 84 “双11”活动推广广告
- 85 店铺竞赛活动广告
- 86 年货节促销广告
- 87 店铺周年庆活动推广广告

案例 83　动感效果的赛事广告

本案例是户外汽车拉力比赛活动广告。制作时用原野上快速行驶的汽车作为背景，彰显竞赛活动的主题，飞驰的汽车赋予了画面动感，搭配简单的广告文字，深化了主题。

素　材	随书资源\素材\10\01~03.jpg
源文件	随书资源\源文件\10\动感效果的赛事广告.psd

步骤01　复制图像增强对比

创建新文件，新建“组1”图层组。打开素材文件“01.jpg”，将其复制到新建文件中，在“组1”图层组下创建“图层1”图层。此时感觉图像对比不够强烈，复制图层，创建“图层1拷贝”图层，将图层混合模式设置为“正片叠底”，“不透明度”设置为20%，增强明暗对比。

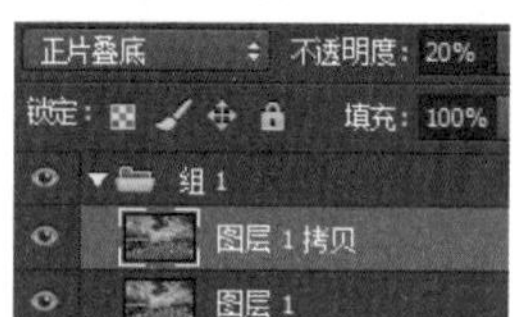

步骤02　调整图像的明暗和色彩

查看图像发现图像亮度不够，画面偏暗。新建“色阶1”调整图层，在打开的“属性”面板中设置选项，提高图像的亮度。为了让图像的颜色变得更鲜艳，再创建“自然饱和度1”调整图层，在“属性”面板中对“自然饱和度”及“饱和度”进行设置。

步骤03　复制图像添加图层蒙版

打开素材文件“02.jpg”，将其复制到新建文件中，得到“图层2”图层。单击“添加图层蒙版”按钮，添加图层蒙版。这里要将除汽车外的其他图像隐藏起来，所以将前景色设置为黑色，用画笔在除汽车图像外的原背景上涂抹，隐藏图像。

步骤04 选择汽车高光部分

由于拍摄时光线太强，导致白色的车身部分太亮。按住Ctrl键不放，单击“图层2”蒙版缩览图，载入整个汽车选区；再单击“图层2”图层缩览图，执行“选择>色彩范围”菜单命令，打开“色彩范围”对话框，由于只需要调整亮部区域，因此在“选择”下拉列表框中选择“高光”选项，单击“确定”按钮，创建选区。

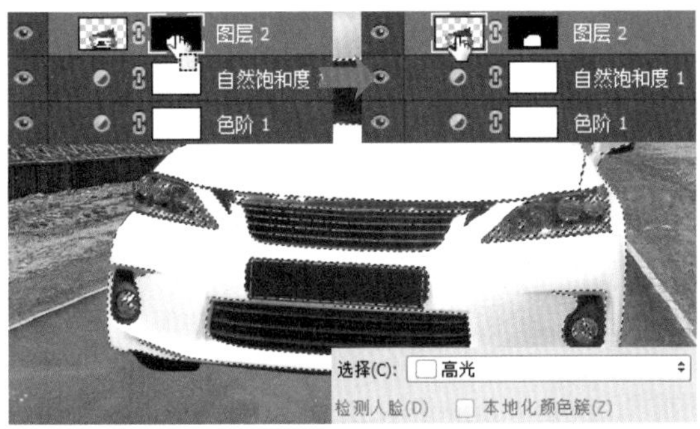

步骤05 设置“曝光度”

接下来为修复图像，需要降低曝光度。新建“曝光度1”调整图层，将“曝光度”滑块向左拖曳，然后将“位移”滑块向左拖曳，恢复图像的细节。

步骤06 调整“曲线”降低图像亮度

经过设置，曝光度降了下来，但是感觉汽车还是偏亮。按住Ctrl键不放，单击“图层2”蒙版缩览图，载入汽车选区。新建“曲线1”调整图层，在“属性”面板中单击并向下拖曳曲线，让图像变暗。此时整个汽车部分都将变暗，单击“曲线1”图层蒙版，用黑色画笔在左上方不需要调整的区域涂抹，还原图像亮度。

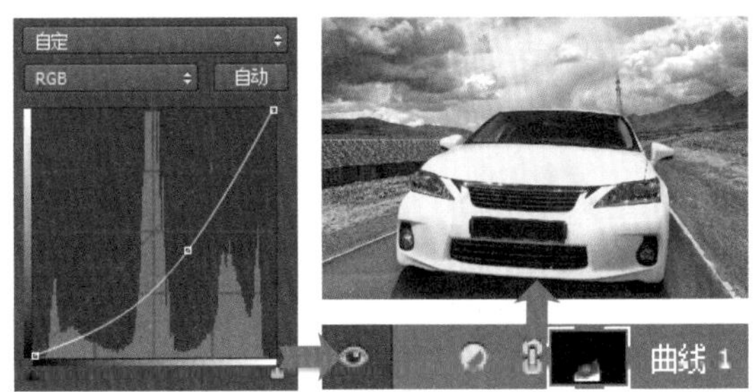

步骤07 绘制多边形图形

隐藏汽车图像，设置前景色为R50、G56、B66，选择“多边形套索工具”，在原汽车图像的下方连续单击，创建多边形选区。这里是车身投影的制作，单击“创建新图层”按钮，创建新图层，按下快捷键Alt+Delete，将选区填充为设置的前景色。

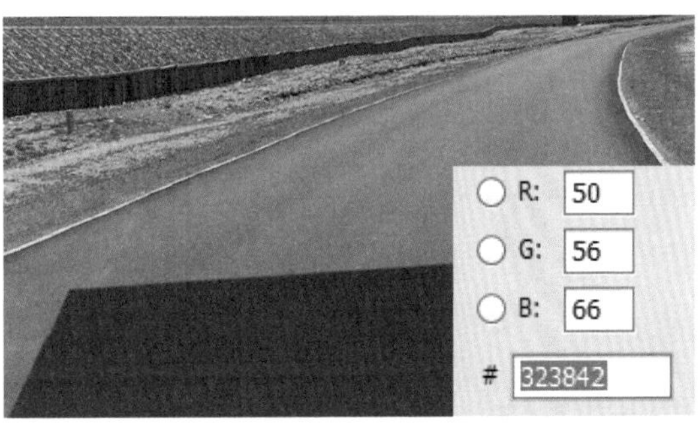

步骤08 应用“渐变工具”编辑图层蒙版

为了让设置的阴影更加自然，单击“添加图层蒙版”按钮，创建图层蒙版。选择“渐变工具”，从图像下方往上拖曳黑白渐变，将下方的部分阴影隐藏起来，制作出渐隐的图像效果。

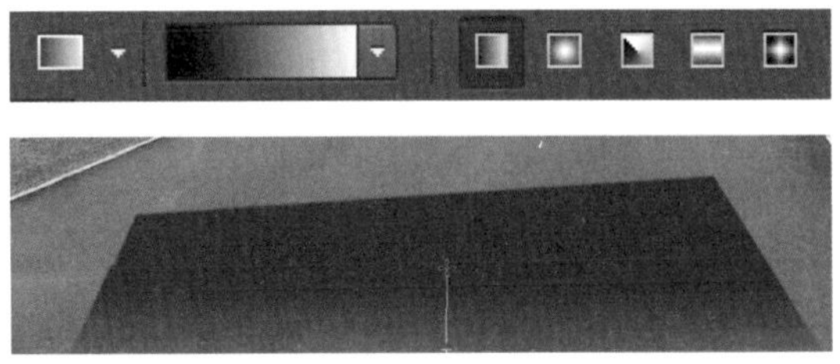

步骤09 复制图像添加图层蒙版

打开素材文件“03.jpg”，选择“移动工具”，将打开的图像通过拖曳的方式复制到天空中。单击“添加图层蒙版”按钮，添加图层蒙版。此时需要将新素材中蓝色的天空部分隐藏起来，因此将前景色设置为黑色，选择“画笔工具”，运用画笔在蓝色天空位置涂抹，涂抹后蒙版中被涂抹区域显示为黑色，同时在图像窗口中可看到该区域的图像被隐藏了。

步骤10 复制图像调整其大小、位置

确保“图层4”图层为选中状态，连续按下快捷键Ctrl+J，复制多个图层；然后分别选择各图层中的热气球图像，按下快捷键Ctrl+T，打开自由变换编辑框，利用编辑框调整图像的大小和位置，得到更多的热气球效果。

步骤11 设置“照片滤镜”变换颜色

经过前面的操作，完成了多张图像的合成处理。下面为了让合成的图像色调更统一，新建“照片滤镜1”调整图层，对天空部分进行颜色调整；再创建“照片滤镜2”调整图层，对天空下方的草地进行调整，将图像转换为淡黄色调。

步骤12 设置“可选颜色”增强暖色

单击“调整”面板中的“可选颜色”按钮，新建“选取颜色1”调整图层。为了让图像变得更黄，在“属性”面板中选择“黄色”，再拖曳下方的颜色滑块，调整其数值，转换图像色调效果。

步骤13 设置“色彩平衡”平衡整体色调

经过设置，虽然图像色调已经相对统一，但是显得不够好看。创建“色彩平衡1”调整图层，打开“属性”面板。这里需要将图像转换为暖色调效果，所以将“青色-红色”滑块向红色方向拖曳，将“黄色-蓝色”滑块向黄色方向拖曳，加强红色和黄色，再将“洋红-绿色”滑块向洋红方向拖曳，渲染更为强烈的暖色氛围。

步骤14 使用“渐变工具”创建光晕

为了让图像的视觉焦点更为集中，需要进行光晕效果的设置。新建“图层5”图层，将图层混合模式调整为“滤色”。选择“渐变工具”，从图像中心向外侧拖曳白色到黑色的渐变，填充渐变颜色。此时可以看到添加光晕后的图像效果，发现下方的汽车变得太亮了。添加图层蒙版，使用“渐变工具”编辑图层蒙版，隐藏左下方的光晕效果。

步骤15 设置“照片滤镜”

添加光晕后，暖色效果变弱了。创建“照片滤镜3”调整图层，打开“属性”面板，在面板中选择“加温滤镜（81）”，增强暖色效果。

步骤16 “径向模糊”赋予画面动感

按下快捷键Shift+Ctrl+Alt+E，盖印图层，执行“滤镜>模糊>径向模糊”菜单命令，模糊图像，然后添加上图层蒙版，运用画笔涂抹，还原清晰的汽车等。为了完善广告图像，结合图形绘制工具和“横排文字工具”在画面中添加文案信息。

案例 84 “双 11”活动推广广告

本案例是天猫“双 11”活动促销广告。设计中使用了较为鲜艳的色彩进行表现，并通过放射状的布局方式，将商品安排在画面的合适位置，这样的设计能够让观者体会到活动所营造出的喜庆氛围，进而提高页面点击率和浏览时间。

素　材	随书资源\素材\10\04.jpg、05.psd、06.jpg、07~08.psd
源文件	随书资源\源文件\10\“双11”活动推广广告.psd

步骤01 创建新文件填充颜色

创建新文件，新建图层组。设置前景色为R218、G55、B144，创建“图层1”图层，按下快捷键Alt+Delete，运用设置的前景色填充图层。

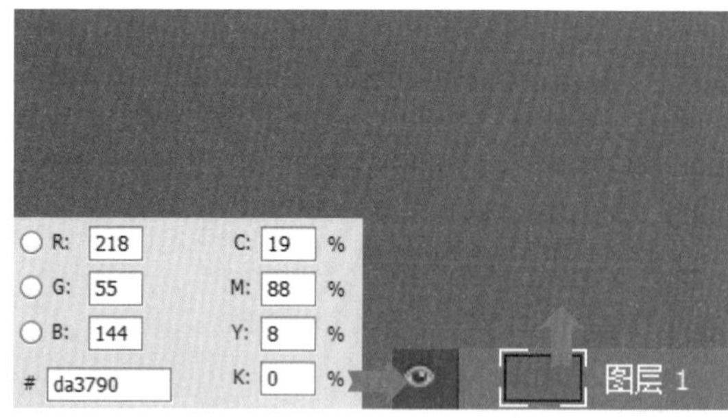

步骤02 使用“矩形工具”绘制渐变图形

单击“矩形工具”按钮，在填充的背景上方单击并拖曳鼠标，绘制一个矩形图形。这里需要为图形填充渐变色，所以单击选项栏中“填充”选项右侧的下三角按钮，展开“填充”面板，在面板中先单击“渐变”按钮，然后分别单击下方渐变条上的色标，设置渐变颜色为R7、G0、B18和R144、G18、B82，将填充类型设置为“径向”，单击“反向渐变颜色”按钮，设置“缩放”为169，缩放填充色彩。

步骤03 复制图像更改图层混合模式

打开素材文件“04.jpg”，选择“移动工具”，将其中的夜景图像拖曳并复制到绘制好的渐变矩形上方，得到“图层2”图层。为了让复制的图像与下方渐变图形的颜色相融合，将其混合模式设置为“明度”，使当前图层的明亮度应用到下层图形的颜色中，再适当降低图层不透明度。单击“添加图层蒙版”按钮，添加图层蒙版，使用“渐变工具”编辑蒙版，隐藏图形四周的图像。

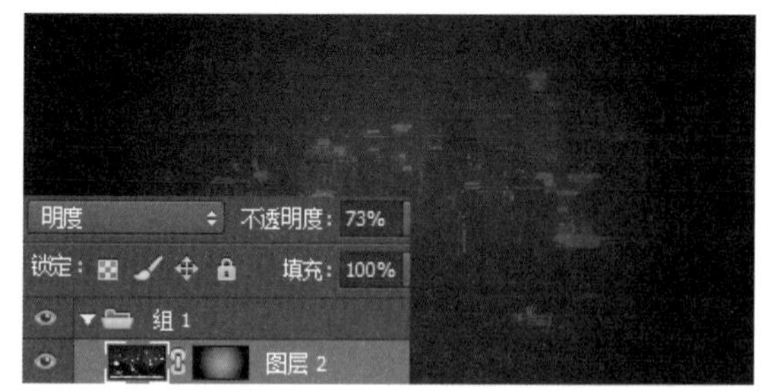

步骤04 使用“钢笔工具”绘制图形

单击“钢笔工具”按钮，在制作好的背景图上方继续绘制不规则图形。绘制后在选项栏中打开“填充”面板，将填充颜色更改为R205、G23、B130和R237、G162、B192，并根据画面整体效果，将填充类型改为“线性”，调整角度和缩放效果。

步骤05 复制图像更改图层混合模式

打开素材文件“05.psd”，将其复制到上一步所绘制的图形上方。因为这里只需要显示图形上方添加的菱形图案，所以执行“图层>创建剪贴蒙版”菜单命令，创建剪贴蒙版。为了让添加的菱形图案与下方图形混合，选中“图层3”图层，将图层混合模式设置为“正片叠底”，使当前图层中的像素与下层的图形混合，得到更暗的图像效果。

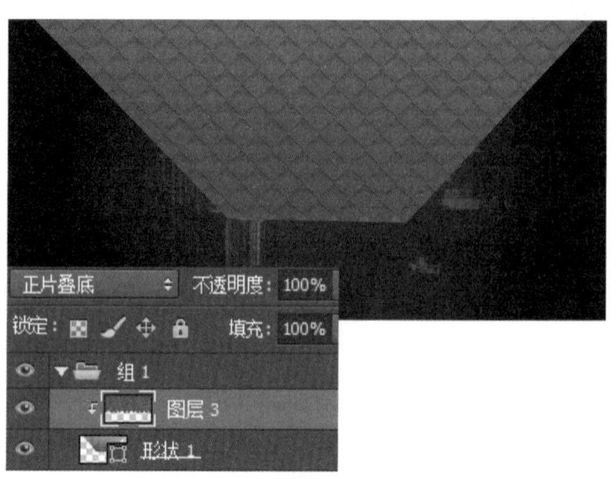

步骤06 使用“渐变工具”编辑图层蒙版

确保“图层3”图层为选中状态，单击“添加图层蒙版”按钮，添加图层蒙版。此处需要设置渐隐的图像效果，因此先在选项栏中选择“黑，白渐变”，并将“不透明度”设置为60%，然后从图像顶部向中间位置拖曳渐变，隐藏部分菱形图案，创建更自然的渐变效果。

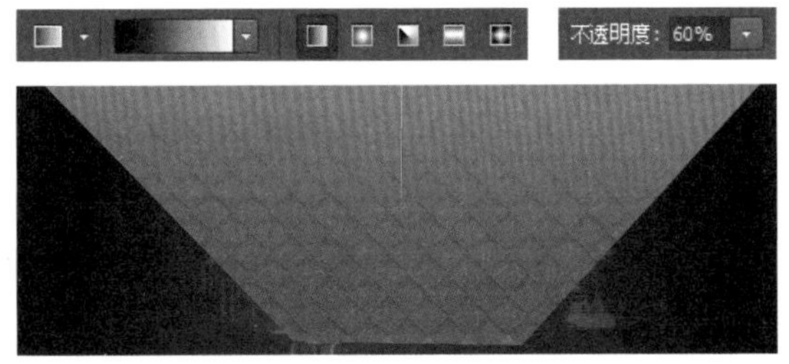

步骤07 创建新图层填充颜色

单击“创建新图层”按钮，新建“图层4”图层，按住Ctrl键不放，单击“形状1”图层缩览图，载入选区。设置前景色为R234、G160、B190，按下快捷键Alt+Delete，运用设置的前景色填充选区。再单击“渐变工具”按钮，选择“黑，白渐变”，使用同样的方法，从图像上方向下拖曳线性渐变，得到渐隐的颜色填充效果。

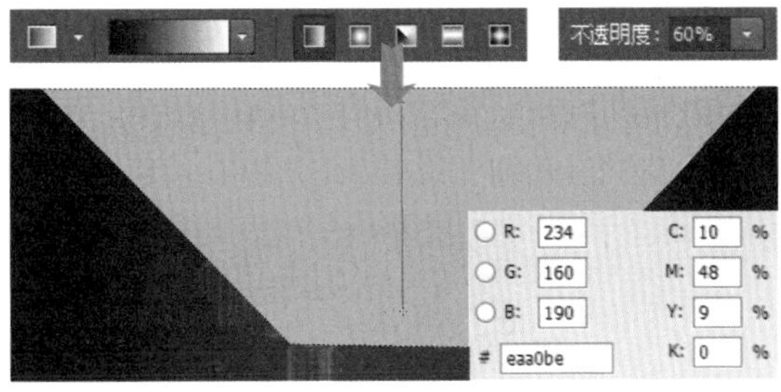

步骤08 更改图层混合模式

观察填充的图像，图像与下方颜色没有衔接起来。为了让图像实现更自然的混合，在“图层”面板中选中“图层4”图层，将图层混合模式设置为“柔光”，用当前图层中的颜色使图像变亮。

步骤09 使用“钢笔工具”绘制图形

单击“钢笔工具”按钮，在图像下方绘制图形。由于Photoshop会自动记忆上一步所设置的渐变颜色，所以绘制的矩形颜色与步骤4中绘制的矩形颜色相同，而此处需要创建不同颜色的图形，因此使用“直接选择工具”选中绘制的图形，在选项栏中单击“填充”右侧的下三角按钮，在展开的“填充”面板中重新设置填充颜色。

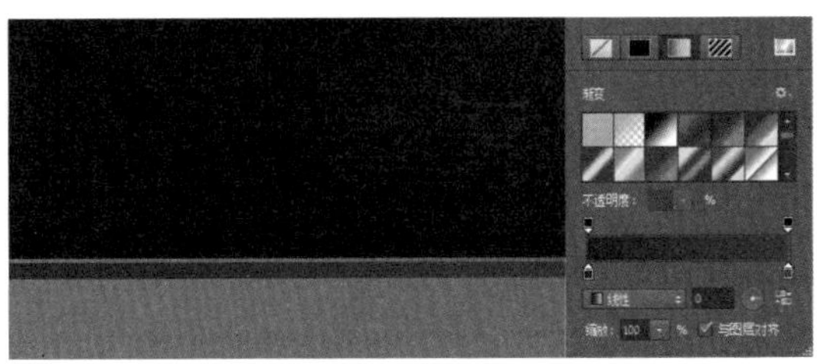

步骤10 继续绘制更多图形

继续使用相同的方法，使用“钢笔工具”绘制更多的图形。绘制后选中最上方的紫色矩形，按下快捷键Ctrl+J，复制图形，创建“形状7拷贝”图层。这里需要更改图形颜色，双击“图层”面板中的图层缩览图，打开“拾色器（纯色）”对话框，在对话框中将颜色更改为R211、G9、B143，然后添加图层蒙版，运用画笔编辑蒙版，控制显示范围，创建渐变的图形。

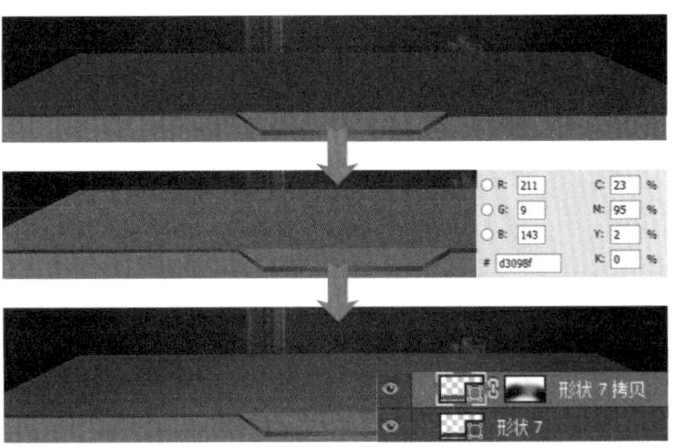

步骤11 设置选项绘制图形

选择“钢笔工具”，单击选项栏中“填充”选项右侧的下三角按钮，在展开的面板中分别设置填充颜色为R15、G1、B27和R102、G9、B100。新建“台面”图层组，使用“钢笔工具”在上一步制作的图形上方绘制出不同颜色的图形。

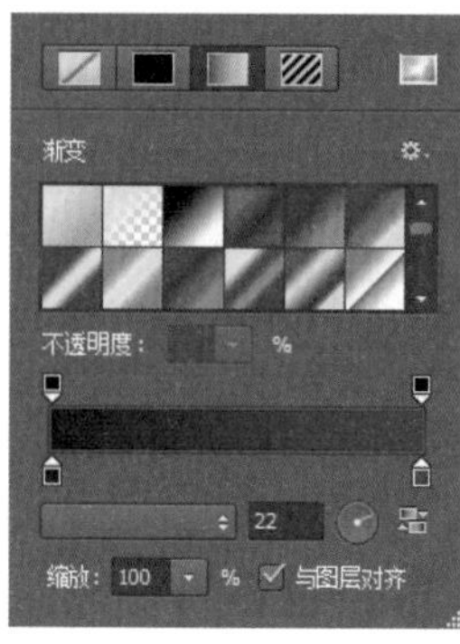

步骤12 更改填充颜色绘制图形

单击选项栏中“填充”选项右侧的下三角按钮，在展开的面板中分别设置填充颜色为R66、G5、B72和R62、G12、B71，继续使用“钢笔工具”进行台面的绘制。

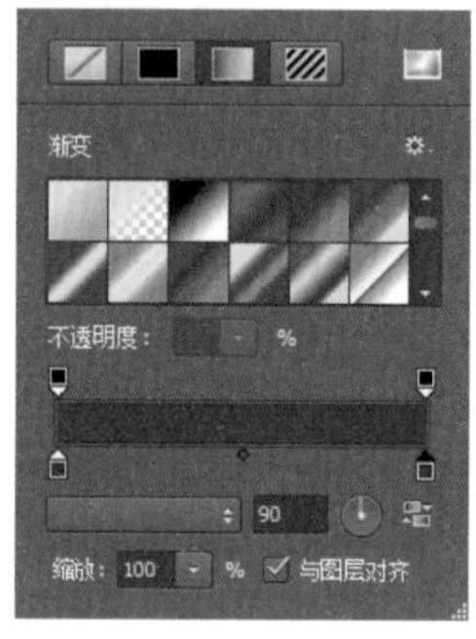

步骤13 使用“渐变工具”编辑渐变图形

设置前景色为R190、G26、B162，单击工具箱中的“矩形工具”按钮，在步骤11和步骤12所绘制的两个图形的中间绘制一个稍小的矩形。为了让绘制的矩形与下方两个图形拼合起来，单击“添加图层蒙版”按钮，添加图层蒙版，选择“渐变工具”，从矩形左侧向右侧拖曳黑白渐变，创建渐隐的图形效果。

步骤14 设置“外发光”样式

经过前面3步的操作，完成了台面的绘制，接下来要制作发散的灯光。选择“椭圆工具”，在图形上方绘制一个白色的椭圆图形。为了让制作的光源更自然，双击图层缩览图，打开“图层样式”对话框。在对话框中单击“外发光”样式，由于椭圆颜色为白色，所以将发光颜色也设置为白色，根据图像整体效果，调整其他选项，单击“确定”按钮，应用外发光效果。

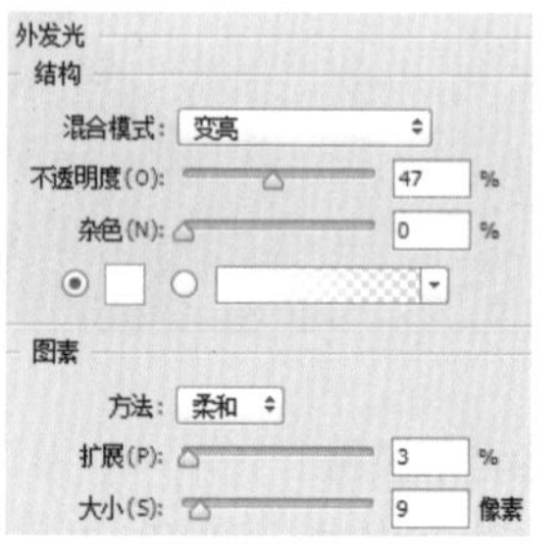

步骤15 复制椭圆图形

按下快捷键Ctrl+J，复制图层，创建“椭圆1拷贝”图层。单击“移动工具”按钮，将复制的椭圆图形移至原图形右侧，得到并排的图形效果。

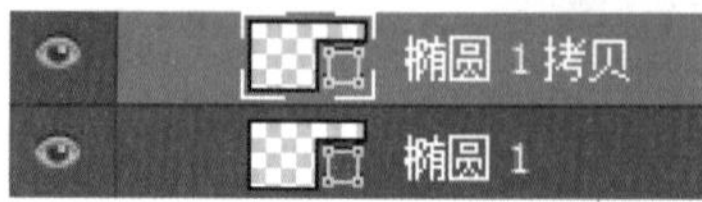

步骤16 使用“椭圆选框工具”创建选区

下面需要制作发散的光线。创建新图层，选择“椭圆选框工具”，在白色椭圆上方单击并拖曳鼠标，绘制椭圆形选区。设置前景色为白色，单击“渐变工具”按钮，在选项栏中选择“前景色到透明渐变”，将鼠标指针移至选区内，从下往上拖曳渐变，为选区填充渐变颜色。观察填充的渐变图案，发现边缘不够柔和，光线效果不是很理想。执行“滤镜>模糊>高斯模糊”菜单命令，打开“高斯模糊”对话框，在对话框中设置“半径”为4.0像素，单击“确定”按钮，模糊图像。

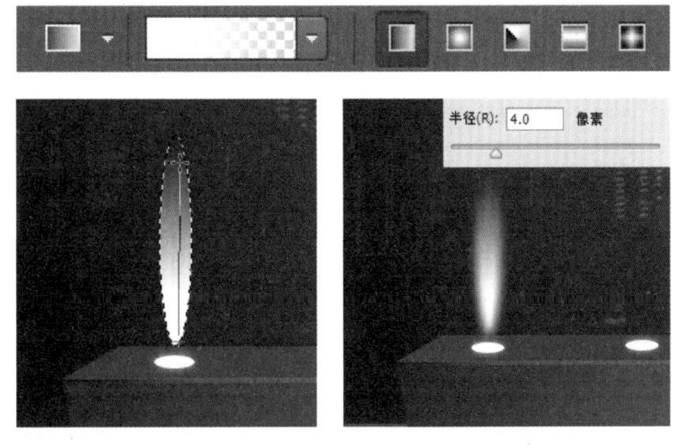

步骤17 复制并创建更多图形

经过前面的操作，完成了左侧台面的绘制。按下快捷键Ctrl+J，复制“台面”图层组，将其移至另一侧，并翻转图层组中的图像，创建对称的台面效果。再使用同样的方法，在画面中进行更多图形的绘制。

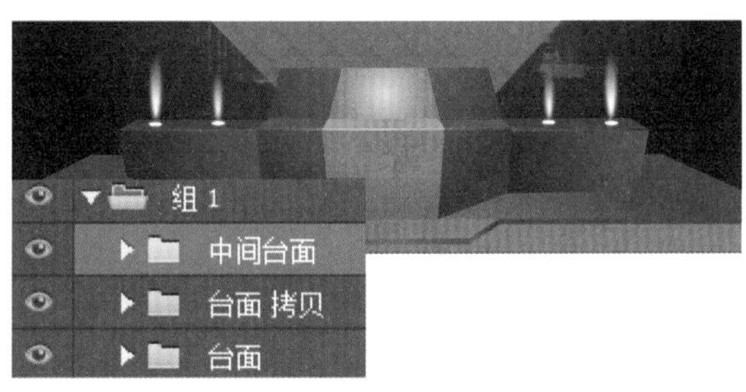

步骤18 利用图层蒙版抠取相机图像

制作好背景后，接下来在图像中添加商品。将数码相机图像“06.jpg”置入到画面上方。由于只需要使用相机部分，因此单击“添加图层蒙版”按钮，添加图层蒙版，选择“画笔工具”，将前景色设置为黑色，在相机图像旁边的白色背景处涂抹，隐藏背景图像。

步骤19 设置“内阴影”样式加深图像

受拍摄环境影响，相机边缘看起来太亮了。双击“图层7”图层，打开“图层样式”对话框。要让图像边缘变暗，而中间部分保持不变，可单击“内阴影”样式，为图像添加内阴影效果。根据相机边缘的亮度情况，将“不透明度”降为61%，然后设置“角度”为90°，“距离”为3像素，“大小”为7像素，设置后单击“确定”按钮。此时图像边缘虽然变暗了，但效果不是很理想，为了让图像与背景颜色更协调，将“图层7”图层混合模式设置为“正片叠底”，“不透明度”设置为64%，混合图像，使其变得更暗。

步骤20 复制多个相机图像

连续按下快捷键Ctrl+J，复制多个相机图像，然后分别选中各图层中的数码相机图像，调整它们的大小和不透明度，创建错落的商品摆放效果。

步骤21 添加文字并设置“描边”样式

打开素材文件“07.psd”，将其中的文字复制到数码相机上方。为了让文字呈现立体感，双击图层缩览图，打开“图层样式”对话框。单击“投影”样式，为文字添加投影，默认投影颜色为黑色，这里需要更改颜色。单击右侧的颜色块，将投影颜色设置为黄色，然后返回“图层样式”对话框，继续设置投影选项，最后确认设置，完成投影的制作。

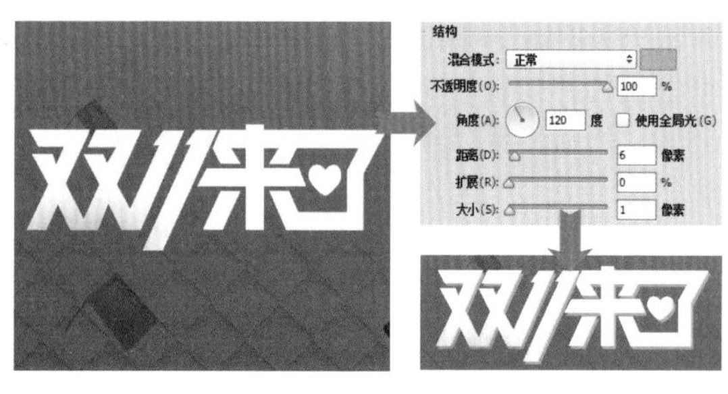

步骤22 添加更多文字

选择“横排文字工具”，在画面中输入文字“加入抢购”，输入后同样为文字添加投影。双击图层缩览图，打开“图层样式”对话框，在对话框中适当调整投影选项，单击“确定”按钮，为输入的文字添加投影。继续使用同样的方法，在画面中输入更多文字并设置相应的样式。打开素材文件“08.psd”，将其中的天猫标志复制到相应的位置，完成本案例的制作。

案例 85 店铺竞赛活动广告

本案例是为某母婴用品店设计的竞赛活动广告。画面中使用小宝宝的照片作为整个作品的视觉中心，同时在设计中应用大小不一的文字，对活动的参与方式、奖项设置等进行表现，突出主次关系，醒目的标题文字让呆板的画面变得生动。

素　材	随书资源\素材\10\09.psd、10.jpg、11.psd
源文件	随书资源\源文件\10\店铺竞赛活动广告.psd

步骤01 创建新图层填充颜色

创建新文件，设置前景色为R248、G215、B99，单击“图层”面板中的“创建新图层”按钮，新建“图层1”图层，按下快捷键Alt+Delete，运用设置的前景色填充图层。

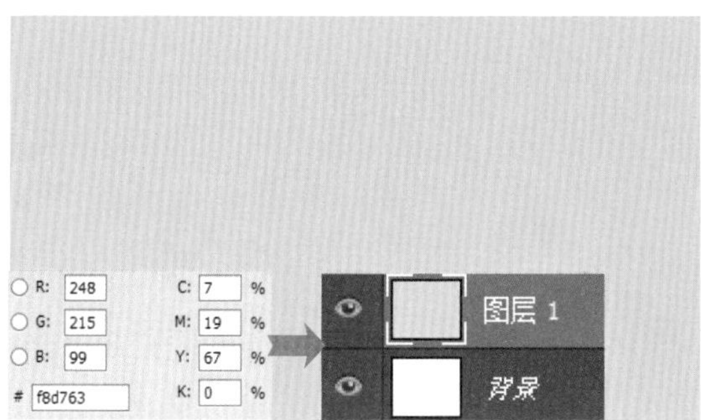

步骤02 使用“钢笔工具”绘制图形

单击“钢笔工具”按钮，使用“钢笔工具”在图像上方绘制不规则图形，对图像进行布局分区。将红包图像“09.psd”置入到绘制的图形上方，然后将其复制到画面的另一侧，调整其大小和位置。

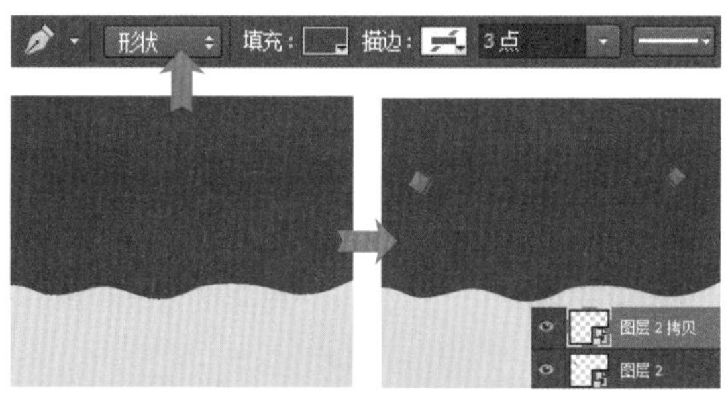

步骤03 创建复合形状

单击“钢笔工具”按钮，在选项栏中更改填充颜色。这里需要绘制组合的图形效果，因此单击选项栏中的“路径操作”按钮，在展开的列表中单击“合并形状”选项，然后在画面中绘制出更多的复合图形。

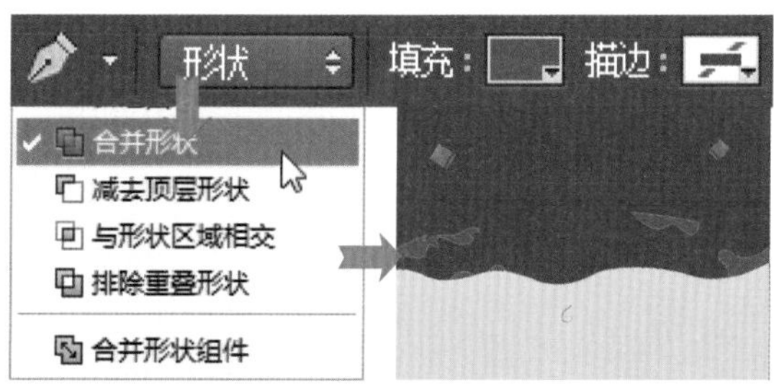

步骤04 调整“不透明度”

绘制完成后，感觉图像亮度太高。选中图形所在的“形状2”图层，将图形的“不透明度”降为50%。

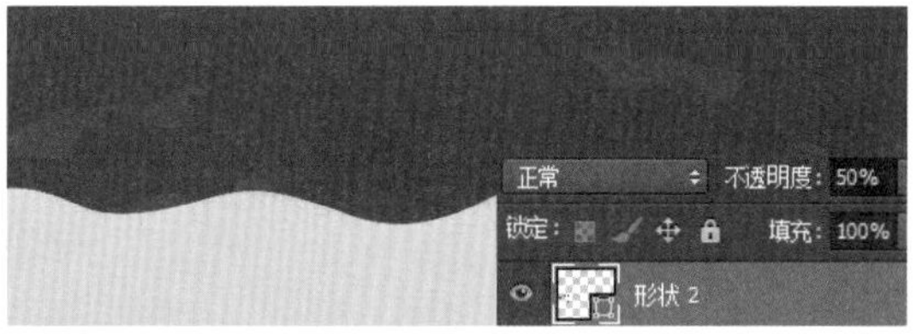

步骤05 绘制白色图形

使用与步骤3相同的方法，运用“钢笔工具”在画面顶部绘制复合的白色图形。

技巧提示：创建复合形状

当需要应用“钢笔工具”绘制复合图形时，可以单击选项栏中的“路径操作”按钮，在展开的列表中选择不同的图形组合方式，然后在图像中继续绘制，创建出更复杂的图形效果。

步骤06 创建并编辑图层蒙版

为了让绘制的图形与下方图形融合在一起，选中“形状3”图层，将图层的“不透明度”设置为10%，降低不透明度；然后单击“添加图层蒙版”按钮，为此图层添加图层蒙版。选择“画笔工具”，将前景色设置为黑色，选择“柔边圆”画笔，将画笔的“不透明度”设置为较小的参数值后，运用画笔在需要隐藏的边缘部分涂抹，被涂抹的图形将会呈现渐隐的过渡效果。

步骤07 绘制更多的图形

创建多个图层组，运用“钢笔工具”分别在图层组中绘制不同形状的图形，得到更丰富的图案效果。将小宝宝图像“10.jpg”置入到绘制好的背景中，并移至“云朵”图层组下方。

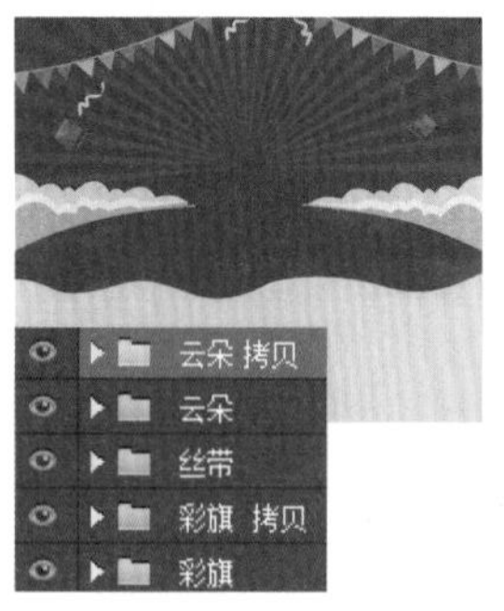

步骤08 绘制路径隐藏图像

下面要将原素材图像旁边的多余背景隐藏起来。为了让选择的图像边缘更为干净、完整，可以使用“钢笔工具”来处理。单击“钢笔工具”按钮，在选项栏中把绘制模式更改为“路径”，然后沿小宝宝图像边缘绘制路径，按下快捷键Ctrl+Enter，将绘制的路径转换为选区。此处要把选区外的背景去掉，可单击“添加图层蒙版”按钮，添加蒙版，隐藏图像。

步骤09 复制图像设置广告文案

为了调动观者的积极性，还要传达出活动奖品信息。打开素材文件“11.psd”，将礼盒图像复制到新建文件中。这里不能遮挡住人物图像，因此需要把礼盒所在的“图层4”图层移到人物下方，再按下快捷键Ctrl+J，复制礼盒图像，调整其大小和位置。最后运用“横排文字工具”在画面中输入活动信息。

步骤10 创建剪贴蒙版拼合图像

通过置入图像创建剪贴蒙版的方式（置入小宝宝图像，执行“图层>创建剪贴蒙版”菜单命令），在下方的3个圆形中置入相同的小宝宝图像，完成本案例的制作。

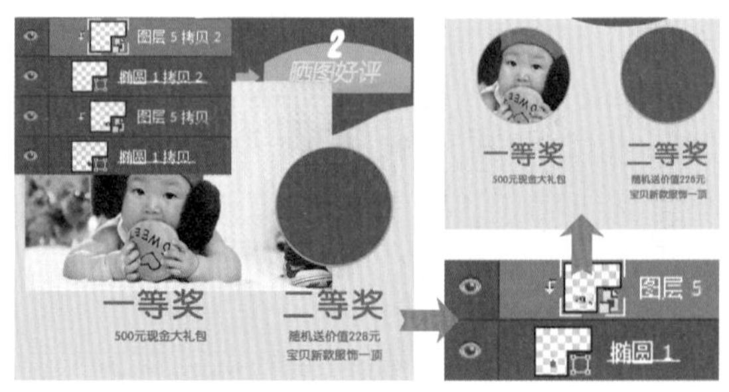

案例86 年货节促销广告

本案例是为淘宝年货节设计的促销广告。为了将春节热闹的节日气氛突显出来，在背景的处理上，使用鲜艳的红色进行填充，并搭配蓝色、红色等不同颜色的几何图形，以突出活动的主题。此外，在文字的设计上采用居中对齐的方式，使观者的视线更为集中。

素　材	随书资源\素材\10\12.jpg
源文件	随书资源\源文件\10\年货节促销广告.psd

步骤01 设置颜色填充背景

创建新文件，为了迎合年货节的喜庆氛围，将前景色设为R222、G20、B60，新建“背景”图层组，在图层组中创建新图层，按下快捷键Alt+Delete，将背景填充为红色。

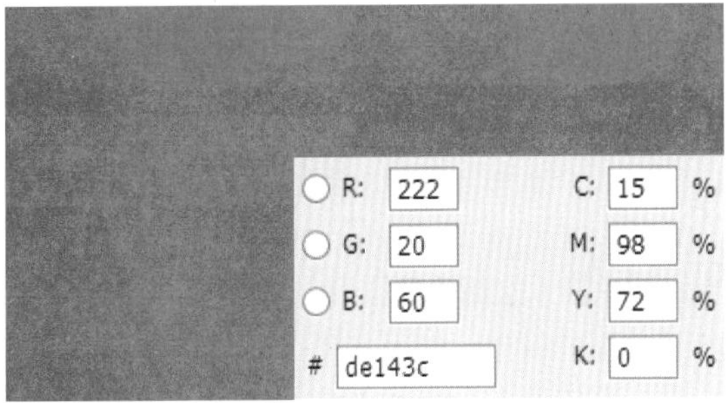

步骤02 使用“钢笔工具”绘制三角形

确定背景颜色后，为了让背景变得更丰富，还要绘制更多的图形加以修饰。单击“钢笔工具”按钮，确保选项栏中的绘制模式为“形状”，设置填充颜色为R255、G34、B78，将鼠标指针移至背景左上角位置，连续单击鼠标，绘制颜色稍浅的红色三角形。

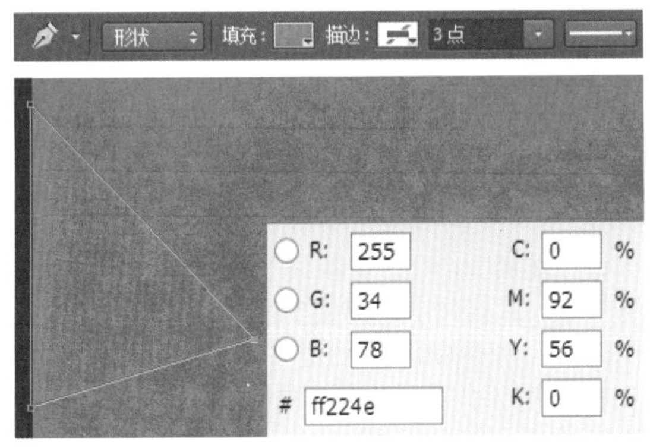

步骤03 使用“钢笔工具”绘制图形

继续使用同样的方法，在背景中绘制出更多不同颜色、形状的图形。

步骤04 为图形添加内/外发光效果

选中左侧黄色图形所在的图层，执行“图层>图层样式>外发光”菜单命令，打开“图层样式”对话框。这里要为图形添加淡淡的发光效果，因此在对话框右侧将“图素”的“大小”设置为5像素。单击样式列表中的“内发光”样式，在右侧将显示“内发光”样式选项，同样要在图形内部添加较淡的发光效果，因此将“大小”滑块向右拖曳至5像素位置。此时通过预览可查看添加的样式效果，确认无误后单击“确定”按钮。

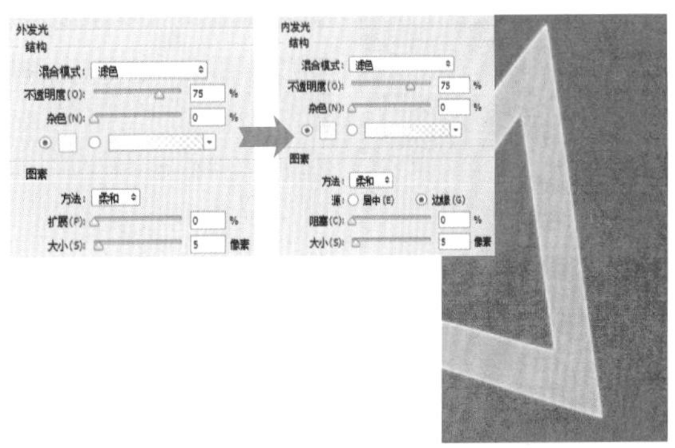

步骤05 设置“投影”样式

使用同样的方法，为右侧的黄色图形添加发光效果。选中青色图形所在的图层，执行“图层>图层样式>投影”菜单命令，打开“图层样式”对话框，在其中进行投影样式的设置。为了让设置的投影更加自然，将“不透明度”设置为30%，然后设置“角度”为90°，得到垂直的投影，再适当调整投影的距离和大小，单击“确定”按钮，应用样式。

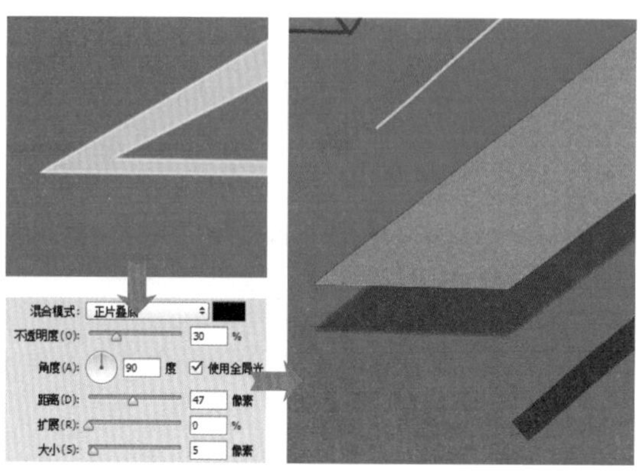

步骤06 设置画笔属性绘制白色光点

单击工具箱中的“画笔工具”按钮，执行“窗口>画笔”菜单命令，打开“画笔”面板。在下面的操作中将会进行光点的绘制，为了让绘制的光点呈现自然的大小、距离变化，在“画笔”面板中单击“柔边圆30”，然后在下方将“间距”设置为最大值1000%。单击“形状动态”选项，在右侧将“大小抖动”设置为99%，让画笔最大限度地进行抖动。单击“散布”选项，在右侧将“散布”设置为1000%。设置好画笔后，新建“图层2”图层，在图像上单击，绘制光点效果。

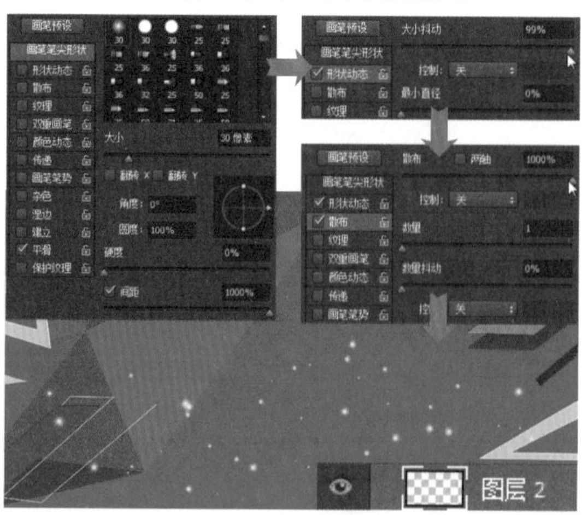

步骤07 置入图像添加图层蒙版

将人物图像“12.jpg”置入到新建文件中，生成“图层3”图层。现在要将人物图像拼合到背景中，单击“添加图层蒙版”按钮，添加图层蒙版。根据蒙版的功能，选择“画笔工具”，将前景色设置为黑色，先将画笔大小设置为较小的参数值，在人物图像边缘单击并涂抹，勾画出外形轮廓，再将画笔大小设置得大一些，继续涂抹原素材中的背景部分，将其隐藏。

步骤08 绘制橙色圆形

经过前面的操作，完成了背景的制作，接下来是广告文字的编辑。新建“文字”图层组，为了让输入的文字更加醒目，将前景色设置为R250、G153、B36，使用“椭圆工具”在需要放置文字的位置绘制一个圆形。

步骤09 复制图形更改颜色

按下快捷键Ctrl+J，复制圆形。这里要制作同心圆效果，因此按下快捷键Ctrl+T，显示自由变换编辑框，按住Shift+Alt键不放，单击并向内拖曳鼠标，缩小图形，再将其颜色更改为R140、G0、B28。

步骤10　复制图形更改颜色

为了让图形更有层次感，再为其设计高光部分。按下快捷键Ctrl+J，复制图形，创建“椭圆1拷贝2”图层，将图层中的图形颜色更改为R222、G20、B60。这里只需要显示上层图形中的部分颜色，所以单击“添加图层蒙版”按钮，添加图层蒙版，用黑色画笔在不需要显示的图形上涂抹，隐藏部分颜色较浅的图形区域。

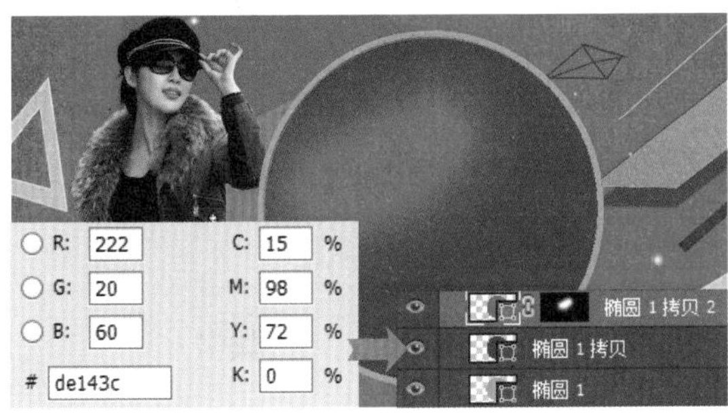

步骤11　复制图形设置描边效果

使用同样的方法复制圆形，并对图形进行缩放。下面需要为缩放的图形添加描边效果，运用“直接选择工具”单击圆形，然后单击“填充”右侧的下三角按钮，在展开的面板中单击“无颜色”选项，去掉填充颜色；再单击“描边”右侧的下三角按钮，在展开的面板中设置描边颜色，其默认描边宽度为3，类型为虚线，这里可以根据图像需要调整描边粗细和类型。

步骤12　使用“横排文字工具”输入文字

使用“横排文字工具”在绘制好的圆形中间位置输入标题文字“年”，输入后打开“字符”面板。为了使文字符合节日主题，将字体设置为“叶根友钢笔行书”，再调整文字颜色，并将其设置为粗体。

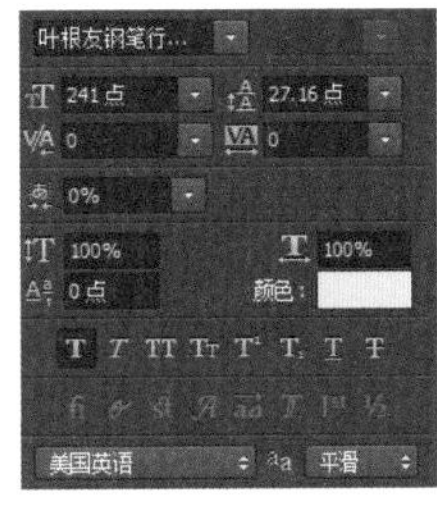

步骤13　输入并盖印标题文字

继续使用“横排文字工具”在文字“年”后面依次输入文字“货”“盛”“宴”，输入后适当调整文字的大小和位置，得到错落排列的文字效果。输入完成后，选中所有的文字图层，按下快捷键Ctrl+Alt+E，盖印选中图层，得到“宴（合并）”图层。

步骤14　设置“图层样式”丰富效果

为了突出主题文字，可以为文字添加发光效果。双击“宴（合并）”图层，打开“图层样式”对话框，在对话框中单击“外发光”样式，设置外发光选项，为文字设置外发光效果；再单击“渐变叠加”样式，在对话框右侧设置样式选项，为文字叠加渐变颜色。

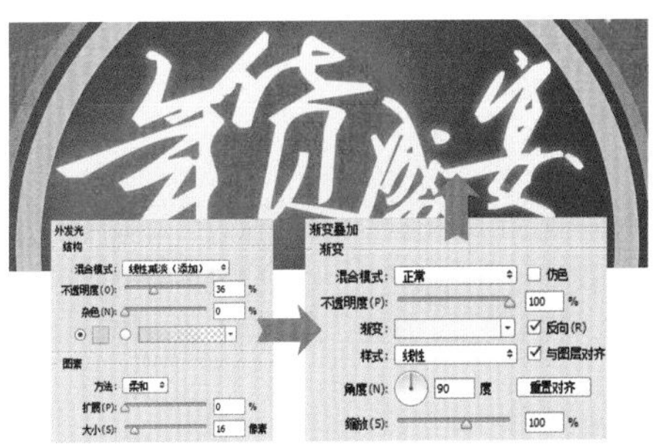

步骤15 绘制闪光的图案

载入“星光”笔刷，在“画笔预设”选取器中选择一种星光画笔，在文字上单击，添加星光效果，然后使用相同的方法为星光添加发光效果。继续使用“横排文字工具”在画面中输入更多的文字，并绘制相应的图形加以修饰，完成本案例的制作。

案例 87 店铺周年庆活动推广广告

本案例是为某童装店设计的周年庆活动推广广告。设计时将穿着该品牌服饰的人物照片与花朵背景自然地融合在一起，通过整齐有序的排版方式，有效地将视觉集中到画面中心的文字区域，从而通过文字将活动信息传递给观者，以达到更好的宣传效果。

素　材	随书资源\素材\10\13~15.jpg
源文件	随书资源\源文件\10\店铺周年庆活动推广广告.psd

步骤01 创建新文件复制图像

创建新文件，打开素材文件“13.jpg”，单击工具箱中的“移动工具”按钮，将其中的花朵图像拖曳到新建文件中，得到“图层1”图层。

步骤02 填充颜色更改背景色调

设置前景色为R252、G223、B226，单击“图层”面板中的“创建新图层”按钮，新建“图层2”图层，按下快捷键Alt+Delete，用设置的前景色填充图层。此处需要用填充的颜色更改花朵背景的颜色，但不改变图像的亮度及饱和度，所以将图层混合模式设置为“色相”。

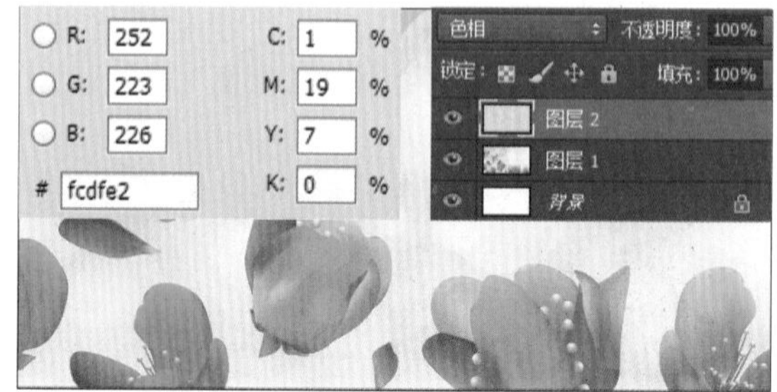

步骤03 设置“色阶”提亮中间调

观察更改色相后的图像，发现左侧偏暗。新建“色阶1”调整图层，打开“属性”面板，在面板中选择“中间调较亮”选项，提亮中间调，使图像变得明亮。由于这里只需要对左侧图像应用“色阶”调整，因此单击“色阶1”图层蒙版，用“渐变工具”编辑蒙版，还原右侧图像的亮度。

步骤04 复制图像填充颜色

复制“图层2”图层，创建“图层2拷贝”图层，并将图层移至最上层。观察图像，发现画面右侧部分图像太亮，出现反白的情况。单击“图层2拷贝”图层，添加图层蒙版，将混合模式更改为“正常”，再使用“渐变工具”编辑蒙版，为右侧图像填充颜色。

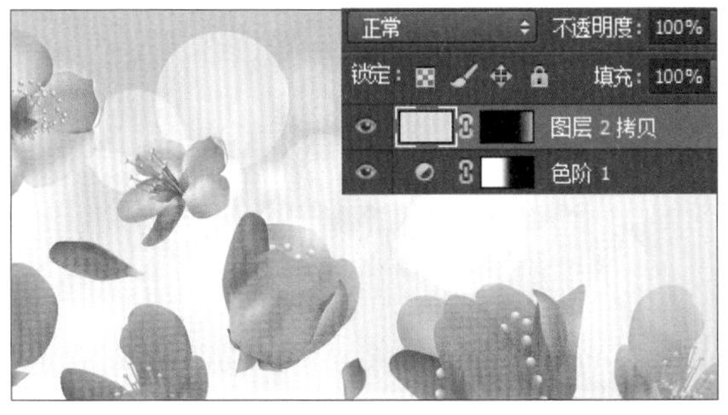

步骤05 置入图像添加图层蒙版

将人物图像“14.jpg”置入到新建文件中，创建“图层3”图层。现在要让添加的图像融入到新设置的背景中，单击“添加图层蒙版”按钮，添加图层蒙版，选择“画笔工具”，设置前景色为黑色，再用“柔边圆”画笔涂抹人像素材的背景部分，隐藏图像。

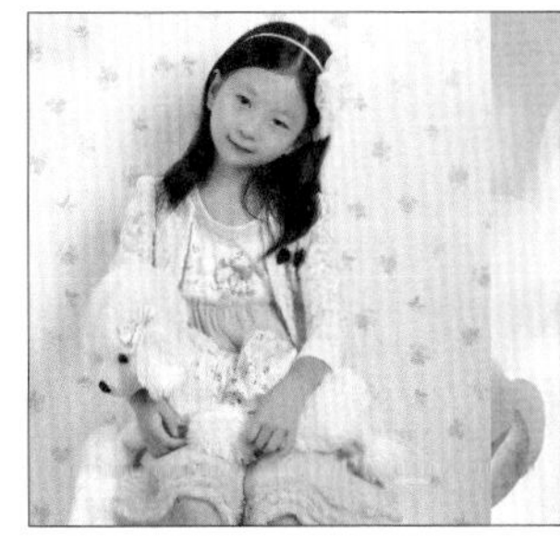

步骤06 应用同样的方法添加更多人物图像

将人物图像“15.jpg”置入到新建文件中，使用与步骤5相同的方法，添加图层蒙版，将多余的背景隐藏，合成广告图像。

步骤07 使用“钢笔工具”绘制多边形

分别将前景色设置为R236、G90、B111和R217、G47、B84，设置后进行不规则图形的创建。单击“钢笔工具”按钮，确保选项栏中的绘制模式为“形状”，在画面中间位置绘制两个不同颜色的图形。

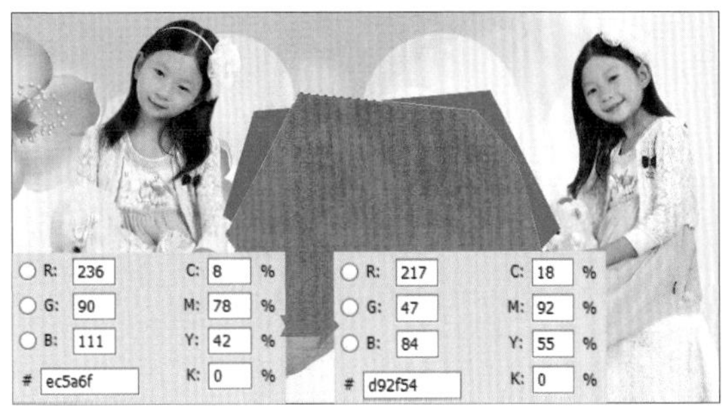

步骤08 复制图形更改颜色

复制“形状2”图层，创建“形状2拷贝”图层，双击图层缩览图，将形状填充颜色更改为R251、G138、B153。为了使图形表现出不同的色彩变化效果，为“形状2拷贝”图层添加图层蒙版，单击蒙版缩览图，设置前景色为黑色，用画笔涂抹图形边缘，隐藏上层形状。

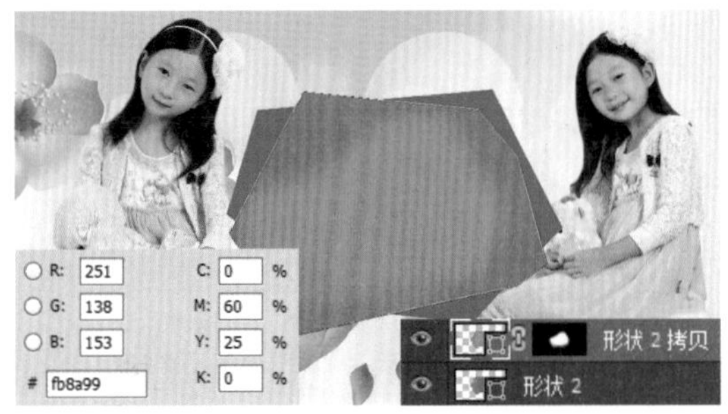

步骤09　输入文字设置“投影”样式

单击“横排文字工具”按钮，在绘制的图形上方输入活动时间“2016.9.18”。为了让输入的文字呈现出立体感，双击文字图层，打开“图层样式”对话框，单击“投影”样式，默认情况下投影颜色为黑色，与画面色调风格不协调，因此将投影颜色更改为粉红色，并适当调整投影的距离和大小，单击“确定”按钮。

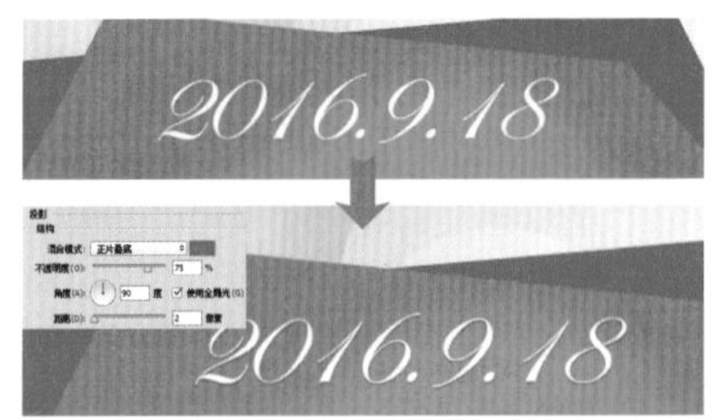

步骤10　添加更多的文字及图形

继续结合“横排文字工具”和图层样式功能，在画面中间位置完成更多文字的设计，得到更完整的广告图像。

案例应用展示

许多网店为了推广商品，会在各种网站或店铺页面中针对销售的商品设计推广活动，从而提高店铺或商品的点击率。这类活动推广广告的设计应抓住活动主题进行设置，通过图文相结合的方式使观者被活动所吸引，从而激发购买商品的欲望。下图为“店铺周年庆活动推广广告”的应用效果展示，在页面的顶端安排广告，具有较强的视觉冲击力。

商家除了通过打折、促销等不同的活动方式推销商品之外，有时还会举办赛事，并利用丰厚的奖品来吸引观者，以达到促进商品销售的目的。下图所示为“动感效果的赛事广告”的应用效果展示，它将赛事信息安排在画面的视觉中心位置，并通过详细的活动奖项安排，让观者产生进一步阅读、了解活动的兴趣。

许多电商购物平台上也会应用到大量的活动推广广告，商家大多会在店铺首页或是详情页面中根据活动的主题和内容设计一个引人注意的推广式广告，如下面的这张图即店铺为“双 11”活动所设计的活动推广广告，画面用色为鲜艳，更能激发观者点击的欲望。

不用挤，不用等，不用熬夜抢 错峰抄底
双11来了
2016.11.11 coming soon
加入抢购！惊喜不断
SONY
索尼 ILCE-7S
索尼 DSC-WX350
数量有限 先到先得
索尼DSC-RX1RM2
时尚潮流机型
爱他就要带走他
EF 24-70MM F/4L IS USM
2888
立即抢购
时尚潮流单品
单反的睿智之选
特别低价商品，只针对普通消费者
传感器尺寸：22.3mmx14.9mm
曝光模式：快门优先 光圈优先 手动曝光
4999
立即抢购
时尚潮流机型
轻薄小巧的体态
DSC-W730 数码相机
2999
立即抢购
时尚潮流机型
爱他就要带走他
EF 24-70MM F/4L IS USM
2888
立即抢购
时尚潮流单品
单反的睿智之选
特别低价商品，只针对普通消费者
4999
立即抢购